土木与建筑类专业新工科系列教材

总主编　晏致涛

土木工程材料

TUMU GONGCHENG CAILIAO

主　编　刘先锋

副主编　赵春花　张明涛　周晓菡

重庆大学出版社

内容提要

本书介绍了常用土木工程材料的基本组成、技术性质、质量要求、工程应用、检测方法。全书共13章，分别为绪论、土木工程材料的基本性质、无机胶凝材料、水泥混凝土、建筑砂浆、建筑钢材、墙体材料与屋面材料、石材、木材、沥青及沥青混合料、合成高分子材料、土木工程功能材料、前沿智能材料。附录土木工程材料试验包括9个试验。为了便于学习和复习，每章开始设导读，简要介绍本章内容及要求、重点、难点，章末附总结框图，并列有问题导向讨论题、思考练习题。同时，配套建设了在线课程，提供了丰富的数字资源。

本书可供土木类专业本专科学生作为教材使用，也可供相关工程技术人员学习参考。

图书在版编目(CIP)数据

土木工程材料 / 刘先锋主编. -- 重庆：重庆大学出版社，2024.4

土木与建筑类专业新工科系列教材

ISBN 978-7-5689-4280-5

Ⅰ.①土… Ⅱ.①刘… Ⅲ.①土木工程—建筑材料—高等学校—教材 Ⅳ.①TU5

中国国家版本馆 CIP 数据核字(2023)第 249373 号

土木与建筑类专业新工科系列教材

土木工程材料

主　编　刘先锋

副主编　赵春花　张明涛　周晓菡

策划编辑：王　婷

责任编辑：陈　力　　版式设计：王　婷

责任校对：关德强　　责任印制：赵　晟

*

重庆大学出版社出版发行

出版人：陈晓阳

社址：重庆市沙坪坝区大学城西路21号

邮编：401331

电话：(023) 88617190　88617185(中小学)

传真：(023) 88617186　88617166

网址：http://www.cqup.com.cn

邮箱：fxk@cqup.com.cn (营销中心)

全国新华书店经销

重庆正光印务股份有限公司印刷

*

开本：787mm×1092mm　1/16　印张：22　字数：551千

2024年4月第1版　2024年4月第1次印刷

印数：1—2 000

ISBN 978-7-5689-4280-5　定价：58.00元

前　言

材料是人类文明、社会进步和科学发展的物质基础与技术先导。土木工程材料，是土木工程的物质基础，极大地影响着工程造价和工程质量，它的发展也极大地促进着建筑技术进步和建筑业的发展。

本书介绍了常用土木工程材料的基本组成、技术性质、质量要求、工程应用、检测方法，全书共分为13章，以及附录土木工程材料试验。为了便于学习和复习，每章开始设本章导读，简要介绍本章内容及要求、重点、难点，章末附总结框图，并列有问题导向讨论题和思考练习题。

为全面落实习近平新时代中国特色社会主义思想和党的二十大精神，主动适应新时代国家和区域经济社会发展的需求，本书编写充分结合工程实践，反映新的行业动态、新的标准、规范，注重新技术、新工程、新材料。在原材料方面体现绿色生态化，在材料性能方面体现高性能多功能与智能化，在产品形式方面体现部品产业化，在生产工艺方面体现设备大型化、科技化即生产工业化、规模化和现代化。编写遵循土木工程专业指南、教学质量国家标准，紧扣课程思政、金课、土木工程专业评估与工程教育认证、一流本科课程要求。以一流课程建设和高等工程教育专业认证“学生中心，成果导向，持续改进”理念为引领，夯实立德树人根本要求，隐性融入课程思政内容，落实高阶性、创新性、挑战度一流课程“两性一度”要求。并且，基于线上线下混合式教学需要和推动数字化转型，结合一流课程建设，纸质教材与数字资源一体化，我们配套在超星集团有限公司“学银在线”平台进行在线课程建设（百度搜索“学银在线”→网站内搜索“土木工程材料”→选择重庆科技大学刘先锋的《土木工程材料》课程），包括教学视频、章节测验、教学PPT、题库、作业库、试卷库等教学资源，课堂上可进行签到、抢答、主题讨论、随堂练习、分组讨论等互动活动，所有资源都持续建设和更新。

本书适合于土木工程、道路桥梁与渡河工程、交通工程、建筑环境与能源应用工程、给排水科学与工程、城市地下空间工程、铁道工程、海洋工程等土木类专业，适合于工程造价、工程管理等管理科学与工程类专业，适合于无机非金属材料工程、材料科学与工程等材料类专业，适合于建筑学等建筑类专业的本专科学生学习；也适合从事土木工程设计、施工、管理和科研的专业人员学习和参考。读者通过学习本书，将会掌握各种常用土木工程材料的技术性质，获得在土木工程中能合理选用和正确使用土木工程材料的能力；掌握各种常用土木工程材料的检验方法，获得对土木工程材料进行合格性判断和验收、对检验的数据、结果进行正确的分析和判别的能力。能增强专业自信心和成就感,增强民族自尊心和自豪感;弘扬优秀的民族文化,逐步树立远大理想和爱国主义情怀,勇敢地肩负起时代赋予的光荣使命。

本书由重庆科技大学刘先锋担任主编,编写分工如下:第 1、4、6、12、13 章,试验 2、3、4、5、6 由重庆科技大学刘先锋编写;第 2 章、试验 1 由重庆科技大学王思长编写;第 3、8 章由重庆科技大学张明涛编写;第 5 章由重庆市住房和城乡建设技术发展中心周晓菡编写;第 7、9 章由重庆科技大学董秀坤编写;第 10、11 章,试验 7、9 由重庆科技大学赵春花编写;试验 8 由天津市建工工程总承包有限公司陈德贵编写。全书由刘先锋统稿。参与编写提供工程需求和导向、工程案例的重庆市建筑科学研究院有限公司李志坤和天津市建工工程总承包有限公司陈德贵,在此表示由衷的感谢。

由于土木工程材料的发展较快,新材料、新要求不断涌现,且各行业的技术标准不统一,加上我们的学识和能力所限,书中的疏漏之处恐难避免,诚挚希望广大师生和读者不吝赐教,不胜感谢!联系人刘先锋邮箱:406158896@ qq. com。

刘先锋

2023 年 11 月

目　录

第 1 章　绪论 …… 1
1.1　土木工程材料的范畴及分类 …… 2
1.2　土木工程材料的重要性 …… 3
1.3　土木工程材料的发展历史及趋势 …… 4
1.4　土木工程材料的标准化 …… 5
1.5　课程内容特点及学习方法 …… 7
本章小结 …… 8
问题导向讨论题 …… 8
思考练习题 …… 9

第 2 章　土木工程材料的基本性质 …… 10
2.1　材料的物理性质 …… 10
2.2　材料与水有关的性质 …… 15
2.3　材料的力学性质 …… 18
2.4　材料的耐久性与环境协调性 …… 21
本章总结框图 …… 23
问题导向讨论题 …… 23
思考练习题 …… 24

第 3 章　无机胶凝材料 …… 25
3.1　石膏 …… 26
3.2　石灰 …… 33
3.3　通用硅酸盐水泥 …… 38
3.4　特种水泥 …… 53
本章总结框图 …… 59
问题导向讨论题 …… 59
思考练习题 …… 60

第 4 章　水泥混凝土 …… 61
4.1　混凝土概述 …… 61
4.2　混凝土的组成材料 …… 64
4.3　普通混凝土的主要技术性质 …… 77
4.4　混凝土的配合比设计 …… 97
4.5　混凝土的生产、运输、浇筑及养护 …… 106
4.6　混凝土的强度评定 …… 110
4.7　其他品种混凝土 …… 112
本章总结框图 …… 117
问题导向讨论题 …… 118
思考练习题 …… 118

第 5 章　建筑砂浆 …… 119
5.1　建筑砂浆的分类 …… 119
5.2　建筑砂浆的组成材料和主要技术性质 …… 122
5.3　砌筑砂浆和抹灰砂浆 …… 124
5.4　预拌砂浆 …… 133
本章总结框图 …… 137
问题导向讨论题 …… 137
思考练习题 …… 138

第 6 章　建筑钢材 …… 139
6.1　建筑钢材基础知识 …… 139
6.2　建筑钢材主要技术性质 …… 142
6.3　建筑钢材的冷加工和热处理 …… 147
6.4　土木工程常用钢材 …… 149
6.5　建筑钢材的防护 …… 159
本章总结框图 …… 164
问题导向讨论题 …… 165
思考练习题 …… 165

第 7 章　墙体材料与屋面材料 …… 166
7.1　烧结砖 …… 166
7.2　建筑砌块 …… 173
7.3　建筑墙板 …… 178
7.4　屋面材料 …… 183
本章总结框图 …… 186
问题导向讨论题 …… 186
思考练习题 …… 187

第 8 章　石材 …… 188
8.1　石材分类 …… 188
8.2　石材主要性质及技术要求 …… 192
8.3　土木工程常用石材 …… 195
本章总结框图 …… 198
问题导向讨论题 …… 199
思考练习题 …… 199

第 9 章　木材 …… 200
9.1　木材的分类和构造 …… 200
9.2　木材的主要性质 …… 203
9.3　木材的防护 …… 208
9.4　木材的应用 …… 209
本章总结框图 …… 210
问题导向讨论题 …… 210
思考练习题 …… 211

第 10 章　沥青及沥青混合料 …… 212
10.1　沥青材料 …… 212
10.2　沥青混合料的组成及性质 …… 226
10.3　沥青混合料的配合比设计 …… 230
本章总结框图 …… 236
问题导向讨论题 …… 236
思考练习题 …… 236

第 11 章　合成高分子材料 …… 237
11.1　合成高分子材料的种类及性能特点 …… 237
11.2　土木工程中常用的合成高分子材料 …… 239
本章总结框图 …… 248
问题导向讨论题 …… 248
思考练习题 …… 248

第 12 章　土木工程功能材料 …… 249
12.1　防水材料 …… 249
12.2　保温隔热材料 …… 263
12.3　吸声隔声材料 …… 274
12.4　防火材料 …… 276
本章总结框图 …… 278
问题导向讨论题 …… 279
思考练习题 …… 279

第 13 章　前沿智能材料 …… 280
13.1　土木工程智能材料 …… 281
13.2　土木工程 3D 打印材料 …… 283
本章总结框图 …… 286
问题导向讨论题 …… 286
思考练习题 …… 286

附录　土木工程材料试验 …… 287
试验 1　土木工程材料基本物理性能试验 …… 287
试验 2　建筑钢材试验 …… 291
试验 3　水泥性能试验 …… 296
试验 4　骨料试验 …… 303
试验 5　普通混凝土试验 …… 310
试验 6　建筑砂浆试验 …… 318
试验 7　沥青试验 …… 324
试验 8　水泥混凝土配合比设计试验 …… 331
试验 9　沥青混合料配合比设计试验 …… 332

参考文献 …… 344

1 绪 论

<table>
<tr><td rowspan="3">本章导读</td><td>内容及要求</td><td>介绍土木工程材料范畴及分类、重要性、发展历史及趋势、标准化及课程特点和学习方法。通过本章学习，能够说明土木工程材料重要性、发展历史和趋势，土木工程材料相关技术标准的分类及表达方式，课程学习的内容、任务和方法。</td></tr>
<tr><td>重点</td><td>土木工程材料范畴、土木工程材料标准化和课程内容及特点。</td></tr>
<tr><td>难点</td><td>课程特点及学习方法。</td></tr>
</table>

材料是人类文明、社会进步和科学发展的物质基础和技术先导；材料与能源、信息一起构成了人类社会发展的三大支柱。土木工程是国民经济的基础，土木工程材料是一切土木工程的物质基础。

任何浩瀚的工程都离不开材料，都是由材料按一定方式“堆”起来的。如图 1.1 所示三峡大坝为混凝土结构，用混凝土材料 2 794 万 m^3，用金属材料 26.65 万 t。图 1.2 所示万里长城，石材结构，墙身是防御敌人的主要部分，由外墙和内墙构成，内填泥土、碎石，所用材料有黏土、石料、青砖、糯米、石灰等，工艺主要有土筑、石砌、砖砌、胶粘。图 1.3 所示国家体育场（鸟巢），钢结构，主体结构用的是 Q460，一种低合金高强度钢，总用钢量 4.2 万 t，屋顶钢结构上覆盖的双层膜材料，也是很有讲究的。图 1.4 所示山西应县木塔，木结构，位于山西省朔州市应县城西北佛宫寺内，全称佛宫寺释迦塔，俗称“应县木塔”，是世界最高木塔，塔高 67.31 m，底部直径 30.27 m，总重量为 7 400 t，纯木结构、无钉无铆，却屹立千年。这些举世闻名的工程，要么浩瀚壮观、要么巧夺天工，但无一例外都离不开材料，同时，也展现了古往今来中国劳动人民的智慧和创新。

图 1.1　三峡大坝

图 1.2　万里长城

图 1.3　国家体育场(鸟巢)

图 1.4　佛宫寺释迦塔(应县木塔)

1.1　土木工程材料的范畴及分类

课程范畴

土木工程材料是土木工程中所使用的材料及制品的总称。土木工程材料广义范畴,包括 3 个方面。

①构成建筑物和构筑物的材料,即直接构成土木工程实体的材料,如住宅楼的梁板柱用的钢筋混凝土材料,墙体用的多孔砖、空心砖、砌块、墙板,道路路面用的沥青混凝土材料或水泥混凝土材料等。

②施工过程中需要的辅助材料,如脚手架、模板等。

③各种建筑器材,如各种消防设备、给水排水设备、网络通信设备等。

土木工程材料狭义范畴,是指直接构成土木工程实体的材料,即广义范畴的第一方面。

土木工程材料分类,按化学成分分类见表 1.1,按功能分类见表 1.2。

表 1.1　土木工程材料按化学成分分类

<table>
<tr><th colspan="3">分　类</th><th>举　例</th></tr>
<tr><td rowspan="4">土木工程材料</td><td rowspan="2">无机材料</td><td>金属材料</td><td>各种建筑钢材,如型钢、钢板、钢管、钢筋</td></tr>
<tr><td>非金属材料</td><td>石灰、石膏、水泥、水泥混凝土、水泥砂浆、加气混凝土</td></tr>
<tr><td>有机材料</td><td>—</td><td>塑料、木材、沥青、XPS 挤塑聚苯板、EPS 聚苯乙烯板</td></tr>
<tr><td>复合材料</td><td>—</td><td>沥青混合料、聚合物混凝土</td></tr>
</table>

表 1.2　土木工程材料按功能分类

<table>
<tr><th colspan="2">分　类</th><th>举　例</th></tr>
<tr><td rowspan="3">土木工程材料</td><td>结构材料</td><td>水泥混凝土、钢材</td></tr>
<tr><td>墙体材料</td><td>空心砖、多孔砖、加气混凝土砌块、水泥条板、石膏条板、混凝土条板</td></tr>
<tr><td>功能材料</td><td>防水材料:防水卷材、防水涂料、抗渗混凝土
装饰材料:地面砖、木地板、墙漆、墙纸、石膏板
隔热保温材料:中空玻璃、加气混凝土、保温砂浆、EPS 聚苯乙烯板</td></tr>
</table>

1.2　土木工程材料的重要性

土木工程材料是建筑物和构筑物的物质基础,在土木工程中有着举足轻重的地位。土木工程材料极大地影响着工程质量、工程造价,其发展极大地促进了建筑技术进步和建筑业的发展。作为一名土木工程技术人员,无论是从事设计、施工或管理工作,均需掌握土木工程材料的基本性能,并做到合理选材、正确使用和维护保养。

1)影响工程质量

建筑物是由材料通过一定的方式"堆"起来的,材料的质量以及材料的施工质量将直接影响土木工程的质量。如钢筋混凝土结构的质量主要取决于混凝土强度、密实性和是否产生裂缝。在材料的选择、生产、储运、使用和检验评定过程中,任何环节的失误,都可能引发土木工程的质量事故。

2)影响工程造价

在一般土木工程的总造价中,材料费用占总工程造价的 50% 以上,有的甚至高达 70%。因此,土木工程材料的价格直接影响着建设投资。一方面,基数大操作空间大,材料在工程造价中影响巨大;另一方面,工程技术人员在材料这块做得好和做得差在造价方面体现得很明显,工程技术人员在学好与材料相关的知识后,在工程造价方面会有较大作为。

3)促进建筑技术进步和建筑业的发展

土木工程材料与建筑结构以及施工之间存在着相互促进、相互依存的密切关系。一种新型土木工程材料的出现,必将促进建筑形式的创新,同时结构设计和施工技术也将相应改进和提高。同样,新的建筑形式和结构设计,也呼唤着新的土木工程材料,并促进土木工程材料的发展。

以人居环境变迁来看,住山洞,几乎只是选择场地,没有人工材料或人为使用材料,通常潮湿且不通风;住茅草房,环境改善了,可以选择地方避免潮湿,是掌握了使用天然材料茅草和树枝进行简单建造;土坯房,较茅草房挡风效果好多了,中间夹杂茅草或竹子做筋耐久性好多了,一直持续到我国20世纪五六十年代甚至七十年代;砖瓦房,又进了一大步,主要得益于人造烧结砖、瓦的出现;如今的高楼大厦,主要得益于水泥、水泥混凝土和钢材产生。每一次居住环境的改善,都离不开新材料出现或材料技术的发展。材料技术的先进与落后将促进或制约建筑技术进步和建筑业的发展,比如"深圳速度",指20世纪80年代的中国第一高楼——深圳国贸大厦,在应对这座中国从未有过的高层建筑时,负责施工的中建三局创造了"三天一层楼"的高效纪录,其核心技术在于连续自动搅拌与连续泵送水泥混凝土和整体滑模等新技术,相比较于人工搅拌混凝土或机器搅拌混凝土之后塔吊施工技术、相比较于传统的木模板或钢模板安装支模然后拆模然后再支模的模板技术,新技术的施工速度有着巨大优越性。"深圳速度"是材料进步和材料施工技术进步促进建筑技术进步和建筑业发展的典型例子,也是我国改革开放的丰硕成果之一。

总之,土木工程材料,在工程造价、工程质量、建筑技术进步等方面有着重要作用。同时,工程技术人员现在学好这门课程可以为合理选用、正确使用材料奠定基础。

1.3 土木工程材料的发展历史及趋势

1.3.1 土木工程材料发展历史

土木工程材料是随着人类社会生产力和科学技术水平的提高而逐步发展起来的。土木工程材料的发展是人类科学技术进步的体现。

(1)石器时代

穴居巢处时期,大约始于距今二三百万年,止于距今1万年左右。土与木是最原始的建筑材料。

(2)铁器时代

约公元前1000年,挖土、凿石为洞,伐木、搭竹为棚,利用天然材料建造非常简陋的房屋等土木工程。

(3)秦砖汉瓦时期

用黏土烧制砖、瓦,用岩石烧制石灰、石膏。石灰,公元前8世纪,古希腊人用于建筑。石膏,距今1万年到2000多年前,即新石器时代。砖,5500年前,出现现代形体概念上的烧结砖,到公元前 221 年—公元前 207 年技术基本成熟,即秦砖。瓦,4 100 年前,出现烧结瓦,到公元前 202 年—公元 220 年技术基本成熟,即汉瓦。至此,从单纯的天然材料进入人工生产阶段,为较大规模建造土木工程创造了基本条件。

(4)19 世纪

资本主义兴起的工业革命时期,水泥及混凝土兴起。1824 年,英国水泥匠阿斯谱丁发明了波特兰水泥,即早期的水泥。水泥发明后,才逐步有了现代意义的混凝土。1856 年,英国人卑斯麦采用转炉炼钢法获得了钢材;1864 年,法国人马丁采用平炉炼钢法获得了钢材。1867—1868 年,法国园艺师蒙尼亚在花盆外缠上铁丝并涂上水泥,算是钢筋混凝土的启蒙。

(5)20 世纪及以后

钢筋混凝土、钢材的进一步发展,化学建材异军突起,各种功能材料,如绝热材料,吸声隔声材料,各种装饰材料,耐热防火材料,防水抗渗材料,耐磨、耐腐蚀、防爆和防辐射材料等迅速发展。

综上所述,土木工程材料发展有 3 次飞跃,砖瓦的出现、水泥及混凝土的兴起、钢材的大量应用。材料的发展过程,谱写了人类在土木工程材料领域的光辉发展史,其中蕴含了我国人民的聪明才智。

1.3.2 土木工程材料发展趋势

在实际工程中,人们的主要关注点通常是强度,耐久性,美观、艺术,隔热、防水、隔声,低能耗、低物耗及环境友好等。其中,结构材料最重要的是强度。材料发展趋势主要有 4 个方面。

①原材料方面,绿色生态化。大力发展绿色生态建材,最大限度节约有限资源,充分利用再生资源和工农业废料如工业废渣、建筑垃圾等,生产建筑材料;做到“低碳化、减量化、再利用、再循环”。

②材料性能方面,高性能、多功能与智能化。轻质高强、高耐久性、多功能及智能化材料;特别是具有自感知、自调节、自修复功能的材料。

③产品形式方面,部品产业化。积极发展模数化、工厂化、大型化的部品生产,实现建筑构部件的通用化和现场施工的装配化、机械化,加快现场施工速度、改善工人劳动条件、节约材料和成本。

④生产工艺方面,设备大型化、科技化,生产工业化、规模化和现代化。降低原材料及能源消耗,减少环境污染。

总之,社会发展和人类需求日新月异,我们要不断关注科技新动向,利用新知识完善自己的知识结构,提升自己的综合能力,更好地为社会主义现代化建设服务。

1.4 土木工程材料的标准化

在土木工程建设过程中,工程设计、施工、验收及维护,都与材料密切相关。土木工程材料的生产、选择、使用、验收评价和材料的储存、运输等环节都应遵循相关标准规范。标准规范在工程中就是我们工程技术人员的“行为规范”,就是工程的“法律法规”。

我国标准分为两大类,一类是政府主导制定的标准,分别是国家标准、行业标准、地方标准;另一类是市场自主制定的标准,分为团体标准和企业标准。政府主导制定的标准侧重于保基本,市场自主制定的标准侧重于提高竞争力。各类标准分类及举例见表1.3。标准的表达方式为“标准代号+标准编号+标准年号,标准名称”。在采用标准时应考虑标准的现行性、适用范围和各类标准之间的关系,国家标准在全国适用、行业标准在特定行业适用、地方标准在特定省区市适用,团体标准和企业标准是由社会自愿采用的标准。推荐性国家标准、行业标准、地方标准、团体标准、企业标准的技术要求不得低于强制性国家标准的相关技术要求;鼓励团体标准、企业标准高于推荐性国家标准相关技术要求。

另外,随着我国国际化发展,特别是“一带一路”的发展,我国承建的国际工程越来越多,这就要求了解国际标准和其他国家的标准,如国际标准ISO、美国国家标准ANSI、美国材料与试验学会标准ASTM、欧盟标准EN、英国标准BS,等。

表1.3　中国标准分类及举例

<table>
<tr><th colspan="3">标准分类</th><th>标准举例</th></tr>
<tr><td rowspan="6">政府主导制定标准</td><td rowspan="2">国家标准</td><td>强制性标准</td><td>《施工脚手架通用规范》(GB 55023—2022)
《建筑节能工程施工质量验收标准》(GB 50411—2019)</td></tr>
<tr><td>推荐性标准</td><td>《钢管混凝土混合结构技术标准》(GB/T 51446—2021)
《抹灰石膏》(GB/T 28627—2023)</td></tr>
<tr><td rowspan="2">行业标准</td><td>强制性标准</td><td>《外墙外保温工程技术标准》(JGJ 144—2019)
《建筑工程抗浮技术标准》(JGJ 476—2019)</td></tr>
<tr><td>推荐性标准</td><td>《机械喷涂砂浆施工技术规程》(JC/T 60011—2022)
《装配式建筑用墙板技术要求》(JG/T 578—2021)</td></tr>
<tr><td rowspan="2">地方标准</td><td>强制性标准</td><td>《公共建筑节能(绿色建筑)工程施工质量验收规范》(DBJ50—234—2016)
《建筑装饰工程石材应用技术规程》(DB11/512—2017)</td></tr>
<tr><td>推荐性标准</td><td>《轻质石膏楼板顶棚和墙体内保温工程技术标准》(DBJ50/T—375—2020)
《地源热泵系统工程技术标准》(DG/TJ08—2119—2021)</td></tr>
<tr><td rowspan="2">市场自主制定标准</td><td>团体标准</td><td>—</td><td>《定制门窗工程技术规程》(T/CECS 1143—2022)
《石膏砌块应用技术规程》(T/CBMF 48—2019)</td></tr>
<tr><td>企业标准</td><td>—</td><td>《线条灯》(Q/LNZM 004—2021)
《节能型轻质抹灰砂浆》(Q/CRQ 4—2016)</td></tr>
</table>

1.5 课程内容特点及学习方法

课程特点

1.5.1 课程内容特点

1)课程内容

课程内容主要包括:土木工程材料的基本性质,如密度、耐水性、强度等;无机胶凝材料,如石灰、石膏、水泥;水泥混凝土与砂浆;钢材;墙体材料,砖、砌块、板材;石材;木材;沥青及沥青混合料;合成高分子材料;其他功能材料,如防水材料、保温隔热材料、吸声隔声材料、防火材料等。

2)课程特点

①材料品种和技术指标繁多,易混淆;材料品种如上罗列,并且没有穷尽, 每个品种都有较多技术指标,看似相似但又有所不同。

②标准规范多、枯燥乏味;品种和指标多自然标准规范就多,而且都是条条款款、枯燥乏味。

③性质由结构决定,非材料专业理解困难; 在土木工程中通常关心的只是宏观性能,但任何材料的性能都是取决于其内在的组分和结构的,如化学组成、矿物组成、相组成、原子分子层次的结构,对于非材料专业的来说理解相当困难。

④材料性能在生产和使用过程中或多或少是变化的。一切材料的性质都不是固定不变的,在使用过程、运输和储存过程中,它们的性质或多或少、或快或慢、或显形或隐性地不断起着变化。

⑤与工程实际联系紧密。土木工程材料,顾名思义,是与土木工程密切相关的材料,大部分同学可能没有进行过实践,对材料的应用场景很陌生,这也是课程学习的障碍。

1.5.2 学习方法

针对上述课程内容特点,相应的学习方法如下:

①按主线有重点地点面结合学习。土木工程材料种类繁多,需要学习和研究的内容范围很广,因此对其学习不应面面俱到、平均分配精力,而应有重点地点面结合进行学习,如胶凝材料有石膏、石灰、水泥,我们侧重点在水泥,墙体材料我们淡化烧结砖,突出新型墙体材料,如加气混凝土砌块、墙板等。

②学习共性的同时,更重要的是了解各自特性。对教材要求通读,不要强记,务求理解,按照每章的习题进行自我检查,特别是对同一类属不同品种的材料,不但要学习它们的共性,更重要的是要了解它们各自的特性和应用差别。

③科普材料学知识。土木工程材料的性质取决于组成和结构,我们学习材料的性质,不能

只满足于知道该材料具有哪些性质、具有哪些表象，更重要的是应当知道形成这些性质的内在原因和这些性质之间的相互关系。

④纸质教材结合数字资源学习，课堂教学结合课外工程调研和资料调研，实验操作结合实验视频学习。这些途径可弥补工程经验不足，但要目的明确，即以最少的精力获得最大的收获。

⑤知识、能力和素质的有机统一。学习本课程不仅是为了掌握有关专业知识和技能，更重要的是培养分析问题解决问题的能力，培养创新精神，提高综合素质。

1.5.3 学习目标

①通过理论课的学习，掌握各种常用土木工程材料的技术性质，做到在土木工程中能合理选用材料和正确使用材料。

②通过试验课的学习，掌握各种常用材料的检验方法，做到在工程中能对材料进行合格性判断和验收，对检验的数据、结果进行正确的分析和判别。同时加深对理论知识的理解，培养严谨的科学态度，提高分析问题和解决问题的实际能力。

③育人目标：增强对自己所学专业的热爱程度，增强民族自尊心和自豪感，弘扬优秀的中华民族文化，树立远大理想；强化工程伦理教育，培养精益求精的大国工匠精神，激发科技报国的家国情怀和使命担当。

本章小结

本章简要介绍了土木工程材料范畴及分类、重要性、发展历史及趋势、标准化及课程特点和学习方法，回答了“学什么”“为什么学”“怎么学”的问题，展现了土木工程材料发展的光辉历史和我国人民的聪明才智，指引了土木工程材料创新方向。通过本章学习，学生应了解土木工程材料定义及在土木工程知识体系中和在材料科学与工程知识体系中知识脉络关系，了解土木工程材料的发展历史及趋势，掌握标准表达方式、分类及适用范围。并在此基础上，培养课程学习兴趣，制订课程学习计划。

问题导向讨论题

问题：材料在土木工程中具有重要作用，但材料品种和技术指标繁多，学习易混淆、枯燥乏味，非材料专业理解困难。我们如何制订课程学习计划？包括学习时间安排、学习途径和内容、学习形式和方法等。

分组讨论要求：每组 4 ~6 人，设组长 1 人，负责明确分工和协助要求，并指定人员代表小组发言交流。

思考练习题

1.1 我们所住的一套房子或一栋房子,用了哪些材料?尽可能穷尽。

1.2 简述土木工程材料在工程中的作用或价值或重要性。

1.3 简述水泥的发明和发展过程。

1.4 简述钢材的发明和发展过程。

1.5 结合国家“双碳”政策,阐述土木工程材料的发展趋势。

1.6 分别查阅列举两个国际标准 ISO 标准、两个国家标准、两个行业标准(建材行业标准)、两个团体标准、两个地方标准(重庆地方标准)。

1.7 从土木人的角度去了解目前世界上高度排名前十的建筑物名称及工程概况。

2 土木工程材料的基本性质

<table>
<tr><td rowspan="3">本章导读</td><td>内容及要求</td><td>介绍了土木工程材料的基本物理性质、与水有关的性质、力学性质、耐久性和环境协调性。通过本章学习，能够解释材料的力学性质、材料的热性质、材料的耐久性；能够分析材料的物理性质、与水有关的性质。</td></tr>
<tr><td>重点</td><td>土木工程材料的基本物理性质、力学性质和与水有关的性质。</td></tr>
<tr><td>难点</td><td>土木工程材料的耐久性和环境协调性。</td></tr>
</table>

土木工程材料是构成土木工程的物质基础。所有的建筑物、桥梁、道路等都是由各种不同的材料经设计、施工建造而成，这些材料在各个部位起着各种不相同的作用，为此要求材料必须具备相应的不同性质，如建筑物的梁、板、柱以及承重墙体主要承受荷载的作用；屋面要承受风霜雨雪的侵蚀且能绝热、防水等；墙体要起到抗冻、绝热、隔声等作用；基础除承受建筑物全部荷载外，还要承受冰冻及地下水的侵蚀。一些建筑物由于长期暴露于大气环境中或与酸性、碱性等侵蚀性介质相接触，除受到冲刷磨损、机械振动外，还会受到化学侵蚀、生物作用、干湿循环、冻融循环等破坏作用。可见土木工程材料在实际工程中所受的作用是复杂的。因此，对土木工程材料性质的要求是严格的和多方面的。

材料的基本物理性质

2.1 材料的物理性质

材料的物理性能，主要有密度、黏度、熔点、沸点、凝固点、燃点、闪点；热传导性能，如比热、热导率、线膨胀系数，电传导性能，如电阻率、电导率、电阻温度系数；磁性能，如磁感应强度、磁场强度、矫顽力、铁损；热值、比热容、延展性。这里侧重讲解密度、导热系数、线膨胀系数。

2.1.1 材料的密度、表观密度和堆积密度

1)密度

密度是指材料在绝对密实状态下单位体积的质量。公式如下

$$\rho = \frac{m}{v} \tag{2.1}$$

式中 ρ——材料的密度,kg/m³;

m——材料在干燥状态下的质量,kg;

v——材料在绝对密实状态下的体积,m³。

绝对密实状态下的体积是指不包括任何孔隙和空隙在内的体积。除了钢材、玻璃等少数材料外,绝大多数材料内部都有一些孔隙。测定有孔隙材料的密度时,将材料磨成细粉,干燥恒重,用李氏瓶测定其绝对密实体积。材料磨得越细,内部孔隙就越少,测得的密实体积就越精确。

2)表观密度

表观密度是指材料在自然状态下单位体积的质量。公式如下:

$$\rho_0 = \frac{m}{v_0} \tag{2.2}$$

式中 ρ_0——材料的表观密度,kg/m³;

m——材料在干燥状态下的质量,kg;

v_0——材料在自然状态下的体积,m³。

材料的表观体积是指材料实体及其内部孔隙的体积(包括闭口孔体积、不包括开口孔体积)。当内部孔隙含水时,其质量和体积均将变化。在测定材料的表观密度时,应注意其含水情况,一般情况下,表观密度是指气干状态下的表观密度;而在烘干状态下的表观密度,称为干表观密度。

测定材料自然状态体积的方法较为简单,对于规则形状的材料,可直接量其外形尺寸,按几何公式计算体积。对于无规则的形状材料,可用排液法求得体积。

3)堆积密度

堆积密度是指散粒材料或粉状材料在自然堆积状态下单位体积的质量。公式如下:

$$\rho_L = \frac{m}{v_L} \tag{2.3}$$

式中 ρ_L——材料的堆积密度,kg/m³;

m——材料在干燥状态下的质量,kg;

v_L——材料在自然状态下的体积,m³。

材料的自然堆积体积是指材料实体体积、内部孔隙体积及颗粒间的空隙体积之和。常用其所填充满的容器的标定容积来表示。堆积密度分松散堆积密度和紧密堆积密度,区别在于,

在进行松散堆积密度试验时，材料是一次性缓慢倒入容量筒，而且防止触动容量筒；紧密堆积密度试验时，材料是几次装入容量筒，而且每次装完材料后颠击容量筒，颠实装满，具体可参考《建设用砂》（GB/T 14684—2022）和《建设用卵石、碎石》（GB/T 14685—2022）中堆积密度的试验方法。堆积密度，通常指材料的松散堆积密度。

在土木工程中，计算材料配料、用量、堆放空间、构件自重等方面经常需要用到密度、表观密度和堆积密度等数据。土木工程常用材料密度见表 2.1。

表 2.1　常用工程材料密度、表观密度和堆积密度值

材料	密度 ρ/（kg · m^{-3}）	表观密度 ρ_0/（kg · m^{-3}）	堆积密度 ρ_L/（kg · m^{-3}）
石灰	3 100 ~ 3 400	—	1 100 ~ 1 600
建筑石膏	2 500 ~ 2 800	—	800 ~ 1 100
水泥	3 000 ~ 3 150	—	1 200 ~ 1 300
沥青	1 150 ~ 1 250	—	—
普通混凝土	—	2 000 ~ 2 800	—
轻骨料混凝土	—	800 ~ 1 950	—
砂	2 650	—	1 450 ~ 1 650
碎石	2 650	—	1 500 ~ 1 800
烧结多孔砖	2 500	1 000 ~ 1 400	—
钢材	7 850	—	—
木材	1 500 ~ 1 560	370 ~ 820	—
石灰岩	2 600	1 800 ~ 2 600	—
花岗岩	2 800	1 800 ~ 2 600	—
泡沫塑料	—	20 ~ 50	—

2.1.2　材料的密实度与孔隙率

1）密实度

密实度是指材料内部固体物质的体积占材料总体积的百分率。公式如下：

$$D = \frac{v}{v_0} \times 100\% = \frac{\rho_0}{\rho} \times 100\% \tag{2.4}$$

式中　D——材料的密实度，%。

2）孔隙率

孔隙率是指材料内部孔隙体积占材料总体积的百分率。公式如下：

$$P = \frac{v_0 - v}{v_0} \times 100\% = 1 - \frac{v}{v_0} = \left(1 - \frac{\rho_0}{\rho}\right) \times 100\% \tag{2.5}$$

密实度+孔隙率等于 1,即 $D+P=1$。

式中 P——材料的孔隙率,%。

材料的孔隙特征包括孔隙的大小、分布、形状、是否连通。这些特征对材料的物理和力学性质均有影响。大致分为以下 3 个特征:

①按尺寸大小可将孔隙分为微孔、细孔和大孔 3 种。

②按孔隙之间是否连通可将孔隙分为孤立孔和连通孔。

③按孔隙是否与外界连通可将孔隙分为与外界连通的开口孔和不与外界连通的闭口孔。

孔隙率的大小直接反映了材料的致密程度。材料的许多性质,如强度、热工性质、声学性质、吸水性、吸湿性、抗渗性、抗冻性等都与孔隙有关。这些性质不仅与材料的孔隙率大小有关,而且与材料的孔隙特征有关,包括孔连通与否、孔径的大小和孔的分布是否均匀等。一般来说,同一种材料其孔隙率越高,密实度越低,则材料的表观密度越小,强度越低。开口孔隙率越高,其耐水性、抗渗性、耐腐蚀性等性能越差;闭口孔隙率越高,其保温性能越好。

2.1.3 材料的填充率与空隙率

1)填充率

填充率指散粒状材料堆积体积中被颗粒填充的程度,与空隙率相对应。计算公式如下:

$$D' = \frac{v_0}{v_L} \times 100\% = \frac{\rho_L}{\rho_0} \times 100\% \tag{2.6}$$

空隙率+填充率等于 1,即 $D'+P'=1$。

2)空隙率

空隙率是指散粒材料颗粒间的空隙体积占堆积体积的百分比。计算公式如下:

$$P' = \frac{v_L - v_0}{v_L} \times 100\% = 1 - \frac{v_0}{v_L} = \left(1 - \frac{\rho_L}{\rho_0}\right) \times 100\% \tag{2.7}$$

式中 P'——材料的空隙率,%。

空隙率的大小反映了散粒材料的颗粒之间相互填充的程度。空隙率可作为控制混凝土集料的级配及计算砂率的依据。

2.1.4 材料的热传导性能

1)热容量和比热容

材料受热吸收热量、冷却放出热量的性质称为热容量。公式如下:

$$Q = mc(t_1 - t_2) \tag{2.8}$$

式中 Q——材料的热容量,J;

m——材料的质量,kg;

t_1-t_2——材料在受热或冷却时的温度差,K;

c——材料的比热容,J/(kg·K)。

热容量可用来比较同种材料的热容性。不同材料的热容性可用比热容作比较。比热容指单位质量的材料升高单位温度所需的热量,简称比热。公式如下:

$$c = \frac{Q}{m(t_1 - t_2)} \tag{2.9}$$

材料的比热容和导热系数是墙体、屋盖等围护结构进行设计、热工计算时的重要参数。在设计有隔热保温要求的土木工程时,应选用导热系数较小而比热容(或热容量)较大的材料,以保持室内温度的稳定性。

2)导热性

导热性是指材料存在温度差时热量从高温部分传递到低温部分的性质,用导热系数表示。公式如下:

$$\lambda = \frac{Qa}{(t_1 - t_2)AZ} \tag{2.10}$$

式中 λ——导热系数,W/(m·k);

Q——材料传导的热量,J;

a——材料的厚度,m;

Z——传热时间,s;

A——材料的传热面积,m^2;

t_1-t_2——材料两侧温度差,K。

材料的导热系数越小,则其导热性能越差,即绝热性越好。材料的导热性取决于材质,同时也受材料的孔隙特征的影响,具有细微而封闭孔结构的材料,其导热系数比具有较粗大或连通孔结构的材料小;材料受潮或冰冻后,导热性能会受到严重影响,因此绝热材料应经常处于干燥状态。表2.2为常用保温隔热材料的导热系数。另外,水泥混凝土的导热系数为1.28~1.74 W/(m·k),烧结多孔砖的导热系数为0.58W/(m·k),水的导热系数为0.58~0.62 W/(m·k),封闭状态下空气的导热系数为0.023 W/(m·k),真空导热系数为0。

表2.2 土木工程中常用保温隔热材料的导热系数

材料名称	导热系数[W/(m·K)]
玻化微珠	0.085
岩棉板	0.041~0.045
聚氨酯	0.025
挤塑聚苯板	0.042~0.056
膨胀聚苯板	0.037~0.041
加气混凝土	0.098~0.12
泡沫玻璃	0.066
玻璃纤维棉板	0.036
锯木屑	0.083

3)热变形性

热变形性是指材料在温度变化的同时，尺寸也受到了相应的变化，通常用线膨胀系数来表示。公式如下：

$$\alpha = \frac{\Delta L}{L(t_2 - t_1)} \tag{2.11}$$

式中　α——线膨胀系数，1/K；

L——材料原长，mm；

ΔL——材料的线变形量，mm；

t_2-t_1——材料温度变化值，K。

一般来说，在土木工程建设中，要求材料的热变形性尽量小。表2.3为常用土木工程材料的线膨胀系数。

表2.3　土木工程中常用材料的线膨胀系数

材料名称	线膨胀系数/($1 \cdot K^{-1}$)
水泥混凝土(20 ℃)	$(10 \sim 14)\times10^{-6}$
建筑钢材(20 ℃)	$(11 \sim 12)\times10^{-6}$
砖(20 ℃)	9.5×10^{-6}
有机玻璃(20～100 ℃)	130×10^{-6}
玻璃(20～100 ℃)	$(4 \sim 11.5)\times10^{-6}$
胶木、硬橡皮(20 ℃)	$(64 \sim 77)\times10^{-6}$
陶瓷	$(3 \sim 6)\times10^{-6}$
石英玻璃	0.51×10^{-6}

材料与水相关的性质

2.2　材料与水有关的性质

材料在使用过程中，很多时候会与雨水、地下水、生活用水以及大气中的水汽接触。材料在水的作用下，物理力学性能、耐久性能等会产生一系列变化，因此材料与水有关的性质尤为重要。

2.2.1　材料的亲水性与憎水性

材料与水接触时能被水润湿的性质称为亲水性，材料与水接触时不能被水润湿的性质称为憎水性。当材料与水接触时，材料与水的亲水与憎水程度用润湿角 θ 表示，如图2.1所示。水分与材料表面接触，在材料、水和空气的交点处沿水滴表面作切线，切线与材料和水接触面的夹角为 θ。θ 角越小，表明材料越容易被水润湿。一般认为，当 $\theta \leqslant 90°$ 时，如图2.1(a)所示，材料表现出亲水性，可以被水湿润，称为亲水性材料；表明水分子之间的内聚力小于水分子与材料分子间的吸引力。当 $\theta>90°$ 时，如图 2.1(b) 所示，材料表面不能被水润湿而表现出憎水性，称为憎水性材料；表明水分子之间的内聚力大于水分子与材料分子间的吸引力。当 $\theta=0°$ 时，材料完全被水润湿，称为铺展。

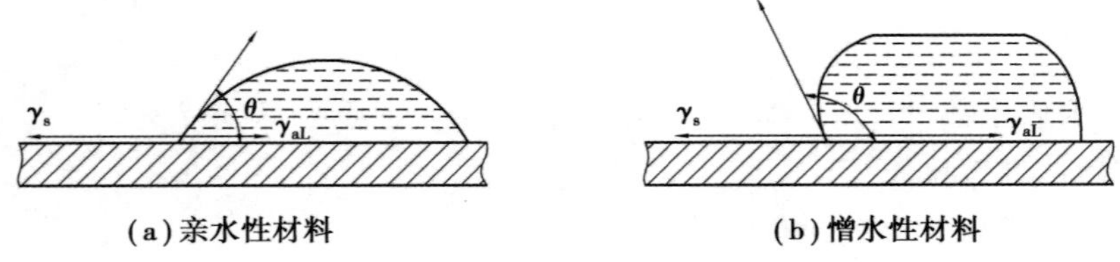

图 2.1 材料湿润边角示意图

常用土木工程材料属于亲水材料的有砖、水泥混凝土、钢材、玻璃、砂石、木材等；属于憎水材料的有沥青、石蜡、塑料、油漆等。亲水材料可以进行表面憎水处理。

一般来说，憎水材料抵抗水的破坏的能力强些。

2.2.2 材料的吸水性与吸湿性

1) 材料的吸水性

吸水性，是指材料在水中通过毛细孔吸收并保持水分的性质。吸水性用吸水率表征，分为质量吸水率和体积吸水率。

(1) 质量吸水率

质量吸水率是指材料吸水饱和时，吸水量占材料干燥时质量的百分率。公式如下：

$$W_Z = \frac{m_b - m_g}{m_g} \times 100\% \tag{2.12}$$

式中 W_Z——材料的质量吸水率，%；

m_b——材料吸水饱和状态下的质量，kg；

m_g——材料在干燥状态下的质量，kg。

(2) 体积吸水率

体积吸水率是指材料吸水饱和时，所吸水分体积占材料干燥状态时体积的百分率。用公式表示如下：

$$W_v = \frac{m_b - m_g}{v_0} \times \frac{1}{\rho_w} \times 100\% \tag{2.13}$$

式中 W_v——材料的体积吸水率，%；

v_0——绝干材料在自然状态下的体积，m^3；

ρ_w——水的密度，常温下为 1 000 kg/m^3。

质量吸水率和体积吸水率二者之间的关系为：

$$W_V = W_Z \rho_0 \tag{2.14}$$

式中 ρ_0——材料干燥状态下的表观密度（简称干表观密度），kg/m^3。

材料吸水率的大小主要取决于材料的孔隙率及孔隙特征。具有细微而连通孔隙且孔隙率大的材料吸水率较大;具有粗大孔隙的材料,虽然水分容易渗入,但仅能润湿孔壁表面而不易在孔内存留,因而其吸水率不高;密实材料以及仅有封闭孔隙的材料是不吸水的。

材料吸水后,自重增加,强度降低,保温性能下降,抗冻性能变差,有时还会发生明显的体积膨胀。

2)材料的吸湿性

材料在潮湿空气中吸收水分的性质称为吸湿性。吸湿作用是可逆的,材料既能够吸收空气中的水分,又能够向空气中释放水分。材料的吸湿性用含水率表示。可表示为:

$$W_h = \frac{m_s - m_g}{m_g} \times 100\% \tag{2.15}$$

式中 W_h——材料的含水率,%;

m_s——材料在吸湿状态下的质量,kg;

m_g——材料在干燥状态下的质量,kg。

当材料中的水分与空气温度和湿度达到平衡状态时,称为材料的平衡含水率。

材料吸湿性的影响因素较多,包括环境温度和湿度,材料的亲水性、孔隙率及孔隙特征。亲水性材料比憎水性材料有更强的吸湿性,材料中孔对吸湿性的影响与对吸水性的影响相似。

材料吸水或吸湿后,许多性能变差。可削弱材料内部质点间的结合力,引起强度下降。同时也使材料的导热性增加,保温性、吸声性下降,几何尺寸略有增加,并使材料冻害、腐蚀等加剧。

2.2.3 材料的耐水性

材料长期在水作用下不破坏,强度也不显著降低的性质为耐水性。材料的耐水性用软化系数来表示

$$K_r = \frac{f_b}{f_g} \tag{2.16}$$

式中 K_r——材料的软化系数;

f_b——材料在饱和吸水状态下的抗压强度,MPa;

f_g——材料在干燥状态下的抗压强度,MPa。

材料一般在吸水后强度降低,强度降低越多,软化系数就越小,材料的耐水性就越差。软化系数的范围为0~1,一般将软化系数大于0.85的材料称为耐水材料,可以用于长期处于水或潮湿环境的结构部位。对于次要结构物或短期处于潮湿环境的材料,要求 K_r 不小于0.75。

2.2.4 材料的抗渗性

材料抵抗压力水渗透的性质称为抗渗性。材料的抗渗性可用渗透系数或抗渗等级表示。渗透系数可用如下公式表示

$$K = \frac{Qd}{AtH} \tag{2.17}$$

式中 K——材料的渗透系数,m/h;

Q——渗透水量,m^3;

d——试件厚度,m;

A——渗水面积,m^2;

t——渗水时间,h;

H——静水压力水头,m。

对于混凝土、砂浆等材料。通常用抗渗等级来表示其抗渗性能

$$P = 10H - 1 \tag{2.18}$$

式中 P——材料的抗渗标号;

H——材料透水前所能承受的最大水压力,MPa。

材料的渗透系数越小或抗渗等级越高,抗渗性越好。对于防水材料来说,需具有较好的抗渗性。

2.2.5 材料的抗冻性

材料的抗冻性是指其在含水状态下受多次冻融循环作用而不被破坏、强度不显著降低、质量也不显著减少的性质。材料的抗冻性由抗冻等级来表示,抗冻等级越高,抗冻性越好。抗冻等级是材料在饱水状态下进行冻融循环作用,强度和质量损失均不超过规定值时所能承受的最大冻融循环次数。

材料内部孔隙率和孔隙特征是决定其抗冻性的主要特征。孔隙率越小,抗冻性越好。材料的吸水性和强度也和抗冻性有关。运用于严寒条件下的材料,需具备良好的抗冻性能。

2.3 材料的力学性质

材料的力学性质

2.3.1 强度

材料在荷载作用下,不被破坏所承受的最大应力称为强度。由于外力作用方式不同,将材料的强度分为以下几类,如图2.2所示。

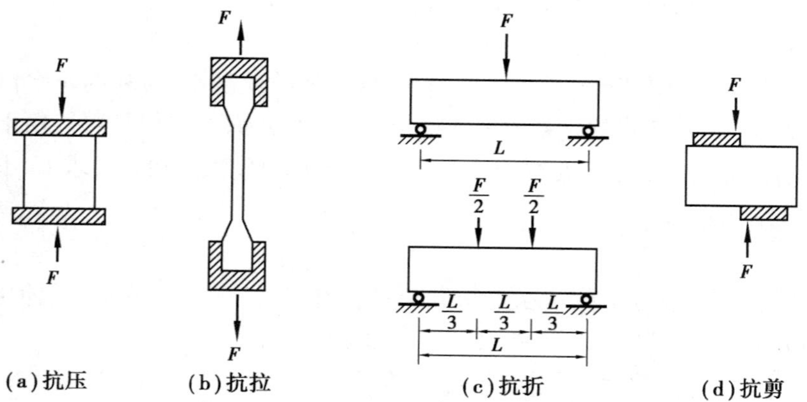

图2.2 材料受外力示意图

材料抗压、抗拉和抗剪强度按如下公式计算：

$$f=\frac{F}{S} \tag{2.19}$$

式中　f——材料的强度，MPa；

F——破坏时的最大荷载，N；

S——受力面面积，mm^2。

对于抗弯试件来说。根据其加荷方式的不同。其强度计算公式分为以下两种：

(1)单点加荷

$$f_{弯}=\frac{FL}{bh^2} \tag{2.20}$$

(2)三分点加荷

$$f_{弯}=\frac{3FL}{2bh^2} \tag{2.21}$$

式中　$f_{弯}$——材料的抗弯强度，MPa；

F——破坏时的最大荷载，N；

L——试件两支点间的距离，mm；

b、h——截面的宽度和高度，mm。

材料强度的高低主要决定于材料本身的组成、结构和构造。不同品种的材料强度各不相同，同种材料也会因其孔隙率及构造特征不同而使强度有较大差异。材料强度随着孔隙率的增大而降低；表观密度大的材料，一般强度也大。晶体材料，强度与晶粒粗细有关，其中细晶粒的强度高。材料的强度还与其温度及含水状态有关，含有水分的材料，其强度比其干燥时低。一般在温度升高时，材料的强度降低，对沥青混凝土来说较明显。

材料强度是在一定条件下试验所得的结果，强度值的大小与试件尺寸、形状、含水量、表面状态、温度和加荷速度等因素有关。如材料相同时，小试件测得的强度比大试件高；加荷速度快时，荷载的增加大于材料变形速度，所测出的强度值偏高；试件表面不平整或表面涂有润滑剂时，测得的强度值偏低。所以为了得到可供比较的强度指标，就必须严格遵守材料试验标准进行试验。

2.3.2　弹性与塑性

1)弹性

弹性是指材料在外力作用下产生变形，当去除外力后，材料完全恢复原本形状的性质。这种完全恢复形状的变形称为弹性变形。变形曲线如图2.3(a)所示。

2)塑性

塑性是指材料在外力作用下产生变形，且外力去除后，材料仍保持变形后的形状和尺寸且不产生裂缝的性质。这种不可恢复原先形状的变形称为塑性变形。变形曲线如图2.3(b)所示。

3）弹塑性

在实际工程中，完全的弹性材料或完全的塑性材料是不存在的。大多数材料的变形既有弹性变形，也有塑性变形。有些材料在低应力作用下产生弹性变形，在高应力作用下产生塑性变形，如，建筑钢材；有的材料则在受力时，塑性变形和弹性变形同时发生，如，水泥混凝土。变形曲线如图2.3（c）所示。

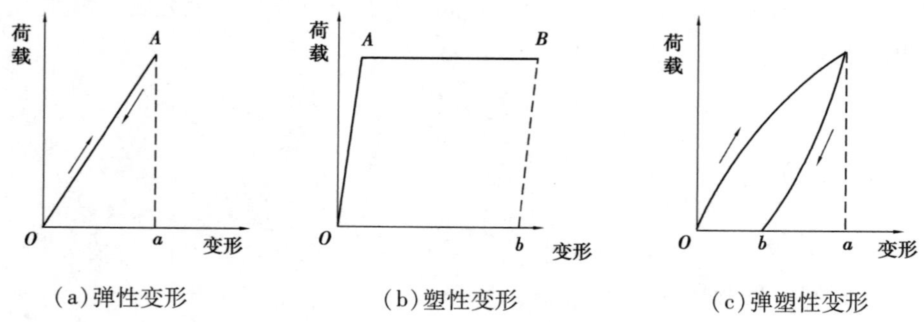

（a）弹性变形　（b）塑性变形　（c）弹塑性变形

图2.3　材料变形曲线

弹性模量作为结构设计的重要参数，用来衡量材料的变形能力。公式如下：

$$E = \frac{\sigma}{\varepsilon} \tag{2.22}$$

式中　E——材料的弹性模量，MPa；

σ——材料应力，MPa；

ε——材料应变。

弹性模量越大，材料越不容易变形。

2.3.3　脆性与韧性

1）脆性

脆性，是指材料在外力作用下，当外力达到一定极限时，材料突然破坏无明显变形的性质。脆性材料的变形曲线如图2.4所示。

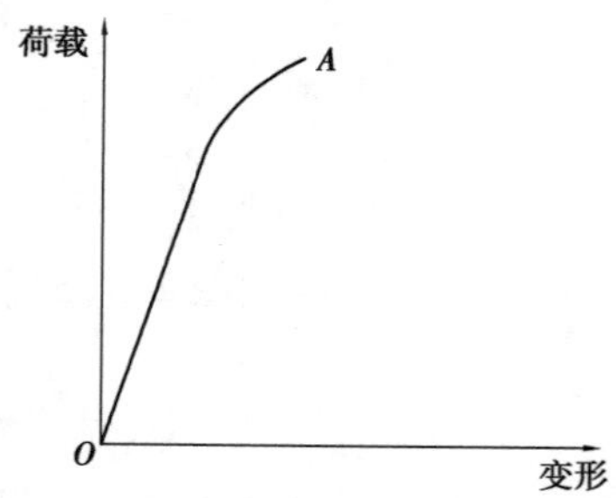

图2.4　材料脆性变形曲线

土木工程中的脆性材料有混凝土、砖、石材、陶瓷、玻璃、生铁等。

2）韧性

材料在冲击或振动荷载作用下，吸收较大的能量，产生较大的变形而不发生突然破坏的性质称为冲击韧性，简称韧性。公式如下：

$$a_k = \frac{A_K}{A} \tag{2.23}$$

式中 a_k——材料的冲击韧性，J/m^2；

A_K——材料破坏时消耗的功，J；

A——受力净截面积，m^2。

土木工程中的韧性材料有建筑钢材、橡胶、木材、沥青等。

一般来说，脆性材料的抗压强度很高，但抗拉强度低，抵抗冲击荷载和振动作用的能力差；韧性材料抵抗冲击荷载和振动荷载作用的能力强，可用于桥梁、吊车梁等承受冲击荷载和有抗震要求的结构。

2.4 材料的耐久性与环境协调性

2.4.1 耐久性

材料的耐久性，是指材料在环境的各种因素作用下，能长久地保持其性能的性质。物理作用，指材料受干湿、冷热、冻融变化等，使材料产生收缩或膨胀变形，或者产生内应力而开裂破坏。砖石和混凝土等无机非金属材料，常因物理和化学作用而破坏。化学作用，是指材料在大气和环境水中的酸碱盐等侵蚀性介质作用下，材料逐渐变质而破坏。金属材料如建筑钢材，常因化学作用引起腐蚀而破坏。生物作用，指材料在昆虫或菌类等生物的侵害下，发生虫蛀、腐蚀而破坏。木材等天然材料，常因生物作用产生腐蚀和腐朽。

材料的耐久性是一项综合性质，包括强度、抗渗性、抗冻性、耐磨性、耐化学侵蚀性、大气稳定性等。因此，无法用一个统一的指标去衡量所有材料的耐久性，只能根据工程应用中对材料所处的结构部位和使用环境等因素综合考虑，对材料提出的具体耐久性要求进行评价，如结构材料要求强度高、冻融环境中要求抗冻性好、水工建筑要求抗渗性好等；并根据各种材料的耐久性特点合理选用，以利于节约材料、减少维修费用、延长构筑物的使用寿命等。

2.4.2 环境协调性

土木工程材料应用广泛，用量较大，影响着经济建设和人民生活水平。环境是人类周围一切物质、能量和信息的总和。目前，保护生态环境、节约资源和发展循环经济已成为全人类的共同目标，特别是碳达峰碳中和政策的提出，材料环境协调性开始进行量化评价。土木工程材料在全寿命周期内（即包括原材料开采、运输、加工、生产、建造、使用、维修、改造、拆除、废弃等各个环节）都必须考虑其与生态环境的关系，确保生态环境的和谐性。

土木工程材料应遵循可持续发展和循环经济理念。把清洁生产、资源综合利用、可再生能源开发、灵巧产品的生态设计和生态消费等融为一体。建立“资源—生产—产品—消费—废弃物再资源化”的清洁闭环流动模式。避免对地球掠夺式开发所导致的自然生态的破坏。循环经济标志性特征，即其遵循4R原则：减量化(Reduce)、再利用(Reuse)、再循环(Recycle)、再思考(Reyhink)的行为原则。减量化原则，即减物质化为循环经济的首要原则，也是最重要的原则。该原则以不断提高资源生产率和能源利用效率为目标，在经济运行的输入端最大限度地减少对不可再生资源的开采和利用，尽可能多地开发利用替代性的可再生资源，减少进入生产和消费过程的物质流和能源流。再利用原则，指尽可能多次以及尽可能多种方式地使用人们所购买的东西。再循环原则，指尽可能多地再生利用或资源化，把废弃物返回工厂，进行适当加工后再融入新的产品中。再思考原则，指不断深入思考在经济运行中如何系统地避免和减少废弃物，最大限度地提高资源生产率，实现污染排放最小化，废弃物循环利用最大化。

土木工程材料工业对发展循环经济具有一定的优势。从能源和资源两方面利用各种废弃物，如利用粉煤灰等工业废渣作原料取代天然资源，减轻了环境负荷；利用工业和生活垃圾等可燃废弃物做原料和燃料，减少化石类资源的消耗。在水泥制品和混凝土行业，利用工业废渣作掺和料，已经得到了广泛的应用。开发直接“有益”于生态环境的生态混凝土(Environmentally Friendly Concrete或Eco. con. crete)更为混凝土行业的发展提出了新思路。墙体材料工业可以大量消纳和利用工业废渣和农业废弃物，替代天然资源制造环保利废型墙体材料，如粉煤灰砌块、煤矸石砖、建筑用纸面草板等产品，显著节省资源和能源，保护环境。随着我国城市改造规模的日益扩大，城市建筑垃圾的堆存量将越来越大，理论上，大部分的建筑垃圾都可以循环利用，如混凝土废料经破碎后可以代替砂和骨料，用于生产砂浆、混凝土等；其中的钢筋可以挑选出回炉，达到资源多层次循环利用的目的。

近年来，随着建筑工业化的发展，装配式建筑和3D打印建筑成为新兴的建筑技术。这对土木工程材料的发展提出了新的要求，对环境保护起到了积极作用。装配式建筑遵循可持续发展的原则，有利于提高生产效率，节约能源，且有利于提高和保证建筑工程质量。与现浇施工相比，装配式建筑有利于绿色施工，更能符合绿色施工的节地、节能、节材、节水和环境保护等要求，降低对环境的负面影响，包括降低噪声、防止扬尘、减少环境污染、清洁运输、减少场地干扰、节约水、电、材料等资源和能源。而且，装配式结构可以连续地按顺序完成工程的多个或全部工序，从而减少进场的工程机械种类和数量，消除工序衔接的停闲时间，实现立体交叉作业，减少施工人员，从而提高工效，降低物料消耗，减少环境污染，为绿色施工提供了保障。3D打印建筑是利用工业机器人逐层重复铺设材料层构建自由形式的建筑的新兴技术，《国家增材制造产业发展推动计划(2015—2016)》从国家战略高度提出了3D打印的发展方向和目标。在建筑领域。3D打印不仅用于建筑模型的制造，还成功应用于实体建筑建造，提高了施工效率，节约了资源。

可持续性发展是人类与自然相协调的必然选择。循环经济的内涵、原则与可持续发展是一致的。根据社会发展和国家的经济建设需要，土木工程材料产业将不断提升自身的科学技术发展水平。科学技术的发展又会进一步推进循环经济的深入，使土木工程材料工业在未来新的形势下不断提升自己，逐渐向高级生态系统发展，获得更广阔的生存和可持续发展空间。因此，绿色土木工程材料的概念应运而生，所谓绿色土木工程材料，是指统筹考虑土木工程材料在全寿命周期内不仅具有满意的使用性能，所用的资源和能源的消耗量最少，而且其生产和使用过程对生态环境的影响最小,再生循环利用率最高。绿色土木工程材料需要满足4个目标,即基本目标、环保目标、健康目标和安全目标。基本目标包括功能、质量、寿命和经济性;环保目标要求从环境角度考核土木工程材料生产、运输、废弃等各环节对环境的影响;健康目标考虑到土木工程材料作为一类特殊材料与人类生活密切相关,使用过程中必须对人类健康无毒无害;安全目标包括耐燃性和燃烧释放气体的安全性。材料的环境协调性通常包括资源和能源消耗少、环境负荷小、循环再利用率高和对人身体健康无害。绿色建筑和绿色建材,对材料的环境协调性提出了明确的要求。

本章总结框图

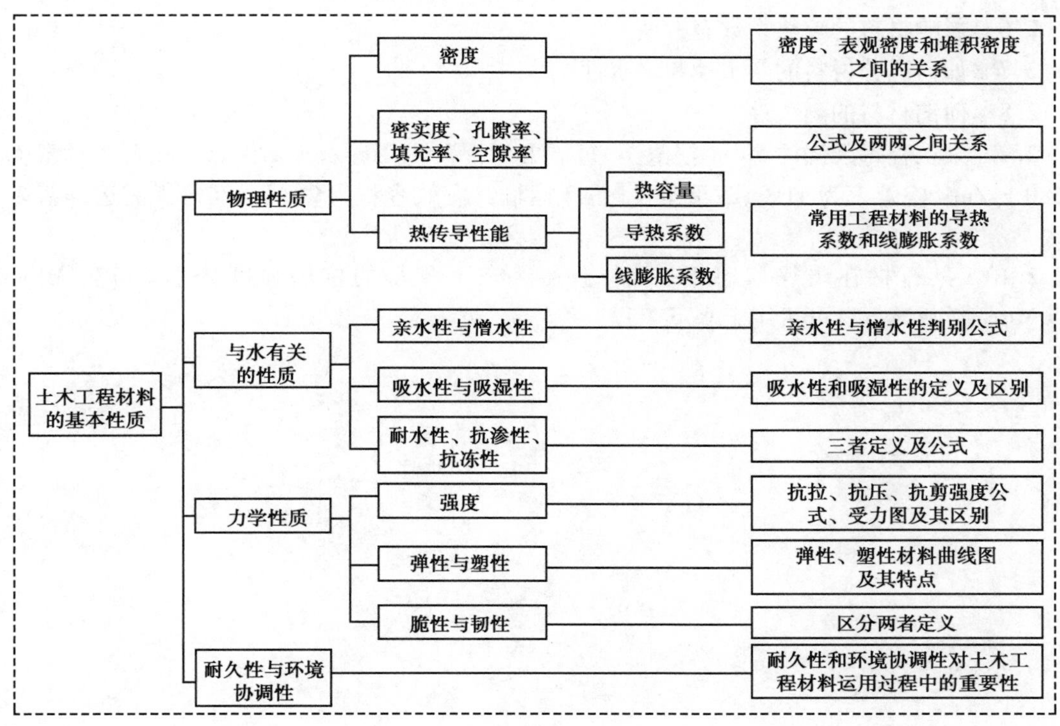

问题导向讨论题

问题:全寿命周期绿色建材的含义?结合具体材料讨论实施技术路径?

分组讨论要求:每组4~6人。设组长1人。负责明确分工和协助要求。并指定人员代表小组进行发言。

思考练习题

2.1 材料的密度、表观密度、堆积密度三者什么关系?

2.2 材料的孔隙根据其孔隙特征可以分为哪几类?

2.3 有一块烧结普通砖,在吸水饱和状态下质量为 2 900 g,其绝干质量为 2 550 g,砖的尺寸为240 mm×115 mm×53 mm,经干燥并磨成细粉后取 50 g。用排水法测得绝对密实体积为 18.62 cm^3。试计算该砖的吸水率、密度、孔隙率。

2.4 什么是材料的弹性和塑性?

2.5 材料的强度分为哪几类? 影响材料强度的因素有哪些?

2.6 影响材料的导热系数有哪些?

2.7 如何区分材料的亲水性与憎水性?

2.8 何谓材料的耐久性?

2.9 某工程每天浇注 50 m^3混凝土,每立方米混凝土用碎石 1 270 kg。碎石表观密度为 2 680 kg/m^3,空隙率为 41%,载重量 4 t 汽车运输其有效容积为 2 m^3。问每天需运碎石多少车次?

2.10 某石材在干燥状态下、吸水饱和状态下测得的抗压强度分别为 178 MPa 和 165 MPa,判断该石材可否用于水下工程。

3 无机胶凝材料

<table>
<tr><td rowspan="3">本章导读</td><td>内容及要求</td><td>介绍石膏和石灰的原材料及生产、水化硬化、性能特点、技术要求、贮存运输及工程应用;介绍了通用硅酸盐水泥的生产、矿物组成、水化硬化、技术要求、性能特点及选用,其他品种水泥的特性及应用等。
通过本章学习,能够说明石灰、石膏的生产过程;理解石灰、石膏熟化(凝结)硬化过程;能够分析石灰、石膏的性质、应用及储运。能够解释硅酸盐水泥的矿物组成及特性、凝结硬化机理和主要技术性质,水泥的腐蚀机理及防治措施;能够分析六大通用水泥的特性和选用。能够说明一些特性水泥和专用水泥,会根据不同的工程要求选用合理的水泥品种。</td></tr>
<tr><td>重点</td><td>石膏建材的绿色特点及应用产品。
水泥的组成、水化硬化过程、技术要求,六大通用硅酸盐水泥的性能特点及选用。</td></tr>
<tr><td>难点</td><td>水泥的水化硬化过程、性能特点及选用。</td></tr>
</table>

在土木工程中,凡是经过一系列物理、化学作用,由浆体变成坚硬固体,能够将散粒材料或块状材料胶结成一个整体,并具有一定强度的材料,统称为胶凝材料。胶凝材料按其化学成分可分为无机胶凝材料和有机胶凝材料两大类。无机胶凝材料是指以无机化合物为基本组成的胶凝材料,常用的有石膏、石灰、水泥,这3种材料是传统的三大胶凝材料。有机胶凝材料是指以天然或人工合成的高分子化合物为基本组成的胶凝材料,常用的有沥青、树脂等。

无机胶凝材料按硬化条件不同,分为气硬性胶凝材料和水硬性胶凝材料。气硬性胶凝材料只能在空气中凝结硬化,也只能在空气中保持和发展强度,常用的有石膏、石灰和水玻璃等。水硬性胶凝材料不仅能够在空气中凝结硬化,而且能更好地在水中硬化并保持和发展强度,如各类水泥。气硬性胶凝材料一般只适用于干燥环境,不宜用于潮湿环境,更不可用于水中。水硬性胶凝材料耐水性很好,既适用于地上,也适用于地下和水中。

石膏

3.1 石膏

石膏，一般泛指生石膏和硬石膏两种矿物，有时仅指生石膏即二水石膏。生石膏为二水硫酸钙（$CaSO_4 \cdot 2H_2O$），又称二水石膏或软石膏；硬石膏（$CaSO_4$）为无水硫酸钙，两种石膏常伴生产出，在一定的地质作用下又可互相转化。

石膏胶凝材料是以硫酸钙为主要成分的多功能气硬性胶凝材料，它通常是由二水石膏（$CaSO_4 \cdot 2H_2O$）经过不同温度和压力脱水制成的半水石膏（α-$CaSO_4 \cdot 1/2H_2O$ 、β-$CaSO_4 \cdot 1/2H_2O$）。石膏胶凝材料也可以是Ⅱ型无水石膏经过物理化学方法活化处理成为有胶结能力、有强度的建筑材料；其中Ⅱ型无水石膏可以是天然硬石膏，也可以是二水石膏经人工脱水而形成的。石膏胶凝材料加工工艺简单，低能耗低碳排放，可循环利用，符合我国绿色低碳可持续发展政策，具有质量轻、凝结快、隔热、耐火和调湿功能等优良特性。

3.1.1 石膏原料及石膏胶凝材料的生产

1）石膏胶凝材料的原料

生产石膏胶凝材料的原料，主要是天然二水石膏和工业副产石膏。天然二水石膏是指自然界中存在的以二水硫酸钙（$CaSO_4 \cdot 2H_2O$）为主要成分的矿物，又称软石膏或生石膏。工业副产石膏是指工业生产中因化学反应生成的以硫酸钙为主要成分的副产物，也称化学石膏，主要有脱硫石膏、磷石膏、钛石膏、柠檬酸石膏、氟石膏、盐石膏、味精石膏、铜石膏等，其中脱硫石膏和磷石膏约占工业副产石膏总量的70%。

脱硫石膏，又称烟气脱硫石膏、硫石膏或FGD石膏（Flue Gas Desulphurization Gypsum），是对含硫燃料燃烧后产生的烟气进行脱硫净化处理而得到的工业副产石膏，主要来源于火力发电厂。脱硫石膏主要成分和天然石膏一样，为二水硫酸钙 $CaSO_4 \cdot 2H_2O$。烟气脱硫过程（FGD）是一项采用石灰—石灰石回收燃煤或油的烟气中的二氧化硫的技术，该技术是把石灰—石灰石磨碎制成浆液，使经过除尘后的含 SO_2 的烟气通过浆液洗涤器而除去 SO_2；石灰浆液与 SO_2 反应生成硫酸钙及亚硫酸钙，亚硫酸钙经氧化转化成硫酸钙，得到工业副产石膏，称为脱硫石膏。我国脱硫石膏产生量大，是资源化利用较好的工业副产石膏，我国2022年脱硫石膏产生量约1.4亿t、利用率约60%，广泛用于建材等行业。脱硫石膏资源化利用不仅消纳了固废、有力地促进了国家环保循环经济的进一步发展，而且还大大降低了矿石膏的开采量，保护了资源。

磷石膏，是湿法磷酸工艺中产生的工业副产石膏，主要来源于磷肥企业。磷石膏主要组分是二水硫酸钙，除此之外，还有可溶磷、可溶氟、有机物、共晶磷等有害杂质。这些有害杂质是磷石膏资源化利用的主要障碍，我国磷石膏综合利用率低，2022年产生量约8 400万t、利用率约45%，累计堆存量超过8亿t且逐年增加，磷石膏的堆积严重破坏了生态环境，不仅污染了地下水资源，还造成了土地资源的浪费。因此，开发磷石膏的除杂技术，提高资源化综合利用率势在必行。

2)石膏及其脱水相

从热力学角度来说,石膏及其脱水产物均是 $CaSO_4$-H_2O 系统中的一个相,这个体系包括五个相、七个变体。它们是:二水石膏($CaSO_4 \cdot 2H_2O$);α 型和 β 型半水石膏(α-$CaSO_4 \cdot 1/2H_2O$、β-$CaSO_4 \cdot 1/2H_2O$);α 型和 β 型的Ⅲ型无水石膏(α-Ⅲ$CaSO_4$、β-Ⅲ$CaSO_4$);Ⅱ无水石膏(Ⅱ$CaSO_4$);Ⅰ无水石膏(Ⅰ$CaSO_4$)。无水石膏又称硬石膏。这里所说的石膏"变体",包含了相与形态两个概念,区别它们时,有的取决于晶体结构特征,有的则取决于亚微观结构的特征,如晶粒的形态、排列以及与比表面积有关的能量状态等。

二水石膏又称石膏、生石膏,是自然界中稳定存在的一个相。多数工业副产石膏也是二水石膏。它们是脱水产物的原始材料,又是脱水产物再水化的最终产物,这种最终产物也称为再生石膏。

半水石膏,根据形成条件不同分为 α 型半水石膏和 β 型半水石膏两个变体。当二水石膏在饱和水蒸气条件下,或在酸、盐的溶液中加热脱水,即可形成 α 型半水石膏;如果在缺少水蒸气的干燥环境中脱水则形成 β 型半水石膏。半水石膏,具有较好胶凝性,工程中常用的石膏胶凝材料即为半水石膏,α 型半水石膏称为高强石膏,β 型半水石膏称为建筑石膏。

无水石膏,根据形成条件不同分为Ⅰ型、Ⅱ型和Ⅲ型。Ⅲ型无水石膏,也称可溶性硬石膏,一般分为 α 型和 β 型两个变体,分别由 α 型和 β 型半水石膏脱水而成。Ⅲ型无水石膏,结构疏松、有较大比表面积,亲水性极强,稳定性很差,可从潮湿的空气中吸收水分转变成半水石膏,初始水化速度极快,形成硬化体时强度较低。简言之,在常温常压的空气中,Ⅲ型无水石膏不能稳定存在。Ⅱ型无水石膏,也称不溶性硬石膏,它是二水石膏、半水石膏和Ⅲ型无水石膏经高温脱水后在常温下稳定的最终产物。在自然界中稳定存在的天然硬石膏也属此类。Ⅰ型无水石膏,也称 α 硬石膏,是一种在 1 180 ℃以上的高温条件下才能存在的相,低于该温度时,Ⅰ型无水石膏又转变为Ⅱ型无水石膏。所以Ⅰ型无水石膏在常温下是不存在的,也是没有什么实际意义的相。

综上所述,在常温常压条件下,能够独立稳定存在的只有 3 个相,分别是二水石膏、半水石膏和Ⅱ型无水石膏。工程中常用的石膏胶凝材料即为半水石膏,α 型半水石膏称为高强石膏,β 型半水石膏称为建筑石膏。

3)建筑石膏和高强石膏生产

建筑石膏,是指天然石膏或工业副产石膏经过一定温度煅烧脱水处理制得的,以 β 半水硫酸钙(β-$CaSO_4 \cdot 1/2H_2O$)为主要成分,不预加任何外加剂或添加物,用于建筑材料的粉状胶凝材料。

高强石膏,指二水硫酸钙($CaSO_4 \cdot 2H_2O$)在饱和水蒸气介质或液态水溶液中,且在一定的温度、压力或转晶剂条件下得到的以 α 型半水硫酸钙(α-$CaSO_4 \cdot 1/2H_2O$)为主要晶体形态的粉状胶凝材料。高强石膏生产工艺按其脱水方式分有两种方式,一种是蒸压法,指二水石膏在饱和蒸汽介质中进行脱水;另一种是水热法,指二水石膏在某些酸类、盐类等溶液中通过加热蒸煮而获得。具体生产工艺见图 3.1。

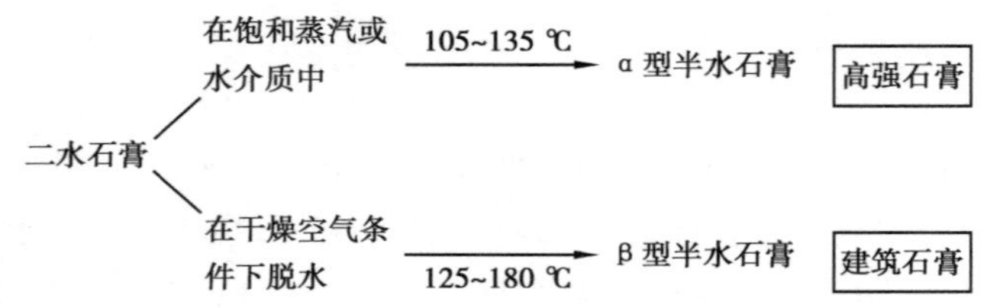

图 3.1　工业生产建筑石膏和高强石膏的工艺条件

高强石膏，是在有液态水存在的环境中脱水、重结晶形成，其晶体致密、粗大、完整，晶体形态多呈棒状、柱状和粒状。高强石膏的比表面积小、标准稠度用水量小、强度高。

建筑石膏，是在过热非饱和蒸汽下快速脱水而形成，其晶体疏松、细小、不规则，晶粒形态多呈鳞片状、少量呈薄板状晶体。建筑石膏比表面积大，标准稠度用水量大，强度低，强度只有高强石膏的 1/2。

对于一般刚煅烧出的熟石膏（建筑石膏或高强石膏），除了半水石膏，还或多或少含有未脱水的二水石膏（$CaSO_4 \cdot 2H_2O$）和伴生的可溶性无水石膏（Ⅲ$CaSO_4$），即物相组成不稳定，且内含能量较高、分散度大、吸附活性高，从而易出现调制后标稠需水量大、强度低及凝结时间不稳定等现象。改善这种状况的办法是将新煅烧的熟石膏，在密闭的料仓中存放，利用物料的温度（107 ℃以上），可以使物料中残存的二水石膏吸热，进一步转变为半水石膏，同时其中可溶性无水石膏也可以吸收物料周围的水分转变为半水石膏，这种相组分的转变以及晶体的某些变化过程，称为熟石膏的陈化。

3.1.2　建筑石膏的水化与凝结硬化

建筑石膏的水化，指 β 半水硫酸钙与水所起的化合作用，转变为二水石膏的反应。建筑石膏的凝结硬化，指 β 半水硫酸钙的水化物凝聚、结晶获得力学强度的过程。新生成的半水石膏有很强的水化活性，一般 5 ~ 6 min 开始水化结晶，30 min 基本上水化成二水化合物，2 h 内全部转变成二水石膏，形成结晶网络硬化体。

建筑石膏加适量水拌和后，最初会形成可塑性浆体，但浆体很快失去可塑性并产生强度，发展成为坚硬的固体。半水石膏溶解于水，很快形成饱和溶液，溶液中的半水石膏与水发生水化反应，生成二水石膏，反应式如下：

$$CaSO_4 \cdot 0.5H_2O + 1.5H_2O \longrightarrow CaSO_4 \cdot 2H_2O$$

由于二水石膏在水中的溶解度（20 ℃时为 2.05 g/L）比半水石膏的溶解度（20 ℃时为 8.16 g/L）小，因此半水石膏的饱和溶液对于二水石膏即为过饱和溶液，二水石膏将以胶体微粒从溶液中析出，致使液相中原有的溶解平衡破坏，导致半水石膏进一步溶解、水化，直至完全变成二水石膏。在这个过程中，随着浆体中的自由水因水化和蒸发逐渐减少，同时二水石膏胶体微粒数量不断增加，浆体逐渐变稠，微粒间的摩擦力和黏结力逐渐增强，浆体开始失去可塑性，表现为初凝。随着时间延长，浆体继续变稠，二水石膏胶体微粒逐渐凝聚为晶体，晶体逐渐长大、共生和相互交错，使得浆体完全失去可塑性，开始产生强度，达到终凝。此后，其晶体颗粒仍在不断长大、共生、交错，强度不断增长，直至浆体完全干燥，强度发展到最大值，这就是石膏的硬化过程，如图 3.2 所示。

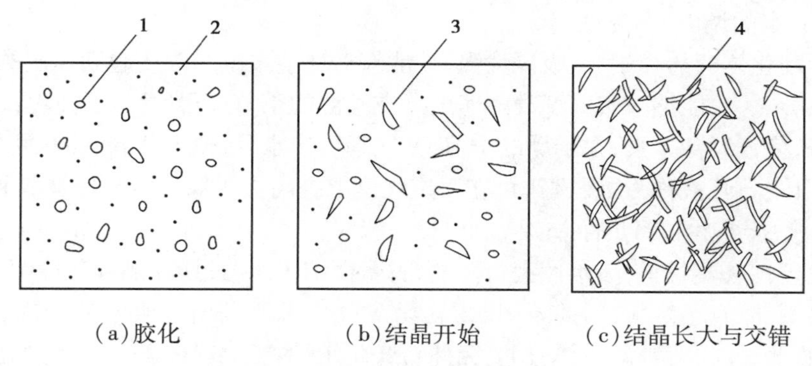

图3.2　建筑石膏凝结硬化示意图

1—半水石膏;2—二水石膏胶体微粒;3—二水石膏晶体;4—交错的晶体

综上所述,建筑石膏的水化与凝结硬化包括3个阶段:水化作用的化学过程阶段,即半水石膏溶解和水合;结晶作用的物理过程阶段,即二水石膏析晶和晶体长大;硬化的力学过程阶段,即晶体连生和晶体网络形成。

3.1.3　建筑石膏的性能特点及技术要求

1)建筑石膏的性能特点

(1)凝结硬化快

建筑石膏与水拌和后,一般3~6 min即可初凝,30 min内终凝。在室内自然干燥条件下,约7 d达到完全硬化。为施工方便,常掺入适量缓凝剂,延缓凝结时间,以降低半水石膏的溶解度或溶解速度,如亚硫酸盐酒精溶液、硼砂、柠檬酸或石灰处理骨胶、皮胶和蛋白胶等;工程中用石膏缓凝剂分为有机酸类、碱性磷酸盐类、氨基酸/蛋白类。如果需要加速建筑石膏的凝结,则可以掺加促凝剂,如氯化钠、氯化镁、氟硅酸钠、硫酸钠、硫酸镁等,以加快半水石膏的溶解度和溶解速度。

(2)硬化时体积微膨胀

建筑石膏在凝结硬化过程中,体积微膨胀,膨胀率为0.05%~0.15%。这不同于另外两种胶凝材料,石灰、水泥凝结硬化时体积收缩,建筑石膏硬化时不会像水泥基材料因收缩而出现裂缝。这种微膨胀特性,使得石膏制品表面光滑、轮廓清晰、形体饱满,具有较好的装饰性。

(3)硬化后孔隙率大,表观密度小,强度较低

建筑石膏水化反应的理论需水量仅为其质量的18.6%。但施工中为保证浆体具有足够的流动性和可塑性,需水量常达60%~80%,多余水分蒸发后形成大量孔隙,硬化体孔隙率可达50%~60%。因此,建筑石膏硬化后,强度较低,表观密度较小,导热系数小,吸声性较好。

(4)防火性好

硬化的石膏浆体主要是由水化产物二水石膏形成的晶体结构网,遇火时,二水石膏吸收大量热量,结晶水分解并蒸发,形成蒸汽幕,在晶体结构全部分解以前,温度上升十分缓慢,从而能够有效延缓火势蔓延,起到防火作用,但建筑石膏不宜长期在65 ℃以上环境中使用,以避免二水石膏脱水分解导致强度下降。

(5)具有一定的调温、调湿性

建筑石膏硬化体的热容量大、吸湿性强,故能够对环境温度和湿度起到一定的调节和缓冲作用。石膏热容量大,能够减缓温度升降速度。在潮湿的季节,石膏可以通过毛细孔结构吸收空气中的水分,使人感到干爽;在干燥的季节,又能释放出水分,使人感到滋润舒服。同钢筋混凝土等建材相比,石膏被称为“暖材”,可在一定程度上提高人居舒适度和建筑节能效果。

(6)耐水性、抗冻性和耐热性差

石膏是气硬性胶凝材料,吸水性大,且二水石膏微溶于水,长期在潮湿环境中,其晶体粒子间的结合力会减弱,直至溶解,因此不耐水,软化系数约 0.3;若石膏吸水后受冻,则孔隙内水分结冰,体积膨胀,使得石膏硬化体破坏,因此石膏耐水性差。此外,若在温度过高,超过 65 ℃的环境中使用,二水石膏会脱水分解,造成强度降低。因此,建筑石膏不宜应用于潮湿环境和温度过高的环境。

提高硬化石膏浆体耐水性的主要技术途径有:保证石膏浆体晶体结构网的形成,减小孔隙率,提高浆体密实度,减少裂纹等。具体主要措施:可以在石膏浆体中加入一定量的活性二氧化硅、三氧化二铝和氧化钙等外加剂,参与石膏的水化反应,生成具有水硬性的水化硅酸钙和水化铝酸钙等。也可加入沥青—石蜡以及其他水溶性聚合物对石膏进行改性,提高其耐水性。也可直接采用表面涂刷防水层的方式,使其与水隔绝。

2)建筑石膏的技术要求

建筑石膏是以天然石膏或工业副产石膏经脱水处理制得的,以 β 半水硫酸钙($\beta\text{-}CaSO_4 \cdot 1/2H_2O$)为主要成分,不预加任何外加剂或添加物,用于建筑材料的粉状胶凝材料。按原材料分为三大类:天然建筑石膏,代号 N;脱硫建筑石膏,代号 S;磷建筑石膏,代号 P)。按 2 h 湿抗折强度分为 4.0、3.0、2.0 三个等级。建筑石膏的产品标记顺序为:产品名称、分类代号、等级、标准编号,例如,等级为 2.0 的脱硫建筑石膏标记为:脱硫建筑石膏 S 2.0[《建筑石膏》(GB/T 9776—2022)]。

建筑石膏的技术要求包括组成、物理力学性能、放射性核素限量、限制成分含量、pH 值 5 个方面。这里仅介绍组成和物理力学性能要求。

建筑石膏产品中有效胶凝材料 β 半水硫酸钙($\beta\text{-}CaSO_4 \cdot 1/2H_2O$)与可溶性无水硫酸钙(AⅢ-$CaSO_4$)含量之和应不小于 60.0%,且二水硫酸钙($CaSO_4 \cdot 2H_2O$)含量不大于 4.0%;可溶性无水硫酸钙(AⅢ-$CaSO_4$)含量由供需双方商定。

建筑石膏的物理力学性能包括凝结时间和强度,具体要求见表 3.1。

表 3.1 建筑石膏物理力学性能(GB/T 9776—2022)

等级	凝结时间/min		强度/MPa			
			2 h 湿强度		干强度	
	初凝	终凝	抗折	抗压	抗折	抗压
4.0	≥3	≤30	≥4.0	≥8.0	≥7.0	≥15.0
3.0			≥3.0	≥6.0	≥5.0	≥12.0
2.0			≥2.0	≥4.0	≥4.0	≥8.0

3.1.4 建筑石膏的应用及储运

建筑石膏在建筑工程中应用十分广泛，石膏砂浆类有抹灰石膏、石膏保温砂浆、石膏腻子、自流平石膏等，用于室内墙面和地面；板材类有纸面石膏板、纤维石膏板、装饰石膏板、石膏空心条板等，用于装饰或墙体条板；砌块类有各种石膏砌块，用于墙体填充材料。

1）建筑石膏的应用

（1）石膏砂浆

抹灰石膏，指以半水石膏（$CaSO_4 \cdot 1/2H_2O$）和Ⅱ型无水硫酸钙（Ⅱ型 $CaSO_4$）单独或两者混合后作为主要胶凝材料，掺入集料和外加剂制成的抹灰材料，可采用手工抹灰和机喷抹灰两种施工工艺。适用于室内墙面和顶棚抹灰层。具体技术要求可参考《抹灰石膏》（GB/T 28627—2023）、《机械喷涂抹灰石膏》（JC/T 2474—2018）和《抹灰石膏应用技术规程》（JC/T 60005—2020）。

石膏保温砂浆，指以半水石膏（$CaSO_4 \cdot 1/2H_2O$）和Ⅱ型无水硫酸钙（Ⅱ型 $CaSO_4$）单独或两者混合后作为主要胶凝材料，掺入无机轻集料和外加剂制成的干拌混合物，用于民用建筑物室内非潮湿墙体、楼板和顶棚保温的干拌混合物。适用于室内墙体、楼板和顶棚的节能材料。具体技术要求可参考《石膏保温砂浆》（JC/T 2706—2022）。

石膏腻子，指以半水石膏（$CaSO_4 \cdot 1/2H_2O$）为主要胶凝材料，掺加适量的辅料及外加剂配制而成，用于表面批刮或装饰的材料。适用于室内墙面和顶棚装饰层，一般为涂料前涂层。具体技术要求可参考《石膏腻子》（JC/T 2514—2019）。

石膏基自流平砂浆，又称自流平石膏，指半水石膏为主要胶凝材料，与骨料、填料及外加剂组成，与水搅拌后具有一定流动性的室内地面用自流平材料。石膏基自流平砂浆作为地面找平层，在浇筑地面凝结后，地面不会产生裂缝、起鼓等现象，具有节能减排的社会效益和经济效益，并且可以推动工业固体废弃物的综合利用，是一种环境友好型的绿色地面用找平砂浆。具体技术要求可参考《石膏基自流平砂浆》（JC/T 1023—2021）和《石膏基自流平砂浆应用技术规程》（T/CECS 847—2021）。

（2）石膏板材

石膏板具有轻质、隔热、隔音、防火、尺寸稳定、装饰美观、加工性能好及施工方便等优点，在建筑中得到了广泛应用，是当前着重发展的新型轻质墙体材料之一。目前，我国生产的石膏板主要有纸面石膏板、纤维增强石膏板、装饰石膏板、石膏空心条板等。

①纸面石膏板。纸面石膏板是以建筑石膏为主要原料，加入适量纤维增强材料及外加剂，在与水搅拌后，浇注于护面纸的面纸与背纸之间，并与护面纸牢固地粘结在一起，具有改善防水和/或防火性能的建筑板材。纸面石膏板按其功能分为：普通纸面石膏板（代号 P）、耐水纸面石膏板（代号 S）、耐火纸面石膏板（代号 H）以及耐水耐火纸面石膏板（代号 SH）4 种。用于非承重墙内墙墙体和吊顶。具体技术要求可参考《纸面石膏板》（GB/T 9775—2008）。

②纤维增强石膏板。纤维增强石膏板是以半水石膏（$CaSO_4 \cdot 1/2H_2O$）为主要胶凝材料，采用分散的木纤维、纸纤维、玻璃纤维等作为增强材料，掺入外加剂，经过搅拌、压制/浇筑成型、干燥而成的板材。其抗弯强度和弹性模量高于纸面石膏板，可用于内墙、隔墙，也可用来代

替木材制作家具。具体技术要求可参考《纤维增强石膏板》(JC/T 2702—2022)。

③装饰石膏板。装饰石膏板是以建筑石膏为主要原料,掺入适量纤维增强材料及外加剂,加水搅拌,经浇筑成型、干燥而成的不带护面纸或布等护面材料的装饰板材。根据防潮性能的不同分为普通板及防潮板;根据板材正面现状的不同又分为平板、孔板和浮雕板,造型美观,品种多样,主要用于公共建筑的内墙、吊顶等。具体技术要求可参考《装饰石膏板》(JC/T 799—2016)

④石膏空心条板。石膏空心条板是以建筑石膏为主要原料,掺加无机轻集料、无机纤维增强材料,加入适量添加剂而制成的空心条板,代号为 SGK。这种石膏板不用纸,工艺简单,施工方便,不用龙骨,强度较高,可用作内墙或隔墙。具体技术要求可参考《石膏空心条板》(JC/T 829—2010)。

此外,还有石膏蜂窝板、石膏矿棉复合板等,可分别用作内墙、隔墙、绝热板、吸声板、天花板等。

(3)石膏装饰制品

石膏装饰制品是室内装饰用石膏制品的总称,其花色品种多样,规格不一。包括柱子、角花、角线、平底线、圆弧线、花盘、花纹板、门头花、壁托、壁炉、壁画以及各式石膏立体浮雕、艺术品等。产品艺术感强,广泛应用于各类建筑风格、不同档次的建筑室内艺术装饰。它的装饰造型可使楼堂馆所富丽堂皇、气势雄伟,居室雍容华贵、温馨典雅。

(4)石膏砌块

石膏砌块是以建筑石膏为主要原材料,加水搅拌、机械成型和干燥制成的建筑石膏制品,其外形为长方体、纵横边缘分别设有榫头和榫槽。在生产中允许加入纤维增强材料或其他集料,也可加入发泡剂、憎水剂、无机胶凝材料等。石膏砌块具有隔声、防火、保温隔热、自重小、施工便捷等优点。它是一种低碳环保、健康、符合时代发展要求的新型墙体材料。具体技术要求可参考《石膏砌块》(JC/T 698—2010)和《石膏砌块应用技术规程》(T/CBMF 48—2019)。

(5)石膏模具

石膏模具,指用半水石膏粉加水拌合制成的石膏浆,通过一定母模制成的模具,有时掺加少量纤维增强材料或其他改性材料。石膏模具,主要用作陶瓷制品成型的模具,也可作铸造工业用模具。常用陶瓷用石膏模具分母模和工作模两类,用于生产各种不同陶瓷坯体的石膏模称为工作模,工作模是主要的石膏模种。用于浇注工作模的模型称为母模。石膏模具具有复制线条优美、凝结硬化快制备效率高、制作工艺简单、原材料丰富低廉且可循环利用等优势,在陶瓷工业中广泛使用。具体技术要求可参考《卫生陶瓷生产用石膏模具》(JC/T 2119—2012)和《陶瓷模用石膏粉》(QB/T 1639—2014)。

2)建筑石膏贮运注意事项

建筑石膏产品,可用防潮袋装,也可以防潮散装。产品出厂应带有产品检验合格证,袋装时,包装袋上应清楚标明产品标记,以及生产厂名、厂址、商标、批量编号、净重、生产日期和防潮标志。

建筑石膏在运输和贮存,不应受潮和混入杂物。建筑石膏自生产之日起,在正常运输与贮存条件下,贮存期为 3 个月。

石灰

3.2 石灰

石灰是以氧化钙为主要成分的气硬性无机胶凝材料，是三大胶凝材料之一，也是人类最早应用的胶凝材料。

3.2.1 石灰的原料及生产

石灰是以石灰石、白云石、白垩或其他含碳酸钙的矿物为原料，经 900 ~ 1 100 ℃煅烧而成的主要成分为氧化钙的粉状物质。经煅烧后，碳酸钙分解生成氧化钙，即石灰，又称生石灰，反应式如下：

$$CaCO_3 \xrightarrow{900\ ℃} CaO + CO_2 \uparrow -178\ kJ/mol$$

为了加快煅烧过程，煅烧温度常提高至 1 000 ~ 1 100 ℃。石灰呈白色或灰色块状，堆积密度为 800 ~ 1 000 kg/m^2。煅烧良好的石灰，质轻色匀，具有多孔结构，内部孔隙率大，晶粒细小，与水反应迅速。在煅烧过程中，若温度太低或煅烧时间不足，碳酸钙不能完全分解，则产生欠火石灰。若煅烧时间过长或温度过高，则产生过火石灰。欠火石灰的内核为未分解的碳酸钙，外部为正常煅烧的石灰。含有欠火石灰的石灰块与水反应时仅表面水化，其石灰石核心不能水化，降低了石灰的利用率。过火石灰颜色呈灰黑色，结构致密，孔隙率小，且晶粒粗大，表面常被黏土杂质融化形成的玻璃釉状物包覆，与水反应时速度很慢，往往需要很长时间才能产生明显的水化效果。

3.2.2 石灰的熟化与凝结硬化

1）石灰的熟化

石灰的熟化（又称消解或消化），是指生石灰与水作用生成氢氧化钙的化学反应过程，其反应式如下：

$$CaO + H_2O \longrightarrow Ca(OH)_2 + 64.9\ kJ/mol$$

经过消化所得的氢氧化钙称为熟石灰，又称消石灰、石灰膏、石灰乳。生石灰具有强烈的水化能力，水化时放出大量的热，同时体积增大 1 ~ 2.5 倍。原因可归结为：①生石灰熟化过程吸收 24.3% 的水分；②生石灰的相对密度由 3.35 降低到熟石灰的 2.34；③生石灰的比表面积为 200 ~ 400 m^2/kg，而熟石灰可高达 10 000 ~ 30 000 m^2/kg。

建筑工程中更多的是使用熟石灰。煅烧良好、有效氧化钙含量高、杂质少的生石灰在熟化过程中不但反应速度快，放热量大，而且体积膨胀也大。根据熟化时加水量的不同，熟石灰主要有熟石灰粉和石灰膏。

熟石灰粉目前主要是由专业化工厂生产，熟化时首先将生石灰块破碎成一定粒度，然后放入消化器内进行消解，最后得到消石灰粉。生石灰在专业化工厂消解时消化率可以达到 98% 以上，与传统的采用化灰池人工熟化生石灰相比，工厂化生产消石灰解决了石灰消化过程中的环境污染问题，生石灰消化率和消石灰质量也显著提高。

当石灰中含有欠火石灰时，由于欠火石灰不能完全消解，导致消石灰的有效氧化钙和氧化镁含量低，降低了石灰利用率，同时消石灰缺乏黏结力，但不会带来危害。当石灰中含有过火石灰时，由于过火石灰消解很慢，在石灰浆体硬化以后才发生水化反应，会产生体积膨胀而引起隆起或开裂等破坏现象。为了消除过火石灰的危害，消解后的石灰膏应在储灰池中熟化至少 15 d，使过火石灰颗粒充分消解，当石灰膏用于罩面抹灰砂浆时熟化时间不应少于 30 d，并应用孔径不大于 3 mm×3 mm 的网过滤。“消化”期间，为防止石灰碳化，可以在其表面保存一定厚度的水，以隔绝空气，这个过程称为陈伏。

生石灰消解成消石灰粉时，理论需水量为氧化钙质量的 32.1%，但由于一部分水分随着消解放热而蒸发，实际需水量为石灰质量的 60% ~80%，以能充分消解而又不过湿成团为度。

生石灰消解成消石灰粉可采用人工的方法，也可采用机械方法。工地上常采用人工喷淋的方法，即将生石灰块平铺于能吸水的地面上，每层厚度约 50 cm，每铺一层喷淋一次水，直至总厚度达 1 ~1.5 m。由于上层的过剩水分要往下流，所以下层石灰喷淋水量应减少。由于人工消解生石灰，劳动强度大，劳动条件恶劣，而且消解时间长，质量也不均一，现在多用机械方法在工厂中将生石灰消解成消石灰粉，在工地上再调水使用。消石灰粉在使用前，也应有类似石灰膏的“陈伏”时间。

2）石灰的凝结硬化

石灰浆体在空气中凝结硬化包含了两个同时进行的过程：结晶作用和碳化作用。

（1）结晶与干燥作用

石灰浆体在干燥过程中多余水分蒸发或被砖石砌体吸收而使石灰粒子紧密接触，获得一定强度。这种强度类似于黏土失水后获得的强度，强度值不大，而且再遇水后又会丧失强度。随着游离水分的减少，氢氧化钙逐渐从饱和溶液中结晶析出，形成晶体结构网，使强度继续增加。但由于析出的晶体数量较少，所以这种结晶引起的强度增长并不显著。

（2）碳化作用

氢氧化钙与空气中的二氧化碳化合生成碳酸钙晶体，释放水分并蒸发，称为碳化，其反应式如下：

$$Ca(OH)_2+CO_2+nH_2O \longrightarrow CaCO_3+(n+1)H_2O\uparrow$$

生成的碳酸钙晶体相互交叉连生或与氢氧化钙共生，构成较紧密的结晶网，使硬化浆体的强度进一步提高。但是，空气中 CO_2 含量很低，且表面形成碳化层后，CO_2 不易深入内部，还阻碍了内部水分蒸发，故自然状态下的碳化干燥过程很缓慢。

3.2.3 石灰的性能特点

1）保水性与可塑性好

生石灰消解为石灰浆时，能自动形成极微细的呈胶体状态的氢氧化钙，表面吸附一层较厚的水膜，由于其颗粒数量多，总表面积大，可吸附大量水，因此具有良好的保水性与可塑性。在水泥砂浆中掺入石灰膏，能使其可塑性和保水性显著提高。

2）凝结硬化慢、强度低

由于空气中CO_2的浓度很低，且与空气接触的表层碳化后形成的碳酸钙硬壳阻止了CO_2的持续渗入，也不利于内部水分向外蒸发，结果使碳酸钙和氢氧化钙晶体生成缓慢且数量少，因此石灰是一种硬化缓慢的胶凝材料，硬化后强度也很低。另外，为使石灰浆具有一定的可塑性便于使用，同时考虑到一部分水分因消解时放热而被蒸发，故实际消解用水量很大，多余水分在硬化后蒸发，将留下大量孔隙，导致了硬化石灰密实度和强度低。如1∶3的石灰砂浆，28 d抗压强度只有0.2～0.5 MPa。

3）硬化时体积收缩大

石灰浆体硬化过程中由于水分大量蒸发，引起体积收缩，使其开裂，因此，除调成石灰乳作薄层涂刷外，不宜单独使用。工程上应用时，常在石灰中掺入砂、麻刀、纸筋等，以抵抗收缩引起的开裂和提高抗拉强度。

4）耐水性差

由于石灰浆体硬化慢，强度低，尚未硬化的石灰浆体处于潮湿环境中，石灰中的水分不易蒸发，因此不会硬化；已硬化的石灰中，大部分是尚未碳化的氢氧化钙，氢氧化钙微溶于水（20 ℃时100 g水中的溶解度为0.166 g），石灰硬化体遇水后容易被水软化而破坏，甚至产生溃散，因而耐水性差。所以，石灰不宜用于与水接触或潮湿的环境，也不宜单独用于建筑物基础。

3.2.4　石灰的分类与技术要求

1）石灰的分类

建筑工程中常用的石灰有建筑生石灰和建筑消石灰。钙质石灰熟化速度较快，而镁质石灰的消化速度较慢，但硬化后强度稍高。

由于生产生石灰的原料中常含有碳酸镁，因此在建筑生石灰中也常含有氧化镁。根据建材行业标准《建筑生石灰》（JC/T 479—2013）规定，按石灰中MgO的含量，将石灰分为钙质（MgO含量≤5%）和镁质（MgO含量>5%）两大类，并根据氧化钙和氧化镁的总含量分为钙质石灰3个等级CL90、CL85、CL75，镁质石灰2个等级ML85、ML80。生石灰的标记由产品名称、加工情况和产品依据编制编号组成，生石灰块在代号后加Q，生石灰粉在代号后加QP，如CL 90-QP JC/T 479—2013，表示符合JC/T 479—2013的钙质生石灰粉90。

根据建材行业标准《建筑消石灰》（JC/T 481—2013）规定，建筑消石灰按扣除游离水和结合水后（CaO+MgO）的含量加以分类，分为钙质消石灰3个等级HCL90、HCL85、HCL75，和镁质消石灰2个等级HML85、HM80。消石灰的标记由产品名称和产品依据标准编号组成，如HCL 90 JC/T 481—2013，表示符合JC/T 481—2013的钙质消石灰90。

2）石灰的技术要求

建筑生石灰的技术要求包括化学成分和物理性质，化学成分对（CaO+MgO）、MgO、CO_2、

SO_3 有限量要求,物理性质应符合表 3.2 的要求。

建筑消石灰的技术要求包括化学成分和物理性质,化学成分对($CaO+MgO$)、MgO、SO_3 有限量要求,物理性质应符合表 3.3 的要求。

表 3.2　建筑生石灰的物理性质(JC/T 479—2013)

名称	产浆量 /($dm^3 \cdot 10\ kg^{-1}$)	细度	
		0.2 mm 筛余量/%	90 μm 筛余量/%
CL 90-Q CL 90-QP	≥26 —	— ≤2	— ≤7
CL 85-Q CL 85-QP	≥26 —	— ≤2	— ≤7
CL 75-Q CL 75-QP	≥26 —	— ≤2	— ≤7
ML 85-Q ML 85-QP	—	— ≤2	— ≤7
ML 80-Q ML 80-QP	—	— ≤7	— ≤2

注:其他物理特性,根据用户要求,可按照 JC/T 478.1 进行测试。

表 3.3　建筑消石灰的物理性质(JC/T 481—2013)

名称	游离水 /%	细度		安定性
		0.2 mm 筛余量/%	90 μm 筛余量/%	
HCL 90	≤2	≤2	≤7	合格
HCL 85				
HCL 75				
HML 85				
HML 80				

通常,生石灰质量好坏与其氧化钙和氧化镁的含量密切相关。此外,建筑消石灰使用时还需要注意体积安定性问题。建筑消石灰的体积安定性是指将一定稠度的消石灰浆做成中间厚边缘薄的一定直径的试饼,然后在 100 ~ 105 ℃下烘 4 h,若无溃散、裂纹、鼓包等现象,则为体积安定性合格。

建筑工程中还可能会用到石灰乳和石灰膏。石灰乳是将生石灰加大量水消化而成的一种乳状液体,主要成分为 $Ca(OH)_2$ 和 H_2O。石灰膏是由消石灰粉加水拌和调制成的具有一定稠度的膏状物。石灰膏含水约 50%,主要成分为 $Ca(OH)_2$ 和 H_2O,表观密度为 1 300 ~ 1 400 kg/m^3。

3.2.5　石灰的工程应用及贮运

1)石灰的工程应用

石灰用途主要有配制石灰砂浆和水泥砂浆,用作抹灰砂浆和砌筑砂浆;配制灰土和三合土,用于填筑基础或石灰桩;生产硅酸盐制品,如蒸压加气混凝土、灰砂砖、粉煤灰砖及砌块。具体如下所述。

(1)配制砂浆和石灰乳涂料

石灰膏或消石灰粉可以单独配制石灰砂浆,也可与水泥或石膏一起配制成水泥石灰混合砂浆、石膏石灰混合砂浆,用于墙体的砌筑和抹面。

将消石灰粉或石灰膏加入大量水,稀释成石灰乳涂料,主要用于要求不高的内墙及房屋顶棚的刷白。

(2)配制灰土和三合土

灰土(石灰+黏土)和三合土(石灰+黏土+砂、石或炉渣等填料)的应用,在我国有很长的历史。经夯实后的灰土或三合土广泛用作建筑物的基础、路面或地面的垫层,其强度和耐水性比石灰或黏土都高。其原因是黏土颗粒表面的少量活性氧化硅、氧化铝与石灰反应,生成水化硅酸钙和水化铝酸钙等不溶于水的水化产物。另外,石灰改善了黏土的可塑性,在强力夯打下提高了密实度,也是强度和耐水性改善的原因之一。在灰土和三合土中,石灰的用量为灰土总质量的6%~12%。

(3)加固含水的软土地基

生石灰可直接用来加固软土地基(称为石灰桩),石灰桩是以生石灰为主要固化剂,与粉煤灰或火山灰、炉渣、矿渣、黏性土等掺合料按一定的比例均匀混合后,在桩孔中经机械或人工分层振压或夯实所形成的密实桩体。为提高桩身强度,还可掺加石膏、水泥等材料。其做法是:在桩孔内灌入以生石灰为主的固化剂,利用生石灰吸水熟化时体积膨胀的性能产生膨胀压力,以及石灰与粉煤灰等材料的水化作用产生强度,从而加固地基。

(4)生产硅酸盐制品和无熟料水泥

磨细生石灰粉或消石灰粉与砂、粉煤灰、粒化高炉矿渣、煤石、炉渣等硅质材料经配料、混合、成型、养护(常压蒸汽养护或高压蒸汽养护)等工序,就可制得密实或多孔的硅酸盐制品。由于其中生成的胶凝物质主要为水化硅酸钙,所以称硅酸盐制品,如灰砂砖、粉煤灰砖及砌块、蒸压加气混凝土砌块等。将具有一定活性的材料(如粒化高炉矿渣、粉煤灰、煤矸石等工业废渣),按适当比例与石灰配合,经共同磨细,可制得具有水硬性的胶凝材料,即为无熟料水泥,如石灰矿渣水泥、石灰粉煤灰水泥、石灰火山灰水泥。

(5)制作碳化石灰板

碳化石灰板是将生石灰粉、纤维状填料(如玻璃纤维)或轻质骨料(如矿渣)搅拌、成型,然后经人工碳化而成的一种轻质板材。为了减小体积密度和提高碳化效果,多制成空心板。这种板材能锯、刨、钉,适宜作非承重内隔墙板、天花板等。

2）石灰的贮运注意事项

根据生石灰的性质，生石灰受潮水化要放出大量的热量且体积膨胀，建筑生石灰不应与易燃、易爆和液体物品混装。在运输和贮存时不应受潮和混入杂物，不宜长期贮存。不同类生石灰分别贮存或运输，不得混杂。

生石灰产品可以袋装或散装。袋装，每个包装袋上应标明产品名称、标记、净重、批号、厂名、地址和生产日期。散装产品提供相应的标签。

3.3 通用硅酸盐水泥

水泥的定义、组成、水化及硬化

通用硅酸盐水泥，是以硅酸盐水泥熟料和适量的石膏，及规定的混合材料制成的水硬性胶凝材料。硅酸盐水泥熟料，是由主要含 CaO、SiO_2、Al_2O_3、Fe_2O_3 的原料，按适当比例磨成细粉，烧至部分熔融，得到以硅酸钙为主要矿物成分的水硬性胶凝物质；其中硅酸钙矿物含量（质量分数）不小于66%，CaO 和 SiO_2 质量比不小于2.0。混合材料包括粒化高炉矿渣、粉煤灰、火山灰质混合材、石灰石、砂岩、窑灰。水泥粉磨时允许加入助磨剂。

通用硅酸盐水泥按混合材料的品种和掺量分为硅酸盐水泥、普通硅酸盐水泥、矿渣硅酸盐水泥、火山灰质硅酸盐水泥、粉煤灰硅酸盐水泥和复合硅酸盐水泥。通常称为“六大水泥”。

水泥发展是一个渐进的过程。1756 年，英国工程师史密顿（J. Smeaton）在重建英国英吉利海峡南端的一座毁坏的灯塔时，在用混有黏土杂质的石灰石作为原料煅烧制备石灰时，发现了“水硬性石灰”，此发现是水泥发明的过程中知识积累的一次质的飞跃，但未获得广泛应用；1796 年，英国人派克（J. Parker）将黏土质石灰岩磨细后高温煅烧再磨细制成“罗马水泥”（Roman Cement），并取得专利权，在英国曾得到广泛应用；在“罗马水泥”生产的同时期，法国人及美国人采用接近现代水泥成分的泥灰岩也制造出水泥，称为“天然水泥”；1822 年，英国人福斯特（J. Foster）将两份重量白垩和一份重量黏土混合湿磨、干燥、煅烧、磨细制成“英国水泥”（British Cement），并获得英国第4679 号专利，但由于煅烧温度较低、质量明显不及“罗马水泥”；1824 年，英国一位名叫阿斯谱丁（J. Aspdin）的泥水匠获得英国第5022 号的“波特兰水泥”（Portland Cement）专利证书，从而成为流芳百世的波特兰水泥发明人，“波特兰水泥”即当今的硅酸盐水泥雏形；1845 年，英国人强生（I. C. Johnson）确定了水泥制造的两个基本条件，一是烧窑的温度必须高到足以使烧块含一定量玻璃体并呈黑绿色，二是原料比例必须正确而固定、烧成物内部不能含过量石灰、水泥硬化后不能开裂，从此现代水泥生产的基本参数已被发现，制得质量稳定的波特兰水泥，对“波特兰水泥”的发明做出了不可磨灭的重要贡献。由此可见，水泥的产生发展是通过全世界人民的共同努力探索来实现的。

中华人民共和国成立之前，中国水泥行业发展一直落后于欧洲，生产技术主要依赖国外技术，很长一段时间把水泥称为“洋灰”；改革开放后，中国社会和经济快速发展，我国水泥工业逐渐复兴，先后经历了立窑生产、湿法回转窑生产、日产2 000 t 熟料预分解窑新型干法生产和日产 5 000 t 熟料预分解窑新型干法生产等4 个发展阶段。2023 年，中国水泥行业继续保持稳健发展态势，水泥产量达到20.23 亿 t，连续39 年稳居世界第一。中国水泥行业，现在已经扬眉吐气，昂首阔步地进入国际先进行列，屹立于世界水泥的“民族之林”。

3.3.1 通用硅酸盐水泥的生产及矿物组成

1)生产

生产硅酸盐水泥的原料主要有石灰质原料和黏土质原料两类。石灰质原料主要提供CaO,可以采用石灰石、白垩、石灰质凝灰岩等。黏土质原料主要提供 SiO_2、Al_2O_3 及少量 Fe_2O_3,可以采用黏土质岩、铁矿石和硅藻土等。如果所选用的石灰质原料和黏土质原料按一定比例配合后不能满足化学组成要求时,则要掺加相应的校正原料,如铁矿粉(主要补充 Fe_2O_3)、砂岩(主要补充 SiO_2)、煤渣(主要补充 Al_2O_3)等。此外,为了改善煅烧条件,常加入少量的矿化剂(如铜矿渣、重晶石等),以降低烧成温度。

硅酸盐水泥的生产工艺过程,主要概括为"两磨一烧",即把含有以上4种化学成分的材料按适当比例配合后,在磨机中磨细制成水泥生料,然后将制得的生料入窑进行煅烧,在高温下反应生成以硅酸钙为主要成分的水泥熟料,再与适量石膏及一些矿质混合材料在磨机中磨成细粉,即制成硅酸盐水泥(图3.3)。

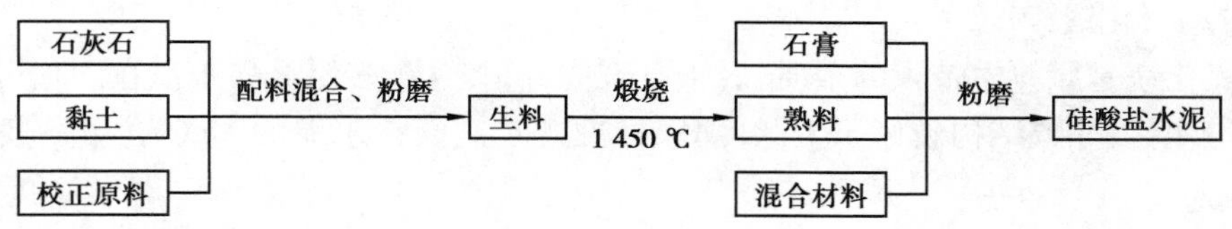

图3.3 硅酸盐水泥的生产工艺流程

2)矿物组成

水泥之所以具有许多优良建筑技术性能,主要是由于熟料中几种矿物组成水化作用的结果。硅酸盐水泥熟料的主要矿物组成及其含量范围见表3.4。

表3.4 硅酸盐水泥的主要熟料矿物组成

名称	矿物成分	简称	含量/%
硅酸三钙	$3CaO \cdot SiO_2$	C_3S	37~60
硅酸二钙	$2CaO \cdot SiO_2$	C_2S	15~37
铝酸三钙	$3CaO \cdot Al_2O_3$	C_3A	7~15
铁铝酸钙	$4CaO \cdot Al_2O_3 \cdot Fe_2O_3$	C_4AF	10~18

在上述4种主要熟料矿物中,硅酸三钙和硅酸二钙是主要成分,统称为硅酸盐矿物,约占水泥熟料总量的75%;铝酸三钙和铁铝酸四钙称为溶剂型矿物,一般占水泥熟料总量的25%左右。

在反光显微镜下,硅酸盐水泥熟料矿物一般如图3.4所示,C_3S 呈多角形,C_2S 呈圆形,表面常有双晶纹,两者均为暗色;C_3A 和 C_4AF 填充在 C_3S 和 C_2S 之间,形状不规则,C_4AF 为亮色,C_3A 呈深色。

图 3.4　硅酸盐水泥熟料矿物的微观结构

除了在表中所列主要化合物之外，水泥中还存在少量的有害成分。

(1)游离氧化钙(f-CaO)

游离氧化钙是煅烧过程中未能熟化而残存下来的呈游离态的 CaO。如果其含量较高，则由于其滞后的水化并产生结晶膨胀而导致水泥石开裂，甚至结构崩溃。通常熟料中对其含量应严格控制在 1% ~2% 以下。

(2)游离氧化镁(MgO)

游离氧化镁是原料中带入的杂质，属于有害成分，其含量多时会使水泥在硬化过程中产生体积不均匀变化，导致结构破坏。为此，国家标准规定硅酸盐水泥的 MgO 含量一般不得超过 5.0%。

(3)硫酸盐(折合成 SO_3 计算)

三氧化硫可能是掺入石膏过多或其他原料中所带来的硫酸盐。为调节水泥的凝结时间以满足施工要求，在水泥生产中通常会掺加适量的石膏。但是，当石膏掺入量过高时，过量的石膏会使水泥在硬化过程中产生体积不均匀的变化而使其结构破坏。为此，硅酸盐水泥中 SO_3 的含量，一般不得超过 3.5%。

(4)含碱矿物(Na_2O 或 K_2O 及其盐类)

水泥中含碱矿物含量较高时，易与某些碱活性材料反应，产生局部膨胀而造成结构破坏。

3.3.2　通用硅酸盐水泥的水化和凝结硬化

水泥加水拌合后就开始了水化反应，并称为可塑的水泥浆体。随着水化的不断进行，水泥浆体逐渐变稠、失去可塑性，但尚不具有强度的过程，称为水泥的“凝结”。随着水化过程的进一步深入，水泥浆体的强度持续发展提高，并逐渐变成坚硬的石状物质——水泥石，这一过程称为水泥的“硬化”。水泥的凝结和硬化过程实际上是一个连续的复杂的物理化学变化过程，是不能截然分开的。这些变化过程与水泥熟料矿物的组成、水化反应条件及环境等密切相关，其变化的结果直接影响到硬化后水泥石的结构状态，从而决定了水泥石的物理力学性质与化学性质。

在水泥熟料的 4 种主要矿物成分中，C_3S 的水化速率较快，水化热较大，其水化物主要在早期产生，因此，C_3S 早期强度最高，且能不断地得到增长，它通常是决定水泥强度等级高低的最主要矿物。

C_2S 的水化速率最慢，水化热最小，其水化产物和水化热主要表现在后期；它对水泥早期强度贡献很小，但对后期强度的增长至关重要。因此，C_2S 是保证水泥后期强度增长的主要矿物。

C_3A 的水化速率极快，水化热也最集中，由于其水化产物主要在早期产生，它对水泥的凝结与早期（3 d 以内）的强度影响最大，硬化时所表现的体积减缩也最大。尽管 C_3A 可促使水泥的早期强度增长很快，但其实际强度并不高，而且后期几乎不再增长，甚至会使水泥的后期强度有所降低。

C_4AF 是水泥中水化速率较快的成分，仅次于 C_3A；其水化热中等，抗压强度较低，但抗折强度相对较高。当水泥中 C_4AF 含量增多时，有助于水泥抗折强度的提高，因此，它可降低水泥的脆性。

4 种矿物单独与水作用时所表现的特性见表 3.5，其强度随龄期的增长情况如图 3.5 所示。

表 3.5　水泥熟料矿物的水化特征

功能	熟料矿物名称			
	C_3S	C_2S	C_3A	C_4AF
凝结硬化速度	快	慢	最快	较快
28 d 水化放热量	大	小	最大	中
强度增进率	快	慢	最快	中
耐化学侵蚀性	中	最大	小	大
干缩性	中	中	最大	小

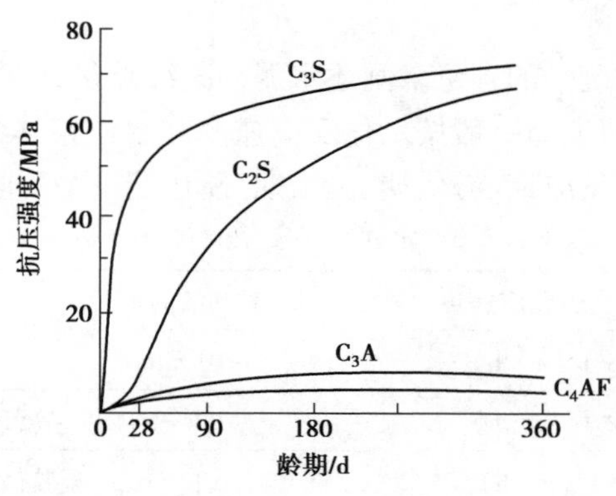

图 3.5　水泥熟料各种矿物的强度增长曲线

1) 硅酸盐水泥的水化过程

水泥与水拌合后，其颗粒表面的熟料矿物立即与水发生化学反应，各组分开始溶解，形成水化物，放出一定热量，固相体积逐渐增加。水泥是多矿物的集合体，各矿物的水化会互相影响。熟料单矿物的水化反应式如下：

$2(3CaO \cdot SiO_2)+6H_2O \longrightarrow 3CaO \cdot 2SiO_2 \cdot 3H_2O+3Ca(OH)_2$

$2(2CaO \cdot SiO_2)+4H_2O \longrightarrow 3CaO \cdot 2SiO_2 \cdot 3H_2O+Ca(OH)_2$

$3CaO \cdot Al_2O_3+6H_2O \longrightarrow 3CaO \cdot Al_2O_3 \cdot 6H_2O$

$4CaO \cdot Al_2O_3 \cdot Fe_2O_3+7H_2O \longrightarrow 3CaO \cdot Al_2O_3 \cdot 6H_2O+CaO \cdot Fe_2O_3 \cdot H_2O$

在上述4种主要矿物的水化反应中，C_3S 的反应速度快、水化放热量大，所生成的水化硅酸钙（简称 C—S—H）几乎不溶于水，呈胶体微粒析出，胶体逐渐硬化后具有较高的强度。生成的氢氧化钙（简称 CH）初始阶段溶于水，很快达到饱和并结晶析出，以后的水化反应是在其饱和溶液中进行的，因此氢氧化钙以晶体状态存在于水化产物中。C_2S 与水的反应与 C_3S 相似，只是反应速度较慢、水化放热较小，生成物中的氢氧化钙较少。二者的水化产物都是水化硅酸钙和氢氧化钙，它们构成了水泥石的主体。C_3A 与水反应速度极快，水化放热量很大，所生成的水化铝酸钙（简称 CA—H）溶于水，其中一部分会与石膏发生反应，生成不溶于水的水化硫铝酸钙（$3CaO \cdot Al_2O_3 \cdot 3CaSO_4 \cdot 31H_2O$）针状晶体，也称钙矾石（简称 AFt）。当所掺入的石膏被完全消耗后，一部分将转变为单硫型水化硫铝酸钙（$3CaO \cdot Al_2O_3 \cdot CaSO_4 \cdot 12H_2O$，简称 AFm）。$C_4AF$ 的水化产物一般认为是水化铝酸钙和水化铁酸钙的固溶体。水化铁酸钙（简称 C—F—H）是一种凝胶体，它和水化铝酸钙晶体以固溶体的状态存在于水泥石中。

水泥浆在空气中硬化时，表层水化形成的氢氧化钙还会与空气中的二氧化碳反应，生成碳酸钙。

综上所述，如果忽略一些次要的和少量的成分，则硅酸盐水泥与水作用后，生成的主要水化产物为：水化硅酸钙和水化铁酸钙凝胶、氢氧化钙、水化铝酸钙和水化硫铝酸钙晶体。在完全水化的水泥石中，水化硅酸钙约占70%，氢氧化钙约占20%。由此可见，水泥的水化反应是一个复杂的过程，所生成的产物并非单一组成的物质，而是一个多种组成的集合体。

2）硅酸盐水泥的凝结硬化机理

迄今为止，尚没有一种统一的理论来阐述水泥的凝结硬化具体过程，现有的理论还存在着许多问题有待于进一步的研究。一般按水化反应速率和水泥浆体的结构特征，硅酸盐水泥的凝结硬化过程可分为：初始反应期、潜伏期、凝结期、硬化期4个阶段，见表3.6。

表3.6　水泥凝结硬化的几个阶段

凝结硬化阶段	一般放热反应速度	一般持续时间	主要物理化学变化
初始反应期	168 J/(g·h)	5～10 min	初始溶解和水化
潜伏期	4.2 J/(g·h)	1 h	凝胶体膜层围绕水泥颗粒成长
凝结期	21 J/(g·h)	6 h	凝胶体膜层向外增厚和延伸颗粒黏结
硬化期	在24 h内逐渐减少到4.2 J/(g·h)	6 h至若干年	凝胶体系填充毛细孔隙

（1）初始反应期

水泥与水接触后立即发生水化反应，在初始的5～10 min内，放热速率先急剧增长，达到此阶段的最大值，然后又降至很低的数值，这个阶段称为初始反应期。在此阶段，铝酸三钙溶于水并与石膏反应，生成水化铝酸钙凝胶和短棒状的钙矾石覆盖在水泥颗粒表面。

(2)潜伏期

在初始反应期后,有相当长一段时间(1 ~2 h),水泥浆的放热速率很低,这说明水泥水化十分缓慢。这主要是由于水泥颗粒表面覆盖了水化铝酸钙凝胶和钙矾石晶体,阻碍了水泥颗粒的进一步水化。许多研究者也将上述两个阶段合并称为诱导期(induction period)。

(3)凝结期

在潜伏期后由于渗透压的作用,水泥颗粒表面的膜层破裂,水泥继续水化,放热速率又开始增大,6 h 内可增至最大值,然后又缓慢下降。在此阶段,水化产物不断增加并填充水泥颗粒之间的空间,随着接触点的增多,形成了由分子力结合的凝聚结构,使水泥浆体逐渐失去塑性,这一过程称为水泥的凝结,也称为加速反应期。此阶段结束约有 15% 的水泥水化。

(4)硬化期

在凝结期后,放热速率缓慢下降,至水泥水化 24 h 后,放热速率已降到一个较低值,约 4.2 J/(g·h)以下,此时,水泥水化仍在继续进行,水化铁铝酸钙形成;由于石膏的耗尽,高硫型水化硫铝酸钙转变为单硫型水化硫铝酸钙,水化硅酸钙凝胶形成纤维状。在这一过程中,水化产物越来越多,它们进一步地填充孔隙且彼此间的结合亦更加紧密,使得水泥浆体产生强度,这一过程称为水泥的硬化。硬化期是一个相当长的过程,在适当的养护条件下,水泥硬化可以持续很长时间,几个月、几年甚至几十年后强度还会继续增长。水泥凝结硬化过程示意图如图 3.6 所示。水泥石强度发展的一般规律是:3 ~7 d 内。强度增长最快,7 ~28 d 内强度增长较快,超过 28 d 后强度将继续发展但增长较慢。需要注意的是,水泥凝结硬化过程的各个阶段不是彼此截然分开,而是连续进行的。

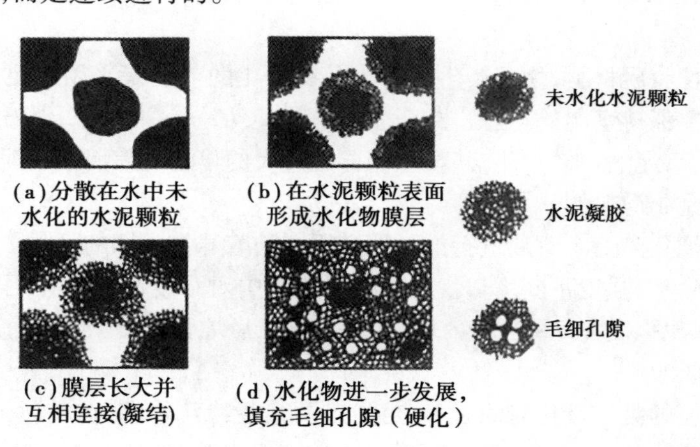

图 3.6　水泥凝结硬化过程示意图

3)影响硅酸盐水泥凝结硬化的主要因素

(1)熟料矿物组成的影响

由于各矿物的组成比例不同、性质不同,对水泥性质的影响也不同。如硅酸钙占熟料的比例最大,它是水泥的主导矿物,其比例决定了水泥的基本性质;C_3A 的水化和凝结硬化速率最快,是影响水泥凝结时间的主要因素,加入石膏可延缓水泥凝结,但石膏掺量不能过多,否则会引起安定性不良;当 C_3S 和 C_3A 含量较高时,水泥凝结硬化快、早期强度高,水化放热量大。

熟料矿物对水泥性质的影响是各矿物的综合作用,不是简单叠加,其组成比例是影响水泥性质的根本因素,调整比例结构可以改善水泥性质和产品结构。

(2)水泥细度

水泥颗粒的粗细程度将直接影响水化、凝结及硬化速度。水泥颗粒越细,水与水泥接触的比表面积就越大,与水反应的机会也就越多,水化反应进行得越充分,促使凝结硬化的速度加快,早期强度就越高。但水泥颗粒过细时,会增加磨细的能耗而提高生产成本,且不宜久存。此外,若水泥过细,其硬化过程中还会产生较大的体积收缩。

(3)拌和用水量

拌和加水量的影响拌和水泥浆体时,为使浆体具有一定塑性和流动性,所加入的水量通常要大大超过水泥充分水化所需的水量,多余的水从水泥石中蒸发,在硬化的水泥石内形成毛细孔。因此拌和水越多,硬化水泥石中的毛细孔就越多,当水灰比(用水量与水泥质量之比)为0.40时,完全水化后水泥石的总孔隙率约为30%,而水灰比为0.70时,水泥石的孔隙率高达50%。水泥石的强度随其毛细孔隙率的增加呈指数下降。因此,在熟料矿物组成大致相近的情况下,拌和水泥浆的用水量越大,硬化水泥石强度越低。

(4)养护条件(温度、湿度)

与大多数化学反应类似,水泥的水化反应随着温度的升高而加快,当温度低于5 ℃时,水化反应大大减慢;当温度低于0 ℃,水化反应基本停止。同时水泥颗粒表面的水分将结冰,破坏水泥石的结构,以后即使温度回升也难以恢复正常结构,通常,水泥石结构的硬化温度不得低于-5 ℃。所以在水泥水化初期一定要避免温度过低,寒冷地区冬期施工混凝土,要采取有效的保温措施。

水泥是水硬性胶凝材料,使其产生水化与凝结硬化的前提是必须有足够的水分存在。水泥在水化过程中要保持潮湿的状态,才有利于早期强度的发展。如果环境过于干燥,浆体中的水分蒸发,将影响水泥的正常水化,甚至还会导致过大的早期收缩而使水泥石结构产生开裂。

(5)养护龄期的影响

水泥的水化硬化是一个不断进行的长期过程。随着养护龄期的延长,水化产物不断积累,水泥石结构趋于致密,强度不断增长。由于熟料矿物中对强度起主导作用的 C_3S 早期强度发展快,使硅酸盐水泥强度在3~14 d内增长较快,28 d后增长变慢,长期强度还有增长。

(6)化学外加剂

为了控制水泥的凝结硬化时间,以满足施工及某些特殊要求,在实际工程中,经常要加入调节水泥凝结时间的外加剂,如缓凝剂、促凝剂等。促凝剂($CaCl_2$、Na_2SO_4 等)就能促进水泥水化、硬化,提高早期强度。相反,缓凝剂(木钙,糖类)则延缓水泥的水化硬化,影响水泥早期强度的发展。

3.3.3 通用硅酸盐水泥技术要求

硅酸盐水泥技术性质

水泥是土木工程的重要材料之一,为满足工程建设对水泥性能的要求,国家标准《通用硅酸盐水泥》(GB 175—2023)对通用硅酸盐水泥的技术要求、强度等级、检验规则等进行了规定。通用硅酸盐水泥技术要求包括化学指标、水泥中水溶性铬(Ⅵ)、碱含量、物理要求(凝结时间、安定性、强度和细度)、放射性核素限量,这里主要讲解物理要求。

1)凝结时间

凝结时间是指水泥从加水拌合开始到失去流动性,即从可塑状态发展成固体所需要的时间,是影响混凝土施工难易程度和速度的重要性质。水泥的凝结时间分为初凝时间和终凝时间,初凝时间是指水泥自加水拌合始至水泥浆开始失去可塑性和流动性所需的时间;终凝时间是指水泥自加水拌合始至水泥浆完全失去可塑性、开始产生强度所需的时间。在水泥浆初凝之前,要完成混凝土的搅拌、筑成、振实等工序,需要有较充足的时间比较从容地进行施工,因此水泥的初凝时间不能太短;为了提高施工效率,在成型之后需要尽快增长强度,以便拆除模板,进行下一步施工,所以水泥终凝时间不能太长。

标准规定,硅酸盐水泥的初凝时间应不小于45 min,终凝时间应不大于390 min。普通硅酸盐水泥、矿渣硅酸盐水泥、粉煤灰硅酸盐水泥、火山灰质硅酸盐水泥和复合硅酸盐水泥的初凝时间应不小于45 min,终凝时间应不大于600 min。检验方法参考《水泥标准稠度用水量、凝结时间、安定性检验方法》(GB/T 1346—2011)。

水泥的凝结时间是以标准稠度的水泥净浆,在规定温度及湿度环境下,用水泥净浆凝结时间测定仪所测定的参数。其中,标准稠度是指水泥浆体达到规定的标准稠度时的用水量,以拌合水占水泥质量的百分比来表示。一般硅酸盐水泥的标准稠度用水量为24%~35%。

影响水泥凝结时间的因素主要是水泥的矿物组成、细度、环境温度和外加剂,水泥含有越多水化快的矿物,水泥颗粒越细,环境温度越高,水泥水化越快,凝结时间就越短。

2)安定性

所谓安定性是指水泥浆体在凝结硬化过程中体积变化的均匀性,也称体积安定性。如果在水泥已经硬化后,产生不均匀的体积变化,即所谓的体积安定性不良,就会使构件产生膨胀性裂缝,降低工程质量,甚至引起严重事故,所以对水泥的安定性应有严格要求。

安定性检验方法有两种:沸煮法和压蒸法。出厂检验要求沸煮法合格,型式检验要求两种方法检验均合格。检验方法参考《水泥标准稠度用水量、凝结时间、安定性检验方法》(GB/T 1346—2011)和《水泥压蒸安定性试验方法》(GB/T 750—1992)。

引起水泥安定性不良的原因有3个:

(1)熟料中游离氧化镁过多

水泥中的氧化镁(MgO)呈过烧状态,结晶粗大,在水泥凝结硬化后会与水生成$Mg(OH)_2$。该反应比水泥熟料矿物的正常水化反应要缓慢得多,且体积膨胀,会在水泥硬化几个月后导致水泥石开裂。

(2)石膏掺量过多

适量的石膏是为了调节水泥的凝结时间,但如果过量则为铝酸盐的水化产物提供继续反应的条件,石膏将与铝酸钙和水反应,生成具有膨胀作用的钙矾石晶体,导致水泥硬化体膨胀破坏。当石膏掺量过多或水泥中SO_3过多时,水泥硬化后,在有水存在的情况下,它还会继续与固态的水化铝酸钙反应生成高硫型水化硫铝酸钙(钙矾石),体积约增大1.5倍,引起水泥石开裂。

(3)熟料中游离氧化钙过多

水泥熟料中含有游离氧化钙(f-CaO)，在水泥烧成过程中没有与氧化硅或氧化铝分子结合形成盐类，而是呈游离、死烧状态，相当于过火石灰，水化极为缓慢，通常在水泥的其他成分正常水化硬化、产生强度之后才开始水化，并伴随着大量放热和体积膨胀，使周围已经硬化的水泥石受到膨胀压力而导致开裂破坏。

为防止工程中采用安定性不良的水泥，通常在水泥生产中对引起安定性不良的成分含量进行严格控制。

3)细度

水泥颗粒的粗细程度，会影响水泥的水化速度、水化放热速率及强度发展趋势，同时又影响水泥的生产成本和易保存性。通常，水泥颗粒粒径在 7 ~ 200 μm 的范围内。水泥颗粒越细，与水发生反应的表面积越大，因而水化反应速度较快，而且较完全，早期强度和后期强度都较高，但在空气中硬化收缩性较大，成本也较高。水泥颗粒过粗，则不利于水泥活性的发挥。一般认为水泥颗粒小于 40 μm 时，才具有较高的活性，大于 100 μm 活性就很小了。

标准规定，硅酸盐水泥细度以比表面积表示，应不低于 300 m^2/kg 且不高于 400 m^2/kg。普通硅酸盐水泥、矿渣硅酸盐水泥、粉煤灰硅酸盐水泥、火山灰质硅酸盐水泥和复合硅酸盐水泥的细度以 45 μm 方孔筛筛余表示，应不低于 5%。

水泥的细度有两种表示方法，其一是筛析法，即采用一定孔径的标准筛进行筛分试验，用筛余百分率表示水泥颗粒的粗细程度。其二是比表面积法，即根据一定量空气通过一定孔隙率和厚度的水泥层时，所受阻力不同而引起流速的变化来测定水泥的比表面积(用单位质量的水泥所具有的总表面积)，以 m^2/kg 表示。检验方法参照《水泥比表面积测定方法 勃氏法》(GB/T 8074—2008)和《水泥细度检验方法 筛析法》(GB/T 1345—2005)。

4)强度

硅酸盐水泥、普通硅酸盐水泥的强度等级分为 42.5、42.5R、52.5、52.5R、62.5、62.5R 6 个等级。矿渣硅酸盐水泥、粉煤灰硅酸盐水泥、火山灰硅酸盐水泥的强度等级分为 32.5、32.5R、42.5、42.5R、52.5、52.5R 6 个等级。复合硅酸盐水泥的强度等级分为 42.5、42.5R、52.5、52.5R 4 个等级。

通用硅酸盐水泥不同凝期强度应符合表 3.7 的规定。水泥强度检验方法参照《水泥胶砂强度检验方法(ISO 法)》(GB/T 17671—2021)。

表 3.7 通用硅酸盐水泥不同凝期强度要求(GB175—2023)

强度等级	抗压强度/MPa		抗折强度/MPa	
	3 d	28 d	3 d	28 d
32.5	≥12.0	≥32.5	≥3.0	≥5.5
32.5R	≥17.0		≥4.0	
42.5	≥17.0	≥42.5	≥4.0	≥6.5
42.5R	≥22.0		≥4.5	

续表

<table>
<tr><th rowspan="2">强度等级</th><th colspan="2">抗压强度/MPa</th><th colspan="2">抗折强度/MPa</th></tr>
<tr><th>3 d</th><th>28 d</th><th>3 d</th><th>28 d</th></tr>
<tr><td>52.5</td><td>≥22.0</td><td rowspan="2">≥52.5</td><td>≥4.5</td><td rowspan="2">≥7.0</td></tr>
<tr><td>52.5R</td><td>≥27.0</td><td>≥5.0</td></tr>
<tr><td>62.5</td><td>≥27.0</td><td rowspan="2">62.5</td><td>5.0</td><td rowspan="2">8.0</td></tr>
<tr><td>62.5R</td><td>≥32.0</td><td>5.5</td></tr>
</table>

通用硅酸盐水泥

3.3.4 通用硅酸盐水泥各自特性及适用范围

1）通用硅酸盐水泥组分及主要混合材料

通用硅酸盐水泥按混合材料的品种和掺量分为硅酸盐水泥（portland cement）、普通硅酸盐水泥（ordinary portland cement）、矿渣硅酸盐水泥（portland slag cement）、粉煤灰硅酸盐水泥（portland fly ash cement）、火山灰质硅酸盐水泥（portland pozzolan cement）和复合硅酸盐水泥（portland composite cement）。各种水泥的组成成分见表 3.8。

表 3.8 通用硅酸盐水泥的组分要求

<table>
<tr><th rowspan="2">品种</th><th rowspan="2">代号</th><th colspan="7">组分（质量分数）/%</th></tr>
<tr><th>熟料+石膏</th><th>粒化高炉矿渣</th><th>粉煤灰</th><th>火山灰质混合材料</th><th>石灰石</th><th>砂岩</th><th>替代混合材料</th></tr>
<tr><td rowspan="3">硅酸盐水泥</td><td>P·Ⅰ</td><td>100</td><td>—</td><td>—</td><td>—</td><td>—</td><td>—</td><td>—</td></tr>
<tr><td rowspan="2">P·Ⅱ</td><td rowspan="2">≥95</td><td>≤5</td><td>—</td><td>—</td><td>—</td><td>—</td><td>—</td></tr>
<tr><td>—</td><td>—</td><td>—</td><td>≤5</td><td>—</td><td>—</td></tr>
<tr><td>普通硅酸盐水泥</td><td>P·O</td><td>80～94</td><td colspan="4">6～20</td><td>—</td><td><5</td></tr>
<tr><td rowspan="2">矿渣硅酸盐水泥</td><td>P·S·A</td><td>50～79</td><td>21～50</td><td>—</td><td>—</td><td>—</td><td>—</td><td rowspan="2"><8</td></tr>
<tr><td>P·S·B</td><td>30～49</td><td>51～70</td><td>—</td><td>—</td><td>—</td><td>—</td></tr>
<tr><td>粉煤灰硅酸盐水泥</td><td>P·F</td><td>60～79</td><td>—</td><td>21～40</td><td>—</td><td>—</td><td>—</td><td rowspan="2"><5</td></tr>
<tr><td>火山灰质硅酸盐水泥</td><td>P·P</td><td>60～79</td><td>—</td><td>—</td><td>21～40</td><td>—</td><td>—</td></tr>
<tr><td>复合硅酸盐水泥</td><td>P·C</td><td>50～79</td><td colspan="5">21～50</td><td>—</td></tr>
</table>

混合材料是指磨制水泥时掺入的各种工业废渣及天然矿物质材料。在硅酸盐水泥中掺入一定量的混合材料，可以节约水泥熟料、提高水泥产量、降低水泥成本；可以调节水泥强度、降低水化热、减少碱骨料反应、扩大应用范围；可以充分利用工业废渣，保护生态环境。常用的混合材料有粒化高炉矿渣、粉煤灰和火山灰质混合材料。

(1)粒化高炉矿渣

粒化高炉矿渣，是在高炉冶炼生铁时将浮在铁水表面的以硅铝酸盐为主要成分的熔融物，经淬冷成粒后，具有潜在水硬性的材料。粒化高炉矿渣为多孔玻璃体结构，玻璃体含量达80%以上，具有较高的潜在活性。粒化高炉矿渣应符合《用于水泥中的粒化高炉矿渣》(GB/T 203—2008)和《用于水泥、砂浆和混凝土中的粒化高炉矿渣粉》(GB/T 18046—2017)规定的技术要求。

(2)粉煤灰

粉煤灰是火电厂煤粉炉烟道气体中收集的粉末，为玻璃态球状颗粒，表面光滑，化学成分中活性氧化硅和活性氧化铝含量占60%以上。粉煤灰应符合《用于水泥和混凝土中的粉煤灰》(GB/T 1596—2017)规定的技术要求(强度活性指数、碱含量除外)。粉煤灰中铵离子含量不大于210 mg/kg。

(3)火山灰质混合材料

火山灰质混合材料，指以氧化硅、氧化铝为主要成分，具有火山灰性的矿物质材料。火山灰性，指材料磨成细粉，单独不具有水硬性，但在常温下与石灰和水一起拌和后能生成具有水硬性水化产物的性能。火山灰质材料按成因分为天然火山灰质混合材料和人工火山灰质混合材料两大类，天然火山灰质混合材料有火山喷发的火山灰、火山灰沉积形成的凝灰岩、凝灰岩经环境介质作用而形成的沸石岩、火山喷出的浮石、硅藻介壳聚集沉积形成的硅藻土硅藻石；人工火山灰质混合材料有烧煤矸石、烧页岩、烧黏土、煤渣、硅质渣。火山灰质混合材料应符合《用于水泥中的火山灰质混合材料》(GB/T 2847—2022)。

2)通用硅酸盐水泥各自特性

(1)硅酸盐水泥

硅酸盐水泥，其组分除水泥熟料和石膏外，掺入0～5%的粒化高炉矿渣或石灰石。

硅酸盐水泥，早期强度和后期强度高，一般3 d强度可达设计强度的40%以上；水化热大，有利于冬季施工，不宜用于大体积混凝土；水化所得水泥石中含较多氢氧化钙，抗碳化性较好，对钢筋保护作用强。可用于对早期强度有要求的工程，如现浇混凝土楼板、梁、柱，以及高强混凝土结构。

(2)普通硅酸盐水泥

普通硅酸盐水泥，其组分除水泥熟料和石膏外，掺入6%～20%的混合材料，其中允许用不超过水泥质量5%的石灰石代替。

普通硅酸盐水泥中绝大部分仍为硅酸盐水泥熟料，其性能与硅酸盐水泥相近。但由于掺入了少量混合材料，与硅酸盐水泥相比，早期硬化速度稍慢，抗冻性与耐磨性能也略差。在应用范围方面，与硅酸盐水泥也相同，广泛用于各种混凝土或钢筋混凝土工程，是我国的主要水泥品种之一。

(3)矿渣硅酸盐水泥、火山灰质硅酸盐水泥和粉煤灰硅酸盐水泥

矿渣硅酸盐水泥,其组成除水泥熟料和石膏外,掺入21%~70%的粒化高炉矿渣。矿渣硅酸盐水泥又分为A型和B型,A型矿渣掺量不小于21%且不大于50%;B型矿渣掺量不小于51%且不大于70%。其中允许用不超过水泥质量8%的粉煤灰或火山灰或石灰石替代矿渣,但替代后,A型矿渣硅酸盐水泥中粒化高炉矿渣不小于水泥质量的21%,B型矿渣硅酸盐水泥中粒化高炉矿渣不小于水泥质量的51%。

粉煤灰硅酸盐水泥,其组成除水泥熟料和石膏外,掺入21%~40%粉煤灰。其中粉煤灰允许用不超过水泥质量5%的石灰石替代,但替代后,粉煤灰硅酸盐水泥中粉煤灰含量不小于水泥质量的21%。

火山灰质硅酸盐水泥,其组成除水泥熟料和石膏外,掺入21%~40%火山灰质混合材料。其中火山灰质混合材料允许用不超过水泥质量5%的石灰石替代,但替代后,火山灰质硅酸盐水泥中火山灰质混合材料不小于水泥质量的21%。

这3种水泥由于都掺入了大于20%的活性混合材料,与硅酸盐水泥和普通硅酸盐水泥相比,主要有以下性能特点:

①早期强度发展慢,后期强度增长较快。水泥中掺入了大量的混合材料,水泥熟料含量少,因此早期的熟料矿物的水化产物数量较少,而二次水化又必须在熟料水化后才能进行,所以凝结硬化速度慢,早期强度发展慢,但后期强度增长快,甚至可以超过同强度等级的硅酸盐水泥。因此,不适用于早期强度要求高的工程,如要求早强的现浇混凝土楼板、梁、柱等。

②水化热低。由于水泥中掺入了大量的混合材料,水泥熟料含量少,放热量高的C_3A和C_3S含量少,因此,水化放热速度慢、放热量小,适用于大体积混凝土工程。

③抗冻性差。由于水泥中掺入了大量的混合材料,使水泥需水量增大,水分蒸发后造成的毛细孔隙增多,且早期强度低,故抗冻性差,不宜用于严寒地区,特别是严寒地区水位升降的部位。

④抗腐蚀性好。由于二次水化消耗了大量的氢氧化钙,因此抗软水和海水侵蚀能力增强,故适用于海港、水工等受硫酸盐和软水腐蚀的混凝土工程。

⑤抗碳化能力差。由于二次水化反应的发生,使水泥石中氢氧化钙含量少,碱度降低,在相同的二氧化碳含量的环境中,碳化进行得较快,碳化深度也较大,因此其抗碳化能力差,一般不用于二氧化碳浓度高的环境。

⑥硬化时对热湿度敏感性强。当温度、湿度低时,凝结硬化慢,故不适于冬季施工。但在湿热条件下,可加速二次水化反应,凝结硬化速度明显加快,28 d强度可提高10%~20%,因此特别适用于蒸汽养护的混凝土预制构件。

另外,这3种水泥各自特性如下:

矿渣硅酸盐水泥,耐热性好,但抗渗性差、干缩较大。因为矿渣本身有一定的耐高温性,且硬化后水泥石中氢氧化钙含量少,故矿渣水泥耐热性好,适用于高温环境,如高温窑炉基础及温度达到300~400 ℃的热气体通道等耐热工程。但由于矿渣本身不容易磨细,磨细后又呈多棱角状,且颗粒平均粒径大于硅酸盐水泥粒径,故其保水性差、抗渗性差、泌水通道较多、干缩较大,使用中须严格控制用水量,加强早期养护。

粉煤灰硅酸盐水泥,干缩较小、抗裂性高。粉煤灰颗粒多呈球形玻璃体结构,表面致密,吸

水性小，不易水化，因而粉煤灰硅酸盐水泥干缩较小，抗裂性高，用其配制的混凝土和易性好，但其早期强度较其他掺混合材料的水泥低。适用于承受荷载较迟的工程，尤其适用于大体积水泥混凝土工程。

火山灰质硅酸盐水泥，抗渗性好。火山灰颗粒较细，比表面积大，在潮湿环境下使用时，水化产生较多的水化硅酸钙可增加结构致密性，因此火山灰质硅酸盐水泥抗渗性好，适用于有抗渗要求的混凝土工程。但在干燥、高温环境中，水泥石中的水化硅酸钙与空气中的二氧化碳反应，分解成碳酸钙和氧化钙，易产生“起粉”现象，因此不宜用于干燥环境的工程，也不宜用于抗冻和耐磨要求的混凝土工程。

(4)复合硅酸盐水泥

由硅酸盐水泥熟料、适量石膏和 3 种(含)以上混合材料磨细制成的水硬性胶凝材料，称为复合硅酸盐水泥，简称复合水泥，代号 P · C。

复合硅酸盐水泥，综合性质较好。由于掺入了 3 种(含)以上混合材料，弥补了掺入单一混合材料的缺陷，改变了水泥石的微观结构，更好地改善水泥性能。根据当地混合材料的资源和水泥性能的要求掺入两种或更多混合材料，从而在水泥浆的需水性、泌水性、抗腐蚀性方面都有所改善和提高，符合硅酸盐水泥目前大力发展的水泥品种。

3)通用硅酸盐水泥的主要性能及适用范围

目前，硅酸盐水泥、普通硅酸盐水泥、矿渣硅酸盐水泥、粉煤灰硅酸盐水泥、火山灰质硅酸盐水泥和复合硅酸盐水泥是我国广泛使用的 6 种水泥，均以硅酸盐水泥熟料为基本原料，在矿物组成、水化机理、凝结硬化过程、细度、凝结时间、安定性、强度等级划分等方面有许多相近之处。但由于掺入混合材料的数量、品种有较大差别，所以各种水泥的特性及其适用范围有较大差别。6 种通用水泥的性能特点及其适用范围见表 3.9。

表 3.9　通用硅酸盐水泥的主要性能及适用范围

名称	硅酸盐水泥	普硅硅酸盐水泥	矿渣硅酸盐水泥	粉煤灰硅酸盐水泥	火山灰质硅酸盐水泥	复合硅酸盐水泥
特性	1. 早期强度高 2. 水化热大 3. 抗冻性好 4. 耐热性好 5. 干缩小 6. 耐腐蚀性差	1. 早期强度较高 2. 水化热较大 3. 抗冻性较好 4. 耐热性较差 5. 耐腐蚀性较差	1. 早期强度低 2. 水化热较低 3. 抗冻性差 4. 易碳化 5. 耐热性较好 6. 干缩较大 7. 耐蚀性好	干缩性较小，抗裂性较好，其他同矿渣水泥	抗渗性较好，耐热性不及矿渣水泥，其他同矿渣水泥	3 d 龄期高于矿渣水泥，其他同矿渣水泥
适用范围	要求快硬、高强的混凝土，冬期施工的工程，有耐磨要求的混凝土	一般气候环境和干燥环境中的混凝土，寒冷地区水位变化部位、有抗冻、抗渗和耐磨要求的部位	潮湿环境或处于水中的混凝土、厚大体积混凝土、受侵蚀性介质作用的混凝土以及一般气候环境中的混凝土			

续表

名称	硅酸盐水泥	普硅硅酸盐水泥	矿渣硅酸盐水泥	粉煤灰硅酸盐水泥	火山灰质硅酸盐水泥	复合硅酸盐水泥
不适用范围	厚大体积混凝土，受侵蚀介质作用的混凝土	同硅酸盐水泥	有抗渗要求的混凝土，要求快硬、高强度的混凝土，寒冷地区水位变化部位的混凝土	干燥环境中的混凝土，寒冷地区水位变化部位的混凝土、有耐磨要求的混凝土、要求快硬、高强的混凝土		

3.3.5　通用硅酸盐水泥的储运及水泥腐蚀防腐

1）通用硅酸盐水泥的储运

水泥包装可以散装或袋装，水泥运输与贮存时应注意以下几个方面：

（1）防止水泥受潮

水泥是一种有较大表面积，易于吸潮变质的粉状材料。在储运过程中，与空气接触，吸收水分和二氧化碳而发生部分水化和碳化反应现象，称为水泥的风化，俗称水泥受潮。水泥风化后会凝固结块，水化活性下降，凝结硬化迟缓，强度也有不同程度的降低，烧失量增加，严重时会因整体板结而报废。在现场存放袋装水泥时，应选择平坦而不积水的较高地势，并垫高垛底，垛顶用毡布盖好，需较长时间存放的水泥应设库房室内存放，水泥的码放高度不应超过10袋。散装水泥应直接卸入储罐存放，且不同等级、不同厂家的水泥应分库（罐）存放，不能混放。

（2）水泥的存放时间不宜过长

一般储存3个月后，水泥强度降低10%～20%，6个月降低15%～30%，1年后降低25%～40%。《通用硅酸盐水泥》（GB 175—2023）9.6.3条，水泥质保期为交货后90 d。《混凝土质量控制标准》（GB 50164—2011）6.2.3条规定，水泥出厂超过3个月，应进行复检，合格者方可使用。

2）通用硅酸盐水泥石腐蚀与防治措施

硅酸盐水泥在凝结硬化后，通常都有较好的耐久性，但若处于某些腐蚀性介质的环境侵蚀下，则可能发生一系列的物理、化学的变化，从而导致水泥石结构的破坏，最终丧失强度和耐久性。

水泥石遭到腐蚀破坏，一般有3种表现形式：第一是水泥石中的氢氧化钙［$Ca(OH)_2$］遭溶解，造成水泥石中氢氧化钙浓度降低，进而造成其他水化产物的分解；第二是水泥石中的氢氧化钙与溶于水中的酸类和盐类相互作用生成易溶于水的盐类或无胶结能力的物质；第三是水泥石中的水化铝酸钙与硫酸盐作用形成膨胀性结晶产物。

(1)水泥石受到的主要腐蚀作用

①软水侵蚀(溶出性侵蚀)。硬化的水泥石中含有20%~25%的氢氧化钙晶体,具有溶解性。如果水泥石长期处于流动的软水环境下,其中的氢氧化钙将逐渐溶出并被水流带走,使水泥石中的成分溶失,出现孔洞,降低水泥石的密实性以及其他性能,这种现象称为水泥石受到了软水侵蚀或溶出性侵蚀。

如果环境中含有较多的重碳酸盐[$Ca(HCO_3)_2$],即水的硬度较高,则重碳酸盐与水泥石中的氢氧化钙反应,生成几乎不溶于水的碳酸钙,并沉淀于水泥石孔隙中起密实作用,从而可阻止外界水的继续侵入及内部氢氧化钙的扩散析出,反应式为:

$$Ca(OH)_2+Ca(HCO_3)_2 = 2CaCO_3+2H_2O$$

但普通的淡水中(即软水)重碳酸盐的浓度较低,水泥石中的氢氧化钙容易被流动的淡水溶出并被带走。其结果不仅使水泥中氢氧化钙成分减少,还有可能引起其他水化物的分解,从而导致水泥石的破坏。

②硫酸盐侵蚀。在海水、湖水、地下水及工业污水中,常含有较多的硫酸根离子,与水泥石中的氢氧化钙起置换作用生成硫酸钙。硫酸钙与水泥石中固态水化铝酸钙作用将生成高硫型水化硫铝酸钙,其反应式为:

$$3CaO \cdot Al_2O_3 \cdot 6H_2O+3(CaSO_4 \cdot 2H_2O)+20H_2O = 3CaO \cdot Al_2O_3 \cdot 3CaSO_4 \cdot 32H_2O$$

生成的高硫型水化硫铝酸钙比原来反应物的体积大1.5~2.0倍,由于水泥石已经完全硬化,变形能力很差,体积膨胀带来的强大压力将使水泥石开裂破坏。由于生成的高硫型水化硫铝酸钙属于针状晶体,其危害作用很大,所以被称为“水泥杆菌”。当水中硫酸盐浓度较高时,硫酸钙还会在孔隙中直接结晶成二水石膏,体积膨胀,引起膨胀应力,导致水泥石破坏。

③镁盐侵蚀。在海水及地下水中含有的镁盐(主要是硫酸镁和氯化镁),将与水泥中的氢氧化钙发生复分解反应:

$$MgSO_4+Ca(OH)_2+2H_2O = CaSO_4 \cdot 2H_2O+ Mg(OH)_2$$

$$MgCl_2+Ca(OH)_2 = CaCl_2+Mg(OH)_2$$

生成的氢氧化镁松软而无胶结能力,氯化钙易溶于水,二水石膏还可能引起硫酸盐侵蚀作用。因此,镁盐对水泥石起着镁盐和硫酸盐的双重作用。

④酸类侵蚀。水泥石属于碱性物质,含有较多的氢氧化钙,因此遇酸类将发生中和反应,生成盐类,在水泥石内部造成内应力而导致破坏。酸类对水泥石的侵蚀主要包括碳酸侵蚀和一般酸的侵蚀作用。碳酸的侵蚀指溶于环境水中的二氧化碳与水泥石的侵蚀作用,其反应式如下:

$$Ca(OH)_2+CO_2+H_2O = CaCO_3+2H_2O$$

生成的碳酸钙再与含碳酸的水反应生成重碳酸盐,其反应式如下:

$$CaCO_3+CO_2+H_2O = Ca(HCO_3)_2$$

上式是可逆反应,如果环境水中碳酸含量较少,则生成较多的碳酸钙,只有少量的碳酸氢钙生成,对水泥石没有侵蚀作用;但是如果环境水中碳酸浓度较高,则大量生成易溶于水的碳酸氢钙,会造成水泥石中的氢氧化钙大量溶失,导致破坏。除了碳酸之外,环境中的其他无机酸和有机酸对水泥石也有侵蚀作用。腐蚀作用最快的是无机酸中的盐酸、氢氟酸、硝酸、硫酸和有机酸中的醋酸、蚁酸和乳酸,这些酸类可能与水泥石中的氢氧化钙反应,或者生成易溶于水的物质,或者体积膨胀性的物质,从而对水泥石起侵蚀作用。

⑤强碱侵蚀。碱类溶液如果浓度不大时一般是无害的,但铝酸盐含量较高的硅酸盐水泥遇到强碱(如氢氧化钠)作用后也会破坏。氢氧化钠与水泥熟料中未水化的铝酸盐作用,生成易溶的铝酸钠:

$$3CaO \cdot Al_2O_3 + 6NaOH = 3Na_2O \cdot Al_2O_3 + 3Ca(OH)_2$$

当水泥石被氢氧化钠溶液浸透后又在空气中干燥,与空气中的二氧化碳作用而生成碳酸钠:

$$2NaOH + CO_2 = Na_2CO_3 + H_2O$$

碳酸钠在水泥石毛细孔中结晶沉积,而使水泥石胀裂。

⑥其他腐蚀。除了上述5种主要的腐蚀类型外,一些其他物质也对水泥石有腐蚀作用,如糖、氨盐、酒精、动物脂肪、含环烷酸的石油产品及碱骨料反应等。它们或是影响水泥的水化,或是影响水泥的凝结,或是体积变化引起开裂,或是影响水泥的强度,从不同的方面造成水泥石的性能下降甚至破坏。

实际工程中水泥石的腐蚀是一个复杂的物理化学作用过程,腐蚀的作用往往不是单一的,而是几种同时存在、相互影响的。

(2)防止水泥腐蚀的措施

从以上几种腐蚀作用可以看出,水泥石受到腐蚀的内在原因是:①内部成分中存在着易被腐蚀的组分,主要有氢氧化钙和水化铝酸钙;②水泥石的结构不密实,存在着很多毛细孔通道、微裂缝等缺陷,使得侵蚀性介质随着水或空气能够进入水泥石内部;③腐蚀与通道的相互作用。因此,为了防止水泥石受到腐蚀,宜采用下列防止措施:

①根据环境特点,合理选择水泥品种。可采用水化产物中氢氧化钙、水化铝酸钙含量少的水泥品种,例如矿渣水泥、粉煤灰水泥等掺混合材料的水泥,提高对软水等侵蚀作用的抵抗能力。

②提高水泥石的密实度。通过降低水灰比、选择良好级配的骨料、掺外加剂等方法提高密实度,减少内部结构缺陷,使侵蚀性介质不易进入水泥石内部。

③通过表面处理形成保护层。当腐蚀作用较强时,应在水泥石表面加做不透水的保护层,隔断腐蚀介质的接触,保护层材料选用耐腐蚀性强的石料、陶瓷、玻璃、塑料、沥青和涂料等。也可[illegible]表面处理,形成保护层,如表面碳化形成致密的碳酸钙、表面涂刷草酸形成不溶的草酸钙等。对于特殊抗腐蚀的要求,则可采用抗腐蚀性强的聚合物混凝土。

3.4　特种水泥

特种水泥

3.4.1　快硬水泥

1)快硬硫铝酸盐水泥

凡以适当成分的生料,经煅烧所得以无水硫铝酸钙和硅酸二钙为主要矿物成分的水泥熟料与适量石灰石、石膏共同磨细制成的具有早期强度高的水硬性胶凝材料,称为快硬硫铝酸盐水泥。

按国家标准《硫铝酸盐水泥》(GB 20472—2006)规定,快硬硫铝酸盐水泥的技术要求如下:

水泥的比表面积应不小于 350 m^2/kg;

初凝不得早于 25 min,终凝不得迟于 180 min,用户要求时可以变动;

快硬硅铝酸盐水泥的各龄期强度不得低于表 3.10 的规定。

快硬硫铝酸盐水泥的主要特性为:

(1)凝结硬化快、早期强度高

快硬硫铝酸盐水泥的 1 d 抗压强度可达到 33.0 ~56.0 MPa,3 d 可达到 42.5 ~72.5 MPa,并且随着养护龄期的增长强度还能不断增长。

(2)碱度低

快硬硫铝酸盐水泥浆体液相碱度低,pH<10.5,对钢筋的保护能力差,不适用于重要的钢筋混凝土结构,而特别适用于玻璃纤维增强水泥(GRC)制品。

(3)抗冻性高

快硬硫铝酸盐水泥可在 0 ~10 ℃的低温下使用,早期强度是硅酸盐水泥的 5 ~6 倍;0 ~20°C 下加少量外加剂,3 ~7 d 强度可达到设计标号的 70% ~80%;冻融循环 300 次强度损失不明显。

(4)微膨胀,有较高的抗渗性能

快硬硫铝酸盐水泥水化生成大量钙矾石晶体,产生微膨胀,而且水化需要大量结晶水,因此水泥石结构致密,混凝土抗渗性能是同标号硅酸盐水泥的 2 ~3 倍。

(5)抗腐蚀好

快硬硫铝酸盐水泥石中不含氢氧化钙和水化铝酸三钙,且水泥石密实度高,所以其抗海水腐蚀和盐碱地施工抗腐蚀性能优越,是理想的抗腐蚀胶凝材料。快硬硅酸盐水泥主要用于配制早期强度高的混凝土,适用于抢修抢建工程、喷锚支护工程、水工海工工程、桥梁道路工以及配制 GRC 水泥制品、负温混凝土和喷射混凝土。

表 3.10 快硬硫铝酸盐水泥的技术指标(GB 20472—2006)

强度等级	抗压强度/MPa			抗折强度/MPa		
	1 d	3 d	28 d	1 d	3 d	28 d
42.5	30.0	42.5	45.0	6.0	6.5	7.0
52.5	40.0	52.5	55.0	6.5	7.0	7.5
62.5	50.0	62.5	65.0	7.0	7.5	8.0
72.5	55.0	72.5	75.0	7.5	8.0	8.5

2)铝酸盐水泥

凡以铝酸钙为主的铝酸盐水泥熟料,磨细制成的水硬性胶凝材料称为铝酸盐水泥,又称高铝水泥,代号 CA。根据需要也可在磨制 Al_2O_3 含量大于 68% 的水泥时掺加适量的 α-Al_2O_3 粉。铝酸盐水泥熟料以铝矾土和石灰石为原料,经煅烧制得,主要矿物成分为铝酸一钙($CaO \cdot Al_2O_3$,简写 CA),另外还有二铝酸一钙($CaO \cdot 2Al_2O_3$,简写 CA_2)、硅铝酸二钙($2CaO \cdot Al_2O_3 \cdot SiO_2$,简写 C_2AS)、七铝酸十二钙($12CaO \cdot 7Al_2O_3$,简写 $C_{12}A_7$),以及少量的硅酸二钙($2CaO \cdot SiO_2$)等。

铝酸盐水泥的水化和硬化,主要是铝酸一钙的水化及其水化产物的结晶情况。主要水化产物是十水铝酸一钙(CAH_{10})、八水铝酸二钙(C_2AH_8) 和铝胶($Al_2O_3 \cdot 3H_2O$)。

CAH_{10} 和 C_2AH_8 均属六方晶系,具有细长的针状和板状结构,能互相结成坚固的结晶连生体,形成晶体骨架。析出的氢氧化铝凝胶难溶于水,填充于晶体骨架的空隙中,形成较密实的水泥石结构。铝酸盐水泥初期强度增长很快,但后期强度增长不显著。

铝酸盐水泥常为黄褐色,也有呈灰色的。铝酸盐水泥按 Al_2O_3 含量分为 4 类:CA-50、CA-60、CA-70 和 CA-80。各类型铝酸盐水泥的细度、凝结时间应符合表 3.11 的要求,其各龄期强度值均不得低于表 3.11 中所列数值。

铝酸盐水泥的主要特性是:①快硬高强,一天强度可达 80% 以上,3 d 几乎达到 100%;②低温硬化快,即使是在-10 ℃下施工,也能很快凝结硬化;③耐热性好,能耐 1 300~1 400 ℃高温;在热处理过程中强度下降较少,且高温时有良好体积稳定性;④抗硫酸盐侵蚀能力强。

铝酸盐水泥主要用于:紧急抢修工程及军事工程,有早强要求的工程和冬期施工工程,抗硫酸盐侵蚀及冻融交替的工程,以及制作耐热砂浆、耐热混凝土和配制膨胀自应力水泥。

使用高铝水泥时应特别注意的事项:①贮存运输时,特别注意防潮;②铝酸盐水泥耐碱性差,不宜与硅酸盐水泥、石灰等能析出氢氧化钙的胶凝材料混用;③研究表明,在高于 30 ℃的条件下养护,强度明显下降,因此铝酸盐水泥只宜在较低温度下养护;④铝酸盐水泥水化热集中于早期释放,因此硬化一开始应立即浇水养护,一般不宜用于厚大体积的混凝土和热天施工的混凝土。

表 3.11 各类型铝酸盐水泥的技术指标(GB/T 201—2015)

<table>
<tr><td colspan="2">细度</td><td colspan="8">比表面积不小于 300 m²/kg 或 0.045 mm 筛余不大于 20%</td></tr>
<tr><td colspan="2">凝结时间</td><td colspan="8">CA-50、CA-70、CA-80:初凝不早于 30 min,终凝不迟于 6 h
CA-60:初凝不早于 60 min,终凝不迟于 18 h</td></tr>
<tr><td rowspan="6">强度</td><td rowspan="2">水泥类型</td><td colspan="4">抗压强度/MPa</td><td colspan="4">抗折强度/MPa</td></tr>
<tr><td>6 h</td><td>1 d</td><td>3 d</td><td>28 d</td><td>6 h</td><td>1 d</td><td>3 d</td><td>28 d</td></tr>
<tr><td>CA-50</td><td>20</td><td>40</td><td>50</td><td>—</td><td>3.0</td><td>5.5</td><td>6.5</td><td>—</td></tr>
<tr><td>CA-60</td><td>—</td><td>20</td><td>45</td><td>85</td><td>—</td><td>2.5</td><td>5.0</td><td>10.0</td></tr>
<tr><td>CA-70</td><td>—</td><td>30</td><td>40</td><td>—</td><td>—</td><td>5.0</td><td>6.0</td><td>—</td></tr>
<tr><td>CA-80</td><td>—</td><td>25</td><td>30</td><td>—</td><td>—</td><td>4.0</td><td>5.0</td><td>—</td></tr>
</table>

3)膨胀水泥和自应力水泥

硅酸盐水泥在空气中硬化时,通常会产生一定的收缩,使受约束状态的混凝土内部产生拉应力,当拉应力大于混凝土的抗拉强度时则形成微裂纹,对混凝土的整体性不利。膨胀水泥是一种能在水泥凝结之后的早期硬化阶段产生体积膨胀的水硬性水泥,在约束条件下适量膨胀,可在结构内部产生预压应力(0.1 ~0.7 MPa),从而抵消部分因约束条件下干燥收缩引起的拉应力。膨胀水泥按自应力的大小可分为两类:当其自应力值达 2.0 MPa 以上时,称为自应力水泥;当自应力值为 0.5 MPa 左右,则称为膨胀水泥。

膨胀水泥和自应力水泥的配制途径有以下几种:①以硅酸盐水泥为主,外加高铝水泥和石膏按一定比例共同磨细或分别粉磨再经混匀而成,俗称硅酸盐型;②以高铝水泥为主,外加二水石膏磨细而成,俗称铝酸盐型;③以无水流铝酸钙和硅酸二钙为主要成分,外加石膏磨细而成,俗称硫铝酸盐型;④以铁相、污水硫铝酸钙和硅酸二钙为主要矿物,外加石膏磨细而成,俗称铁铝酸钙型。

膨胀水泥适用于补偿收缩混凝土,用作防渗混凝土,填灌混凝土结构构件的接缝及管道接头,结构的加固与修补,浇注机器底座及固结地脚螺栓等。自应力水泥适用于制造自应力钢筋混凝土压力管及配件。使用膨胀水泥的混凝土工程应特别注意早期的潮湿养护,以便让水泥在早期充分水化,防止在后期形成钙矾石而引起开裂。

3.4.2 道路硅酸盐水泥

以道路硅酸盐水泥熟料、适量石膏,可加入符合规定的混合材料,磨细制成的水硬性胶凝材料,称为道路硅酸盐水泥,简称道路水泥,代号 P · R。道路硅酸盐水泥熟料中铝酸三钙的含量不应大于 5.0%,铁铝酸四钙的含量不应小于 15.0%,游离氧化钙的含量不应大于 1.0%。

根据国家标准《道路硅酸盐水泥》(GB/T 13693—2017)规定,道路水泥的比表面积为 300 ~ 450 m^2/kg;初凝不早于 1.5 h,终凝不得迟于 12 h;水泥中 SO_3 的含量不得超过 3.5%;MgO 的含量不得超过 5.0%;28 d 干缩率不大于 0.10%,28 d 磨耗量不大于 3.0 kg/m^2。道路硅酸盐水泥按照 28 d 抗折强度分为 7.5 和 8.5 两个等级,各龄期的强度值应不低于表 3.12 中的数值。道路硅酸盐水泥主要用于公路路面、机场跑道等工程结构,也可用于要求较高的工厂地面和停车场等工程。

表 3.12 道路硅酸盐水泥的等级与各龄期强度(GB/T 13693—2017)

强度等级	抗折强度/MPa		抗压强度/MPa	
	3 d	28 d	3 d	28 d
7.5	≥4.0	≥7.5	≥21.0	≥42.5
8.5	≥5.0	≥8.5	≥26.0	≥52.5

3.4.3 其他水泥

1)白色硅酸盐水泥

国家标准《白色硅酸盐水泥》(GB/T 2015—2017)对白色硅酸盐水泥的定义是:按照白度分为1级和2级,代号分别为P·W-1和P·W-2。白度1级指白度不小于89,白度2级指白度不小于87。

普通硅酸盐水泥的颜色主要因其化学成分中所含氧化铁所致。因此,白水泥与普通硅酸盐水泥制造上的主要区别在于严格控制水泥原料的铁含量,并严防在生产过程中混入铁质。表3.13为水泥中氧化铁含量与水泥颜色的关系。白水泥中氧化铁含量只有普通硅酸盐水泥的1/10左右。此外,锰、铬等氧化物也会导致水泥白度的降低,故生产中也须控制其含量。

表3.13 水泥中氧化铁含量与水泥颜色关系

氧化铁含量/%	3~4	0.45~0.7	0.35~0.4
水泥颜色	灰暗色	淡绿色	白色

白色硅酸盐水泥强度等级分为32.5、42.5和52.5三个等级,各等级水泥各龄期的强度不得低于表3.14的数值。

表3.14 白色硅酸盐水泥的不同龄期强度要求(GB/T 2015—2017)

强度等级	抗压强度/MPa		抗折强度/MPa	
	3 d	28 d	3 d	28 d
32.5	≥12.0	≥32.5	≥3.0	≥6.0
42.5	≥17.0	≥42.5	≥3.5	≥6.5
52.5	≥22.0	≥52.5	≥4.0	≥7.0

将白水泥样品装入恒压粉体压样器中压制成表面平整的试样板,采用测色仪测定白度。白水泥的白度值应不低于87。白色硅酸盐水泥细度要求为45 μm方孔筛筛余量不超过30.0%;凝结时间初凝不早于45 min,终凝不迟于10 h;体积安定性用沸煮法检验必须合格。同时熟料中氧化镁的含量不宜超过5.0%,水泥中三氧化硫含量不超过3.5%。白水泥可用于配制白色和彩色灰浆、砂浆及混凝土。

2)彩色硅酸盐水泥

建材行业标准《彩色硅酸盐水泥》(JC/T 870—2012)中规定,凡由硅酸盐水泥熟料加适量石膏(或白色硅酸盐水泥)、混合材及着色剂磨细或混合制成的带有色彩的水硬性胶凝材料,称为彩色硅酸盐水泥。

彩色硅酸盐水泥的强度等级分为27.5、32.5和42.5。水泥中三氧化硫的含量不得超过4.0%,80 μm方孔筛余不得超过6.0%,初凝不得早于1 h,终凝不得迟于10 h。目前生产彩色硅酸盐水泥多采用染色法,就是将硅酸盐水泥熟料(白水泥熟料或普通硅酸盐水泥熟料)、适量石膏和碱性颜料共同磨细而制成。也可将颜料直接与水泥粉混合而配制成彩色水泥，但这种方法颜料用量大，色泽也不易均匀。生产彩色水泥所用的颜料应满足以下基本要求：不溶于水，分散性好；耐大气稳定性好，耐光性应在 7 级以上；抗碱性强，应具一级耐碱性；着色力强，颜色浓；不会使水泥强度显著降低，也不能影响水泥正常凝结硬化。无机矿物颜料能较好地满足以上要求，而有机颜料色泽鲜艳，在彩色水泥中只需掺入少量，就能显著提高装饰效果。

白色和彩色硅酸盐水泥在装饰工程中常用来配制彩色水泥浆、装饰混凝土，也可配制各种彩色砂浆用于装饰抹灰，以及制造各种色彩的水刷石、人造大理石及水磨石等制品。

3）抗硫酸盐硅酸盐水泥

抗硫酸盐硅酸盐水泥（sulfate resistance portland cement）按抗硫酸盐侵蚀程度可分为中抗硫酸盐硅酸盐水泥和高抗硫酸盐硅酸盐水泥两类。

《抗硫酸盐硅酸盐水泥》（GB 748—2023）规定，以适当成分的硅酸盐水泥熟料，加入适量石膏磨细制成的具有抵抗中等浓度硫酸根离子（≤2 500 mg/L）侵蚀的水硬性胶凝材料，称为中抗硫酸盐硅酸盐水泥，简称中抗硫水泥，代号 P · MSR。以适当成分的硅酸盐水泥熟料，加入适量石膏，磨细制成的具有抵抗较高浓度硫酸根离子（>2 500 mg/L 且≤8 000 mg/L）侵蚀的水硬性胶凝材料，称为高抗硫酸盐硅酸盐水泥，简称高抗硫水泥，代号 P · HSR。

中抗硫水泥中，C_3S 和 C_3A 的计算含量分别不应超过 55.0% 和 5.0%。高抗硫水泥中 C_3S ≤50.0%，C_3A≤3.0%。烧失量不大于 3.0%，水泥中 SO_3 含量不大于 2.5%。水泥比表面积不小于 280 m^2/kg。各龄期强度也符合标准 GB 748—2023 要求。抗硫酸盐水泥适用于一般受硫酸盐侵蚀的海港、水利、地下、隧涵、道路和桥梁基础等工程设施。

4）低热微膨胀水泥

低热微膨胀水泥（low heat expansive cement）是以粒化高炉矿渣为主要成分，加入适量硅酸盐水泥熟料和石膏，磨细制成的具有低水化热和微膨胀性能的水硬性胶凝材料，代号 LHEC。《低热微膨胀水泥》（GB 2938—2008）规定，其强度等级为 32.5 级；水化热采用直接法仲裁；线膨胀率 1 d 不得小于 0.05%，7 d 不得小于 0.10%，28 d 不得大于 0.60%。低热微膨胀水泥低水化热、微膨胀和抗渗性能好，故可应用于水利大坝工程等。

5）砌筑水泥

凡由一种或一种以上的水泥混合材料，加入适量硅酸盐水泥熟料和石膏，经磨细制成的工作性较好的水硬性胶凝材料，称为砌筑水泥（masonry cement），代号 M。《砌筑水泥》（GB/T 3183—2017）规定，砌筑水泥中混合材料掺加量按质量百分比计应大于 50%，允许掺入适量的石灰石或窑灰。其技术要求为水泥中三氧化硫含量应不大于 3.5%；0.08 mm 方孔筛筛余不大于 10.0%；初凝不早于 60 min，终凝不迟于 720 min；安定性用沸煮法检验，应合格；保水率应不低于 80%；砌筑水泥分 12.5、22.5 和 32.5 三个强度等级。砌筑水泥主要用于砌筑和抹面砂浆、垫层混凝土等，不应用于结构混凝土。

6)油井水泥

油井水泥(oil well cement)属于专用水泥,专用于油井、气井的固井工程。它主要用于将套管与周围的岩层胶结封固,封隔地层内油、气、水层,防止互相串扰,以便在井内形成一条从油层流向地面且隔绝良好的油流通道。油井水泥由水硬性硅酸钙为主要成分的硅酸盐水泥熟料,加入适量石膏和助磨剂磨细制成。油井水泥的基本要求为水泥浆在注井过程中要有一定的流动性和适合的密度;水泥浆注入井内后,应较快凝结,并在短期内达到相当的强度;硬化后的水泥浆应有良好的稳定性和抗渗性、抗蚀性。《油井水泥》(GB 10238—2015)规定了油井水泥有 A、B、C、D、G 和 H 六个级别。适用于油井不同深度的温度和压力。

本章总结框图

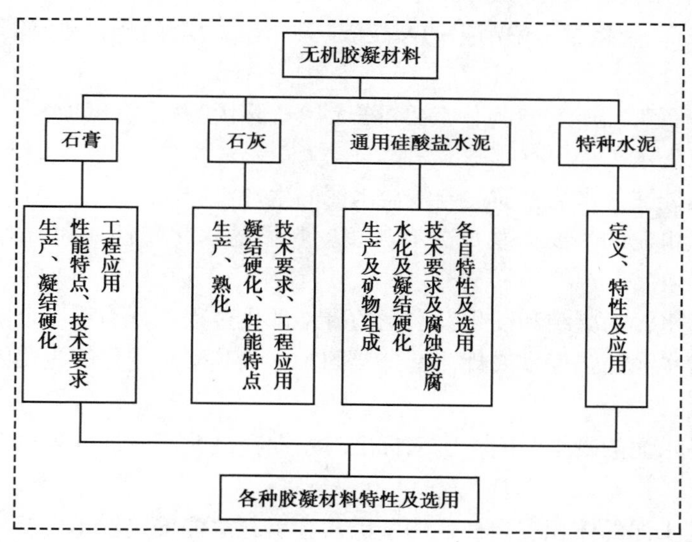

问题导向讨论题

问题1:大体积混凝土容易开裂,请问在水泥选择方面如何考虑?并说明理由。

问题2:海工工程混凝土长期处于高碱高湿环境中,请问在水泥选择方面如何考虑?并说明理由。

问题3:石膏是一种低碳绿色胶凝材料,在"双碳"政策下,石膏得到大力推广应用,请讨论石膏可在哪些方面替代水泥,目前主要工程应用场景?

分组讨论要求:每组 4 ~6 人。设组长 1 人。负责明确分工和协助要求。并指定人员代表小组进行发言。

思考练习题

3.1 什么是胶凝材料？什么是气硬性胶凝材料？什么是水硬性胶凝材料？并分别举例。

3.2 石膏的5个相7个变体是什么？工程中常用的石膏胶凝材料是什么相？

3.3 建筑石膏及其制品为什么宜用于室内，而不是室外？

3.4 建筑石膏的水化硬化过程及性能特点？从建筑石膏凝结硬化形成的结构，说明石膏板为什么强度较低、耐水性差，而绝热性和吸声性较好？

3.5 建筑石膏有哪些技术要求？并详细说明物理力学性能要求。

3.6 建筑石膏在工程中有哪些应用？

3.7 建筑石膏的运输与贮存注意事项？

3.8 工程上使用生石灰时，为何要进行消化处理？

3.9 试简述石灰硬化过程中产生的开裂破坏类型。为避免开裂现象发生，应采取哪些技术措施？

3.10 什么是石灰"陈伏"？为什么要"陈伏"？"陈伏"时注意事项？

3.11 石灰在土木工程中有哪些应用？

3.12 什么是硅酸盐水泥？简述硅酸盐水泥的生产流程。

3.13 硅酸盐水泥的主要矿物成分有哪些？它们的水化特性如何？对水泥的性质有何影响？

3.14 什么是水泥的凝结和硬化？水泥的凝结硬化过程可分为哪4个阶段？

3.15 硅酸盐水泥的强度发展规律是怎样的？影响其凝结硬化的主要因素有哪些？如何影响？

3.16 什么是水泥的凝结时间？国家标准对水泥凝结时间有何要求？凝结时间对工程有何影响？

3.17 什么是水泥的体积安定性？哪些因素会引起水泥安定性不良？

3.18 通用硅酸盐水泥有哪些主要技术要求？哪几项不符合要求时视为不合格？

3.19 通用硅酸盐水泥各自特性及应用区别？

3.20 生产硅酸盐水泥时，掺入石膏过少或过多会出现什么情况？

3.21 为什么生产硅酸盐水泥时掺适量石膏对硬化水泥石没有破坏作用，而硬化水泥石在硫酸盐环境介质中会产生破坏现象？

3.22 实际工程中硅酸盐水泥有哪些腐蚀破坏类型？试简述其腐蚀机理，并提出避免水泥腐蚀的建议措施。

3.23 碱激发矿渣水泥的主要原材料与硅酸盐水泥有何不同？碱激发矿渣水泥的性能有何特点？

3.24 高铝水泥的水化特点是什么？其特性表现如何？该怎样正确使用？

3.25 膨胀水泥的膨胀原理是什么？主要有哪些作用及用途？

4 水泥混凝土

<table>
<tr><td rowspan="3">本章导读</td><td>内容及要求</td><td>介绍水泥混凝土的组成材料、主要性质、配合比设计、质量控制和验收评价等。通过本章学习，能够解释普通混凝土的组成、说明组成材料的性质及其对混凝土性能的影响；能够分析普通混凝土的和易性、强度和耐久性等主要技术性质、普通混凝土配合比设计及原材料和生产质量控制。能够说明特殊混凝土的特性及应用。</td></tr>
<tr><td>重点</td><td>普通混凝土的和易性、强度和耐久性等主要技术性质，普通混凝土配合比设计及生产质量控制。</td></tr>
<tr><td>难点</td><td>普通混凝土配合比设计，混凝土质量控制。</td></tr>
</table>

混凝土是土木工程中用量最大、使用最广泛、最经济的材料之一。混凝土主要用作结构材料，其性能对结构安全起着决定性作用。只有充分了解和掌握混凝土的技术性质和特点，才能保证在土木工程设计和施工过程中合理选择和正确使用混凝土。同时，混凝土作为土木工程中不可缺少的材料，在其生产和使用中面临着可持续发展问题，如生态问题、环保问题、节能问题等；混凝土材料既要保持科学发展的态势，又要适应人类的环保、生态、绿色发展需要。

4.1 混凝土概述

4.1.1 概述

混凝土是由胶凝材料、粗细骨料、水及其他材料，按适当比例配制并经一定时间硬化而成的具有所需的形体、强度和耐久性的人造石材。它是一种工程复合材料。

混凝土问世的历史，从广义的角度，可追溯到远古时代。像古埃及、古罗马和我国古代人们就探索用石膏、石灰和火山灰为胶凝材料，用烧石灰、烧黏土、烧石膏等材料配制混凝土。尽管不能与现在的混凝土相比，但说明混凝土的制作和探索在古代就开始萌芽了。真正意义上的混凝土产生，应以 1824 年英国人发明水泥，之后以水泥作为胶凝材料的混凝土开始，混凝土工程与混凝土技术才从真正意义上开始了自己的发展历史。1855 年英国人发明了转炉炼钢法,1867 年法国人发明钢筋混凝土,之后引起了建筑材料行业的一场革命,它使得高耸、大跨、巨型、复杂的工程结构成为可能。从此,钢筋混凝土的时代和对混凝土材料科学探索时期开始了。1887 年英国人首次发表了钢筋混凝土结构计算方法,1918 年美国人建立了水灰比强度公式,1930 年瑞士人应用数理统计法,提出了混凝土强度与水泥强度等级和水灰比之间的关系,后来混凝土强度增长与胶空比的关系得到确立,揭示了混凝土强度与毛细空隙的关系。1928 年,混凝土收缩和徐变理论在法国被提出,1934 年,干硬性混凝土在苏联被开发出来,从此,预应力混凝土和干硬性高强度混凝土飞速发展,并广泛应用于工程中。1937 年,美国首先用亚硫酸盐纸浆液作为外加剂改善混凝土和易性。近现代,人们在混凝土强度、和易性、耐久性等方面进行了广泛研究,各种高性能混凝土层出不穷,广泛应用于工业与民用建筑、桥梁工程、道路工程、水利工程、给排水工程等方面。

混凝土问世近两个世纪来,见证了人类社会的发展,也为人类的进步和文明建设发挥了巨大作用。现在面临着资源和能源日益减少、生态环境污染日益加大的问题。混凝土工业是一个资源和能源消耗性行业,如何做到继续在基础设施建设中,承担主要作用,又要达到节能减排的生态环保标准,是混凝土发展道路上面临的新课题。

目前,混凝土技术正朝着超高强、轻质、高耐久性、多功能性、智能化、绿色化方向发展。

4.1.2 混凝土分类

混凝土种类繁多,按不同方式分类如下。

1)按胶凝材料的品种分类

根据主要胶凝材料的品种,可分为水泥混凝土、沥青混凝土、石膏混凝土、水玻璃混凝土、硅酸盐混凝土、聚合物混凝土等。

2)按混凝土表观密度分类

①重混凝土。表观密度大于 2 800 kg/m^3 的混凝土。常由重晶石和铁矿石配制而成。

②普通混凝土。表观密度为 2 000～2 800 kg/m^3 的水泥混凝土。主要以砂、石子和水泥配制而成,是土木工程中最常用的混凝土品种。

③轻混凝土。表观密度小于 1 950 kg/m^3 的混凝土。包括轻集料混凝土、多孔混凝土和大孔混凝土等。

3)按强度等级分类

①普通混凝土。一般指强度等级低于 C60 的混凝土。

②高强混凝土。一般指强度等级为 C60～C100 的混凝土。

③超高强混凝土。一般指强度等级 C100 及以上的混凝土。

4)按施工工艺分类

混凝土按施工工艺可分为泵送混凝土、喷射混凝土、自密实混凝土、碾压混凝土、压力灌浆混凝土、造壳混凝土等。

5)按使用功能分类

按使用部位、功能和特性通常可分为结构混凝土、道路混凝土、水工混凝土、耐热混凝土、耐酸混凝土、防辐射混凝土、补偿收缩混凝土、防水混凝土、装饰混凝土、纤维混凝土、高性能混凝土等。

4.1.3 普通混凝土性能特点

普通混凝土是以水泥为胶凝材料,砂子和石子为骨料,经加水搅拌、浇筑成型、凝结固化成具有一定强度的"人工石材",通常称为水泥混凝土,简称混凝土。

1)普通混凝土的主要优点

①抗压强度高。混凝土的抗压强度一般为10~60 MPa。当掺入高效减水剂和掺合料时,强度可达100 MPa以上,在实验室可制备200 MPa以上的混凝土。而且,混凝土与钢筋具有良好的匹配性,浇筑成钢筋混凝土后,可以有效改善抗拉强度低的缺陷,使混凝土能够应用于各种结构部位。

②施工方便。混凝土拌合物具有良好的流动性和可塑性,可根据工程需要浇筑成各种形状尺寸的构件及构筑物。既可现场浇筑成型,也可预制。

③原材料常规化且来源丰富。混凝土中约70%以上的材料是砂石料,属地方性材料,可就地取材,避免远距离运输。

④性能可根据需要设计调整。通过调整各组成材料的品种和数量,特别是掺入不同外加剂和掺合料,可获得不同和易性、强度、耐久性或具有特殊性能的混凝土,满足工程上的不同要求。

⑤耐久性好。原材料选择正确、配比合理、施工养护良好的混凝土具有优异的抗渗性、抗冻性和耐腐蚀性能,且对钢筋有保护作用,可保持混凝土结构长期使用性能稳定。

2)普通混凝土的主要缺点

①抗拉强度低,抗裂性差。混凝土的抗拉强度一般只有抗压强度的1/20~1/10。

②质量控制困难。混凝土是一个过程产品,包括选材、搅拌、运输、浇注成型、养护等,时间、空间、人员跨度大,质量难以控制。

③自重大。混凝土表观密度约2 400 kg/m^3,故结构物自重较大,导致地基处理费用增加、结构构件尺寸增大。

④收缩变形大、易开裂。水泥水化凝结硬化引起的自身收缩和干燥收缩,易产生混凝土收缩裂缝。

为了使混凝土结构质量得到保障,在混凝土的配制和施工过程中要做到恰当地选择原材料,合理设计混凝土配合比,正确施工和严格控制质量。

4.2 混凝土的组成材料

混凝土组成材料

普通混凝土(简称“混凝土”),组成材料主要有水泥、砂、石、水;为改善混凝土的性能,通常加入外加剂和矿物掺合料。砂、石在混凝土中起骨架作用;水泥和水形成水泥浆包裹在骨料表面并填充骨料之间空隙,在混凝土硬化之前起润滑作用,赋予混凝土拌合物流动性,便于施工,硬化后起胶结作用,使混凝土产生强度;外加剂起改性作用;矿物掺合料起胶结、改性和降低成本的作用。

组成材料的性质很大程度上决定和影响着混凝土的性能。了解组成材料的性质、作用和质量要求,是合理选择和正确使用原材料、保证混凝土性能质量的前提条件。

4.2.1 水泥

水泥作为混凝土的主要组成材料,起胶凝作用,也是水泥的主要应用途径。在第 3 章对水泥技术性质等详细讲述基础上,下面主要介绍配制混凝土时选择水泥品种和强度等级的基本原则。

1)水泥品种的选择

配制混凝土,应根据工程性质、结构部位、施工条件和环境状况等,选择恰当的水泥品种。具体可参照表 3.9。

2)水泥强度等级的选择

水泥强度等级的选择应与混凝土的设计强度等级相适应。原则上,配制高强度等级混凝土,选用高强度等级水泥;配制低强度等级混凝土,选用低强度等级水泥。一般来说,强度等级 32.5 的水泥,适宜于配制强度等级 C20—C30 的混凝土,可配制强度等级 C10—C35 的混凝土;强度等级 42.5 的水泥,适宜于配制强度等级 C35—C45 的混凝土,可配制强度等级 C30—C50 的混凝土;强度等级 52.5 的水泥,适宜于配制强度等级 C45—C55 的混凝土,可配制强度等级 C40—C60 的混凝土;强度等级 62.5 的水泥,适宜于配制强度等级 C60—C80 的混凝土,可配制强度等级 C60 及以上的混凝土。

如果配制混凝土的水泥强度等级偏低,会使水泥用量过大,不经济,而且会影响混凝土的其他技术性质。如果配制混凝土的水泥强度等级偏高,则水泥用量偏少,影响混凝土和易性和密实度,导致混凝土耐久性差。如果必须用高强度等级水泥配制低强度等级混凝土,可通过掺入适量掺合料改善混凝土和易性,提高混凝土密实度。

4.2.2 细骨料-砂

集料的组成设计方法

粒径小于 4.75 mm 的骨料称为砂,按产源分为天然砂、机制砂和混合砂。天然砂,在自然条件作用下岩石产生破碎、风化、分选、运移、堆/沉积形成的粒径小于 4.75 mm 的岩石颗粒,包括河砂、湖砂、山砂、净化处理的海砂,但不包括软质、风化的颗粒;机制砂,以岩石、卵石、矿山废石和尾矿等为原料,经除土处理,由机械破碎、整形、筛分、粉控等工艺制成的，级配、粒形和石粉含量满足要求且粒径小于4.75 mm的颗粒，但不包括软质、风化的颗粒，又俗称人工砂。由机制砂和天然砂按一定比例混合而成的砂，称为混合砂。

在《建设用砂》(GB/T14684—2022)中，砂的技术要求有：颗粒级配（含细度模数），含泥量（天然砂）、亚甲蓝值与石粉含量（机制砂），泥块含量、有害物质（云母、轻物质、有机物、硫化物及硫酸盐、氯化物、贝壳）、坚固性、压碎指标（机制砂）、片状颗粒含量（机制砂）、表观密度、松散堆积密度、空隙率、放射性、碱骨料反应、含水率和饱和面干吸水率。建设用砂按颗粒级配、含泥量（石粉含量）、亚甲蓝(MB)值、泥块含量、有害物质、坚固性、压碎指标、片状颗粒含量技术要求分为Ⅰ类、Ⅱ类和Ⅲ类。

在工程中，关注较多的是砂的颗粒级配（含细度模数）、含泥量、亚甲蓝值与石粉含量、泥块含量。砂的颗粒级配，常用筛分析的方法进行测定，用细度模数表示砂的粗细，用级配区表示砂的级配。筛分析是用一套孔径为9.50 mm，4.75 mm，2.36 mm，1.18 mm，0.60 mm，0.30 mm，0.15 mm的方孔筛，将500 g干砂由粗到细依次过筛，称量各筛上的筛余量(g)，计算各筛上的分计筛余率 a_i(%)，再计算累计筛余率 A_i(%)。分计筛余率和累积筛余率的计算关系见表4.1。

表4.1 累积筛余与分计筛余计算关系

筛孔尺寸/mm	筛余量/g	分计筛余/%	累计筛余/%
4.75	m_1	$a_1=m_1/m$	$A_1=a_1$
2.36	m_2	$a_2=m_2/m$	$A_2=A_1+a_2$
1.18	m_3	$a_3=m_3/m$	$A_3=A_2+a_3$
0.60	m_4	$a_4=m_4/m$	$A_4=A_3+a_4$
0.30	m_5	$a_5=m_5/m$	$A_5=A_4+a_5$
0.15	m_6	$a_6=m_6/m$	$A_6=A_5+a_6$
底盘	$m_{底}$	$m=m_1+m_2+m_3+m_4+m_5+m_6+m_{底}$	

1)颗粒级配

(1)细度模数

细度模数是衡量砂粗细程度的指标，用 M_x 表示。细度模数根据式(4.1)进行计算，精确至0.01。

$$M_x=\frac{A_2+A_3+A_4+A_5+A_6-5A_1}{100-A_1} \tag{4.1}$$

式中 M_x——细度模数；

A_1,A_2,A_3,A_4,A_5,A_6——4.75 mm、2.36 mm、1.18 mm、0.60 mm、0.30 mm、0.15 mm筛的累计筛余百分率。

累计筛余百分率取两次试验结果的算术平均值，精确至1%。细度模数取两次试验结果的算术平均值，精确至0.1；如两次试验的细度模数之差超过0.20时，应重新试验。

砂按细度模数分为粗砂、中砂、细砂、特细砂，其细度模数分别为：粗砂3.7～3.1，中砂3.0～2.3，细砂2.2～1.6，特细砂1.5～0.7。

Ⅰ类砂的细度模数应为2.3～3.2。

(2)级配区

砂的级配区按累计筛余进行划分，见表4.2和表4.3。

表4.2　砂的级配区与累计筛余的关系(GB/T 14684—2022)

砂的分类	天然砂			机制砂、混合砂		
级配区	1区	2区	3区	1区	2区	3区
方筛孔尺寸/mm	累计筛余/%					
4.75	10～0	10～0	10～0	5～0	5～0	5～0
2.36	35～5	25～0	15～0	35～5	25～0	15～0
1.18	65～35	50～10	25～0	65～35	50～10	25～0
0.60	85～71	70～41	40～16	85～71	70～41	40～16
0.30	95～80	92～70	85～55	95～80	92～70	85～55
0.15	100～90	100～90	100～90	97～85	94～80	94～75

表4.3　分计筛余(GB/T 14684—2022)

方筛孔尺寸/mm	4.75[a]	2.36	1.18	0.60	0.30	0.15[b]	筛底[c]
分计筛余/%	0～10	10～15	10～25	20～31	20～30	5～15	0～20

a. 对于机制砂，4.75 mm筛的分计筛余不应大于5%。

b. 对于MB>1.4的机制砂，0.15 mm筛和筛底的分计筛余之和不应大于25%。

c. 对于天然砂，筛底的分计筛余不应大于10%。

砂的颗粒级配根据累计筛余百分率，分成1区、2区和3区3个级配区，见表4.2。级配良好的粗砂应落在1区，级配良好的中砂应落在2区，级配良好的细砂应落在3区。除特细砂外，Ⅰ类砂的累计筛余应符合表4.2中2区的规定，分计筛余应符合表4.3的规定；Ⅱ类和Ⅲ类砂的累计筛余应符合表4.2的规定。实际使用的砂颗粒级配可能不完全符合要求，砂的实际颗粒级配除4.75 mm和0.60 mm筛档外，可以略有超出，但各级累计筛余超出值总和应不大于5%。

当用砂量相同时，细砂的比表面积较大，而粗砂的比表面积较小。在配制混凝土时，砂的总比表面积越大，则需要包裹砂粒表面的水泥浆越多；当混凝土拌合物和易性要求一定时，显然用较粗的砂拌制比起较细的砂所需的水泥浆量较少，但如果砂过粗，易使混凝土拌合物产生离析，泌水现象，影响混凝土的工作性。所以不宜过粗和过细，一般优先选用2区中砂。

2)含泥量

含泥量指天然砂中粒径小于75 μm的颗粒含量。天然砂的含泥量应符合表4.4的规定。

表4.4　天然砂的含泥量(GB/T 14684—2022)

类别	Ⅰ类	Ⅱ类	Ⅲ类
含泥量(质量分数)/%	≤1.0	≤3.0	≤5.0

砂含泥量增加,混凝土的流动性显著减小,并且外加剂作用明显减弱甚至失效,这主要是泥对水和外加剂的吸附能力较强。随着含泥量增加,混凝土强度也有较大程度降低。

3)亚甲蓝值与石粉含量

石粉含量指机制砂中粒径小于 0.075 mm 的颗粒含量。机制砂的石粉含量应符合表 4.5 的规定。

表 4.5 机制砂的石粉含量(GB/T 14684—2022)

类别	亚甲蓝值/(MB)	石粉含量(质量分数)/%
Ⅰ类	MB≤0.5	≤15.0
	0.5<MB≤1.0	≤10.0
	1.0<MB≤1.4 或快速试验合格	≤5.0
	MB>1.4 或快速试验不合格	≤1.0[a]
Ⅱ类	MB≤1.0	≤15.0
	1.0<MB≤1.4 或快速试验合格	≤10.0
	MB>1.4 或快速法不合格	≤3.0[a]
Ⅲ类	MB≤1.4 或快速试验合格	≤15.0
	MB>1.4 或快速法不合格	≤5.0[a]

注:砂浆用砂的石粉含量不做限制。

a. 根据使用环境和用途,经试验验证,由供需双方协商确定,Ⅰ类砂石粉含量可放宽至不大于 3.0%,Ⅱ类砂石粉含量可放宽至不大于 5.0%,Ⅲ类砂石粉含量可放宽至不大于 7.0%。

亚甲蓝值(MB 值),用于判定机制砂吸附性能的指标,主要是反映小于 0.075 mm 的细颗粒主要是石粉还是泥粉的作用。机制砂纯石粉对亚甲蓝不敏感,即石粉对 MB 值的影响较小,MB 值的变化主要与黏土增量有关。MB 值检测的试验原理是向骨料与水搅拌制成的悬浊液中不断加入亚甲蓝溶液,每加入一定量的亚甲蓝溶液后,亚甲蓝为细骨料中的粉料所吸附,用玻璃棒蘸取少许悬浊液滴到滤纸上观察是否有游离的亚甲蓝放射出的浅蓝色色晕,判断骨料对染料溶液的吸附情况。通过色晕试验,确定添加亚甲蓝染料的终点,直到该染料停止表面吸附。当出现游离的亚甲蓝(以浅蓝色色晕宽度 1 mm 左右作为标准)时,计算亚甲蓝值 MBV,计算结果表示为每 1 000 g 试样吸收的亚甲蓝的克数。

机制砂中石粉含量在一定范围时,随着石粉含量提高有利于混凝土工作性能、力学性能、耐久性的改善,但超出范围后将产生不利影响。石粉含量对机制砂混凝土性能的影响存在一个最优值,对于不同的混凝土体系,石粉的最佳含量值是不同的。

4)泥块含量

泥块含量指砂中原粒径大于 1.18 mm,经水浸泡、淘洗等处理后小于 0.60 mm 的颗粒含量。砂的泥块含量应符合表 4.6 的规定。

表 4.6　泥块含量(GB/T 14684—2022)

类别	Ⅰ类	Ⅱ类	Ⅲ类
泥块含量(质量分数)/%	≤0.2	≤1.0	≤2.0

5)含水率

砂子的含水率,是指砂子中自由水质量占烘干后砂子质量的百分比。通常在混凝土实验室配合比换算成施工配合比时采用。

4.2.3　粗骨料-石

粒径大于4.75 mm 的骨料称为石,建筑用石分为卵石和碎石。卵石,指在自然条件作用下岩石产生破碎;风化、分选、运移、堆(沉)积,形成的粒径大于4.75 mm 的岩石颗粒。碎石,指天然岩石、卵石或矿山废石经破碎、筛分等机械加工而成的,粒径大于4.75 mm 的岩石颗粒。

在《建设用卵石、碎石》(GB/T 14685—2022)中,建设用石的技术要求有颗粒级配、卵石含泥量、碎石泥粉含量、泥块含量、针片状颗粒含量和不规则颗粒含量、有害物质(有机物含量、硫化物及硫酸盐含量)、坚固性、强度(母岩抗压强度、压碎指标)、表观密度、连续级配松散堆积空隙率、吸水率、放射性、碱骨料反应、含水率和堆积密度。建设用石按卵石含泥量(碎石泥粉含量),泥块含量,针、片状颗粒含量,不规则颗粒含量,硫化物及硫酸盐含量,坚固性,压碎指标,连续级配松散堆积孔隙率,吸水率技术要求分为Ⅰ类、Ⅱ类和Ⅲ类。

在工程中,关注较多的是颗粒级配和最大粒径、含水率。

1)颗粒级配及最大粒径

石的颗粒级配,常用筛分析的方法进行测定。筛分析是用一套孔径为2.36,4.75,9.50,16.0,19.0,26.5,31.5,37.5,53.0,63.0,75.0,以及90.0 mm 的标准筛,将一定量石子试样烘干后由粗到细依次过筛,称量各筛上的筛余量(精确至1 g),计算各筛上的分计筛余率(精确至0.1%),再计算累计筛余率(精确至1%)。卵石和碎石的颗粒级配应符合表4.7 的规定。

表 4.7　石的颗粒级配(GB/T 14685—2022)

公称粒级/mm		累计筛余/%											
		方孔筛孔径/mm											
		2.36	4.75	9.50	16.0	19.0	26.5	31.5	37.5	53.0	63.0	75.0	90
连续粒数	5~16	95~100	85~100	30~60	0~10	0	—	—	—	—	—	—	—
	5~20	95~100	90~100	40~80	—	0~10	0	—	—	—	—	—	—
	5~25	95~100	90~100	—	30~70	—	0~5	0	—	—	—	—	—
	5~31.5	95~100	90~100	70~90	—	15~45	—	0~5	0	—	—	—	—
	5~40	—	95~100	70~90	—	30~65	—	—	0~5	0	—	—	—

续表

公称粒级/mm		累计筛余/%											
		方孔筛孔径/mm											
		2.36	4.75	9.50	16.0	19.0	26.5	31.5	37.5	53.0	63.0	75.0	90
单粒粒数	5~10	95~100	80~100	0~15	0	—	—	—	—	—	—	—	—
	10~16	—	95~100	80~100	0~15	0	—	—	—	—	—	—	
	10~20	—	95~100	85~100	—	0~15	0	—	—	—	—	—	—
	16~25	—	—	95~100	55~70	25~40	0~10	0	—	—	—	—	—
	16~31.5	—	95~100	—	85~100	—	—	0~10	0	—	—	—	—
	20~40	—	—	95~100	—	80~100	—	—	0~10	0	—	—	—
	25~31.5	—	—	—	95~100	—	80~100	0~10	0	—	—	—	—
	40~80	—	—	—	—	95~100	—	—	70~100	—	30~60	0~10	0

注:"—"表示该孔径累计筛余不做要求;"0"表示该孔径累计筛余为0。

建设用卵石、碎石颗粒级配分连续粒级和单粒粒级。采用连续粒级的颗粒级配较好,拌制的混凝土和易性好,不易发生离析。单粒粒级的颗粒级配较差,拌制的混凝土和易性较差,容易离析,不易振捣。

粗骨料最大粒径指混凝土所用粗骨料的公称粒级上限。骨料粒径越大,其表面积越小,通常空隙率也相应减小,因此所需的水泥浆或砂浆数量也可相应减少,有利于节约水泥、降低成本,并改善混凝土性能。所以在条件许可的情况下,应尽量选用较大粒径的骨料。但在实际工程上,骨料最大粒径受到多种条件的限制:

①最大粒径不得大于构件最小截面尺寸的1/4,同时不得大于钢筋净距的3/4。

②对于混凝土实心板,最大粒径不宜超过板厚的1/3,且不得大于40 mm。

③对于泵送混凝土,当泵送高度在50 m以下时,最大粒径与输送管内径之比,碎石不宜大于1∶3;卵石不宜大于1∶2.5。

④对大体积混凝土(如混凝土坝或围堤)或疏筋混凝土,往往受到搅拌设备和运输、成型设备条件的限制。有时为了节省水泥,降低收缩,可在大体积混凝土中抛入大块石(或称毛石),常称作抛石混凝土。

2)含水率

石子的含水率,是指石子中自由水质量占烘干后石子质量的百分比。通常在混凝土实验室配合比换算成施工配合比时采用。

我国城市建设导致的砂石需求增加,随着生态文明建设的不断推进,对环境保护的要求提高,资源环境约束和管控日益增强,生态环境保护力度加强引起的天然砂石供给缩减,供需矛盾越发突出。为应对巨大的资源需求,机制砂石快速发展,用量已超过砂石总量的70%。另外,积极探索利用钢渣、矿渣、煤矸石、磷石膏等工业废渣、污泥、废弃混凝土等为原料的人造骨料。

4.2.4 水

混凝土用水是混凝土拌合用水和混凝土养护用水的总称，包括饮用水、地表水、地下水、再生水、海水等。混凝土拌合用水水质要求应符合表 4.8 的规定。

表 4.8 混凝土拌合用水水质要求(JGJ 63—2006)

项目	预应力混凝土	钢筋混凝土	素混凝土
pH 值	≥5.0	≥4.5	≥4.5
不溶物/($mg \cdot L^{-1}$)	≤2 000	≤2 000	≤5 000
可溶物/($mg \cdot L^{-1}$)	≤2 000	≤5 000	≤10 000
Cl^-/($mg \cdot L^{-1}$)	≤500	≤1 000	≤3 500
SO_4^{2-}/($mg \cdot L^{-1}$)	≤600	≤2 000	≤2 700
碱含量/($mg \cdot L^{-1}$)	≤1 500	≤1 500	≤1 500

工程中混凝土用水主要采用饮用水，其相应技术指标一般能满足上述表 4.6 的要求。如果采用工业废水、海水等，则须按《混凝土用水标准》(JGJ 63—2006)进行检测和达到相应要求。

4.2.5 矿物掺合料

矿物掺合料，指以氧化硅、氧化铝为主要成分，在混凝土中可以代替部分水泥、改善混凝土性能，且掺量不小于 5% 的天然或人工的粉状矿物质。

掺合料可分为活性掺合料和非活性掺合料。活性矿物掺合料本身不硬化或者硬化速度很慢，但能与水泥水化生成氧化钙起反应，生成具有胶凝能力的水化产物；非活性矿物掺合料基本不与水泥组分起反应。常用的混凝土掺合料有粉煤灰、粒化高炉矿渣、硅灰、火山灰类物质。尤其是粉煤灰、超细粒化矿渣、硅灰等应用效果良好。

1) 粉煤灰

粉煤灰，电厂煤粉炉烟道气体中收集的粉末材料，是燃煤电厂排出的主要固体废物。粉煤灰，以活动 SiO_2、Al_2O_3 为主要化学成分，含有少量 CaO，是一种具有潜在火山灰质性质的混合材料。用于拌制混凝土和砂浆的粉煤灰分为 3 个等级：Ⅰ级、Ⅱ级、Ⅲ级，具体技术要求见表 4.9。除此之外，粉煤灰的放射性、碱含量、半水亚硫酸钙含量、均匀性应满足《用于水泥和混凝土中的粉煤灰》(GB/T 1596—2017)的要求。

表 4.9 拌制混凝土和砂浆用粉煤灰理化性能要求(GB/T 1596—2017)

项目		理化性能要求		
		Ⅰ级	Ⅱ级	Ⅲ级
细度(45 μm 方孔筛筛余)/%	F 类粉煤灰	≤12.0	≤30.0	≤45.0
	C 类粉煤灰			
需水量比/%	F 类粉煤灰	≤95	≤105	≤115
	C 类粉煤灰			

续表

项目		理化性能要求		
		Ⅰ级	Ⅱ级	Ⅲ级
烧失量(Loss)/%	F类粉煤灰	≤5.0	≤8.0	≤10.0
	C类粉煤灰			
含水量/%	F类粉煤灰	≤1.0		
	C类粉煤灰			
三氧化硫(SO_3)质量分数/%	F类粉煤灰	≤3.0		
	C类粉煤灰			
游离氧化钙(f-CaO)质量分数/%	F类粉煤灰	≤1.0		
	C类粉煤灰	≤4.0		
二氧化硅(SiO_2)、三氧化二铝(Al_2O_3)和三氧化二铁(Fe_2O_3)总质量分数/%	F类粉煤灰	≥70.0		
	C类粉煤灰	≥50.0		
密度/($g \cdot cm^{-3}$)	F类粉煤灰	≤2.6		
	C类粉煤灰			
安定性(雷氏法)/mm	C类粉煤灰	≤5.0		
强度活性指数/%	F类粉煤灰	≥70.0		
	C类粉煤灰			

说明:F类粉煤灰——由无烟煤或烟煤煅烧收集的粉煤灰。

C类粉煤灰——由褐煤或次烟煤煅烧收集的粉煤灰,氧化钙含量一般大于或等于10%。

配制强度等级为C60及以上等级的混凝土,宜采用Ⅰ级粉煤灰;配制强度等级为C30—C60的混凝土,宜采用Ⅰ级、Ⅱ级粉煤灰。Ⅲ级粉煤灰主要用于无筋混凝土,不宜用于钢筋混凝土。

粉煤灰作为混凝土掺合料,主要效果是节约水泥和改善混凝土的性能,掺量范围宜为20%~50%。掺入一定量粉煤灰的混凝土可用于配制泵送混凝土、大体积混凝土、抗渗混凝土、抗硫酸盐和抗软水侵蚀混凝土、蒸养混凝土、轻集料混凝土、地下工程和水下工程混凝土、碾压混凝土等。

粉煤灰,除了用于混凝土和砂浆等建筑材料外,还可用于道路工程、生态回填、改善农业土壤、烟气脱硫和污水处理等。

2)粒化高炉矿渣

粒化高炉矿渣,是在高炉冶炼生铁时,所得以硅铝酸盐为主要成分的熔融物,经淬冷成粒后,具有潜在水硬性材料。以粒化高炉矿渣为主要原料,可掺加少量石膏磨制成一定细度的粉体,称作粒化高炉矿渣粉,简称矿渣粉。用于拌制混凝土和砂浆的矿渣粉分为3个级别:S105级、S95级、S75级,具体技术要求见表4.10。矿渣粉的相应技术指标及检测方法应满足《用于水泥、砂浆和混凝土中的粒化高炉矿渣粉》(GB/T 18046—2017)的要求。

表 4.10　矿渣粉的技术要求（GB/T 18046—2017）

项目		级别		
		S105	S95	S75
密度/($g \cdot cm^{-3}$)		≥2.8		
比表面积/($m^2 \cdot kg^{-1}$)		≥500	≥400	≥300
活性指数/%	7d	≥95	≥70	≥55
	28 d	≥105	≥95	≥75
流动度比/%		≥95		
初凝时间比/%		≤200		
含水量（质量分数）/%		≤1.0		
三氧化硫（质量分数）/%		≤4.0		
氯离子（质量分数）/%		≤0.06		
烧失量（质量分数）/%		≤1.0		
不溶物（质量分数）/%		≤3.0		
玻璃体含量（质量分数）/%		≥85		
放射性		I_{Ra}≤1.0 且 I_r≤1.0		

其中，粒化高炉矿渣粉活性指数是指掺加矿渣粉的试验样品与同龄期对比样品的抗压强度百分比，是矿渣粉的关键技术指标。

混凝土中掺加矿渣粉，可以减少水泥用量节约成本；改善混凝土的微观结构，使水泥浆体的空隙率明显下降，强化了骨料界面的黏结力，提高混凝土的抗渗性、耐久性等物理力学性能；降低水化热、抑制碱骨料反应和提高长期强度等；可用于钢筋混凝土和预应力混凝土工程。大掺量矿渣粉混凝土特别适用于大体积混凝土、地下和水下混凝土、耐硫酸混凝土等。矿渣粉还可用于高强混凝土、高性能混凝土和预拌混凝土等。

3）硅灰

硅灰，是在冶炼硅铁合金或工业硅时，通过烟道排出的粉尘，经收集得到的以无定形二氧化硅为主要成分的粉体材料。用于拌制混凝土和砂浆的硅灰技术要求应符合表 4.11 的规定，其相应技术指标检测方法应满足《砂浆和混凝土用硅灰》（GB/T 27690—2023）的要求。

表 4.11　硅灰的技术要求（GB/T 27690—2023）

项目		性能指标	
		SF85	SF95
SiO_2 含量		≥85.0%	≥90.0%
含水率		≤3.0%	≤2.0%
烧失量		≤6.0%	≤3.0%
细度	45 μm 方孔筛筛余	≤8.0%	≤5.0%
	比表面积	≥15 000 m^2/kg	≥18 000 m^2/kg

续表

项目	性能指标	
	SF85	SF95
需水量比	≤125%	
活性指数	≥105%	
放射性	I_{ra}≤1.0 和 I_r≤1.0	
抑制碱骨料反应性	14 d 膨胀率降低值≥35%	
抗氯离子渗透性	28 d 电通量之比≤40%	

注：抑制碱骨料反应性（14 d 膨胀率降低值）和抗氯离子渗透性（28 d 电通量之比）为选择性试验项目，由供需双方协商决定。

硅灰掺入混凝土中，具有火山灰活性和微骨料填充效应，能够填充水泥颗粒间的孔隙，同时与水化产物生成凝胶体，与碱性材料氧化镁反应生成凝胶体。硅灰可以显著提高混凝土的强度，同时能提高抗渗性、抗冻性和耐化学腐蚀性，也能抑制或减少碱骨料反应；降低混凝土中水、氯离子的渗透性，改善耐久性，增强耐磨性能和抗冲击荷载性能。

硅灰的比表面积远远超过水泥等胶凝组分，需水量更多，掺加硅灰对混凝土的工作性有不利影响，且显著增加了混凝土的收缩。因此，在混凝土中掺硅灰时，通常同时采用高效减水剂；而且混凝土中硅灰掺量宜小于10%。

硅灰主要应用于高强混凝土、修复混凝土、管道、水坝等特殊工程中。特别是在氯盐污染侵蚀、硫酸盐侵蚀、高湿度等恶劣环境下，掺入硅灰可使混凝土的耐久性显著提高。

4.2.6　外加剂

混凝土外加剂

混凝土外加剂是混凝土中除胶凝材料、骨料、水和纤维组分之外，在混凝土拌制之前或拌制过程中加入的，用以改善新拌混凝土和（或）硬化混凝土性能，对人、生物及环境安全无有害影响的材料，简称外加剂；掺量一般不大于胶凝材料质量的5%。外加剂能有效改善混凝土某项或多项性能，如改善混凝土的和易性、强度、耐久性或调节凝结时间及节约水泥。外加剂的应用促进了混凝土技术的飞速进步，技术经济效益十分显著，使得高强高性能混凝土的生产和应用成为现实，并解决了许多工程技术难题。如远距离运输和高耸建筑物的泵送问题；紧急抢修工程的早强速凝问题；大体积混凝土工程的水化热问题；超长结构的收缩补偿问题；地下建筑物的防渗漏问题等。

混凝土外加剂按其主要功能分为4类：改善混凝土拌合物流变性能的外加剂，包括各种减水剂和泵送剂等。调节混凝土凝结时间、硬化过程的外加剂，包括缓凝剂、早强剂和速凝剂等。改善混凝土耐久性的外加剂，包括引气剂、防水剂、阻锈剂等。改善混凝土其他性能的外加剂，包括膨胀剂、防冻剂、着色剂等。

掺外加剂混凝土的性能应符合表4.12的要求。工程中常用外加剂主要有减水剂、缓凝剂，以及泵送剂。混凝土中掺外加剂应符合《混凝土外加剂应用技术规范》（GB 50119—2013）、《混凝土外加剂》（GB 8076—2008）和《混凝土外加剂术语》（GB 8075—2017）的要求。

表 4.12　受检混凝土性能指标(GB 8076—2008)

项目		外加剂品种												
		高性能减水剂 HPWR			高效减水剂 HWR		普通减水剂 WR			引气减水剂 AEWR	泵送剂 PA	早强剂 Ac	缓凝剂 Re	引气剂 AE
		早强型 HPWR-A	标准型 HPWR-S	缓凝型 HPWR-R	标准型 HWR-S	缓凝型 HWR-R	早强型 WR-A	标准型 WR-S	缓凝型 WR-R					
减水率/%,不小于		25	25	25	14	14	8	8	8	10	12	—	—	6
泌水率比/%,不大于		50	60	70	90	100	95	100	100	70	70	100	100	70
含气量/%		≤6.0	≤6.0	≤6.0	≤3.0	≤4.5	≤4.0	≤4.0	≤5.5	≥3.0	≤5.5	—	—	≥3.0
凝结时间之差/min	初凝	-90 ~ +90	-90 ~ +120	>+90	-90 ~ +120	>+90	-90 ~ +90	-90 ~ +120	>+90	-90 ~ +120	—	-90 ~ +90	>+90	-90 ~ +120
	终凝			—		—			—			—	—	
1 h 经时变化量	坍落度/mm	—	≤80	≤60	—	—	—	—	—	—	≤80	—	—	—
	含气量/%	—	—	—						-1.5 ~ +1.5	—			-1.5 ~ +1.5
抗压强度比/%,不小于	1 d	180	170	—	140	—	135	—	—	—	—	135	—	—
	3 d	170	160	—	130	—	130	115	—	115	—	130	—	95
	7 d	145	150	140	125	125	110	115	110	110	115	110	100	95
	28 d	130	140	130	120	120	100	110	110	100	110	100	100	90
收缩率比/%,不大于	28 d	110	110	110	135	135	135	135	135	135	135	135	135	135

相对耐久性(200 次)/%，不小于	—	—	—	—	—	—	—	—	80	—	—	—	80

注:1. 表 1 中抗压强度比，收缩率比，相对耐久性为强制性指标，其余为推荐性指标。

2. 除含气量和相对耐久性外，表中所列数据为掺外加剂混凝土与基准混凝土的差值或比值。

3. 凝结时间之差性能指标中的“-”号表示提前，“+”号表示延缓。

4. 相对耐久性(200 次)性能指标中的“≥80”表示将 28 d 龄期的受检混凝土试件快速冻融循环 200 次后，动弹性模量保留值≥80%。

5. 1 h 含气量经时变化量指标中的“-”号表示含气量增加，“+”号表示含气量减少。

6. 其他品种的外加剂是否需要测定相对耐久性指标，由供需双方协商确定。

7. 当用户对泵送剂等产品有特殊要求时，需要进行的补充试验项目、试验方法及指标，由供需双方协商决定。

1)减水剂

减水剂是指在混凝土坍落度相同的条件下,能减少拌合用水量;或者在混凝土配合比和用水量均不变的情况下,能增加混凝土坍落度的外加剂。

减水剂的主要功能:配合比不变时显著提高流动性;流动性和水泥用量不变时,减少用水量,降低水灰比,提高强度;保持流动性和强度不变时,节约水泥用量,降低成本;配制高强高性能混凝土。

减水剂的作用机理:减水剂提高混凝土拌合物流动性的作用机理主要包括分散作用和润滑作用两方面。减水剂是表面活性剂,长分子链的一端易溶于水——亲水基,另一端难溶于水——憎水基,如图4.1所示。分散作用:水泥加水拌和后,由于水泥颗粒分子引力的作用,使水泥浆形成絮凝结构,使10%~30%的拌合水被包裹在水泥颗粒之中,不能参与自由流动和润滑作用,从而影响了混凝土拌合物的流动性。当加入减水剂后,由于减水剂分子能定向吸附于水泥颗粒表面,使水泥颗粒表面带有同一种电荷(通常为负电荷),形成静电排斥作用,促使水泥颗粒相互分散,絮凝结构破坏,释放出被包裹部分水,参与流动,从而有效地增加混凝土拌合物的流动性。润滑作用:减水剂中的亲水基极性很强,因此水泥颗粒表面的减水剂吸附膜能与水分子形成一层稳定的溶剂化水膜,这层水膜具有很好的润滑作用,能有效降低水泥颗粒间的滑动阻力,从而使混凝土流动性进一步提高。

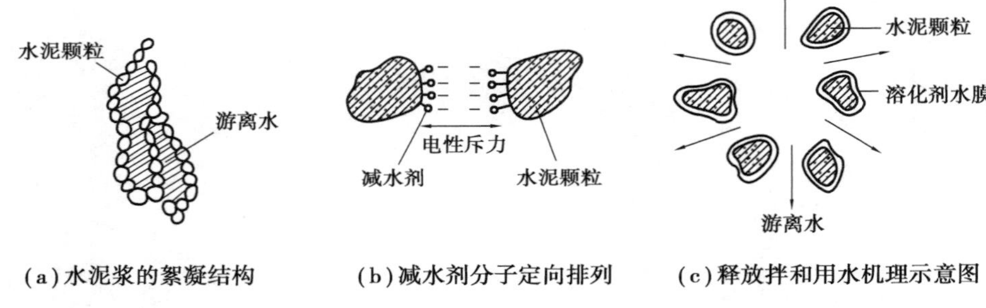

图4.1 减水剂作用机理示意图

根据减水率大小或坍落度增加幅度分为普通减水剂、高效减水剂和高性能减水剂,不同类型减水剂减水率要求见表4.12。此外,还有复合型减水剂,如引气减水剂,既具有减水作用,同时具有引气作用;早强减水剂,既具有减水作用,又具有提高早期强度作用;缓凝减水剂,既具有减水作用,同时具有延缓凝结时间的功能等。工程中用得较多的是萘系高效减水剂、氨基磺酸盐高效减水剂和聚羧酸系高性能减水剂。

2)缓凝剂、早强剂和速凝剂

缓凝剂是指能延长混凝土的初凝和终凝时间的外加剂。最常用的缓凝剂为木钙和糖蜜。糖蜜的缓凝效果优于木钙。缓凝剂的主要功能有:降低大体积混凝土的水化热和推迟温峰出现时间,有利于减小混凝土内外温差引起的应力开裂;便于夏季施工和连续浇捣的混凝土,防止出现混凝土施工缝;便于泵送施工、滑模施工和远距离运输;通常具有减水作用,故也能提高混凝土后期强度或增加流动性或节约水泥用量。

早强剂是指能加速混凝土早期强度发展的外加剂。主要作用机理是加速水泥水化速度，加速水化产物的早期结晶和沉淀。主要功能是缩短混凝土施工养护期，加快施工进度，提高模板的周转率。主要适用于有早强要求的混凝土工程及低温、负温施工混凝土、有防冻要求的混凝土、预制构件、蒸汽养护等。早强剂的主要品种有硫酸盐、硫酸复盐、硝酸盐、碳酸盐、亚硝酸盐、氯盐、硫氰酸盐等无机盐类和三乙醇胺、甲酸盐、乙酸盐、丙酸盐等有机化合物类，但更多使用的是它们的复合早强剂。

速凝剂是指能使混凝土迅速硬化的外加剂。一般初凝时间小于 5 min，终凝时间小于 10 h，1 h 内即产生强度，但后期强度一般低于基准混凝土。常用的速凝剂主要成分有铝酸盐、碳酸盐、氢氧化铝等。速凝剂主要用于喷射混凝土和紧急抢修工程、军事工程、防洪堵水工程，如矿井、隧道、引水涵洞、地下工程岩壁衬砌、边坡和基坑支护等。

3）泵送剂

泵送剂，指能改善混凝土拌合物泵送性能的外加剂；通常含有减水剂与缓凝组分、引气组分、保水组分和黏度调节组分复合而成。泵送剂主要用于泵送施工的混凝土，不宜用于蒸汽养护混凝土和蒸压养护的预制混凝土。

外加剂掺量应以外加剂质量占混凝土中胶凝材料总质量的百分数表示。外加剂掺量在参考生产厂家的推荐掺量基础上，采用工程实际使用的原材料和配合比，经试验确定；当混凝土其他原材料或使用环境发生变化时，混凝土配合比、外加剂掺量可进行调整。

外加剂有粉状的和液体状的，简称粉剂和水剂。一般宜采用水剂，使用时应将水剂中的水量从拌合水中扣除，应防晒和防冻；有沉淀、异味、漂浮等现象时，应进行搅拌等相应处理和检验，合格后再使用。使用粉剂时，应适当延长搅拌时间使其分散均匀，且注意防潮。

4.3 普通混凝土的主要技术性质

混凝土作为主要的承重结构材料，应具有保证建筑物和构筑物能安全承受设计荷载的力学性能和相应的耐久性能；由于混凝土是一种复合材料和过程材料，还应具有一定的施工性能。混凝土的力学性能主要体现在强度；混凝土的施工性能主要包括和易性和可泵性；混凝土耐久性主要包括抗渗性、抗冻性、抗侵蚀性、抗碳化性、碱骨料反应以及混凝土中的钢筋锈蚀等性能。

4.3.1 混凝土拌合物和易性

混凝土拌合物和易性

1）和易性含义

混凝土各组成材料按一定比例配合、拌制而成的尚未凝结硬化的塑性状态拌合物，称为混凝土拌合物，也称新拌混凝土。混凝土拌合物的性能有和易性、凝结时间、泌水性能、表观密度、含气量等，工程中主要考虑和易性和凝结时间。

混凝土易于施工操作(拌和、运输、浇注、捣实等)并能获得质量均匀、成型密实的性能,称为混凝土拌合物和易性,也称工作性。和易性是一项综合性技术指标,主要包括流动性、黏聚性、保水性。

流动性是指混凝土拌合物在本身自重或施工机械振捣的作用下,能产生流动,并均匀密实地填满模板的性能。流动性好的混凝土施工方便、易于捣实和成型。

黏聚性是指混凝土拌合物在施工过程中,其组成材料之间具有一定黏聚力,不致产生分层和离析的现象。在外力作用下,混凝土拌合物各组成材料的沉降不相同,如配合比例不当,黏聚性差,则施工中易发生分层和离析等情况,致使混凝土硬化后产生"蜂窝""麻面"等缺陷,影响混凝土强度和耐久性。混凝土分层,指混凝土拌合物各组分出现层状分离现象;混凝土离析,指混凝土拌合物内某些组分分离、析出现象。

保水性是指混凝土拌合物在施工过程中,具有一定的保水能力,不致产生严重泌水的现象。混凝土泌水,指混凝土拌合物中部分水从水泥浆中泌出来的现象。保水性不良的混凝土,易出现泌水,水分泌出后会形成连通孔隙,影响混凝土的密实性;泌出的水还会聚集到混凝土表面,引起表面酥松;泌出的水积聚在骨料或钢筋的下表面会形成孔隙,从而削弱了骨料或钢筋与水泥石的黏结力,影响混凝土质量。

由此可见,混凝土拌合物的流动性、黏聚性和保水性是相对独立又相互联系的,但常存在矛盾。工程应用中,就是在某种具体工程条件下使和易性这 3 个方面的性质达到矛盾的统一。

2)和易性测试方法

混凝土拌合物和易性测试方法,又称稠度试验。和易性测试方法主要有坍落度与坍落扩展法、维勃稠度法、倒置坍落度筒排空法、坍落度经时损失和扩展度经时损失等。在工程中常用的是坍落度法。

(1)坍落度与坍落扩展法

坍落度试验是将混凝土拌合物按规定方法装入坍落度筒内,装满刮平后,垂直向上将坍落度筒提起放在一旁,测量筒高与坍落后混凝土试体最高点之间的高度差,即为该混凝土拌合物的坍落度值。坍落度测定示意图如图 4.2 所示。

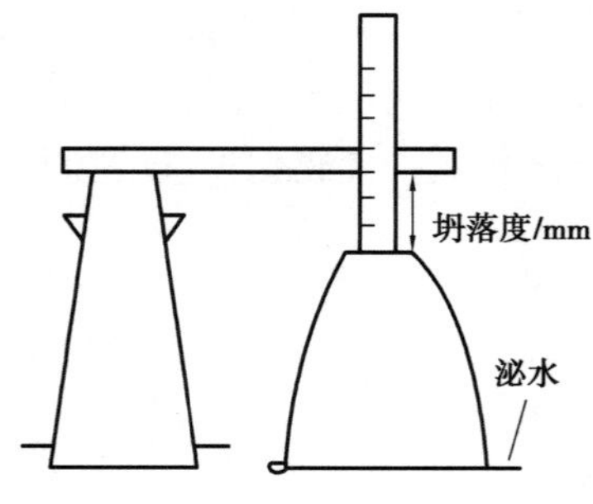

图 4.2　坍落度测定示意图

黏聚性的检查方法是用捣棒在已坍落的混凝土锥体侧面轻轻敲打,如果锥体逐渐下沉,则表示黏聚性良好;如果锥体倒塌、部分崩裂或出现离析现象,则表示黏聚性不好。

保水性以混凝土拌合物稀浆析出的程度来评价,坍落度筒提起后如有较多的稀浆从底部析出,锥体部分的混凝土也因失浆而骨料外露,则表明此混凝土拌合物的保水性能不好;如坍落度筒提起后无稀浆或仅有少量稀浆自底部析出,则表示此混凝土拌合物保水性良好。

当混凝土拌合物的坍落度大于 220 mm 时,用钢尺测量混凝土扩展后最终的最大直径和最小直径,在这两个直径之差小于 50 mm 的条件下,用其算术平均值作为坍落扩展度。

混凝土拌合物坍落度和坍落扩展度值以 mm 为单位,测量精确至 1 mm,结果修约至 5 mm。

另外,混凝土拌合物间隙通过性试验是用扩展度与 J 环扩展度的差值作为性能指标;J 环扩展度,与扩展度的测量方法类似,只是加上 J 环阻碍其通过,其他与扩展度的方法一样。具体参照《普通混凝土拌合物性能试验方法标准》(GB/T 50080—2016)。

(2)维勃稠度法

维勃稠度法是在坍落度筒提起后,施加一个振动外力,测试混凝土在外力作用下完全填满面板所需时间(单位:s)代表混凝土流动性,如图 4.3 所示。时间越短,流动性越好;时间越长,流动性越差。

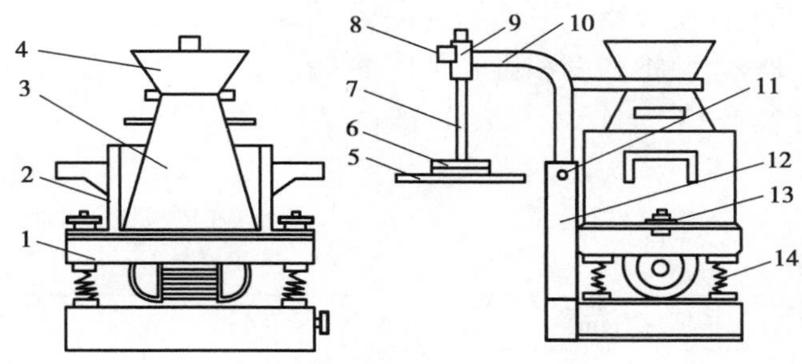

图 4.3　维勃稠度试验仪

1—振动台;2—容器;3—坍落度筒;4—漏斗;5—透明圆盘;6—荷重;7—滑杆;
8—螺栓套;9—套筒;10—旋转架;11—固定螺栓;12—支柱;13—紧固螺丝;14—振动弹簧

(3)倒置坍落度筒排空法

倒置坍落度排空法是指混凝土拌合物在倒置坍落度筒中排空所需时间的测定方法。试验步骤:将倒置坍落度筒支撑在台架上,润湿筒内壁,关闭密封盖;将混凝土拌合物按规定方法装入倒置坍落度筒内,装满刮平;打开密封盖,用秒表测量自开盖至坍落度筒内混凝土拌合物全部排空的时间 t_{sf},即为倒置坍落度筒排空法的排空时间,精确至 0.1 s。类似的试验方法还有漏斗试验法。

(4)坍落度经时损失和扩展度经时损失

坍落度经时损失指混凝土拌合物的坍落度随静置时间的变化;扩展度经时损失指混凝土拌合物的扩展度随静置时间的变化。

试验步骤:先测量出机时的混凝土拌合物的初始坍落度值 H_0 和初始扩展度值 L_0;将全部混凝土拌合物试样装入塑料桶或不被水泥腐蚀的金属桶内,用桶盖或塑料薄膜密封静置;自搅拌加水开始计时,静置 60 min 后将桶内混凝土拌合物试样全部倒入搅拌机内,搅拌 20 s,进行坍落度和扩展度试验,测出 60 min 混凝土坍落度值 H_{60} 和扩展度值 L_{60};计算初始坍落度值与 60 min 坍落度值的差值,即为 60 min 混凝土坍落度经时损失;计算初始扩展度值与 60 min 扩展度值的差值,即为 60 min 混凝土扩展度经时损失。当工程要求调整静置时间时,则按实际静置时间测定并计算混凝土坍落度经时损失和扩展度经时损失。

此外,混凝土拌合物还有泌水试验和压力泌水试验。

3)混凝土拌合物和易性等级

《普通混凝土拌合物性能试验方法标准》(GB/T 50080—2016)、《预拌混凝土》(GB/T 14902—2012)和《混凝土质量控制标准》(GB 50164—2011)规定,混凝土拌合物的稠度可采用坍落度、维勃稠度或扩展度表示。坍落度检验适用于骨料最大粒径不大于 40 mm、坍落度不小于 10 mm 的混凝土拌合物稠度测定;维勃稠度检验适用于骨料最大粒径不大于 40 mm,维勃稠度为 5 ~ 30 s 的混凝土拌合物稠度测定;扩展度检验适用于泵送高强混凝土和自密实混凝土。坍落度、扩展度和维勃稠度的等级划分应分别符合表 4.13、表 4.14 和表 4.15 的规定。

表 4.13 混凝土拌合物的坍落度等级划分(GB/T 14902—2012)

等级	坍落度/mm
S1	10 ~ 40
S2	50 ~ 90
S3	100 ~ 150
S4	160 ~ 210
S5	≥220

表 4.14 混凝土拌合物的扩展度等级划分(GB/T 14902—2012)

等级	扩展度/mm
F1	≤340
F2	350 ~ 410
F3	420 ~ 480
F4	490 ~ 550
F5	560 ~ 620
F6	≥630

表 4.15 混凝土拌合物的维勃稠度等级划分(GB/T 14902—2012)

等级	维勃稠度/s
V0	≥31
V1	30 ~ 21
V2	20 ~ 11
V3	10 ~ 6
V4	5 ~ 3

4)坍落度的选择

坍落度的选择原则:实际施工时采用的坍落度大小根据下列条件选择。

①构件截面尺寸大小:截面尺寸大,易于振捣成型,坍落度适当选小些,反之亦然。

②钢筋疏密:钢筋较密,则坍落度选大些。反之亦然。

③捣实方式:人工捣实,则坍落度选大些。机械振捣则选小些。

④运输距离:从搅拌机出口至浇捣现场运输距离较远时,应考虑途中坍落度损失,坍落度宜适当选大些,特别是泵送混凝土。

⑤气候条件:气温高、空气相对湿度小时,因水泥水化速度加快及水分挥发加速,坍落度损失大,坍落度宜选大些,反之亦然。

总之,混凝土拌合物应在满足施工要求的前提下,尽可能采用较小的坍落度。《混凝土质量控制标准》(GB 50164—2011)规定:泵送混凝土拌合物坍落度设计值不宜大于180 mm。泵送高强混凝土的扩展度不宜小于500 mm;自密实混凝土的扩展度不宜小于600 mm。混凝土拌合物应具有良好的和易性,并不得离析或泌水。

5)和易性影响因素

混凝土拌合物和易性影响因素主要包括下述几方面。

(1)水泥品种及细度

水泥品种不同时,达到相同流动性的需水量往往不同,从而影响混凝土流动性。另一方面,不同水泥品种对水的吸附作用往往不等,从而影响混凝土的保水性和黏聚性。如火山灰水泥、矿渣水泥配制的混凝土流动性比普通水泥小。在流动性相同的情况下,矿渣水泥的保水性能较差,黏聚性也较差。同品种水泥越细,流动性越差,但黏聚性和保水性越好。

(2)骨料的品种和粗细程度

卵石表面光滑,碎石粗糙且多棱角,因此卵石配制的混凝土流动性较好,但黏聚性和保水性则相对较差。河砂与山砂的差异与上述相似。对级配符合要求的砂石料来说,粗骨料粒径越大,砂子的细度模数越大,则流动性越大,但黏聚性和保水性有所下降,特别是砂的粗细,在砂率不变的情况下,影响更加显著。

(3)水泥浆数量

浆骨比指水泥浆用量与砂石用量之比值,通常用来衡量水泥浆数量。在混凝土凝结硬化之前,水泥浆主要赋予流动性;在混凝土凝结硬化以后,主要赋予黏结强度。在水灰比一定的前提下,浆骨比越大,即水泥浆量越大,混凝土流动性越大。通过调整浆骨比大小,既可以满足流动性要求,又能保证良好的黏聚性和保水性。浆骨比不宜太大,否则易产生流浆现象,使黏聚性下降。浆骨比也不宜太小,否则因骨料间缺少黏结体,拌合物易发生崩塌现象。因此,合理的浆骨比是混凝土拌合物和易性的良好保证。

(4)水灰比

水灰比即水用量与水泥用量之比。在水泥用量和骨料用量不变的情况下,水灰比增大,相当于单位用水量增大,拌合物流动性也随之增大,反之亦然。用水量增大带来的负面影响是严重降低混凝土的保水性,增大泌水,同时使黏聚性和硬化后强度显著降低。但水灰比也不宜太小,否则因流动性过低影响混凝土振捣密实,易产生麻面和空洞。合理的水灰比是混凝土拌合物流动性、保水性和黏聚性的良好保证。

(5)砂率

砂率是指混凝土中砂的质量占砂石总质量的百分率。表达式为:

$$S_p = \frac{S}{S+G} \times 100\% \tag{4.2}$$

式中 S_p——砂率;

S——砂子用量,kg;

G——石子用量,kg。

砂率的变动会使骨料的空隙率和骨料的总表面积有显著改变,因而对混凝土拌合物的和易性产生显著影响。

砂率过大时，骨料的总表面积及空隙率都会增大，在水泥浆含量不变的情况下，水泥浆量相对少了，减弱了水泥浆的润滑作用，使混凝土拌合物的流动性减少。砂率过小时，在石子间起润滑作用的砂浆层不足，也会降低混凝土拌合物的流动性，而且会严重影响其黏聚性和保水性，容易造成离析、流浆等现象。

图4.4(a)是在水与水泥用量一定时，砂率对坍落度的影响曲线，其中能使混凝土拌合物获得最大坍落度且黏聚性和保水性时的砂率，称为合理砂率。图4.4(b)是保证坍落度不变时，砂率对水泥用量的影响曲线，其中能获得所要求的坍落度及良好的黏聚性与保水性，水泥用量最少时的砂率，称为合理砂率。

一般情况下建议采用合理砂率。混凝土中水泥浆较稠时，由于混凝土拌合物的黏聚性较易保证，故可采用较小砂率；施工要求流动较大时，粗骨料易出现离析，故为保证混凝土的黏聚性，宜采用较大砂率；通常情况下，在保证拌合物不离析、能很好地浇注、捣实的条件下，应尽量选用较小砂率，这样可以节约水泥。

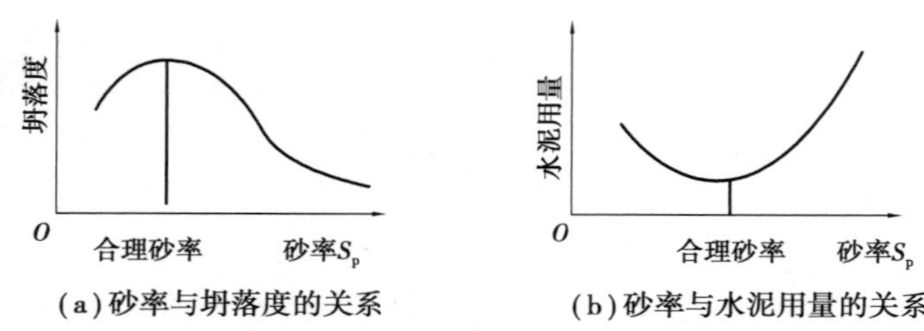

图4.4　砂率与混凝土流动性和水泥用量的关系

(6)外加剂

改善混凝土和易性的外加剂主要有减水剂和引气剂，必要时加入保水剂。它们能使混凝土在不增加用水量的条件下增加流动性，并具有良好的黏聚性和保水性。掺加高效外加剂，是有效改善混凝土和易性、可泵送性的主要措施，是自密实混凝土、大流动性混凝土等不可缺少的技术措施。

(7)时间和温度

拌合物拌制后，随着时间的延长逐渐变得干稠，流动性减小，这是因为水分损失和水泥水化。水分损失的原因是水泥水化消耗掉一部分水、骨料吸收一部分水、水分蒸发。

拌合物和易性也受温度的影响，随着温度升高，水分蒸发和水泥水化都加快，坍落度损失也变快。

时间长、气温高、湿度小、风速大将加速流动性的损失。因此，工程施工中应尽可能减小混凝土搅拌到浇筑的时间间隔，同时注意环境温度变化采取相应的措施。

6)和易性改善措施

上述分析和易性影响因素，目的是能动地控制和调整混凝土和易性，以适应具体的结构和施工条件。当决定采取某项措施调整和易性时，还必须同时考虑对混凝土其他性质如强度、耐久性等的影响。在实际工程中，调整混凝土拌合物和易性，可采取如下措施：

①尽可能选用合理砂率(最佳砂率)。当黏聚性不足时可适当增大砂率。

②改善骨料级配,特别是粗骨料级配,既可增加混凝土流动性,也能改善黏聚性和保水性。在允许范围内,尽可能采用较粗砂石。

③有条件时掺加适当外加剂和掺合料。掺减水剂或引气剂,是改善混凝土和易性的最有效措施。

④当混凝土流动性小于设计要求时,为了保证混凝土的强度和耐久性,不能单独加水,否则强度将显著下降,必须保持水灰比不变,增加水泥浆用量。但需要注意的是,水泥浆用量越多,混凝土成本越高,且将增大混凝土的收缩和水化热,混凝土的黏聚性和保水性也可能下降。

⑤当混凝土流动性大于设计要求时,可在保持砂率不变的前提下,增加砂石用量。实际上相当于减少水泥浆数量。

7)凝结时间

水泥的水化反应是混凝土产生凝结的主要原因,但是混凝土的凝结时间与配制该混凝土所用水泥的凝结时间不一致,因为水泥浆体的凝结和硬化过程要受水化产物在空间填充情况的影响。因此,水灰比会明显影响混凝土凝结时间,水灰比越大,凝结时间越长。一般配制混凝土所用的水灰比与测定水泥凝结时间规定的水灰比是不同的,所以两者的凝结时间通常有所不同。而且,混凝土的凝结时间,还会受到其他各种因素的影响,如水泥品种和细度、掺合料、环境温湿度及风速等气候条件的变化,特别是混凝土中掺入的外加剂(缓凝剂、速凝剂等),将会明显影响混凝土的凝结时间。

混凝土拌合物的凝结时间,通常采用贯入阻力仪按《普通混凝土拌合物性能试验方法标准》(GB/T 50080—2016)中的方法进行测定。先用5 mm(或4.75 mm)筛孔的筛从新拌混凝土拌合物中筛取砂浆,按一定的方法装入规定的容器中,然后每隔一定时间测定砂浆贯入一定深度时的贯入阻力,绘制贯入阻力与时间曲线,从而确定凝结时间。从水泥与水接触瞬间到贯入阻力达到3.5 MPa的时间称为初凝时间,从水泥与水接触瞬间到贯入阻力达到28 MPa的时间称为终凝时间。

4.3.2 混凝土的强度

混凝土强度

混凝土是主要结构材料之一,混凝土强度既是混凝土结构设计的重要参数,也是混凝土配合比设计、施工控制和质量检验评定的主要技术指标。而且,混凝土的其他性能与强度有着一定关联性。混凝土的强度主要包括混凝土立方体抗压强度、轴心抗压强度、劈裂抗拉强度和抗折强度等。

1)混凝土的立方体抗压强度和强度等级

按照国家标准《混凝土物理力学性能试验方法标准》(GB/T 50081—2019),立方体试件的标准尺寸为150 mm×150 mm×150 mm;标准养护条件为温度(20±2)℃,相对湿度95%以上;标准养护龄期为28 d。在上述条件下测得的抗压强度值称为混凝土立方体抗压强度。

根据国家标准《混凝土结构设计规范(2015年版)》(GB 50010—2010),混凝土强度等级应按立方体抗压强度标准值确定。混凝土立方体抗压强度标准值是指标准方法制作、养护的边长为150 mm的立方体试件,在28 d或设计规定龄期以标准试验方法测得的具有95%保证率的抗压强度值。混凝土强度等级按混凝土立方体抗压强度标准值划分为 C15、C20、C25、C30、C35、C40、C45、C50、C55、C60、C65、C70、C75、C80 共 14 个等级。素混凝土结构的混凝土强度等级不应低于 C15；钢筋混凝土结构的混凝土强度等级不应低于 C20；采用强度等级 400 MPa 及以上的钢筋时，混凝土强度等级不应低于 C25；预应力混凝土结构的混凝土强度等级不宜低于 C40，且不应低于 C30；承受重复荷载的钢筋混凝土构件，混凝土强度等级不应低于 C30。

在工程应用中，当需要混凝土强度的早期控制和早期推定时，可按《早期推定混凝土强度试验方法标准》(JGJ/T 15—2021)进行，有混凝土加速养护法、砂浆促凝蒸压法、扭矩测试法和早龄期法。早期推定混凝土强度可以进行混凝土配合比的早期推测、混凝土强度的早期控制、混凝土强度的早期评估。工程中用得较多的是早龄期法和混凝土加速养护法。

①早龄期法，指测得早龄期 3 d 或 7 d 标准养护混凝土强度，然后根据早龄期标准养护混凝土强度与标准养护 28 d 强度的关系式推定标准养护 28 d 强度。

②加速养护法，指采用水养护(包括沸水法、或热水法、或温水法)或微波养护方式对混凝土试件进行加速养护，测得加速养护强度，然后根据加速养护强度与标准养护 28 d 强度的关系式推定标准养护 28 d 强度。

2)混凝土的轴心抗压强度

按照国家标准《混凝土物理力学性能试验方法标准》(GB/T 50081—2019)，轴心抗压强度采用尺寸为 150 mm×150 mm×300 mm 的棱柱体试件作为标准试件。混凝土强度等级小于 C60 时，用非标准试件测得的强度值应乘以尺寸换算系数，对 200 mm×200 mm×400 mm 试件为 1.05；对 100 mm×100 m×300 mm 试件为 0.95。当混凝土强度等级不小于 C60 时，宜采用标准试件；使用非标准试件时，尺寸换算系数应由试验确定。

根据《混凝土结构设计规范(2015 年版)》(GB 50010—2010)，为了符合工程实际，在结构设计中混凝土受压构件的计算采用混凝土轴心抗压强度，即混凝土轴心抗压强度是结构设计的依据。而混凝土材料的强度等级划分、配合比设计、施工质量控制和强度评定采用立方体抗压强度，两个强度值之间必然需要一定对应关系。

关于轴心抗压强度与立方体抗压强度的关系，通过大量棱柱体和立方体试件的强度试验表明，在立方体抗压强度为 10～55 MPa 时，轴心抗压强度与立方体抗压强度之比为 0.60～0.80；《混凝土结构设计规范(2015 年版)》(GB 50010—2010)中，混凝土轴心抗压强度与混凝土强度等级对应取值关系见表 4.16。

表 4.16　混凝土轴心抗压强度标准值(N/mm^2)(GB 50010—2010)

强度	混凝土强度等级													
	C15	C20	C25	C30	C35	C40	C45	C50	C55	C60	C65	C70	C75	C80
f_{ck}	10.0	13.4	16.7	20.1	23.4	26.8	29.6	32.4	35.5	38.5	41.5	44.5	47.4	50.2

3)混凝土的劈裂抗拉强度

按照国家标准《混凝土物理力学性能试验方法标准》(GB/T 50081—2019)，劈裂抗拉强度采用尺寸为 150 mm×150 mm×150 mm 的立方体试件作为标准试件，其示意图如图 4.5 所示。

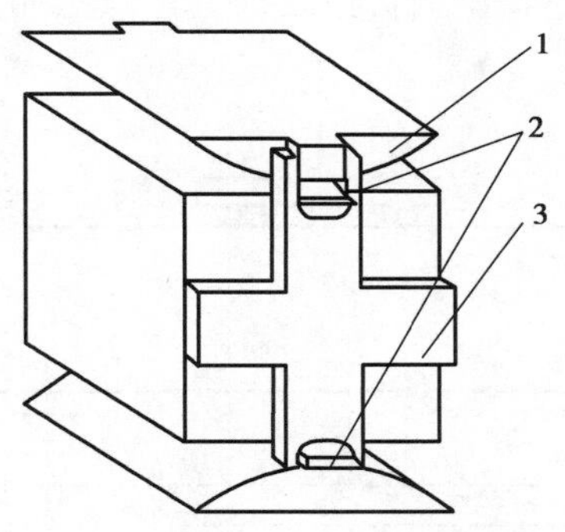

图 4.5 劈裂抗拉强度示意图

1—垫块;2—垫条;3—支架

混凝土的抗拉强度很小，只有抗压强度的 1/10 ~ 1/20，混凝土强度等级越高，其比值越小。为此，在钢筋混凝土结构设计中，一般不考虑承受拉力，而是通过配置钢筋，由钢筋来承担结构的拉力。但抗拉强度对混凝土的抗裂性具有重要作用，是结构设计中裂缝宽度和裂缝间距计算控制的主要指标，也是抵抗由于收缩和温度变形而导致开裂的主要指标。

用轴向拉伸试验测定混凝土的抗拉强度，由于荷载不易对准轴线而产生偏拉，且夹具处由于应力集中常发生局部破坏，因此试验测试非常困难，测试值的准确度也较低，故国内外普遍采用劈裂法间接测定混凝土的抗拉强度，即劈裂抗拉强度。

4)混凝土的抗折强度(弯拉强度)

实际工程中常会出现混凝土的断裂破坏现象，例如水泥混凝土路面、桥面和机场道面的破坏形态就是断裂。因此，在进行路面结构设计以及混凝土配合比设计时，是以混凝土抗折强度(弯拉强度)作为主要强度指标。根据《公路水泥混凝土路面设计规范》(JTG D40—2011)，水泥混凝土的设计强度应采用 28 d 龄期的弯拉强度；各交通荷载等级要求的水泥混凝土弯拉强度标准值不得低于表 4.17 的规定；水泥混凝土弯拉强度与抗压强度的关系见表 4.18。

表 4.17 水泥混凝土弯拉强度标准值(JTG D40—2011)

交通荷载等级	极重、特重、重	中等	轻
水泥混凝土的弯拉强度标准值/MPa	≥5.0	4.5	4.0
钢纤维混凝土的弯拉强度标准值/MPa	≥6.0	5.5	5.0

表 4.18 水泥混凝土弯拉强度与抗压强度经验参考值(JTG D40—2011)

弯拉强度/MPa	1.5	2.0	2.5	3.0	3.5	4.0	4.5	5.0	5.5
抗压强度/MPa	7	11	15	20	25	30	36	42	49

按照标准《混凝土物理力学性能试验方法标准》(GB/T 50081—2019)和《公路工程水泥及

水泥混凝土试验规程》(JTG 3420—2020),抗折强度(弯拉强度)采用尺寸为150 mm×150 mm×600 mm(或550 mm)的棱柱体试件作为标准试件,其示意图如图4.6所示。

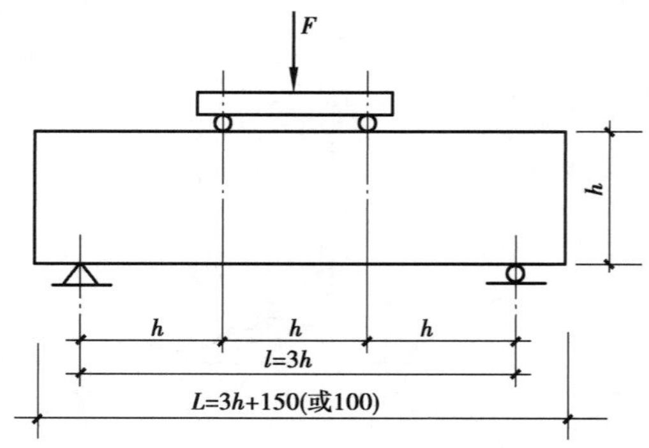

图4.6　抗折强度(弯拉强度)示意图

混凝土试件的抗折强度f_f(MPa)按式(4.3)计算:

$$f_f=\frac{Fl}{bh^2} \tag{4.3}$$

式中　f_f——混凝土抗折强度,MPa,计算结果应精确到0.1 MPa;

F——试件破坏荷载,N;

l——支座间跨度,mm;

h——试件截面高度,mm;

b——试件截面宽度,mm

5)混凝土强度的影响因素

普通混凝土受力破坏一般出现在骨料和水泥石的分界面上;当水泥石强度较低时,水泥石本身破坏也是常见的破坏形式;在普通混凝土中,骨料最先破坏的可能性很小,因为骨料强度经常大大超过水泥石和黏结面的强度。所以,混凝土的强度主要决定于水泥石强度及其与骨料表面的黏结强度。

影响混凝土强度的因素很多,原材料及配合比方面因素有水泥强度、水灰比、骨料种类质量数量、外加剂及掺合料;生产工艺因素有施工条件(搅拌与振捣)、养护条件(环境温度和湿度)、龄期;试验因素有试件形状尺寸、表面状态、含水程度、加荷速度。分析影响混凝土强度各因素,目的是可根据工程实际情况,采取相应技术措施,改善混凝土的强度。

(1)水泥强度和水灰比

混凝土的强度主要来自水泥石以及与骨料之间的黏结强度。水泥强度越高,则水泥石自身强度及与骨料的黏结强度就越高,混凝土强度也越高。

水泥完全水化的理论需水量为水泥重的23%左右,但在实际拌制混凝土时,为获得良好的和易性,水灰比为0.40~0.65,多余水分蒸发后,在混凝土内部留下孔隙,且水灰比越大,留下的孔隙越大,使有效承压面积减少,混凝土强度也就越小。另一方面,多余水分在混凝土内的迁移过程中遇到粗骨料时,由于受到粗骨料的阻碍,水分往往在其底部积聚,形成水泡,极大地削弱了砂浆与骨料的黏结强度,使混凝土强度下降。因此,在水泥强度和其他条件相同的情况下,水灰比越小,混凝土强度越高,水灰比越大,混凝土强度越低。但水灰比太小,混凝土过于干稠,使得不能保证振捣均匀密实,强度反而降低。试验证明,在相同的情况下,混凝土的强度与水灰比呈有规律的曲线关系,而与灰水比则成线性关系。如图4.7所示,通过大量试验资料的数理统计分析,建立了混凝土强度经验公式(又称鲍罗米公式),见式4.4。

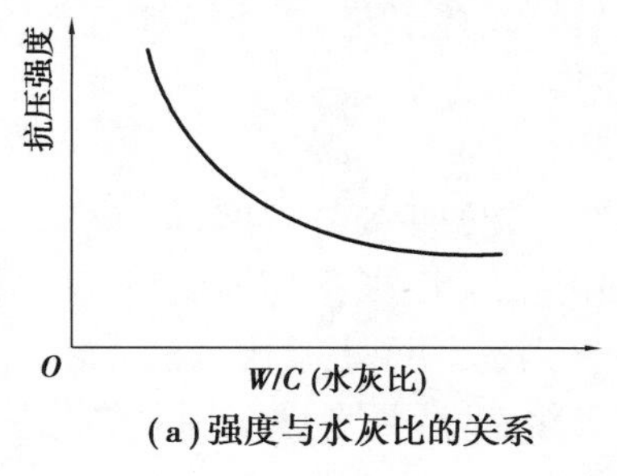

(a)强度与水灰比的关系

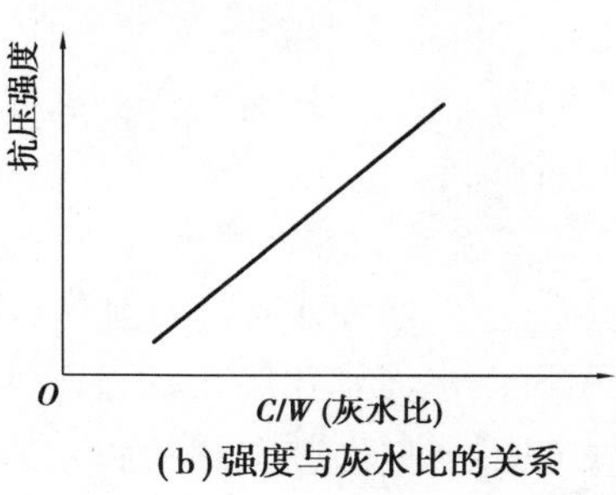

(b)强度与灰水比的关系

图4.7 混凝土强度与水灰比及灰水比的关系

$$f_{cu,0}=\alpha_a f_{ce}\left(\frac{C}{W}-\alpha_b\right) \tag{4.4}$$

式中 $f_{cu,0}$——混凝土的立方体抗压强度,MPa;

C/W——混凝土的灰水比;即1 m^3 混凝土中水泥与水用量之比,其倒数即是水灰比;

f_{ce}——水泥的实际强度,MPa;

α_a、α_b——与骨料种类有关的经验系数。

经验系数 α_a、α_b 可通过试验或本地区经验确定。根据所用骨料品种,《普通混凝土配合比设计规程》(JGJ 55—2011)提供的参数为:

碎石:$\alpha_a=0.53$,$\alpha_b=0.20$;

卵石:$\alpha_a=0.49$,$\alpha_b=0.13$。

混凝土强度经验公式为配合比设计和质量控制带来极大便利。例如,当选定水泥强度等级(或强度)、水灰比和骨料种类时,可以推算混凝土28 d强度值。又例如,根据设计要求的混凝土强度值,在原材料选定后,可以估算应采用的水灰比值。

(2)骨料的种类、质量和数量

水泥石与骨料的黏结力除了受水泥石强度的影响外,还与骨料特别是粗骨料的表面状况有关。粗骨料表面粗糙,黏结力就大,粗骨料表面光滑,黏结力就小。因而,在水泥强度等级和水灰比相同条件下,碎石混凝土的强度往往高于卵石混凝土的强度,这点在公式4.4中有体现。

当粗骨料级配良好,用量及砂率适当时,能组成密集的骨架,使水泥浆数量相对减小,骨料的骨架作用充分,也会使混凝土强度有所提高。

骨料中的有害物质含量高,则混凝土强度低,骨料自身强度不足,也可能降低混凝土强度。在配制高强混凝土时尤为突出。

当粗骨料中针片状含量较高时,将降低混凝土强度,对抗折强度的影响更显著。所以在骨料选择时要尽量选用接近球状体的颗粒。

(3)施工条件

施工条件主要指搅拌和振捣成型。在施工过程中,必须将混凝土拌合物搅拌均匀,浇筑后必须振捣密实,才能使混凝土有达到预期强度的可能。

一般来说机械搅拌比人工搅拌均匀,因此强度也相对较高;而且强力的机械搅拌振捣可允许采用更小水灰比的混凝土拌合物,以获得更高的强度。

改变施工工艺可提高混凝土强度,如采用分次投料搅拌工艺、高速搅拌工艺、高频或多频振捣器和二次振捣工艺等,均有利于提高混凝土强度。

(4)养护条件

混凝土浇筑成型后的养护温度、湿度是决定强度发展的主要外部因素。

养护环境温度高,水泥水化速度加快,混凝土强度发展也快,早期强度高;反之亦然。若温度在冰点以下,不但水泥水化停止,而且有可能因冰冻导致混凝土结构疏松,强度严重降低,尤其是早期混凝土应特别加强防冻措施;为加快水泥水化速度,可考虑采用湿热养护的方法,即蒸汽养护或蒸压养护。

湿度通常指的是空气相对湿度。相对湿度低,空气干燥,混凝土中的水分挥发加快,致使混凝土缺水而停止水化,混凝土强度发展受阻。另一方面,混凝土在强度较低时失水过快,极易引起干缩,影响混凝土耐久性。因此,应特别加强混凝土早期的浇水养护,确保混凝土内部有足够的水分使水泥充分水化。

根据《混凝土质量控制标准》(GB 50164—2011),混凝土施工后可采用浇水、覆盖保湿、喷涂养护剂、冬季蓄热养护等方法进行养护;混凝土构件或制品厂生产可采用蒸汽养护、湿热养护或潮湿自然养护等方法进行养护。选择的养护方案应适应施工工艺或生产工艺的相关要求。采用塑料薄膜覆盖养护时,混凝土全部表面应覆盖严密,并应保持膜内有凝结水;采用养护剂养护时,应确保养护剂的保湿效果。对于混凝土浇筑面,尤其是平面结构,宜边浇筑成型边采用塑料薄膜覆盖保湿。

混凝土施工养护时间,对于采用硅酸盐水泥、普通硅酸盐水泥或矿渣硅酸盐水泥配制的混凝土,采用浇水和潮湿覆盖的养护时间不得少于 7 d。对于采用粉煤灰硅酸盐水泥、火山灰质硅酸盐水泥、复合硅酸盐水泥配制的混凝土,或掺加缓凝剂的混凝土以及大掺量矿物掺合料混凝土,采用浇水和潮湿覆盖的养护时间不得少于 14 d。对于竖向混凝土结构,养护时间宜适当延长。对于大体积混凝土,养护过程应进行温度控制,混凝土内部和表面的温差不宜超过 25 ℃,表面与外界温差不宜大于 20 ℃。对于冬期施工的混凝土,日均气温低于 5 ℃时,不得采用浇水自然养护方法;混凝土受冻前的强度不得低于 5 MPa;模板和保温层应在混凝土冷却到 5 ℃方可拆除,或在混凝土表面温度与外界温度相差不大于 20 ℃时拆模,拆模后的混凝土亦应及时覆盖,使其缓慢冷却;混凝土强度达到设计强度等级的 50% 时,方可撤除养护措施。

(5)龄期

龄期是指自加水搅拌开始,混凝土所经历的时间,按天或小时计。随养护龄期的增长,水泥水化程度提高,凝胶体增多,自由水和孔隙率减少,密实度提高,混凝土强度也随之提高。最初的 7 d 内强度增长较快,而后增幅减小,28 d 以后,强度增长更趋缓慢,但如果养护条件得当,则在数十年内仍将有所增长。

普通硅酸盐水泥配制的混凝土,在标准养护下,混凝土强度的发展大致与龄期(d)的对数

成正比关系,因此可根据某一龄期的强度推定另一龄期的强度。特别是以早期强度推算 28 d 龄期强度。如下式:

$$f_{cu,28}=\frac{\lg 28}{\lg n}\cdot f_{cu,n} \tag{4.5}$$

式中 $f_{cu,28}$——28 d 时混凝土抗压强度;

$f_{cu,n}$——第 n 天时混凝土抗压强度;

n——养护龄期,d,$n\geqslant 3$ d。

值得指出的是,随着混凝土技术的发展、原材料变化、环境变化,特别是外加剂技术发展,上述经验公式推定的 28 d 的强度准确性较低。但是随着龄期延长,特别是在 28 d 内,混凝土强度一般来说是增加的,这点是值得肯定;在具体实施过程中,可根据长期使用的原材料及环境条件,通过试验和工程数据,根据《早期推定混凝土强度试验方法标准》(JGJ/T 15—2021)中的“早龄期法”建立早龄期标准养护混凝土抗压强度与标准养护 28 d 混凝土抗压强度低关系式,供强度控制和调整时参考。

(6)外加剂和掺合料

掺加适当外加剂和掺合料是改善混凝土性能最有效的措施之一,混凝土强度性能也不例外。在混凝土中掺入减水剂,可在保证相同流动性前提下,减少用水量,降低水灰比,从而提高混凝土的强度。掺入早强剂,则可有效加速水泥水化速度,提高混凝土早期强度,但对 28 d 强度不一定有利,后期强度还有可能下降。

掺合料在混凝土中可以发挥微骨料效应和火山灰活性效应,掺加掺合料可以改善混凝土拌合物和易性,降低混凝土水化热和水化温度峰值。掺合料掺量较大时,混凝土早期抗压强度降低,但对后期强度的发展没有不利影响。超细掺合料可配制高性能、超高强混凝土。

(7)试验条件

对于相同条件下成型的同一配合比的混凝土试件,如果测试条件不同,测得的强度值可能不同。为了使所测强度值具有可比性,必须统一试验条件。试验条件是指试件的尺寸、形状、表面状态和加载速度等。

试件尺寸:试件的尺寸越小,测得的强度值相对越高。这包括两方面的原因,一是环箍效应,二是由于大试件内存在孔隙、裂缝或局部缺陷的概率增大,使强度值降低。混凝土试件在压力机上受压时,在沿加荷方向发生纵向变形的同时,也按泊松比效应产生横向膨胀,而钢制压板的横向膨胀较混凝土小,因而在压板与混凝土试件受压面形成摩擦力,对试件的横向膨胀起着约束作用,这种约束作用称为“环箍效应”。环箍效应对混凝土抗压强度有提高作用,混凝土试件尺寸越小,这种增强作用越显著。因此,当采用非标准尺寸试件时,要乘以尺寸换算系数。根据《混凝土物理力学性能试验方法标准》(GB/T 50081—2019)规定,100 mm×100 mm×100 mm 立方体抗压强度换算成 150 mm 立方体标准试件抗压强度时,应乘以系数 0.95;200 mm×200 mm×200 mm 的立方体试件抗压强度换算成 150 mm 立方体标准试件抗压强度时,应乘以系数为 1.05。

试件形状:主要指棱柱体和立方体试件之间的强度差异。由于“环箍效应”的影响,棱柱体强度较立方体强度低。

表面状态:表面平整,则受力均匀,强度较高;而表面粗糙或凹凸不平,则受力不均匀,强度偏低。若试件表面涂润滑剂及其他油脂物质时,“环箍效应”减弱,强度较低。

含水状态:混凝土含水率较高时,强度较低;而混凝土干燥时,则强度较高。且混凝土强度等级越低,差异越大。

加载速度:根据混凝土受压破坏理论,混凝土破坏是在变形达到极限值时发生的。当加载速度较快时,材料变形的增长落后于荷载的增加速度,故破坏时的强度值偏高;反之亦然。因此,在进行混凝土立方体抗压强度试验时,应按规定的加荷速度进行。

6)混凝土强度提高措施

通过上述混凝土强度的影响因素分析,提高混凝土强度的措施有:

①采用强度等级高的水泥。

②采用低水灰比。

③采用有害杂质少、级配良好、颗粒适当的骨料和合理砂率。

④采用合理的机械搅拌、振捣工艺。

⑤保持合理的养护温度和一定的湿度,必要和可能的情况下采用湿热养护。

⑥掺入合适的混凝土外加剂和掺合料。

4.3.3 混凝土变形

混凝土在凝结硬化过程和凝结硬化后,均将产生一定量的体积变形。主要包括化学收缩、干湿变形、温度变形及荷载作用下的变形。

1)化学收缩

水泥水化生成的固体体积小于水化硬化前水泥和水的总体积,从而使混凝土出现体积收缩。这种由水泥水化和凝结硬化而产生的自身体积减缩,称为化学收缩。

化学收缩是伴随着水泥水化和硬化而进行的,其收缩值随混凝土龄期的增加而增大,增加的幅度逐渐减小;一般在混凝土成型后40多天内化学收缩增长较快,以后渐趋稳定。化学收缩量与水泥用量和水泥品种有关;水泥用量越大,化学收缩值越大,因此在富水泥浆混凝土和高强混凝土中尤应引起重视。化学收缩是不能恢复的。

2)干湿变形

干湿变形,指干缩湿胀。因混凝土内部水分蒸发引起的体积变形,称为干缩。混凝土吸湿或吸水引起的膨胀,称为湿胀。干湿变形取决于周围环境的湿度变化。

混凝土湿胀,主要是混凝土水泥凝胶体粒子吸水后,吸附水膜增厚,胶体粒子间的距离增大。湿胀变形量很小,对混凝土性能基本无影响。

混凝土干缩,主要是混凝土在干燥过程中,毛细孔水分蒸发,使毛细孔中形成负压,产生收缩力,导致混凝土收缩;当毛细孔中的水蒸发完后,如继续干燥,则胶凝体颗粒间吸附水也发生部分蒸发,缩小胶凝体颗粒间距离,甚至产生新的化学结合而收缩。因此,干缩的混凝土再次吸水时,干缩变形一部分可恢复,也有一部分(30% ~60%)不能恢复。

混凝土干缩变形影响因素有：

(1)水泥品种和细度

如用火山灰水泥和矿渣水泥的混凝土干缩值较大，采用高强度等级水泥，由于颗粒较细、混凝土干缩也较大。

(2)用水量和水泥用量

用水量越多，硬化后形成的毛细孔越多，干缩值越大；水泥用量越多，干缩值也较大，而且水泥用量增多会使用水量增加，也是导致干缩增大的原因。

(3)骨料的种类和数量

粗细骨料在混凝土中形成骨架，对收缩有一定抵抗作用；骨料弹性模量越高，混凝土收缩值越小，因此轻骨料混凝土的收缩值比普通混凝土大得多。

(4)养护条件

延长潮湿条件的养护时间，可推迟干缩的发生和发展，但对最终的干缩值影响不大；若采用蒸养可减少混凝土干缩，蒸压养护效果更显著。

3)温度变形

混凝土与其他材料一样，具有热胀冷缩的性质。这种热胀冷缩的变形，称为温度变形。混凝土的温度变形系数约为 1×10^{-5}/℃，即温度每升高或降低 1 ℃，每米混凝土将产生 0.01 mm 的膨胀或收缩变形。混凝土的温度变形对大体积混凝土、纵长结构混凝土及大面积混凝土工程等极为不利，极易产生温度裂缝。

在混凝土硬化初期，水泥水化放出较多的热量，混凝土是热的不良导体，散热较慢，因此在大体积混凝土内部的温度较外部高，有时可达 50 ~ 70 ℃。内部较高温度使内部混凝土的体积产生较大膨胀，外部混凝土却因散热较快随气温温度降低而收缩；内部膨胀和外部收缩相互制约，在外表混凝土中将产生较大拉应力，严重时导致混凝土开裂。因此对大体积混凝土工程，必须尽量设法减少或减缓混凝土发热量，减小温升，如采用地热水泥、减少水泥用量、采取人工降温等措施。

为防止超长混凝土结构或大面积混凝土温度变形的危害，一般采取设置伸缩缝、配制温度钢筋或掺入膨胀剂等措施，防止混凝土开裂。

4)荷载作用下的变形

(1)短期荷载作用下的变形

混凝土在外力作下的变形包括弹性变形和塑性变形两部分。塑性变形主要由水泥凝胶体的塑性流动和各组成间的滑移产生，所以混凝土是一种弹塑性材料，在短期荷载作用下，其应力—应变关系，如图 4.8 所示。

混凝土的静力弹性模量：弹性模量为应力与应变之比值。对于纯弹性材料来说，弹性模量是一个定值，而对混凝土这一弹塑性材料来说，不同应力水平的应力与应变之比值为变数。应力水平越高，塑性变形比重越大，故测得的比值越小。因此，《混凝土物理力学性能试验方法标准》(GB/T 50081—2019)规定，混凝土的弹性模量是以棱柱体(150 mm×150 mm×300 mm)试件轴心抗压强度的 1/3 作为控制值，在此应力水平下重复加荷卸荷 3 次以上，以基本消除塑

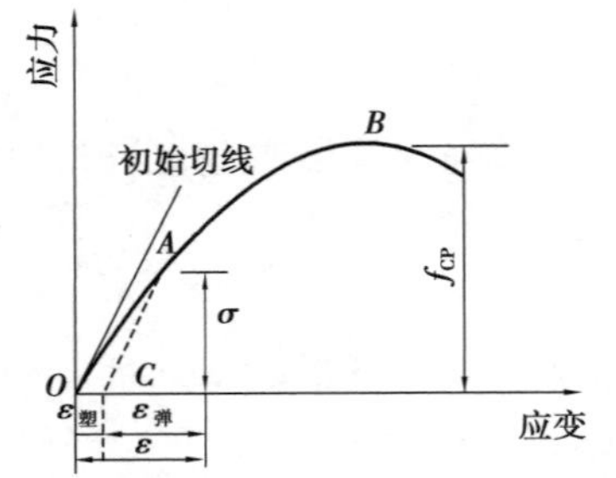

(a)混凝土在压应力作用下的应力—应变关系

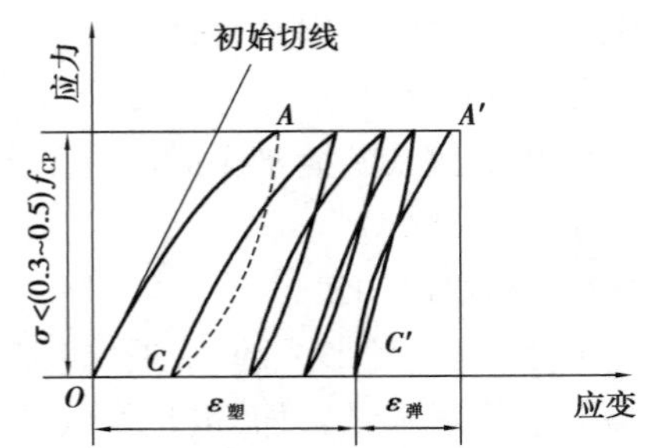

(b)混凝土在低应力重复荷载下的应力—应变关系

图4.8　混凝土在荷载作用下的应力-应变关系

性变形后测得的应力-应变的比值,是一个条件弹性模量,在数值上近似等于初始切线的斜率。表达式为:

$$E_c=\frac{F_a-F_0}{A}\times\frac{L}{\Delta n} \tag{4.6}$$

式中　E_c——混凝土静压受力弹性模量,MPa,计算结果应精确至100 MPa;

F_a——应力为1/3轴心抗压强度时的荷载,N;

F_0——应力为0.5 MPa时的初始荷载,N;

A——试件承压面积,mm^2;

L——测量标距,mm;

Δn——最后一次从F_0加荷至F_a时试件两侧变形的平均值,即$\varepsilon_a-\varepsilon_0$,mm;

ε_a——F_a时试件两侧变形的平均值,mm;

ε_0——F_0时试件两侧变形的平均值,mm。

影响弹性模量的因素主要有:

①混凝土强度越高,弹性模量越大。C10~C60混凝土的弹性模量在$1.75\times10^4\sim3.60\times10^4$ MPa。

②骨料含量越高,骨料自身的弹性模量越大,则混凝土弹性模量越大。

③混凝土水灰比越小,混凝土越密实,弹性模量越大。

④混凝土养护龄期越长,弹性模量也越大。

⑤早期养护温度较低时,弹性模量较大,即蒸汽养护混凝土的弹性模量较小。

⑥掺入引气剂将使混凝土弹性模量下降。

(2)长期荷载作用下的变形——徐变

混凝土在长期恒定荷载作用下,沿着作用力方向随试件的延长而增加的变形,称为徐变。徐变产生的原因主要是凝胶体的黏性流动和滑移。加荷早期的徐变增加较快,后期减缓,一般延续2~3年才趋于稳定。混凝土在卸荷后,一部分变形瞬间恢复,这一变形小于最初加荷时产生的弹塑性变形。在卸荷后一定时间内,变形还会缓慢恢复一部分,称为徐变恢复。最后残留部分的变形称为残余变形。混凝土的徐变一般可达$300\times10^{-6}\sim1\ 500\times10^{-6}$m/m。

混凝土的徐变在不同结构物中有不同的作用。对普通钢筋混凝土构件,能消除混凝土内部温度应力和收缩应力,减弱混凝土的开裂现象。对预应力混凝土结构,混凝土的徐变使预应力损失大大增加,这是极其不利的。因此预应力结构一般要求较高的混凝土强度等级以减小徐变及预应力损失。

影响混凝土徐变变形的因素主要有:

①水泥用量越大(水灰比一定时),徐变越大。

②*W/C* 越小,徐变越小。

③龄期长、结构致密、强度高,则徐变小。

④骨料用量多,弹性模量高,级配好,最大粒径大,则徐变小。

⑤应力水平越高,徐变越大。此外还与试验时的应力种类、试件尺寸、温度等有关。影响混凝土徐变的因素及影响规律与影响混凝土干燥收缩的类似。

4.3.4 混凝土耐久性

混凝土耐久性是指混凝土在使用条件下抵抗周围环境中各种因素长期作用而不被破坏的能力。混凝土所处的环境条件不同,混凝土耐久性应考虑的因素也不同。根据《混凝土耐久性检验评定标准》(JGJ/T 193—2009)、《混凝土结构耐久性设计规范》(GB/T 50476—2019)、《混凝土结构设计规范》(GB 50010—2010)、《普通混凝土长期性能和耐久性能试验方法标准》(GB/T 50082—2009),混凝土耐久性主要包括抗冻性能、抗水渗透性能、抗硫酸盐侵蚀性能、抗氯离子渗透性能、抗碳化性能、碱骨料反应和早期抗裂性能。

1)抗冻性

混凝土的抗冻性是指混凝土在使用环境中,经受多次冻融循环作用而不被破坏,能保持外观完整性和强度不严重降低的能力。在寒冷地区,特别是在接触水且受冻的环境下的混凝土,要求具有较高的抗冻性能。

混凝土的抗冻性用抗冻标号(慢冻法)或抗冻等级(快冻法)表示。抗冻标号(慢冻法)是以 28 d 龄期的 100 mm×100 mm×100 mm 混凝土立方体试件,在(−20 ~ −18)℃和(18 ~ 20)℃进行气冻水融循环,冷冻时间和融化时间均不小于 4 h,质量损失不超过 5%、抗压强度损失不超过 25% 时所能承受的最大冻融次数来确定;抗冻标号分为 D50、D100、D150、D200、>D200 五个标号。抗冻等级(快冻法)是以 28 d 龄期的 100 mm×100 mm×400 mm 混凝土棱柱体试件,在(−18±2)℃和(5±2)℃进行水冻水融循环,每次冻融循环应在 2 ~ 4 h 内完成且融化时间不得少于整个冻融循环时间的 1/4,质量损失不超过 5%、相对动弹性模量下降不超过 60% 时所能承受的最大冻融次数来确定;抗冻等级分为 F50、F100、F150、F200、F250、F300、F350、F400、>F400 九个等级。另外,当混凝土在大气环境中且与盐接触的条件下,也可采用单面冻融法(又称盐冻法)进行抗冻性试验,它以能够经受的冻融循环次数或者表面剥落质量或超声波相对动弹性模量来表示混凝土抗冻性。

混凝土冻融破坏的原因,主要是混凝土内部空隙中的水结冰时产生 9% 左右的体积膨胀,产生内应力,当这种内应力超过混凝土抗拉强度时,混凝土就会产生裂缝,反复冻融作用使裂缝不断扩展直至破坏,体现在过程中混凝土强度下降、混凝土表面(特别是棱角处)产生酥松剥落。

混凝土的抗冻性主要取决于混凝土密实度、内部孔隙的大小与构造以及含水程度、混凝土自身强度。影响混凝土抗冻性的主要因素有：

①水灰比或孔隙率。水灰比大，则孔隙率大，导致吸水率增大，冰冻破坏严重，抗冻性差。

②孔隙特征。连通毛细孔易吸水饱和，冻害严重。若为封闭孔，则不易吸水，冻害就小。故加入引气剂能提高抗冻性。若为粗大孔洞，则混凝土一离开水面水就流失，冻害就小。故无砂大孔混凝土的抗冻性较好。

③吸水饱和程度。若混凝土的孔隙非完全吸水饱和，冰冻过程产生的压力促使水分向孔隙处迁移，从而降低冰冻膨胀应力，对混凝土破坏作用就小。

④混凝土的自身强度。在相同的冰冻破坏应力作用下，混凝土强度越高，冻害程度也就越低。

⑤与降温速度和冰冻温度有关。

因此，提高混凝土抗冻性有效措施主要有：掺入减水剂，降低水灰比、提高混凝土强度和密度；掺入引气剂改善孔结构；掺入防冻剂减缓结冰速度提高初始强度。

2）抗渗性

混凝土的抗渗性是指混凝土抵抗压力水（或油）渗透的能力。它直接影响混凝土的抗冻性和抗侵蚀性。

混凝土的抗渗性用抗渗等级（逐级加压法）或渗水高度（渗水高度法）表示。抗渗等级（逐级加压法），是龄期 28 d 的混凝土标准试件，水压从 0.1 MPa 开始，每隔 8 h 增加 0.1 MPa 水压，每组 6 个试件中有 4 个试件未出现渗水时的最大水压力乘以 10 来确定；抗渗等级分为 P4、P6、P8、P10、P12、>P12 六个等级。渗水高度（渗水高度法），是指龄期 28 d 的混凝土标准试件在（1.2±0.05）MPa 水压下恒压 24 h 的平均渗水高度。

混凝土的抗渗性主要与其密实度及内部孔隙的大小和构造有关。混凝土内部的互相连通的孔隙和毛细管通路，以及由于混凝土施工成型时，振捣不实产生的蜂窝、孔洞都会造成混凝土渗水。

影响混凝土抗渗性的主要因素有水灰比、水泥品种、骨料最大粒径、外加剂、掺合料、龄期、施工质量、养护方法。

①水灰比。混凝土水灰比的大小，对其抗渗性能起决定性作用；水灰比越大，抗渗性越差。

②水泥品种。水泥细度越大，水泥硬化体空隙率越小，强度就越高，其抗渗性越好。

③骨料最大粒径。在水灰比相同时，混凝土骨料的最大粒径越大，其抗渗性能越差；这是由于骨料和水泥浆的界面处易产生裂隙和较大骨料下方易形成空穴。

④外加剂。在混凝土中掺入某些外加剂，如减水剂等，可减小水灰比，改善混凝土和易性，进而改善混凝土的密实性，从而提高混凝土的抗渗性。

⑤掺合料。在混凝土中加入掺合料，如掺入优质粉煤灰，由于优质粉煤灰能发挥其形态效应、活性效应、微骨料效应和界面效应，可提高混凝土的密实度、细化孔隙，从而改善孔结构、改善骨料与水泥石界面的过渡区结构，从而提高混凝土的抗渗性。

⑥龄期。混凝土龄期越长，水泥水化越充分，混凝土的密实性越大，抗渗性越好。

⑦施工质量。搅拌均匀、振捣密实是混凝土抗渗性能的重要保证。如果振捣不密实留下蜂窝、空洞，抗渗性就严重下降，如果温度过低产生冻害或温度过高产生温度裂缝，抗渗性能将

严重降低。

⑧养护方法。在干燥条件下，混凝土早期失水过多，容易形成收缩裂隙，降低混凝土的抗渗性；蒸汽养护的混凝土，抗渗性较潮湿养护的混凝土差。保持充分的湿度和适当的温度，有利于混凝土的抗渗性。

提高混凝土抗渗性的措施就是增大混凝土的密实性和改善混凝土中的孔结构，减少连通孔隙。

3）抗硫酸盐侵蚀性

混凝土抗硫酸盐侵蚀性，是指混凝土在硫酸盐溶液环境中，经受多次干湿循环，能保持外观完整性和强度不严重降低的能力。

混凝土的抗硫酸盐侵蚀性用抗硫酸盐等级表示。抗硫酸盐等级，是以 28 d 龄期的 100 mm×100 mm×100 mm 混凝土立方体试件，在 5% Na_2SO_4 溶液中浸泡（15±0.5）h 和在（80±5）℃烘干 6 h 为一个干湿循环，以混凝土抗压强度耐蚀系数下降到不低于 75%（即抗压强度下降不超过 25%）时的最大干湿循环次数来确定；抗硫酸盐等级分为 KS30、KS60、KS90、KS120、KS150、>KS150 六个等级。

混凝土硫酸盐侵蚀，是外界侵蚀介质中的 SO_4^{2-} 进入混凝土的孔隙内部，与水泥石的某些组分（如氢氧化钙、水化铝酸钙）发生化学反应生成膨胀性产物（如钙矾石、石膏），产生膨胀内应力，当膨胀内应力超过混凝土的抗拉强度时，导致混凝土结构物破坏；混凝土受硫酸盐侵蚀的特征是表面发白，损害通常在棱角处开始，接着裂缝开展并剥落，使混凝土成为一种易碎的，甚至松散的状态。

导致混凝土硫酸盐侵蚀的内因主要是水泥石中水化铝酸钙、氢氧化钙和毛细孔，外因则是侵蚀溶液中存在 SO_4^{2-}；影响因素体现在内因有水泥品种、混凝土密实性，外因有侵蚀溶液中 SO_4^{2-} 的浓度及其他离子如 Mg^{2+}、Cl^- 的浓度、pH 值以及环境条件，如水分蒸发、干湿交替等。

一般来说，掺加活性混合料可降低混凝土中氢氧化钙和铝酸钙的含量，其抗硫酸盐侵蚀能力提高；密实或孔隙封闭的混凝土，抗渗性提高，环境水不易侵入，故其抗硫酸盐侵蚀提高。因此，防止或减轻混凝土硫酸盐侵蚀的方法主要有：合理选择水泥品种或胶凝材料、掺加活性掺合料、降低水灰比、加强捣实和掺加减水剂、引气剂提高混凝土密实度和改善孔结构。

4）抗氯离子渗透性

混凝土在水和氯离子存在的环境中，由于氯离子浓度差会导致氯离子向混凝土中扩散渗透，当氯离子扩散渗透至混凝土结构中钢筋表面并达到一定浓度后，将导致钢筋快速锈蚀，严重影响混凝土结构的耐久性。对于海洋和近海地区接触海水氯化物、降雪地区接触除冰盐的配筋混凝土结构的混凝土应有较高的抗氯离子渗透性。

混凝土抗氯离子渗透性，采用快速氯离子迁移系数法（或称 RCM 法）测定、用氯离子迁移系数表示，或采用电通量法测定、用电通量表示。快速氯离子迁移系数法，是通过测定混凝土中氯离子渗透深度，计算得到氯离子迁移系数来反映混凝土抗氯离子渗透性能；按氯离子迁移系数 D_{RCM}（$\times 10^{-12} m^2/s$），抗氯离子渗透性能等级划分为 RCM-Ⅰ（≥4.5）、RCM-Ⅱ（≥3.5，<4.5）、RCM-Ⅲ（≥2.5，<3.5）、RCM-Ⅳ（≥1.5，<2.5）、RCM-Ⅴ（<1.5）五个等级。电通量

法，是通过混凝土试件在氯离子环境中的电通量来反映混凝土抗氯离子渗透性能；按电通量 $Q_S(C)$，抗氯离子渗透性能等级划分为 Q-Ⅰ（$4\ 000 \leqslant Q_S$）、Q-Ⅱ（$2\ 000 \leqslant Q_S < 4\ 000$）、Q-Ⅲ（$1\ 000 \leqslant Q_S < 2\ 000$）、Q-Ⅳ（$500 \leqslant Q_S < 1\ 000$）、Q-Ⅴ（$Q_S < 500$）5 个等级；电通量法不适用于掺有亚硝酸盐和钢纤维等良好导电材料的混凝土抗氯离子渗透测试。

在混凝土中，氯离子主要是通过水泥石中的孔隙和水泥石与骨料的界面扩散渗透；因此，提高混凝土的密实度、降低孔隙率、减小孔隙和改善界面结构，是提高混凝土抗氯离子渗透性的主要途径。提高混凝土抗氯离子渗透性最有效的方法是掺加硅灰、优质粉煤灰等掺合料。

5）抗碳化性

混凝土碳化是指空气中的二氧化碳在有水存在的条件下，与水泥石中的氢氧化钙发生反应生成碳酸钙和水。碳化，消化了水泥石中氢氧化钙使混凝土碱度降低，减弱了其对钢筋的防锈保护作用，使钢筋易出现锈蚀；碳化，在干缩产生的压应力下的氢氧化钙晶体溶解和碳酸钙在无压力处沉积，显著增加混凝土的收缩，使混凝土表面产生拉应力导致混凝土中出现微细裂缝，从而混凝土的抗拉、抗折强度降低；碳化，生成的水分有利于水泥的水化作用，生成的碳酸钙减少了水泥石内部的孔隙，从而使混凝土的抗压强度提高；总的来说，碳化作用对混凝土是有害的。

混凝土的抗碳化性用抗碳化等级表示。抗碳化等级，是以龄期为 28 d 的混凝土标准试件在二氧化碳浓度为（20±3）%、温度为（20±2）℃、湿度为（70±5）%的条件下碳化 28 d 的碳化深度来确定的；按碳化深度，抗碳化性能等级划分为 T-Ⅰ（$30\ \text{mm} \leqslant d$）、T-Ⅱ（$20\ \text{mm} \leqslant d < 30\ \text{mm}$）、T-Ⅲ（$10\ \text{mm} \leqslant d < 20\ \text{mm}$）、T-Ⅳ（$0.1\ \text{mm} \leqslant d < 10\ \text{mm}$）、T-Ⅴ（$d < 0.1\ \text{mm}$）5 个等级。

碳化过程是二氧化碳由表及里向混凝土内部逐步扩散的过程。因此，气体扩散规律决定了碳化速度的快慢。碳化引起水泥石化学组成及组织结构的变化，从而对混凝土的化学性能和物理力学性能有明显的影响，主要是对碱度、强度和收缩的影响。提高混凝土抗碳化能力的措施有：采用较小的水灰比、提高混凝土密实度、改善混凝土内孔结构。另外，特别干燥的环境（相对湿度在 25% 以下），由于缺乏使二氧化碳及氢氧化钙作用所需要的水分，有利于提高混凝土的抗碳化性能；混凝土在水中或在相对湿度 100% 条件下，由于混凝土孔隙中的水分阻止二氧化碳向混凝土内部扩散，碳化停止。

6）碱骨料反应

碱骨料反应，指水泥、外加剂等混凝土构成物及环境中的碱与骨料中的碱活性矿物在潮湿环境下缓慢发生并导致混凝土开裂破坏的膨胀反应。碱骨料反应包括碱-硅酸反应和碱-碳酸盐反应。碱与骨料中的活性氧化硅发生化学反应，在骨料表面生成复杂的碱-硅酸凝胶，该凝胶可不断吸水、体积相应地不断膨胀，从而导致水泥石胀裂或酥松。

碱骨料反应，采用碱骨料反应试验检测，用膨胀率表示。该方法是以 75 mm×75 mm×275 mm 的混凝土试件在温度 38 ℃及潮湿条件下，碱与骨料反应所引起的膨胀，来确定是否具有碱骨料反应潜在危害性；一般认为混凝土龄期 52 周膨胀率小于 0.04% 时，不具有碱骨料反应潜在危害性，反之则具有碱骨料反应潜在危害性。

普遍认为发生碱骨料反应须同时具备下列 3 个条件：一是碱含量高；二是骨料中存在碱活

性矿物，如活性二氧化硅；三是环境潮湿，水分渗入混凝土。预防或抑制碱骨料反应的措施有：

①使用含碱小于0.6%的水泥，以降低混凝土总的含碱量。

②减少或不用活性骨料。

③保持混凝土处在干燥环境中。

④使混凝土致密，或包覆混凝土表面防止水分进入混凝土内部。

⑤采用能抑制碱骨料反应的掺合料，如粉煤灰、硅灰等。

7)早期抗裂性能

混凝土早期裂缝，主要是指从混凝土浇筑振捣完毕到混凝土终凝后72 h之内出现的宏观裂缝和微裂缝。混凝土早期裂缝有水化热温差裂缝、自收缩裂缝、塑性吸附分离裂缝、塑性沉落阻滞裂缝、塑性收缩裂缝等。

混凝土的早期抗裂性能用抗裂性能等级表示。混凝土早期抗裂性能等级，是以成型30 min后的800 mm×600 mm×100 mm混凝土试件，在温度为(20±2)℃、湿度为(60±5)%、风速(5±0.5)m/s的条件下(24±0.5)h测定的平均开裂面积(单位面积上的裂缝数目或单位面积上的总开裂面积)来确定的；按单位面积上的总开裂面积c(mm^2/m^2)，混凝土早期抗裂性能等级划分为L-Ⅰ($1\ 000 \leqslant c$)、L-Ⅱ($700 \leqslant c < 1\ 000$)、L-Ⅲ($400 \leqslant c < 700$)、L-Ⅳ($100 \leqslant c < 400$)、L-Ⅴ($c < 100$)5个等级。

混凝土早期裂缝最易出现的有大体积混凝土水泥水化温升导致温差裂缝、大面积混凝土结构失水收缩裂缝、大风环境下混凝土快速失水导致裂缝。影响混凝土早期抗裂性的因素有水泥品种、外掺量、骨料种类及含量、外加剂、混凝土强度，环境温度、湿度、风速、太阳直射等。相应地，改善混凝土早期抗裂性的措施有：

①降低混凝土水化热，选用低热、微膨胀、早期强度低、细度不宜过细、熟料中铝酸三钙含量低、碱含量低的水泥，降低混凝土中水泥用量。

②掺加适量(10%～40%)粉煤灰和矿渣，尽量不用硅灰。

③适当提高骨料用量和粒径。

④掺入塑化剂和膨胀剂，必要时掺入引气剂。

⑤控制混凝土早期强度，不让其发展太快，一般12 h内不要超过6 MPa。

⑥新浇筑混凝土，避免高温、大风天气和太阳直射。

⑦适当养护，采用养护剂、覆盖养护、浇水养护，保持早期适当的养护温度和湿度。

4.4　混凝土的配合比设计

混凝土配合比设计

4.4.1　混凝土配合比设计基本要求

1)定义

混凝土配合比是指混凝土中各组成材料数量之间的比例关系；通常指水泥、砂、石子、水等的质量比。混凝土配合比常用表达方式有两种，一种是以每立方米混凝土中各种材料的用量表示，如某强度等级的混凝土配合比为水泥 380 kg、砂 690 kg、石子 1 125 kg、水 205 kg；另外一种是以混凝土中各种材料的质量比来表示（一般以水泥质量为 1），如某强度等级的混凝土配合比为 1∶1.82∶2.96∶0.54，对应关系为 $m_{水泥}:m_{砂}:m_{石子}:m_{水}$。

2）任务

混凝土配合比设计的任务就是确定单方混凝土中各组成材料的用量或各组成材料用量的质量比。在实施过程中，一般通过确定水灰比、砂率、用水量 3 个参数来确定满足要求的配合比。水灰比是水与水泥质量比，反映水与水泥之间的比例关系，直接影响混凝土强度、和易性等性能；砂率是混凝土中砂的质量占砂石总质量的百分率，反映砂与石子之间的比例关系，对混凝土和易性、强度等性能有较大影响；用水量是指每立方米混凝土的用水量，一定程度上反映水泥浆与骨料之间的比例关系，对混凝土和易性、强度、孔隙率等有较大影响。这 3 个参数与混凝土的各项性能之间有着密切的关系。

3）基本要求

设计混凝土配合比，就是根据原材料的技术性能及施工条件，合理选择原材料，确定出能满足工程所要求的技术经济指标的各项组成材料的用量。混凝土作为主要的结构材料，主要性能要求有强度、和易性、耐久性等，因此混凝土配合比设计的基本要求是：

①强度要求，满足混凝土结构设计的强度等级。

②施工性能要求，满足施工所要求的混凝土拌合物的和易性。

③耐久性要求，满足混凝土结构设计中耐久性要求指标，如抗冻等级、抗渗等级等。

④成本要求，尽量节约水泥和降低混凝土成本。

4.4.2 混凝土配合比设计步骤

在混凝土配合比设计之前，应掌握原材料性能、混凝土技术要求及施工条件和管理水平等相关基本资料，主要有：

①原材料的技术性能包括水泥品种和实际强度、密度；砂、石的种类、表观密度、堆积密度和含水率，砂的粗细程度和级配、石子的级配和最大粒径；外加剂的品种、特性和适宜掺量。

②混凝土的技术要求包括和易性要求、强度等级和耐久性要求（如抗冻、抗渗等性能要求），有些是结构设计文件明确提出的要求，有些是根据结构部位、气温、运输距离等因素来确定。

③施工条件和管理水平包括搅拌和振捣方式、构件类型、最小钢筋净距、施工组织和施工季节、施工管理水平等。

混凝土配合比设计步骤为：首先根据原始技术资料计算“初步计算配合比”；然后在实验室进行试配，调整和易性、校正表观密度、检验强度和耐久性，确定满足设计要求、施工要求和经济合理的“实验室配合比”；最后根据施工现场砂、石的含水率等原材料变化情况对配合比进行修正，获得“施工配合比”。

1)初步配合比计算

(1)混凝土配制强度的确定

当混凝土的设计强度等级小于 C60 时,配制强度按式(4.7)确定:

$$f_{cu,0} \geqslant f_{cu,k} + 1.645\sigma \tag{4.7}$$

当混凝土的设计强度等级不小于 C60 时,配制强度按式(4.8)确定:

$$f_{cu,0} \geqslant 1.15 f_{cu,k} \tag{4.8}$$

式中 $f_{cu,0}$——混凝土配制强度,MPa;

$f_{cu,k}$——混凝土立方体抗压强度标准值,这里取混凝土的设计强度等级值,MPa;

σ——混凝土强度标准差,MPa。

混凝土强度标准差,当具有近期同一品种同一强度等级混凝土强度资料时,通过计算获得。且对于强度等级不大于 C30 的混凝土,当标准差计算值小于 3.0 MPa 时,应取 3.0 MPa;对于强度等级大于 C30 小于 C60 的混凝土,当标准差计算值小于 4.0 MPa 时,应取 4.0 MPa。当没有近期的同一品种同一强度等级混凝土强度资料时,其强度标准差按表 4.19 取值。

表 4.19 标准差 σ 值

混凝土强度等级	≤C20	C25—C45	C50—C55
σ 值/MPa	4.0	5.0	6.0

(2)计算水胶比

当混凝土强度等级小于 C60 时,混凝土水胶比按式(4.9)计算

$$W/B = \frac{\alpha_a f_b}{f_{cu,0} + \alpha_a \alpha_b f_b} \tag{4.9}$$

式中 W/B——混凝土水胶比;

α_a、α_b——回归系数,按表 4.20 规定取值;

f_b——胶凝材料 28 d 胶砂抗压强度,MPa,可实测,也可按式(4.10)确定。

表 4.20 回归系数(α_a、α_b)取值表

粗骨料品种 / 系数	碎石	卵石
α_a	0.53	0.49
α_b	0.20	0.13

当胶凝材料 28 d 胶砂抗压强度值(f_b)无实测值时,可按式(4.10)计算:

$$f_b = \gamma_f \gamma_s f_{ce} \tag{4.10}$$

式中 γ_f、γ_s——粉煤灰影响系数和粒化高炉矿渣粉影响系数,按表 4.21 选用;

f_{ce}——水泥 28 d 胶砂抗压强度,MPa,可实测,也可按式(4.11)确定。

表 4.21　粉煤灰影响系数(γ_f)和粒化高炉矿渣粉影响系数(γ_s)

种类 掺量/%	粉煤灰影响系数 γ_f	粒化高炉矿渣粉影响系数(γ_s)
0	1.00	1.00
10	0.85～0.95	1.00
20	0.75～0.85	0.95～1.00
30	0.65～0.75	0.90～1.00
40	0.55～0.65	0.80～0.90
50	—	0.70～0.85

注:1. 采用Ⅰ级、Ⅱ级粉煤灰宜取上限值;

2. 采用 S75 级粒化高炉矿渣粉宜取下限值,采用 S95 级粒化高炉矿渣粉宜取上限值,采用 S105 级粒化高炉矿渣粉可取上限值加 0.05;

3. 当超出表中的掺量时,粉煤灰和粒化高炉矿渣粉影响系数应经试验确定。

当水泥 28 d 胶砂抗压强度值(f_{ce})无实测值时,可按式(4.11)计算:

$$f_{ce}=\gamma_c f_{ce,g} \tag{4.11}$$

式中　γ_c——水泥强度等级富裕系数,可按实际统计资料确定,当缺乏实际统计资料时也可按表 4.22 选用;粉煤灰影响系数和粒化高炉矿渣粉影响系数,按表 4.21 选用;

$f_{ce,g}$——水泥强度等级值,MPa。

表 4.22　水泥强度等级值富裕系数(γ_c)

水泥强度等级值	32.5	42.5	52.5
富余系数	1.12	1.16	1.10

(3)用水量和外加剂用量

当混凝土水胶比为 0.40～0.80 时,用水量按表 4.23 和表 4.24 选取;当混凝土水胶比小于 0.40 时,可通过试验确定。

表 4.23　干硬性混凝土的用水量(kg/m³)

拌合物稠度		卵石最大公称粒径/mm			碎石最大公称粒径/mm		
项目	指标	10.0	20.0	40.0	16.0	20.0	40.0
维勃稠度/s	16～20	175	160	145	180	170	155
	11～15	180	165	150	185	175	160
	5～10	185	170	155	190	180	165

表 4.24 塑性混凝土的用水量(kg/m^3)

拌合物稠度		卵石最大公称粒径/mm				碎石最大公称粒径/mm			
项目	指标	10.0	20.0	31.5	40.0	16.0	20.0	31.5	40.0
坍落度/mm	10 ~ 30	190	170	160	150	200	185	175	165
	35 ~ 50	200	180	170	160	210	195	185	175
	55 ~ 70	210	190	180	170	220	205	195	185
	75 ~ 90	215	195	185	175	230	215	205	195

注:1. 本表用水量是采用中砂时的取值,采用细砂时,每立方米混凝土用水量可增加 5 ~ 10 kg;采用粗砂时,可减少 5 ~ 10 kg;

2. 掺用矿物掺合料和外加剂时,用水量应相应调整。

当掺外加剂时,用水量按式(4.12)计算:

$$m_{w0} = m'_{w0}(1-\beta) \tag{4.12}$$

式中 m_{w0}——计算配合比每立方米混凝土的用水量,kg/m^3;

m'_{w0}——未掺加外加剂时推定的满足实际坍落度要求的每立方米混凝土用水量,kg/m^3,以表 4.24 中 90 mm 坍落度的用水量为基础,按每增大 20 mm 坍落度相应增加 5 kg/m^3 用水量来计算,当坍落度增大到 180 mm 以上时,随坍落度相应增加的用水量可减少;

β——外加剂的减水率,%,应经混凝土试验确定。

外加剂用量,按式(4.13)计算:

$$m_{a0} = m_{b0}\beta_a \tag{4.13}$$

式中 m_{a0}——计算配合比每立方米混凝土中外加剂用量,kg/m^3;

m_{b0}——计算配合比每立方米混凝土中胶凝材料用量,kg/m^3;

β_a——外加剂掺量,%,应经混凝土试验确定。

(4)胶凝材料、矿物掺合料和水泥用量

①胶凝材料用量按式(4.14)计算,在拌合物性能满足要求的情况下,取经济合理的胶凝材料用量。另外,除配制 C15 及其以下强度等级的混凝土外,混凝土的最小胶凝材料用量应符合表 4.25 的规定。

$$m_{b0} = \frac{m_{w0}}{\frac{W}{B}} \tag{4.14}$$

式中 m_{b0}——计算配合比每立方米混凝土中胶凝材料用量,kg/m^3;

m_{w0}——计算配合比每立方米混凝土中的用水量,kg/m^3;

W/B——混凝土水胶比。

表 4.25 混凝土的最小胶凝材料用量

最大水胶比	最小胶凝材料用量/($kg \cdot m^{-3}$)		
	素混凝土	钢筋混凝土	预应力混凝土
0.60	250	280	300
0.55	280	300	300
0.50	320		
≤0.45	330		

②矿物掺合料用量按式(4.15)计算。

$$m_{f0}=m_{b0}\beta_f \tag{4.15}$$

式中 m_{f0}——计算配合比每立方米混凝土中矿物掺合料用量,kg/m^3;

β_f——矿物掺合料掺量,%,应经混凝土试验确定并符合表 4.26 和表 4.27 的规定。

表 4.26 钢筋混凝土中矿物掺合料最大掺量

矿物掺合料种类	水胶比	最大掺量/%	
		采用硅酸盐水泥时	采用普通硅酸盐水泥时
粉煤灰	≤0.40	45	35
	>0.40	40	30
粒化高炉矿渣粉	≤0.40	65	55
	>0.40	55	45
钢渣粉	—	30	20
磷渣粉	—	30	20
硅灰	—	10	10
复合掺合料	≤0.40	65	55
	>0.40	55	45

注:1. 采用其他通用硅酸盐水泥时,宜将水泥混合材掺量 20% 以上的混合材量计入矿物掺合料;

2. 复合掺合料各组分的掺量不宜超过单掺时的最大掺量;

3. 在混合使用两种或两种以上矿物掺合料时,矿物掺合料总掺量应符合表中复合掺合料的规定。

表 4.27 预应力混凝土中矿物掺合料最大掺量

矿物掺合料种类	水胶比	最大掺量/%	
		采用硅酸盐水泥时	采用普通硅酸盐水泥时
粉煤灰	≤0.40	35	30
	>0.40	25	20

续表

矿物掺合料种类	水胶比	最大掺量/%	
		采用硅酸盐水泥时	采用普通硅酸盐水泥时
粒化高炉矿渣粉	≤0.40	55	45
	>0.40	45	35
钢渣粉	—	20	10
磷渣粉	—	20	10
硅灰	—	10	10
复合掺合料	≤0.40	55	45
	>0.40	45	35

注:1. 采用其他通用硅酸盐水泥时,宜将水泥混合材掺量20%以上的混合材量计入矿物掺合料;

2. 复合掺合料各组分的掺量不宜超过单掺时的最大掺量;

3. 在混合使用两种或两种以上矿物掺合料时,矿物掺合料总掺量应符合表中复合掺合料的规定。

③水泥用量按式(4.16)计算。

$$m_{c0}=m_{b0}-m_{f0} \tag{4.16}$$

式中 m_{c0}——计算配合比每立方米混凝土中水泥用量,kg/m^3。

(5)砂率的确定

砂率应根据骨料的技术指标、混凝土拌合物性能和施工要求来确定。其取值可通过试验找出合理砂率,或参考既有历史资料,或参考表4.28。

表4.28 混凝土的砂率(%)

水胶比	卵石最大公称粒径/mm			碎石最大公称粒径/mm		
	10.0	20.0	40.0	16.0	20.0	40.0
0.40	26~32	25~31	24~30	30~35	29~34	27~32
0.50	30~35	29~34	28~33	33~38	32~37	30~35
0.60	33~38	32~37	31~36	36~41	35~40	33~38
0.70	36~41	35~40	34~39	39~44	38~43	36~41

注:1. 本表适用于坍落度为10~60 mm的混凝土;当坍落度小于10 mm时,其砂率应经试验确定;当坍落度大于60 mm时,可在本表基础上按坍落度每增大20 mm、砂率增大1%的幅度予以调整。

2. 采用人工砂配制混凝土时,砂率可适当增大。

3. 只用一个单粒级粗骨料配制混凝土时,砂率应适当增大。

(6)粗、细骨料用量

当采用质量法计算混凝土配合比时,粗、细骨料用量按式(4.17)计算,砂率按式(4.18)计算。

$$m_{f0}+m_{c0}+m_{g0}+m_{s0}+m_{w0}=m_{cp} \tag{4.17}$$

$$\beta_s = \frac{m_{s0}}{m_{g0}+m_{s0}} \times 100\% \tag{4.18}$$

式中　m_{g0}——计算配合比每立方米混凝土的粗骨料用量，kg/m；

m_{s0}——计算配合比每立方米混凝土的细骨料用量，kg/m^3；

β_s——砂率，%；

m_{cp}——每立方米混凝土拌合物的假定质量，kg，可取 2 350 ~ 2 450 kg/m^3。

当采用体积法计算混凝土配合比时，粗、细骨料用量按式（4.19）计算，砂率按式（4.18）计算。

$$\frac{m_{c0}}{\rho_c}+\frac{m_{f0}}{\rho_f}+\frac{m_{g0}}{\rho_g}+\frac{m_{s0}}{\rho_s}+\frac{m_{w0}}{\rho_w}+0.01\alpha=1 \tag{4.19}$$

式中　ρ_c——水泥密度，kg/m^3，可按国家标准《水泥密度测定方法》（GB/T 208—2014）测定，也可取 2 900 ~ 3 100 kg/m^3；

ρ_f——矿物掺合料密度，kg/m^3，可按国家标准《水泥密度测定方法》（GB/T 208—2014）测定；

ρ_g——粗骨料的表观密度，kg/m^3，应按行业标准《普通混凝土用砂、石质量及检验方法标准》（JGJ 52—2006）测定；

ρ_s——细骨料的表观密度，kg/m^3，应按行业标准《普通混凝土用砂、石质量及检验方法标准》（JGJ 52—2006）测定；

ρ_w——水的密度，kg/m^3，可取 1 000 kg/m^3；

α——混凝土的含气量百分数，在不使用引气剂或引气型外加剂时，α 可取 1。

至此，通过上述计算可获得初步配合比。

另外，对于混凝土生产及施工单位，也可不通过上述计算，直接参考既有生产配合比或相关配合比资料，根据经验直接确定初步配合比。

2）配合比的试配、调整与确定

以上获得的初步配合比，是借助一些经验公式和数据计算出来的，或利用经验资料查得的，不一定能够符合实际情况。因而，初步配合比需要进行试配调整和易性、校核表观密度、复核强度和耐久性等。

（1）调整和易性

按初步配合比称取材料进行试拌，测定和易性。当拌合物坍落度（或维勃稠度）不能满足要求，或黏聚性和保水性不好时，应在保证水灰比不变的条件下相应调整用水量或砂率。具体调整措施：当坍落度低于设计要求时，可保持水胶比不变，增加适量胶浆，即同时增加水和胶凝材料；切忌单一增加用水量，否则强度等性能将显著下降。当坍落度太大，可保持砂率不变，适量增加粗、细骨料；切忌单一增加胶凝材料用量，否则收缩增大易开裂、强度等富裕度过大且成本上升。如出现含砂不足，黏聚性和保水性不良时，可适当增大砂率；反之应减小砂率。每次调整后再试拌，直到符合要求为止。

(2)校核表观密度

上述和易性调整满足要求后,测试表观密度。如果与初步配合比计算时表观密度取值不一致,则应进行相应调整。具体调整方法,如果初步配合比计算时表观密度取值为 2 400 kg/m^3,这里实测表观密度为 2 500 kg/m^3 时,则每立方米混凝土材料用量应乘以系数 2 500/2 400,配合比作相应调整;如果初步配合比计算时表观密度取值为 2 400 kg/m^3,这里实测表观密度为 2 300 kg/m^3 时,则每立方米混凝土材料用量应乘以系数 2 300/2 400,配合比作相应调整。

经过和易性调整、表观密度校核,满足要求的配合比称为基础配合比。

(3)复核强度和耐久性

复核强度是在基础配合比基础上进行强度试验。采用 3 个不同配合比进行强度试验,一个配合比为上述基础配合比,另外两个配合比的水胶比较基础配合比分别增加和减少 0.05,用水量应与基础配合比相同,砂率可分别增加和减少 1%。当基础配合比强度满足要求时,则选择基础配合比;当基础配合比强度太高时,若水胶比增加 0.05 的配合比强度满足要求则选择该配合比;当基础配合比强度太低时,若水胶比减少 0.05 的配合比强度满足要求则选择该配合比;若这 3 个配合比都太高或都太低,则说明之前初步配合比计算或查阅过程中偏差太大,则应重新设计。

对耐久性有设计要求的混凝土应进行相关耐久性试验验证。

至此,得到满足和易性、表观密度、强度和耐久性等要求的混凝土配合比,称为实验室配合比。

3)施工配合比

实验室配合比是实验室的干材料为基准的,而工地存放的砂、石材料都含有一定的水分,且随着施工的进行原材料砂、石、水泥等不断消耗、原材料批次发生变化导致原材料性能波动,施工结构部位变化和天气情况变化导致对混凝土施工性能要求变化,这些都需要对混凝土配合比进行相应调整,调整后满足要求的配合比称为施工配合比。

下面仅考虑砂、石含水变化因素,计算施工配合比。现假定工地测出砂的含水率为 W_s、石子的含水率为 W_g,则施工配合比按式(4.20)—式(4.24)计算。

$$m'_c = m_c \tag{4.20}$$

$$m'_f = m_f \tag{4.21}$$

$$m'_s = m_s(1+W_s) \tag{4.22}$$

$$m'_g = m_g(1+W_g) \tag{4.23}$$

$$m'_w = m_w - m_s \times W_s - m_g \times W_g \tag{4.24}$$

4.4.3 混凝土配合比设计实例

【例 4.1】配制某混凝土,确定水灰比为 0.55,假定砂率为 38%,已知水泥用量为 300 kg/m^3,砂子用量为 700 kg/m^3。

(1)计算该混凝土配合比；

(2)若已知砂含水率为2.0%，石子含水率为1.0%，求施工配合比。

解：(1)已知砂 $S=700\ \text{kg/m}^3$

水泥 $C=300\ \text{kg/m}^3$

又水灰比$\dfrac{W}{C}=0.55 \Rightarrow W=165(\text{kg/m}^3)$

砂率 $S_p=\dfrac{S}{S+G}\times 100\%=38\% \Rightarrow G=1\ 142(\text{kg/m}^3)$

答：该混凝土的配合比为

水泥300 kg/m³ ∶ 砂700 kg/m³ ∶ 石1 142 kg/m³ ∶ 水165 kg/m³ 或1 ∶ 2.33 ∶ 3.81 ∶ 0.55

(2)施工配合比计算

$C'=C=300(\text{kg/m}^3)$

$S'=S(1+2.0\%)=700\times(1+2\%)=714(\text{kg/m}^3)$

$G'=G(1+1.0\%)=1\ 142\times(1+1.0\%)=1\ 153(\text{kg/m}^3)$

$W'=W-S\times 2.0\%-G\times 1.0\%=165-700\times 2.0\%-1\ 153\times 1.0\%=140(\text{kg/m}^3)$

所以该混凝土的施工配合比为：

水泥300 kg/m³ ∶ 砂714 kg/m³ ∶ 石1153 kg/m³ ∶ 水140 kg/m³

或1 ∶ 2.38 ∶ 3.84 ∶ 0.47

【例4.2】已知混凝土试验室配合比为1 ∶ 1.85 ∶ 3.96 ∶ 0.60，现场砂子含水率为3%，卵石含水率为1.2%。问拌100 kg水泥时，其他材料实际称量是多少？

解：拌100 kg水泥，需要

砂：$S=100\times 1.85\times(1+3\%)=191(\text{kg})$

石：$G=100\times 3.96\times(1+1.2\%)=401(\text{kg})$

水：$W=100\times 0.60-100\times 1.85\times 3\%-100\times 3.96\times 1.2\%=50(\text{kg})$

答：拌100 kg水泥，需要称量砂191 kg、石401 kg、水50 kg。

【例4.3】已知混凝土实验室配合比为1 ∶ 1.80 ∶ 3.90 ∶ 0.48，现场砂子含水率为3%，碎石含水率为1.0%。假定配制混凝土湿密度为2 400 kg/m³，请计算单方混凝土各组成材料用量。

解：单方混凝土各材料称量为：

$C'=C=1/(1+1.80+3.90+0.48)\times 2\ 400=334(\text{kg})$

$S'=S(1+3\%)=334\times 1.8\times(1+3.0\%)=619(\text{kg})$

$G'=G(1+1\%)=334\times 3.9\times(1+1\%)=1\ 316(\text{kg})$

$W'=W-S\times 3\%-G\times 1\%=334\times 0.48-334\times 1.8\times 3.0\%-334\times 3.9\times 1\%=129(\text{kg})$

答：单方混凝土各材料称量为水泥334 kg，砂子619 kg，石子1 316 kg，水129 kg。

4.5 混凝土的生产、运输、浇筑及养护

混凝土质量控制与强度评定

混凝土按生产方式和施工方式不同，有自拌混凝土、预拌混凝土、泵送混凝

土、商品混凝土等名词表述。自拌混凝土，指在施工现场用搅拌机将水泥、砂、石子、水等经过搅拌而成的混合物，通常采用人工或塔吊配合送到浇筑部位，又称现场搅拌混凝土。预拌混凝土，指在搅拌站（楼）生产的、通过运输设备送至使用地点的、交货时为拌合物的混凝土，通常采用泵送施工或塔吊配合施工。泵送混凝土，指可通过泵压作用沿输送管道强制流动到目的地并进行浇筑的混凝土。商品混凝土，指由胶凝材料、粗骨料、细骨料、水及根据需要掺入外加剂、掺合料等，在搅拌站经控制系统、物料称量系统、物料输送系统等计量、搅拌后出售并采用运输车，在规定时间内运送到使用地点的混凝土拌合物。

为了节约资源、保护环境和质量控制，2003 年我国商务部等部门发布通知《商务部、公安部、建设部、交通部关于限期禁止在城市城区现场搅拌混凝土的通知》（商改发〔2003〕341 号），鼓励发展预拌混凝土和干混砂浆，禁止在城市城区现场搅拌混凝土。随后各城市根据本地实际情况制订了发展、预拌混凝土和干混砂浆规划及使用管理办法。20 余年来我国预拌混凝土已得到充分发展，工程各方已习惯于自觉采用预拌混凝土。采用预拌混凝土，符合环保要求，便于质量控制、计量管理、工序控制、质量检验等标准化管理，有利于保证混凝土的质量；目前，绿色建材给混凝土又提出了新的要求。下面就预拌混凝土进行讲述。

4.5.1　混凝土的生产

混凝土的生产，是在按 4.4 节设计出的配合比的基础上，进行原材料进场、试配、计量、生产配料、搅拌、搅拌车装料的过程，这个过程是在搅拌站集中进行的。

原材料进场，应该对原材料进行必要的目测或检测。根据原材料变动情况、工地现场要求及反馈情况进行配合比调整，必要时进行试配，获得可行的施工配合比。计量时，计量允许偏差见表 4.29，为了确保计量准确，应定期对计量器具和计量系统进行检查、校准，在生产过程中进行定期抽查。生产配料，应严格按施工配合比进行计量投料，并定期目测和试验检测新拌混凝土和易性，必要时做出调整。搅拌，要求搅拌均匀但也不宜过度搅拌，一般搅拌时间为 1 ~ 3 min。搅拌车装料，搅拌车装料前应将搅拌罐反转卸干净罐内积水；搅拌车进机位装料时，定位后向中控室报车号；司机收到送货单后，要看清送货单上车号和工程名称等，必要时与中控室重复送货单上的内容，如工地名称、混凝土等级、坍落度、方量等，互相核对无误后出车送货。

表 4.29　混凝土原材料计量允许偏差（%）

原材料品种	水泥	骨料	水	外加剂	掺合料
每盘计量允许偏差	±2	±3	±1	±1	±2
累计计量允许偏差*	±1	±2	±1	±1	±1

* 累计计量允许偏差是指每一运输车中各盘混凝土的每种材料计量和的偏差。

生产环节控制难点是根据原材料变动情况、浇筑现场要求变化情况进行适时调整施工配合比，必要时对不符合要求的混凝土进行现场处理或返厂处理。

4.5.2　混凝土的运输

混凝土的运输，应根据技术要求、施工进度、运输条件及混凝土浇筑量等因素编制运输供应方案。供应过程中应加强通信联络、调度,确保连续均衡供料;混凝土在运输、输送和浇筑过程中不得加水。

混凝土的运输延续时间,即混凝土从搅拌机卸入搅拌运输车至搅拌运输车卸料的运输时间,不宜大于 90 min,如需延长运送时间,则应采取相应有效技术措施并通过试验验证。

混凝土搅拌运输车向混凝土泵卸料时,为了使混凝土拌合均匀、卸料前应高速旋转拌筒,搅拌运输车中断卸料等待阶段应保持拌筒低速转动,且泵送混凝土卸料作业应由具有相应能力的专职人员操作。

运输环节关键控制点是保证运输和等待时间最短。

4.5.3 混凝土的泵送

混凝土采用泵送施工时,应连续进行,混凝土运输、输送、浇筑及间歇的全部时间不应超过混凝土初凝时间及国家现行标准的有关规定,如超过规定时间,应临时设置施工缝。

混凝土泵安装场地应平整坚实、道路畅通、接近排水设施、便于配管。同一管路宜采用相同管径的输送管,除终端出口处外,不得采用软管。垂直泵送高度超过 100 m 时,混凝土泵机出料口处应设置截止阀;倾斜或垂直向下泵送施工时,高度大于 20 m 时,应在倾斜或垂直管下端设置弯管或水平管,弯管或水平管折算长度不宜小于 1.5 倍高差。混凝土输送管的固定应可靠稳定。

混凝土泵及输送管道连通后,泵送前应空载试运转; 混凝土泵启动后,应先泵送适量清水以润湿混凝土泵的料斗、活塞机输送管的内壁等直接与混凝土接触部位;泵送完毕后,应清除泵内积水。经泵送清水检查,确认混凝土泵和输送管中无异物后,应用水泥净浆或 1∶2 水泥砂浆或与混凝土内除粗骨料外的其他成分相同配合比的水泥砂浆润滑混凝土泵和输送管内壁。

搅拌车进入工地后,应服从工地的安排与调度,到达准确的位置卸料,并将随车混凝土的资料交予工地对接人,再次核实工地名称、混凝土强度等级、方量、塌落度要求等,避免卸错工地和部位。核对无误后方可卸料。一般入泵坍落度不宜小于 100 mm,当混凝土强度等级超过 C60 时入泵坍落度不宜小于 180 mm。

开始泵送时,混凝土泵应处于匀速缓慢运行并随时可反泵的状态,泵送速度先慢后快,逐步加速,同时,应观察混凝土泵的压力和各系统的工作情况。当混凝土泵出现压力升高且不稳定、油温升高、输送管明显振动等现象而输送困难时,不得强行输送,应立即查明原因、采取相应措施排除故障。当输送管堵塞时,应及时拆除管道、排除堵塞物、拆除的管道重新安装前应湿润。当混凝土供应不及时,宜采取间歇泵送方式,放缓泵送速度;间歇泵送可采用 4 ~ 5 min/个进行两个行程反泵、再进行两个行程正泵的泵送方式。泵送完毕时,应及时将混凝土泵和输送管清洗干净。

泵送环节关键是防止堵管。

4.5.4 混凝土的浇筑成型

混凝土的浇筑成型就是将混凝土拌合物浇注在符合设计要求的模板内,加以捣实使其成为能达到设计质量强度要求并满足正常使用的结构或构件,包括浇筑和捣实两个环节。在浇筑过程中,应有效控制混凝土的均匀性、密实性和整体性。

浇筑混凝土前,应检查并控制模板、钢筋、保护层和预埋件等的尺寸、规格、数量和位置,其偏差值符合相关规定,模板支撑的稳定性以及接缝的密合情况,应保证模板在混凝土浇筑过程中不失稳、不跑模和不漏浆。

浇筑混凝土前,应清除模板内以及垫层上的杂物;表面干燥的地基土、垫层、木模板应浇水湿润。

当夏季天气炎热时,混凝土拌合物入模温度不应高于 35 ℃ ,宜选择晚间或夜间浇筑混凝土;现场温度高于 35 ℃时,宜对金属模板进行浇水降温,但不得留有积水,并宜采取遮挡措施避免阳光照射金属模板。当冬期施工时,混凝土拌合物入模温度不应低于 5 ℃,并应有保温措施。

混凝土输送泵的泵压应与混凝土拌合物特性和泵送高度相匹配;泵送混凝土的输送管道应支撑稳定,不漏浆,冬期应有保温措施,夏季施工现场最高气温超过 40 ℃时,应有隔热措施。

当混凝土自由倾落高度大于 3.0 m 时,宜采用串筒、溜管或振动溜管等辅助设备。

浇筑顺序,宜由远而近,先竖向结构后水平结构分层浇筑。浇筑竖向尺寸较大的结构物时,应分层浇筑,每层浇筑厚度宜控制在 300 ~ 350 mm;大体积混凝土宜采用分层浇筑方法,可利用自然流淌形成斜坡沿高度均匀上升,分层厚度不应大于 500 mm;对于清水混凝土浇筑,可多安排振捣棒,应边浇筑混凝土边振捣,宜连续成型。

混凝土振捣宜采用机械振捣。当施工无特殊振捣要求时,可采用振捣棒进行捣实,插入间距不应大于振捣棒振动作用半径的 1 倍,连续多层浇筑时,振捣棒应插入下层拌合物约 50 mm 进行振捣;当浇筑厚度不大于 200 mm 的表面积较大的平面结构或构件时,宜采用表面振动成型;当采用干硬性混凝土拌合物浇筑成型混凝土制品时,宜采用振动台或表面加压振动成型。

振捣时间宜按拌合物稠度和振捣部位等不同情况,控制在 10 ~ 30 s,当混凝土拌合物表面出现泛浆,基本无气泡逸出时,可视为捣实。

在浇筑混凝土同时,应制作供结构或构件出池、拆模、吊装、张拉、放张和强度合格评定用的同条件养护试件,并应按设计要求制作抗冻、抗渗或其他性能试验用的试件。

在混凝土浇筑及静置过程中,应在混凝土终凝前对浇筑面进行抹面处理,通常称为二次收光。混凝土构件成型后,在强度达到 1.2 MPa 以前,不得在构件上踩踏行走。

浇筑成型环节关键是保证充分填满模板并均匀密实。

4.5.5 混凝土的养护

混凝土施工可采用浇水、覆盖保湿、喷涂养护剂、冬季蓄热养护等方法进行养护;混凝土构件或制品厂生产可采用蒸汽养护、湿热养护或潮湿自然养护等方法进行养护。

养护时间,对于采用硅酸盐水泥、普通硅酸盐水泥或矿渣硅酸盐水泥配制的混凝土,采用浇水和潮湿覆盖的养护时间不得少于 7 d;对于采用粉煤灰硅酸盐水泥、火山灰质硅酸盐水泥、复合硅酸盐水泥配制的混凝土,或掺加缓凝剂的混凝土以及大掺量矿物掺合料混凝土,采用浇水和潮湿覆盖的养护时间不得少于 14 d;对于竖向混凝土结构,养护时间宜适当延长。

对于大体积混凝土,养护过程应进行温度控制,混凝土内部和表面的温差不宜超过 25 ℃,表面与外界温差不宜大于 20 ℃。

对于冬期施工的混凝土,日均气温低于5 ℃时,不得采用浇水自然养护方法;混凝土受冻前的强度不得低于5 MPa;模板和保温层应在混凝土冷却到5 ℃方可拆除,或在混凝土表面温度与外界温度相差不大于20 ℃时拆模,拆模后的混凝土也应及时覆盖,使其缓慢冷却;混凝土强度达到设计强度等级的50%时,方可撤除养护措施。

养护环节的难点是根据不同环境条件选用适当养护方法和正确实施,确保混凝土水化硬化期间适当的温度和湿度。

4.6 混凝土的强度评定

在混凝土施工过程中,原材料、施工养护、试验条件、气候因素的变化,均可能造成混凝土强度的波动。但它总是在配制强度的附近波动,质量控制越严,施工管理水平越高,则波动的幅度越小;反之,则波动的幅度越大。通过大量的数理统计分析和工程实践证明,混凝土的质量波动符合正态分布规律,正态分布曲线如图4.9所示。

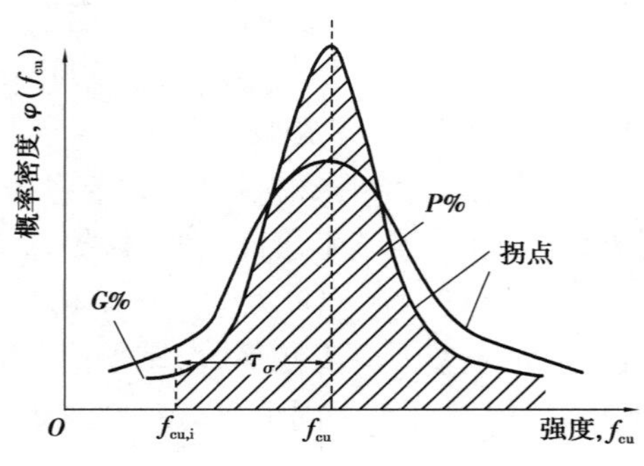

图4.9 正态分布曲线

4.6.1 混凝土强度平均值、标准差、变异系数

强度平均值按式(4.25)计算

$$m_{f_{cu}} = \frac{1}{n}\sum_{i=1}^{n} f_{cu,i} \tag{4.25}$$

式中 $m_{f_{cu}}$——强度平均值;

n——试验组数;

$f_{cu,i}$——第 i 组混凝土试件强度试验值。

标准差按式(4.26)计算

$$\sigma = \sqrt{\frac{\sum_{i=1}^{n} f_{cu,i}^2 - nm_{f_{cu}}^2}{n-1}} \tag{4.26}$$

式中 σ——强度标准差。

变异系数按式(4.27)计算

$$c_v = \frac{\sigma}{m_{f_{cu}}} \tag{4.27}$$

式中 c_v——强度变异系数。

强度的平均值仅代表混凝土强度总体的平均值;标准差,反映强度离散程度,标准差越小表明强度离散程度越小,混凝土质量越稳定;变异系数,反映强度离散程度的相对性,变异系数越小说明混凝土生产水平越高,质量越稳定。变异系数是无量纲的,而平均值和标准差的量纲相同,都为随机变量的量纲;比较量纲不同的两个随机变量的分散度时用变异系数为好;量纲相同的两个随机变量但平均值差别较大时用变异系数评价分散度;用变异系数评价分散度时消除了平均值大小的影响。

4.6.2 混凝土强度评定

混凝土强度应分批进行检验评定,一个检验批的混凝土应由强度等级相同、试验龄期相同、生产工艺条件和配合比基本相同的混凝土组成。混凝土评定方法有统计方法和非统计方法。

1)统计方法评定

对大批量、连续生产的混凝土,生产条件在较长时间内保持一致,且同一品种、同一强度等级的强度变异性保持稳定时,应由连续3组试件组成一个检验批,混凝土的强度符合式(4.28)—式(4.32)的要求。

$$m_{f_{cu}} \geqslant f_{cu,k} + 0.7\sigma_0 \tag{4.28}$$

$$f_{cu,min} \geqslant f_{cu,k} - 0.7\sigma_0 \tag{4.29}$$

其中检验批混凝土强度标准差应按式(4.30)计算。

$$\sigma_0 = \sqrt{\frac{\sum_{i-1}^{n} f_{cu,i}^2 - n m_{f_{cu}}^2}{n-1}} \tag{4.30}$$

当混凝土强度等级不高于C20时,其强度的最小值应满足式(4.31)要求。

$$f_{cu,min} \geqslant 0.85 f_{cu,k} \tag{4.31}$$

当混凝土强度等级高于C20时,其强度的最小值应满足式(4.32)要求。

$$f_{cu,min} \geqslant 0.90 f_{cu,k} \tag{4.32}$$

式中 $m_{f_{cu}}$——同一检验批混凝土立方体抗压强度的平均值,N/mm^2,精确到0.1,N/mm^2;

$f_{cu,k}$——混凝土立方体抗压强度标准值,N/mm^2,精确到0.1,N/mm^2;

σ_0——检验批混凝土立方体抗压强度的标准差,N/mm^2,精确到0.01,N/mm^2;当检验批混凝土强度标准差 σ_0 计算值小于2.5 N/mm^2 时,应取2.5 N/mm^2;

$f_{cu,i}$——前一个检验期内同一品种、同一强度等级的第 i 组混凝土试件的立方体抗压强度代表值,N/mm^2,精确到0.1,N/mm^2;该检验期不应少于60 d,也不得大于90 d;

n——前一检验期内的样本容量,在该期间内样本容量不应少于45;

$f_{cu,min}$——同一检验批混凝土立方体抗压强度的最小值,N/mm^2,精确到0.1,N/mm^2。

当混凝土的生产条件在较长时间内不能保持一致，且混凝土强度变异性不能保持稳定时，或在前一个检验期内的同一种混凝土没有足够的数据用以确定检验批混凝土立方体抗压强度标准差时，应由不少于 10 组试件组成一个检验批，混凝土强度应同时满足式(4.33)—式(4.35)要求。

$$m_{f_{cu}} \geqslant f_{cu,k} + \lambda_1 \cdot \sigma_{f_{cu}} \tag{4.33}$$

$$f_{cu,min} \geqslant \lambda_2 \cdot f_{cu,k} \tag{4.34}$$

同一检验批混凝土立方体抗压强度的标准差应按式(4.35)计算。

$$\sigma_{f_{cu}} = \sqrt{\frac{\sum_{i=1}^{n} f_{cu,i}^2 - n m_{f_{cu}}^2}{n-1}} \tag{4.35}$$

式中 $\sigma_{f_{cu}}$——同一检验批混凝土立方体抗压强度的标准差，N/mm^2，精确到 0.01 N/mm^2；当检验批混凝土强度标准差计算值小于 2.5 N/mm^2 时，应取 2.5 N/mm^2；

λ_1，λ_2——合格评定系数，按表 4.30 取用；

n——本检验期内的样本容量。

表 4.30　混凝土强度的合格评定系数

试件组数	10～14	15～19	≥20
λ_1	1.15	1.05	0.95
λ_2	0.90	0.85	

2)非统计方法评定

对小批量或零星生产混凝土，当用于评定的样本容量小于 10 组时，应按非统计方法评定混凝土强度。混凝土强度应同时符合式(4.36)和式(4.37)要求。

$$m_{f_{cu}} \geqslant \lambda_3 \cdot f_{cu,k} \tag{4.36}$$

$$f_{cu,min} \geqslant \lambda_4 \cdot f_{cu,k} \tag{4.37}$$

式中 λ_1，λ_2——合格评定系数，按表 4.31 取用。

表 4.31　混凝土强度的非统计法合格评定系数

混凝土强度等级	<C60	≥C60
λ_3	1.15	1.10
λ_4	0.95	

4.7 其他品种混凝土

4.7.1 高性能混凝土

高性能混凝土，指以建设工程设计、施工和使用对混凝土性能特定要求为总体目标，选用优质常规原材料，合理掺加外加剂和矿物掺合料，采用较低水胶比并优化配合比，通过预拌和绿色生产方式以及严格的施工措施，制成具有优异的拌合物性能、力学性能、耐久性能和长期性能的混凝土。高性能混凝土的配合比设计、质量要求、施工、检验和评定等参照《高性能混凝土技术条件》(GB/T 41054—2021)、《高性能混凝土评价标准》(JGJ/T385—2015)。

1)分类

高性能混凝土分为常规品高性能混凝土和特制品高性能混凝土，特制品高性能混凝土包括轻骨料高性能混凝土、高强高性能混凝土、自密实高性能混凝土和纤维高性能混凝土。纤维高性能混凝土包括合成纤维高性能混凝土和钢纤维高性能混凝土。

2)强度等级

按立方体抗压强度标准值划分，常规品高性能混凝土强度等级分为C30、C35、C40、C45、C50、C55；高强高性能混凝土强度等级分为C60、C65、C70、C75、C80、C85、C90、C95、C100、C105、C110、C115；自密实高性能混凝土强度等级分为C30、C35、C40、C45、C50、C55、C60、C65、C70、C75、C80、C85、C90、C95、C100、C105、C110、C115；钢纤维高性能混凝土强度等级分为CF35、CF40、CF45、CF50、CF55、CF60、CF65、CF70、CF75、CF80、CF85、CF90、CF95、CF100、CF105、CF110、CF115；合成纤维高性能混凝土强度等级分为C30、C35、C40、C45、C50、C55、C60、C65、C70、C75、C80。

3)耐久性能等级

高性能混凝土，抗冻性能等级分为F250、F300、F350、F400和大于F400；抗水渗透性能等级分为P12和大于P12；抗硫酸盐侵蚀性能等级分为KS120、KS150和大于KS150；抗氯离子渗透性能等级，采用氯离子迁移系数(RCM法)分为RCM-Ⅲ、RCM-Ⅵ、RCM-Ⅴ3个等级，采用电通量法分为Q-Ⅲ、Q-Ⅵ、Q-Ⅴ3个等级；抗碳化性能等级分为T-Ⅲ、T-Ⅵ、T-Ⅴ3个等级。

4)主要技术途径

常规品高性能混凝土为实现高流态、高强度和高耐久性等性能，主要技术途径有：

①选用高质量的骨料，尽量选用Ⅰ类砂和Ⅰ类石。

②根据设计、施工要求、结构特点以及工程所处环境和应用条件，选择恰当的水泥品种和性能要求。

③掺入粉煤灰、粒化高炉矿渣粉、硅灰等掺合料，改善混凝土拌合物性能、力学性能和耐久性能。

④使用高性能减水剂，降低水胶比，改善拌合物性能、力学性能和耐久性能。

⑤适当选用泵送剂、缓凝剂、引气剂、膨胀剂、防冻剂、防水剂，改善混凝土拌合物性能、力学性能和耐久性能。

⑥掺入钢纤维或合成纤维，提高混凝土抗拉强度、抗弯强度、抗剪强度，改善混凝土抗疲劳、抗冲击、裂后韧性及耐久性，阻止混凝土开裂。

⑦根据《高性能混凝土技术条件》(GB/T 41054—2021)设计配合比和根据所处环境和使

用条件优化配合比。

⑧加强生产过程中的智能化应用、检测及适时调整，加强运输、浇筑、养护期间质量管理。

4.7.2 轻集料混凝土

用轻粗集料、轻砂或普通砂、胶凝材料、外加剂和水配制而成的干表观密度不大于 1 950 kg/m³ 的混凝土，称为轻集料混凝土。由轻砂做细集料配制而成的轻集料混凝土，称为全轻混凝土。由普通砂或部分轻砂做细集料配制而成的轻集料混凝土，称为全轻混凝土。用轻粗集料、水泥、矿物掺和料、外加剂和水配制而成的无砂或少砂混凝土，称为大孔轻集料混凝土。

轻集料，指堆积密度不大于 1 200 kg/m³ 的粗、细集料。轻集料按来源分为：人造轻集料，如页岩陶粒、黏土陶粒、膨胀珍珠岩等；天然轻集料，如浮石、火山渣等；工业废渣轻集料，如粉煤灰陶粒、自燃煤矸石、煤渣等。轻集料的主要技术指标有颗粒级配、密度等级、筒压强度、吸水率、软化系数、粒型系数。

轻集料混凝土按立方体抗压强度标准值划分为 LC5.0、LC7.5、LC10、LC15、LC20、LC25、LC30、LC35、LC40、LC45、LC50、LC55、LC60 共 13 个强度等级；按干表观密度分为 600、700、800、900、1 000、1 100、1 200、1 300、1 400、1 500、1 600、1 700、1 800、1 900 共 14 个密度等级。轻集料混凝土的主要技术性能指标有强度、干表观密度、弹性模量、收缩值、温度线膨胀系数、导热系数等。

轻集料混凝土，可利用其保温性能用于保温的围护结构或热工构筑物，一般密度等级小于或等于 800、强度等级 LC5.0；也可利用保温性能和力学性能用于既承重又保温的围护结构，一般密度等级 800 ~ 1 400、强度等级 LC5.0—LC15；还可利用其自重轻和力学性能良好的特性用于承重构件或构筑物，一般密度等级 1 400 ~ 1 900、强度等级 LC15—LC60。

轻集料混凝土的配合比设计、施工、试验等可参见《轻集料混凝土应用技术标准》(JGJ/T 12—2019)、《轻集料及其试验方法 第 1 部分：轻集料》(GB/T 17431.1—2010)。

4.7.3 纤维混凝土

掺加乱向分布的短钢纤维或短合成纤维的混凝土，称为纤维混凝土。根据纤维种类，纤维混凝土又分为钢纤维混凝土和合成纤维混凝土。钢纤维，指由细钢丝切断、薄钢片切削、钢锭铣削或由熔钢抽取等方法制成的纤维。合成纤维，指用有机合成材料经过挤出、拉伸、改性等工艺制成的纤维，常用的有聚丙烯纤维、聚丙烯腈纤维、尼龙纤维等。掺入纤维可提高混凝土的抗拉强度和韧性，降低脆性，达到防裂、耐磨、增强、抗冲击、抗冲切、防重载等目的。

各类纤维中，钢纤维对抑制混凝土裂缝的形成、提高混凝土抗拉和抗弯强度、增加韧性效果最好。在钢纤维混凝土中，钢纤维掺量用纤维体积率表达一般为 0.35% ~2.0%，换算成质量计则每立方混凝土钢纤维掺量范围为 27.3 ~156 kg/m³；钢纤维混凝土一般可提高抗拉强度 2 倍左右，抗弯强度可提高 1.5 ~2.5 倍，抗冲击强度可提高 5 倍以上、甚至可达 20 倍，韧性提高可达 100 倍以上。聚丙烯纤维混凝土也用得较多，聚丙烯纤维掺量用纤维体积率表达一般为 0.06% ~0.30%，换算成质量计则每立方混凝土聚丙烯纤维掺量范围为 0.55 ~2.76 kg/m³。

纤维混凝土主要应用于工业建筑地面、薄型屋面板、局部增强预制桩、桩基承台、桥梁结构构件、公路路面、机场道面、桥面板、港区道路和堆场铺面等部位。有关应用技术可参见《纤维混凝土应用技术规程》(JGJ/T 221—2010)、《纤维混凝土试验方法标准》(CECS 13—2009)、《钢纤维混凝土》(JG/T 472—2015)。

4.7.4 自密实混凝土

自密实混凝土,指具有高流动性、均匀性和稳定性,浇筑时无需外力振捣,能够在自重作用下流动并充满模板空间的混凝土。

自密实混凝土除满足普通混凝土的拌合物凝结时间、黏聚性、保水性及硬化混凝土力学性能、长期性能和耐久性能外,还须满足自密实性能的要求,具体包括填充性、间隙通过性、抗离析性。自密实混凝土的自密实性能要求及等级见表4.32。不同性能等级自密实混凝土的应用范围参照《自密实混凝土应用技术规程》(JGJ/T 283—2012)。

表4.32 自密实混凝土拌合物的自密实性能及要求(JGJ/T 283—2012)

自密实性能	性能指标	性能等级	技术要求
填充性	坍落扩展度/mm	SF1	550~655
		SF2	660~755
		SF3	760~850
	扩展时间 T_{500}/S	VS1	≥2
		VS2	<2
间隙通过性	坍落扩展度与J环扩展度差值/mm	PA1	25<PA1≤50
		PA2	0≤PA2≤25
抗离析性	离析率/%	SR1	≤20
		SR2	≤15
	粗骨料振动离析率/%	fm	≤10

自密实混凝土优点主要有:

①无须振捣,减少了施工噪声,现场施工环境得到改善。

②现场浇筑点和工作量明显减少,浇筑迅捷。

③良好的自密实性,适用于复杂形状混凝土结构,特别是钢筋密集或构建很长的部位也能顺利完成浇筑。

④质量可靠,可满足高质量表面要求。

自密实混凝土主要应用在形状复杂、钢筋密集的混凝土结构,桥梁、道路建设,新型预制混凝土构件制造,混凝土加固维修等领域。

4.7.5 大孔混凝土

大孔混凝土是由水泥、粗骨料和水拌制,没有细骨料的混凝土,又称无砂混凝土。按其粗骨料的种类,可分为普通无砂大孔混凝土和轻骨料大孔混凝土两类。普通大孔混凝土是用碎石、卵石、重矿渣等配制而成。轻骨料大孔混凝土则是用陶粒、浮石、碎砖、煤渣等配制而成。有时为了提高大孔混凝土的强度,也可掺入少量细骨料,这种混凝土称为少砂混凝土。

大孔混凝土宜采用单一粒级的粗骨料，如粒径为 10 ~ 20 mm 或 10 ~ 30 mm。不允许采用小于 5 mm 和大于 40 mm 的骨料。水泥宜采用等级为 32.5 或 42.5 的水泥。水灰比（对轻骨料大孔混凝土为净用水量的水灰比）可在 0.30 ~ 0.40 取用，应以水泥浆能均匀包裹在骨料表面不流淌为准。

大孔混凝土的构造是由粗骨料表面包裹一层水泥浆相互连接，形成分布均匀，呈蜂窝状的孔穴结构，具有透气、透水、质量轻、保温性好的特点，并具有较好的力学性能。由此，大孔混凝土广泛应用于室内保温地面、室外透水地面或地坪、保温墙材、透水铺装、绿化型护坡铺装、吸声降噪铺装。

大孔混凝土的透水性能、绿化植生性能、吸声降噪性能、生物相容性能以及少耗资源等特点，使其对调节生态平衡、美化环境景观、实现人类与自然协调发展等具有积极作用，因此大孔混凝土是一种生态混凝土。

4.7.6 碾压混凝土

碾压混凝土，指将干硬性的混凝土拌合料分薄层摊铺，并经振动碾压密实的混凝土。

碾压混凝土的组成材料与普通混凝土基本相同，但由于碾压混凝土的低水泥用量、高掺合料掺量、低流动度等特点，其拌合物性能以及力学性能、热学性能、变形性能和耐久性能等与普通混凝土均有差别。碾压混凝土拌合物的工作度，采用维勃稠度试验测定，VC 值现场宜选用 2 ~ 12 s；永久建筑物碾压混凝土的胶凝材料用量不宜低于 130 kg/m^3，当低于时应专题试验论证。其拌合物性能和硬化混凝土性能检测可参照《水工碾压混凝土试验规程》（DL/T 5433—2009），其配合比设计和施工可参照《水工混凝土配合比设计规程》（DL/T 5330—2015）、《水工碾压混凝土施工规范》（DL/T 5112—2009）。

碾压混凝土具有水泥用量少、机械化程度高、施工速度快、工程造价低、温度控制简单等特点；近 30 年，碾压混凝土得到了迅速发展，广泛应用于筑坝工程、重负荷载路面和机场道面。碾压混凝土坝大体分为两类：一类是“金包银”模式，称为 RCD，即采用中心部分为碾压混凝土填筑，外部用常态混凝土防渗和保护；另一类为全碾压混凝土坝，称为 RCC，具有结构简单、施工机械化强度高、施工快、强度高、缩缝少、水泥用量少、造价低、减少施工环境污染等优点。随着碾压混凝土施工技术的改进和提高，加上一些专用设备的采用，近 20 年，碾压混凝土应用范围从水工大坝拓展到停车场、货场 、机场道面等。

4.7.7 特细砂混凝土

细度模数为 0.7 ~ 1.5 的天然河砂，称为特细砂。全部使用特细砂作为细骨料配制的混凝土，称为特细砂混凝土。一般来说，配制混凝土优先采用中砂粗砂，但随着建筑用混凝土、砂浆的需求与日俱增，相应的砂资源日渐匮乏；采用特细砂，可弥补中砂粗砂资源的相对匮乏，同时也充分利用了特细砂地方资源。

特细砂混凝土按立方体抗压强度标准值划分为 C10、C15、C20、C25、C30、C35、C40 七个强度等级。特细砂混凝土的主要技术性能指标同其他普通混凝土一样，具体可参照《特细砂混凝土应用技术标准》（DBJ50/T—287—2018）。特细砂混凝土不宜配制强度等级 C45 及以上强度等级的混凝土；若配制强度等级 C45 及以上混凝土，可不分采用特细砂作细骨料，并按《混合砂混凝土应用技术规程》（DBJ50/T—169—2013）的规定执行。

特细砂混凝土主要用于房屋建筑、市政基础建设和一般构筑物工程；在满足相应的技术要求后，也可用于其他工程，如公路、水利、铁道等工程。

特细砂混凝土，由于砂颗粒粒径小，比表面积大，需水量较细砂中砂混凝土高，水泥用量多，导致施工性能差、水化热大、早期收缩变形大、易开裂。因此，配合比设计时在满足混凝土配制强度、拌合物性能、力学性能和耐久性能等设计要求和施工要求的条件下，遵循低胶凝材料用量、低用水量、低砂率和低收缩性能的原则进行。针对特细砂混凝土的弊端，通常采用“三低一超”法，即低砂率、低坍落度、低水泥量、粉煤灰超量取代。特细砂细度模数越低、含泥量越大，达到一定工作性所需水泥用量和拌合水用量也越大，混凝土的收缩也越大，因此特细砂混凝土宜采用低砂率；特细砂混凝土拌合物的黏性较大，且每立方米混凝土中的粗骨料用量较中、细砂多，在振捣时，易液化，有良好的流动性，易振捣密实，在同配比条件下，特细砂混凝土的收缩值较中砂粗砂混凝土同龄期的收缩值大，因此特细砂混凝土采用低坍落度；特细砂混凝土要求低水灰比，高流动度，势必增加混凝土的总细粉用量和砂率，而混凝土总细粉用量和砂率的增加会导致混凝土收缩的增加，因此尽可能降低水泥用量，一方面把混凝土水化收缩减到最小，一方面也是减少混凝土水化热；当采用低砂率、低水泥用量时，混凝土和易性会受到影响，为了改善混凝土和易性可用粉煤灰超量取代法，即粉煤灰总掺入量中，一部分取代等体积的水泥，超量部分粉煤灰取代等体积的砂；在条件允许时，尽可能采用高效外加剂。

本章总结框图

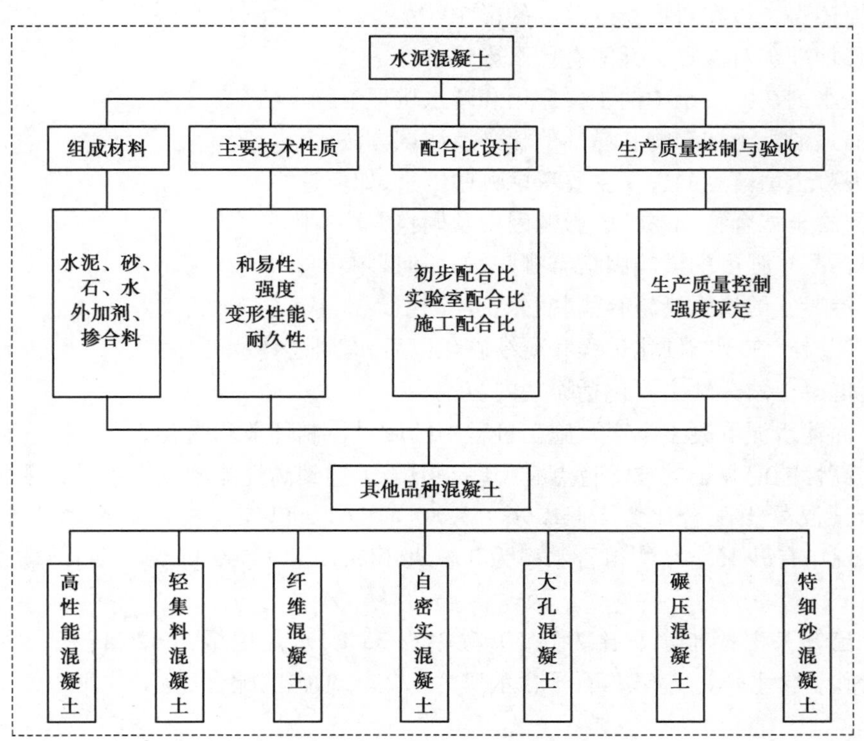

问题导向讨论题

问题1:在泵送混凝土的生产施工过程中,若发现坍落度过小,有哪些处理措施?若发现坍落度过大,有哪些处理措施?

问题2:某混凝土工程,在混凝土浇筑后3 d,强度发展极其缓慢,几乎没有强度。试分析原因。

问题3:混凝土是目前主要的结构材料之一,在国家“双碳”政策和节能环保要求日益提高的背景下,绿色建材对混凝土有哪些要求,具体技术途径有哪些?

分组讨论要求:每组4~6人,设组长1人,负责明确分工和协助要求,并指定人员代表小组发言交流。

思考练习题

4.1　简述普通水泥混凝土性能特点,特别是主要优点和主要缺点。

4.2　配制混凝土时,水泥强度等级选择不当如偏高,会造成什么影响?

4.3　简述砂子粗细对水泥浆用量的影响?

4.4　简述石子级配对混凝土性能的影响?

4.5　掺加硅灰对混凝土性能有什么影响?

4.6　减水剂在混凝土中的主要作用和减水机理?

4.7　简述混凝土拌合物和易性的含义及测试方法?

4.8　混凝土坍落度的选择主要考虑哪些因素,如何选择?

4.9　混凝土拌合物和易性的影响因素及调整方法有哪些?

4.10　混凝土强度的影响因素有哪些,是如何影响的?

4.11　混凝土的增强措施有哪些?

4.12　混凝土在凝结硬化过程和凝结硬化以后,有哪些体积变形?

4.13　混凝土耐久性主要包括哪些内容?

4.14　简述水泥混凝土生产及施工过程中的质量控制环节和内容。

4.15　高性能混凝土的技术特点有哪些?混凝土达到高性能的技术途径或手段有哪些?

4.16　某混凝土配合比为1:1.96:3.80:0.61。已知混凝土拌合物中水泥用量为308 kg/m^3,现场有砂15 m^3,测得含水率为3%,堆积密度为1 500 kg/m^3。问现场砂能生产多少混凝土?

4.17　已知某混凝土水灰比为0.50,砂率为35%,水泥用量为420 kg/m^3,砂子用量为620 kg/m^3,砂子含水率为2.5%、石子含水率为1.2%,求施工配合比。

5 建筑砂浆

<table>
<tr><td rowspan="3">本章导读</td><td>内容及要求</td><td>介绍建筑砂浆的分类、组成材料和主要技术性质、砌筑砂浆和抹灰砂浆以及配合比设计,地面砂浆、防水砂浆等预拌砂浆。通过本章学习,能够解释建筑砂浆的技术性能和对原材料的质量要求,能够分析砌筑砂浆和抹灰砂浆的配合比设计、强度的影响因素及改善措施;能够说明各种预拌砂浆的特性及应用。</td></tr>
<tr><td>重点</td><td>建筑砂浆主要技术性质、砌筑砂浆和抹灰砂浆配合比设计、各种建筑砂浆技术性能要求及质量控制。</td></tr>
<tr><td>难点</td><td>建筑砂浆配合比设计,建筑砂浆质量控制。</td></tr>
</table>

建筑砂浆是由无机胶凝材料、细骨料、掺合料、水以及根据性能确定的各种组分按适当比例配合、拌制并经硬化而成的工程材料。它是一种在建筑工程中用量大、用途广泛的建筑材料,可把散粒材料、块状材料、片状材料等胶结成整体结构,也可以装饰、保护主体材料,主要用于砌筑、抹灰、修补和装饰等工程。例如在砌体结构中,砂浆薄层可以把单块的砖、石以及砌块等胶结起来构成砌体;大型墙板和各种构件的接缝也可用砂浆填充;墙面、地面及梁柱结构的表面都可用砂浆抹灰,以便满足装饰和保护结构的要求;镶贴大理石、瓷砖等也常使用砂浆。

5.1 建筑砂浆的分类

建筑砂浆及主要性质指标

建筑砂浆按生产形式分为施工现场拌制的砂浆或由专业生产厂生产的预拌砂浆,如图 5.1 所示;按用途分为砌筑砂浆、抹灰砂浆、地面砂浆、防水砂浆以及耐酸防腐、保温、吸声等特殊用途砂浆。

与预拌砂浆相比,现场拌制砂浆存在配比设计的随意性较大、生产效率低、影响建筑功能、存在事故隐患以及对环境污染较大等问题。为了环境保护、减少城市粉尘污染、节能减排和质量控制,2007 年我国商务部等六部门发布《商务部、公安部、建设部、交通部、质检总局、环保总局关于在部分城市限期禁止现场搅拌砂浆工作的通知》(商改发〔2007〕205 号),全国 127 个城市分三批分别于 2007 年 9 月 1 日、2008 年 7 月 1 日、2009 年 7 月 1 日起禁止在施工现场拌制砂浆,其他城市也相继禁止在施工现场搅拌砂浆。经过 15 年的“禁现”,我国预拌砂浆实际产量从 2007 年约 641 万 t、占砂浆市场用量的 1.1% 左右,到 2021 年约 2.3 亿 t、占砂浆市场的 23% 左右。预拌砂浆是一种绿色建材,实现了生产和施工绿色化、科学化,质量稳定,有利于提高施工效率、保障建设工程质量、缩短施工周期、改善施工现场作业环境;同时可以利用矿渣、磷渣、粉煤灰、脱硫石膏、磷石膏等工业副产品,有利于资源综合利用的实现,有利于碳达峰、碳中和的实现,符合国家长期可持续发展战略目标。

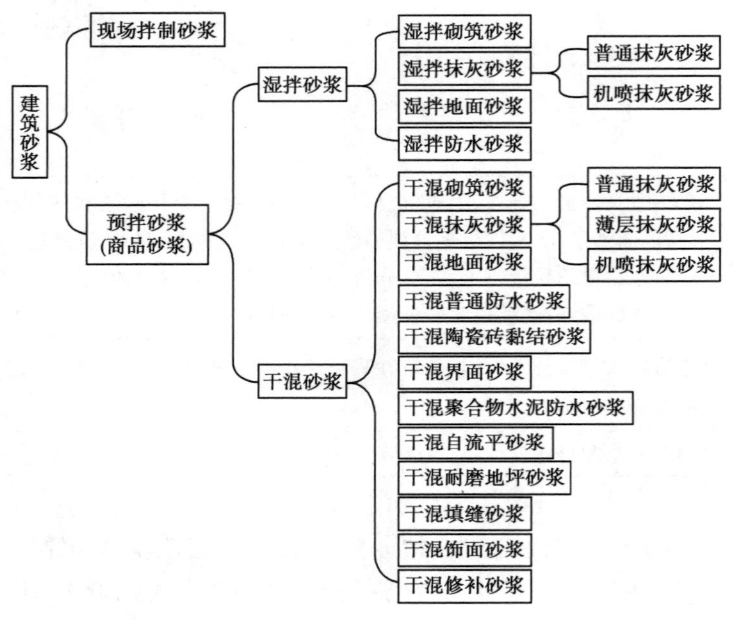

图 5.1 建筑砂浆的分类

预拌砂浆,又称商品砂浆,是由专业生产厂生产的湿拌砂浆或干混砂浆。湿拌砂浆,是水泥、细骨料、矿物掺合料、外加剂、添加剂和水,按一定比例,在专业生产厂经计量、搅拌后,运送至使用地点,并在规定时间内使用完毕的砂浆拌合物;其代号见表 5.1。干混砂浆是胶凝材料、干燥细骨料、添加剂以及根据性能确定的其他组分,按一定比例,在专业生产厂经计量、混合而成的干态混合物,在使用地点按规定比例加水或配套组分拌合使用的砂浆干粉料;其代号见表 5.2。

表 5.1 湿拌砂浆的品种和代号(GB/T 25181—2019)

品种	湿拌砌筑砂浆	湿拌抹灰砂浆	湿拌地面砂浆	湿拌防水砂浆
代号	WM	WP	WS	WW

表 5.2　干混砂浆的品种和代号(GB/T 25181—2019)

品种	干混砌筑砂浆	干混抹灰砂浆	干混地面砂浆	干混普通防水砂浆	干混陶瓷砖黏结砂浆	干混界面砂浆
代号	DM	DP	DS	DW	DTA	DIT
品种	干混聚合物水泥防水砂浆	干混自流平砂浆	干混耐磨地坪砂浆	干混填缝砂浆	干混饰面砂浆	干混修补砂浆
代号	DWS	DSL	DFH	DTG	DDR	DRM

湿拌砂浆,按用途分为湿拌砌筑砂浆、湿拌抹灰砂浆、湿拌地面砂浆和湿拌防水砂浆。湿拌抹灰砂浆按施工方法分为普通抹灰砂浆和机喷抹灰砂浆。按强度等级、抗渗等级、稠度和保塑时间的分类应符合表 5.3 的规定。

表 5.3　湿拌砂浆分类(GB/T 25181—2019)

<table>
<tr><td rowspan="2">项目</td><td rowspan="2">湿拌砌筑砂浆</td><td colspan="2">湿拌抹灰砂浆</td><td rowspan="2">湿拌地面砂浆</td><td rowspan="2">湿拌防水砂浆</td></tr>
<tr><td>普通抹灰砂浆(G)</td><td>机喷抹灰砂浆(S)</td></tr>
<tr><td>强度等级</td><td>M5、M7.5、M10、M15、M20、M25、M30</td><td colspan="2">M5、M7.5、M10、M15、M20</td><td>M15、M20、M25</td><td>M15、M20</td></tr>
<tr><td>抗渗等级</td><td>—</td><td colspan="2">—</td><td>—</td><td>P6、P8、P10</td></tr>
<tr><td>稠度[a]/mm</td><td>50、70、90</td><td>70、90、100</td><td>90、100</td><td>50</td><td>50、70、90</td></tr>
<tr><td>保塑时间/h</td><td>6、8、12、24</td><td colspan="2">6、8、12、24</td><td>4、6、8</td><td>6、8、12、24</td></tr>
</table>

a. 可根据现场气候条件或施工要求确定。

干混砂浆按用途分为干混砌筑砂浆、干混抹灰砂浆、干混地面砂浆、干混普通防水砂浆、干混陶瓷砖黏结砂浆、干混界面砂浆、干混聚合物水泥防水砂浆、干混自流平砂浆、干混耐磨地坪砂浆、干混填缝砂浆、干混饰面砂浆和干混修补砂浆。干混砌筑砂浆按施工厚度分为普通砌筑砂浆和薄层砌筑砂浆,干混抹灰砂浆按施工厚度或施工方法分为普通抹灰砂浆、薄层抹灰砂浆和机喷抹灰砂浆。按强度等级、抗渗等级分类应符合表 5.4 的规定。

表 5.4　部分干混砂浆分类(GB/T 25181—2019)

<table>
<tr><td rowspan="2">项目</td><td colspan="2">干混砌筑砂浆</td><td colspan="3">干混抹灰砂浆</td><td rowspan="2">干混地面砂浆</td><td rowspan="2">干混普通防水砂浆</td></tr>
<tr><td>普通砌筑砂浆(G)</td><td>薄层砌筑砂浆(T)</td><td>普通抹灰砂浆(G)</td><td>薄层抹灰砂浆(T)</td><td>机喷抹灰砂浆(S)</td></tr>
<tr><td>强度等级</td><td>M5、M7.5、M10、M15、M20、M25、M30</td><td>M5、M10</td><td>M5、M7.5、M10、M15、M20</td><td>M5、M7.5、M10</td><td>M5、M7.5、M10、M15、M20</td><td>M15、M20、M25</td><td>M15、M20</td></tr>
<tr><td>抗渗等级</td><td>—</td><td>—</td><td>—</td><td>—</td><td>—</td><td>—</td><td>P6、P8、P10</td></tr>
</table>

5.2 建筑砂浆的组成材料和主要技术性质

5.2.1 建筑砂浆的组成材料

建筑砂浆的组成材料有胶凝材料、细骨料、水、掺合料及外加剂。

1)胶凝材料

常用的胶凝材料有水泥、石膏、石灰,其技术指标应符合第 3 章要求。对于特殊用途的砂浆可采用特种水泥和其他胶结料,如白色水泥配制成各种颜色的装饰砂浆,膨胀或微膨胀水泥配制成加固修补和防水用砂浆;使用高铝水泥掺入适量氧化镁和细骨料,用复合酚醛树脂拌合、蒸养成的耐铵盐砂浆;用水玻璃和磨细矿渣配制水玻璃矿渣砂浆,黏结加气混凝土板和碳化石灰板;以硫黄作为胶结材料配制成硫黄耐酸砂浆,能耐大多数无机酸、中性盐和酸性盐的侵蚀,可用来黏结块材和灌注管道接口;以合成树脂为胶凝材料配制树脂砂浆,具有耐腐蚀、抗水、绝缘性好、黏结力强的特点,可用作防腐蚀抹灰;利用黏土,或在其他胶凝材料中掺入部分黏土膏作为胶凝材料,配制成黏土砂浆或混合砂浆;一般砌筑、抹灰、饰面砂浆,最好使用和易性和保水性较好而强度较低的砌筑水泥作胶凝材料。

2)细骨料

砂浆中使用的细骨料,原则上应采用符合混凝土用砂技术要求的优质河砂,其应用参照《建设用砂》(GB/T 14684—2022)。由于砂浆层较薄,对砂子最大粒径应有限制。对毛石砌体用砂浆,其砂最大粒径应小于砂浆层厚度的 1/4 ~ 1/5;对砖砌体使用的砂浆,以粒径不大于 2.5 mm 为宜;光滑的抹灰及勾缝的砂浆则应采用细砂。砂浆中含少量泥,可改善砂浆的黏聚性和保水性,故砂浆用砂含泥量可比混凝土用砂含泥量略高,对于强度等级 M5.0 及以上的砌筑砂浆用砂含泥量应小于 5%。

砂浆中细骨料还可采用人工砂、山砂、特细砂和炉渣等。在保温砂浆中,可采用膨胀珍珠岩、膨胀蛭石、陶砂、聚苯颗粒等轻质细骨料。

3)水

建筑砂浆拌合用水,与混凝土的要求相同,其应用参照《混凝土用水标准》(JGJ 63—2006)。

4)掺合料及外加剂

在砂浆中,掺合料的用途是改善砂浆和易性,节约水泥。常用的掺合料有粉煤灰、石灰膏、沸石粉等,其技术要求基本同混凝土中掺合料要求。常用外加剂有减水剂、防冻剂、防水剂等,其技术要求基本同混凝土中外加剂要求。

可再分散乳胶粉,是由高分子聚合物乳液经喷雾干燥,以及后续处理而成的粉状热塑性树脂,主要用于干粉砂浆中以增加内聚力、黏聚力和柔韧性。其应用参照《建筑干混砂浆用可再分散乳胶粉》(JC/T 2189—2013)。

为了改善砂浆韧性,提高抗裂性,通常在砂浆中加入纤维,如木纤维、合成纤维等。其应用参照《水泥混凝土和砂浆用合成纤维》(GB/T 21120—2018)。

在建筑砂浆中,可塑性是一项突出的要求,因而,除了采用塑性优良的石灰膏、石膏以外要掺入一定量的增塑材料改进和易性,以节约胶凝材料。增塑剂,常用的有纸浆废浆及其制剂木质磺黄钙及松香脂皂等,一般混凝土中用的加气剂和减水剂对砂浆也具有增塑作用,其应用参照《砌筑砂浆增塑剂》(JG/T 163—2004)。保水剂,常用的有甲基纤维素、硅藻土、煅烧泥岩以及用碱水处理的膨润土等,能减少砂浆泌水、防止离析,增加可塑性及和易性。此外,根据需要有时加入填料,如重质碳酸钙、轻质碳酸钙、石英粉、滑石粉等。

5.2.2　建筑砂浆的主要技术性质

建筑砂浆的性质包括新拌砂浆的技术性质和硬化砂浆的技术性质。新拌砂浆的技术性质主要有和易性、保塑时间、凝结时间、表观密度等;硬化砂浆的技术性质主要有立方体抗压强度和强度等级、黏结强度和收缩变形。相应检验方法参照《建筑砂浆基本性能试验方法标准》(JGJ/T 70—2009)。

1)和易性

砂浆和易性指砂浆拌合物便于施工操作,并能保证质量均匀的综合性质,包括流动性和保水性。

砂浆的流动性是指砂浆在重力或外力作用下流动的性能,又称稠度。稠度是以砂浆稠度测定仪的圆锥体沉入砂浆内的深度(mm)表示。稠度值越大,表明砂浆的流动性越大;若流动性过大,砂浆易分层、析水;若流动度过小,则不改变施工操作,灰缝不宜填满。影响砂浆稠度的因素有:胶凝材料的种类和数量、用水量、掺加料种类和数量、砂的粗细及级配、搅拌时间等。砂浆稠度的选择与其用途、施工条件及天气条件等有关,对于吸水性强的砌体材料和高温干燥的天气,要求砂浆稠度大些;反之,对于密实不吸水的砌体材料和湿冷天气,砂浆稠度可小些。

保水性是指新拌砂浆保持水分的能力。保水性可用分层度或保水率表示。分层度,是用砂浆分层度测定仪测定,以新拌砂浆稠度与静置 30 min 稠度的差值(mm)表示。分层度值越大,表明砂浆保水性越差,反之则保水性越好;分层度过大(大于 30 mm),砂浆容易泌水、分层或水分流失过快,不便于施工;分层度过小(小于 10 mm),砂浆过于干稠不宜操作,易出现干缩开裂。保水率是指保水性试验中,滤纸吸走部分水后,砂浆中剩下的含水量占配制砂浆时加水量的百分比,保水率越大,则保水性越好。

2)保塑时间

湿拌砂浆自加水搅拌后,在标准存放条件下密封储存,至工作性能仍能满足施工要求的时间。具体是,称取不少于 10 kg 的湿拌砂浆试样,测定初始稠度,将剩余砂浆拌合物装入用湿布擦过的容量桶内,盖上盖,置于标准存放条件下,一段时间,再测定砂浆稠度并成型抗压强度试件和拉伸黏结强度试件，当稠度损失率不大于 30%（湿拌机喷抹灰砂浆不大于 20%）、抗压强度和拉伸黏结强度仍满足标准相应要求，这样，湿拌砂浆自加水时到二次测定稠度时的时间段即为保塑时间。湿拌砂浆保塑时间通常有 4 h、6 h、8 h、12 h、24 h 5 个级别要求。

3）凝结时间

砂浆的凝结时间，采用贯入阻力法测定，从加水开始到贯入阻力值达到 0.5 MPa 所需要的时间（min）即为砂浆的凝结时间。

4）表观密度

砂浆拌合物的表观密度指砂浆拌合物捣实后的单位体积质量，用以确定每立方米砂浆拌合物中各组成材料的实际用量。用砂浆密度测定仪（容量筒）进行测定。普通水泥砂浆的湿表观密度通常为 1 800 ~ 2 000 kg/m^3，砌筑砂浆湿表观密度不宜小于 1 800 kg/m^3。

5）立方体抗压强度和强度等级

砂浆的强度等级是以 70.7 mm×70.7 mm×70.7 mm 的立方体试块，按标准养护条件养护至 28 d 的抗压强度平均值而确定的，砂浆的强度等级分为 M5、M7.5、M10、M15、M20、M25、M30 共 7 个等级。

6）黏结强度

砂浆应与基地材料有良好的黏结力，一般来说，砂浆黏结力随其抗压强度增大而提高。此外，黏结力还与基底表面的粗糙程度、洁净程度、润湿情况及施工养护条件等因素有关。在充分润湿的、粗糙的、清洁的表面上使用且养护良好的条件下砂浆与表面黏结较好。砂浆黏结力，通常用黏结强度表示，具体采用拉伸黏结强度试验测定黏结强度。

7）收缩变形

砂浆应有较小的收缩变形，收缩变形过大则会出现收缩裂缝。胶凝材料用量太多、或用水量太大、或采用轻骨料都会加大收缩变形。砂浆的收缩变形用收缩率表示，一般采用立式砂浆收缩仪进行测定。

5.3 砌筑砂浆和抹灰砂浆

5.3.1 砌筑砂浆

1）定义及性能特点

砌筑砂浆，是指将砖、石、砌块等块材经砌筑成为砌体，起黏结、衬垫和传力作用的砂浆。新拌砂浆应具有良好的和易性，以便容易在砖、石及砌块表面上铺砌成均匀的薄层，以利于砌筑施工和砌筑材料的黏结；硬化砂浆应具有一定的强度、良好的黏结力等力学性质，一定的强度可保证砌体强度等结构性能，良好的黏结力有利于砌块与砂浆之间的黏结；硬化砂浆应具有良好的耐久性，使其有利于保证自身不发生破坏，并对砌体结构的耐久性有重要影响。

2）技术性能要求

①在配制砂浆时尽量选用低强度等级的通用硅酸盐水泥或砌筑水泥，一般M15及以下强度等级的砌筑砂浆宜选用32.5级的通用硅酸盐水泥或砌筑水泥，一般M15以上强度等级的砌筑砂浆宜选用42.5级的通用硅酸盐水泥。砌筑砂浆胶凝材料用量可按表5.5选用。

表5.5　砌筑砂浆的胶凝材料用量（kg/m^3）（JGJ/T 98—2010）

砂浆种类	材料用量
水泥砂浆	≥200
水泥混合砂浆	≥350
预拌砌筑砂浆	≥200

注：1. 水泥砂浆中的材料用量是指水泥用量。
2. 水泥混合砂浆中的材料用量是指水泥和石灰膏、电石膏的材料总量。
3. 预拌砌筑砂浆中的材料用量是指胶凝材料用量，包括水泥和替代水泥的粉煤灰等活性矿物掺合料。

②砌筑砂浆拌合物的表观密度宜符合表5.6的规定。

表5.6　砌筑砂浆拌合物的表观密度（kg/m^3）（JGJ/T 98—2010）

砂浆种类	表观密度
水泥砂浆	≥1 900
水泥混合砂浆	≥1 800
预拌砌筑砂浆	≥1 800

③砌筑砂浆施工时的稠度宜按表5.7选用。

表5.7　砌筑砂浆的施工稠度（mm）（JGJ/T 98—2010）

砌体种类	施工稠度/mm
烧结普通砖砌体、粉煤灰砖砌体	70～90
混凝土砖砌体、普通混凝土小型空心砌块砌体、灰砂砖砌体	50～70
烧结多孔砖砌体、烧结空心砖砌体、轻集料混凝土小型空心砌块砌体、蒸压加气混凝土砌块砌体	60～80
石砌体	30～50

④砌筑砂浆的保水率应符合表5.8的规定。

表5.8　砌筑砂浆的保水率(%)(JGJ/T 98—2010)

砂浆种类	保水率
水泥砂浆	≥80
水泥混合砂浆	≥84
预拌砌筑砂浆	≥88

⑤砌筑砂浆强度等级的选择。砌筑砂浆强度等级应按设计文件进行选择,并符合《砌体结构设计规范》(GB 50003—2011)的规定。

⑥有抗冻性要求的砌体工程,砌体砂浆应进行冻融试验。砌筑砂浆的抗冻性应符合表5.9的规定,且当设计对抗冻性有明确要求时,还应符合设计规定。

表5.9　砌筑砂浆的抗冻性(JGJ/T 98—2010)

使用条件	抗冻指标	质量损失率/%	强度损失率/%
夏热冬暖地区	F15	≤5	≤25
夏热冬冷地区	F25		
寒冷地区	F35		
严寒地区	F50		

⑦砌筑砂浆中可掺入保水增稠材料、外加剂等,掺量应经试配后确定。砌筑砂浆试配时应采用机械搅拌,搅拌时间自开始加水算起,对于水泥砂浆和水泥混合砂浆,搅拌时间不得少于120 s;对预拌砌筑砂浆和掺有粉煤灰、外加剂、保水增稠材料等砂浆,搅拌时间不得少于180 s。

3)砌筑砂浆的配合比设计

砌筑砂浆的配合比设计,应符合《砌筑砂浆配合比设计规程》(JGJ/T 98—2010)。

(1)砌筑砂浆的配合比计算

①砌筑砂浆的试配强度。砌筑砂浆的试配强度按式(5.1)计算。

$$f_{m,0}=kf_2 \tag{5.1}$$

式中　$f_{m,0}$——砂浆的试配强度,MPa,应精确至0.1 MPa;

f_2——砂浆强度等级值,MPa,应精确至0.1 MPa;

k——系数,按表5.10取值。

表5.10　系数k的取值

施工水平＼强度等级	强度标准差σ/MPa							k
	M5	M7.5	M10	M15	M20	M25	M30	
优良	1.00	1.50	2.00	3.00	4.00	5.00	6.00	1.15

续表

强度等级 / 施工水平	强度标准差 σ/MPa							k
	M5	M7.5	M10	M15	M20	M25	M30	
一般	1.25	1.88	2.50	3.75	5.00	6.25	7.50	1.20
较差	1.50	2.25	3.00	4.50	6.00	7.50	9.00	1.25

表5.10中，系数 k 取值是通过施工水平来确定，而施工水平是通过强度标准差来确定的。当有统计资料时，砂浆强度标准差按式(5.2)计算；当无统计资料时，砂浆强度标准差可按表5.10取值。

$$\sigma=\sqrt{\frac{\sum_{i=1}^{n}f_{\mathrm{m},i}^{2}-n\mu_{\mathrm{fm}}^{2}}{n-1}} \tag{5.2}$$

式中 $f_{\mathrm{m},i}$——统计周期内同一品种砂浆第 i 组试件的强度，MPa；

μ_{fm}——统计周期内同一品种砂浆 n 组试件强度的平均值，MPa；

n——统计周期内同一品种砂浆试件的总组数，$n\geqslant25$。

②水泥用量。每立方米砂浆中的水泥用量按式(5.3)计算。

$$Q_{\mathrm{c}}=\frac{1\,000(f_{\mathrm{m},0}-\beta)}{\alpha\cdot f_{\mathrm{ce}}} \tag{5.3}$$

式中 Q_{c}——每立方米砂浆的水泥用量，kg，应精确至1 kg；

f_{ce}——水泥的实测强度，MPa，应精确至0.1 MPa；

α、β——砂浆的特征系数，其中 α 取3.03，β 取−15.09。

注：各地区也可用本地区试验资料确定 α、β 值，统计用的试验组数不得少于30组。

在无法取得水泥的实测强度值时，可按式(5.4)计算

$$f_{\mathrm{ce}}=\gamma_{\mathrm{c}}\cdot f_{\mathrm{ce,k}} \tag{5.4}$$

式中 $f_{\mathrm{ce,k}}$——水泥强度等级值，MPa；

γ_{c}——水泥强度等级值的富余系数，宜按实际统计资料确定；无统计资料时可取1.0。

③石灰膏用量。石灰膏用量按式(5.5)计算。

$$Q_{\mathrm{D}}=Q_{\mathrm{A}}-Q_{\mathrm{c}} \tag{5.5}$$

式中 Q_{D}——每立方米砂浆的石灰膏用量，kg，应精确至1 kg；石灰膏使用时的稠度宜为(120±5)mm；

Q_{c}——每立方米砂浆的水泥用量，kg，应精确至1 kg；

Q_{A}——每立方米砂浆中水泥和石灰膏总量，应精确至1 kg，可为350 kg。

④砂用量。每立方米砂浆中的砂用量，应按干燥状态(含水率小于0.5%)的堆积密度值作为计算值 Q_{s}(kg)。

⑤用水量。每立方米砂浆中的用水量，可根据砂浆稠度等要求选用210~310 kg。混合砂浆中的用水量，不包括石灰膏中的水；当采用细砂或粗砂时，用水量分别取上限或下限；稠度小于70 mm时，用水量可小于下限；施工现场气候炎热或干燥季节，可酌量增加用水量。

⑥砌筑砂浆的材料用量还应符合表 5.11 或表 5.12 的规定。

表 5.11 每立方米水泥砂浆材料用量(kg/m^3)

强度等级	水泥	砂	用水量
M5	200 ~ 230	砂的堆积密度值	270 ~ 330
M7.5	230 ~ 260		
M10	260 ~ 290		
M15	290 ~ 330		
M20	340 ~ 400		
M25	360 ~ 410		
M30	430 ~ 480		

注:1. M15 及 M15 以下强度等级水泥砂浆,水泥强度等级为 32.5 级;M15 以上强度等级水泥砂浆,水泥强度等级为 42.5 级;

2. 当采用细砂或粗砂时,用水量分别取上限或下限;

3. 稠度小于 70 mm 时,用水量可小于下限;

4. 施工现场气候炎热或干燥季节,可酌量增加用水量。

表 5.12 每立方米水泥粉煤灰砂浆材料用量(kg/m^3)

强度等级	水泥和粉煤灰总量	粉煤灰	砂	用水量
M5	210 ~ 240	粉煤灰掺量可占胶凝材料总量的 15% ~ 25%	砂的堆积密度值	270 ~ 330
M7.5	240 ~ 270			
M10	270 ~ 300			
M15	300 ~ 330			

注: 1. 表中水泥强度等级为 32.5 级;

2. 当采用细砂或粗砂时,用水量分别取上限或下限;

3. 稠度小于 70 mm 时,用水量可小于下限;

4. 施工现场气候炎热或干燥季节,可酌量增加用水量。

(2)砌筑砂浆配合比试配、调整与确定

按计算或查表所得砌筑砂浆计算配合比后,应采用实际工程实用的材料和考虑工程实际要求进行试配,测定砌筑砂浆拌合物的稠度和保水率,当稠度和保水率不能满足要求时,应调整材料用量,直到符合要求为止,即为砌筑砂浆基准配合比。

试配时至少应采用 3 个不同的配合比,其中一个配合比为上述基准配合比,其余 2 个配合比的水泥用量应按基准配合比分别增加和减少 10%,在保证稠度、保水率合格的条件下,可将用水量、石灰膏、保水增稠材料或粉煤灰等活性掺合料用量作相应调整;分别测定不同配合比砂浆的表观密度及强度,并选定符合试配强度及和易性要求、水泥用量最低的配合比作为砂浆的试配配合比,并据所测表观密度进行配合比材料用量校正。

5.3.2 抹灰砂浆

1)定义及性能特点

抹灰砂浆,指大面积涂抹于建筑物墙、顶棚、柱等表面的砂浆;包括水泥抹灰砂浆、水泥粉煤灰抹灰砂浆、水泥石灰抹灰砂浆、掺塑化剂水泥抹灰砂浆、聚合物水泥抹灰砂浆及石膏抹灰砂浆等。

对于抹灰砂浆,要求具有良好的工作性,便于施工,易于抹成均匀平整的薄层;应有较高的黏结力,保证砂浆与底面牢固黏结;要求变形较小,防止开裂脱落。抹灰砂浆的技术性能应满足《抹灰砂浆技术规程》(JGJ/T 220—2010)要求。

抹灰砂浆的组成材料与砌筑砂浆基本相同。但为了防止砂浆开裂,有时需加入一些纤维材料,如纸筋、马刀、有机纤维等;为了强化某些功能,还需加入特殊骨料,如陶砂、膨胀珍珠岩等。

2)技术性能要求

①抹灰砂浆强度不宜比基体材料强度高出 2 个及以上强度等。对于无粘贴饰面砖的外墙,底层抹灰砂浆应比基体材料高一个强度等级或等于基体材料强度;对于无粘贴饰面砖的内墙,底层抹灰砂浆应比基体材料低一个强度等级;对于有粘贴饰面砖的内墙和外墙,中层抹灰砂浆应比基体材料高一个强度等级且不宜低于 M15,并宜选用水泥抹灰砂浆;孔洞填补和窗台、阳台抹灰等应采用 M15 或 M20 水泥抹灰砂浆。

②抹灰砂浆的施工稠度应按表 5.13 选取。聚合物水泥抹灰砂浆的施工稠度宜为 50 ~ 60 mm,石膏抹灰砂浆的施工稠度宜为 50 ~ 70 mm。

表 5.13 抹灰砂浆的施工稠度(JGJ/T 220—2010)

抹灰层	施工稠度/mm
底层	90 ~ 110
中层	70 ~ 90
面层	70 ~ 80

③抹灰砂浆拉伸黏结强度应大于或等于表 5.14 中的规定值。

表 5.14 抹灰层拉伸粘结强度的规定值(JGJ/T 220—2010)

抹灰砂浆品种	拉伸黏结强度/MPa
水泥抹灰砂浆	0.20
水泥粉煤灰抹灰砂浆、水泥石灰抹灰砂浆、掺塑化剂水泥抹灰砂浆	0.15
聚合物水泥抹灰砂浆	0.30
预拌抹灰砂浆	0.25

3）抹灰砂浆的配合比设计

①抹灰砂浆的试配抗压强度应按式(5.6)计算。

$$f_{m,0}=kf_2 \tag{5.6}$$

式中 $f_{m,0}$——砂浆的试配抗压强度,MPa,精确至0.1 MPa;

f_2——砂浆抗压强度等级值,MPa,精确至0.1 MPa;

k——砂浆生产(拌制)质量水平系数,取1.15~1.25。

注:砂浆生产(拌制)质量水平为优良、一般、较差时,k值分别取为1.15、1.20、1.25。

②水泥抹灰砂浆,强度等级应为M15、M20、M25、M30;拌合物表观密度不宜小于1 900 kg/m³,保水率不宜小于82%,拉伸黏结强度不应小于0.20 MPa;水泥抹灰砂浆配合比的材料用量可按表5.15选用。

表5.15　水泥抹灰砂浆配合比的材料用量(kg/m³)

强度等级	水泥	砂	水
M15	330~380	1 m³砂的堆积密度值	250~300
M20	380~450		
M25	400~450		
M30	460~530		

③水泥粉煤灰抹灰砂浆,强度等级应为M5、M10、M15;拌合物表观密度不宜小于1 900 kg/m³,保水率不宜小于82%,拉伸黏结强度不应小于0.15 MPa;配制水泥粉煤灰抹灰砂浆不应使用砌筑砂浆,粉煤灰取代水泥的用量不宜超过30%,用于外墙时水泥用量不宜少于250 kg/m³;水泥抹灰砂浆配合比的材料用量可按表5.16选用。

表5.16　水泥粉煤灰抹灰砂浆配合比的材料用量(kg/m³)

强度等级	水泥	粉煤灰	砂	水
M5	250~290	内掺,等量取代水泥量的10%~30%	1 m³砂的堆积密度值	270~320
M10	320~350			
M15	350~400			

④水泥石灰抹灰砂浆,强度等级应为M2.5、M5、M7.5、M10;拌合物表观密度不宜小于1 800 kg/m³,保水率不宜小于88%,拉伸黏结强度不应小于0.15 MPa;水泥石灰抹灰砂浆配合比的材料用量可按表5.17选用。

表 5.17 水泥石灰抹灰砂浆配合比的材料用量(kg/m^3)

强度等级	水泥	石灰膏	砂	水
M2.5	200~230	(350~400)-C	1 m^3 砂的堆积密度值	180~280
M5	230~280			
M7.5	280~330			
M10	330~380			

注:表中 C 为水泥用量。

⑤掺塑化剂水泥抹灰砂浆,强度等级应为 M5、M10、M15;拌合物表观密度不宜小于 1 800 kg/m^3,保水率不宜小于 88%,拉伸黏结强度不应小于 0.15 MPa,使用时间不应大于 2.0 h;掺塑化剂水泥抹灰砂浆配合比的材料用量可按表 5.18 选用。

表 5.18 掺塑化剂水泥抹灰砂浆配合比的材料用量(kg/m^3)

强度等级	水泥	砂	水
M5	260~300	1 m^3 砂的堆积密度值	250~280
M10	330~360		
M15	360~410		

⑥石膏抹灰砂浆,抗压强度不应小于 4.0 MPa,初凝时间不应小于 1.0 h、终凝时间不应大于 8.0 h,拉伸黏结强度不应小于 0.40 MPa,宜掺加缓凝剂;抗压强度为 4.0 MPa 石膏抹灰砂浆配合比的材料用量可按表 5.19 选用。

表 5.19 抗压强度为 4.0 MPa 石膏抹灰砂浆配合比的材料用量(kg/m^3)

石膏	砂	水
450~650	1 m^3 砂的堆积密度值	260~400

⑦配合比试配、调整与确定。试配强度按式(5.6)确定。

查表选取抹灰砂浆配合比的材料用量后,应先进行试拌,测定拌合物的稠度和分层度(或保水率),当不能满足要求时,应调整材料用量,直到满足要求为止。

抹灰砂浆试配时,至少应采用 3 个不同的配合比,其中一个配合比应为上述查表得出的基本配合比,其余两个配合比的水泥用量应按基准配合比分别增加和减少 10%。在保证稠度、分层度(或保水率)满足要求的条件下,可将用水量或石灰膏、粉煤灰等矿物掺合料用量作相应调整,并测定不同配合比砂浆的抗压强度、分层度(或保水率)及拉伸黏结强度。

选用符合要求的且水泥用量最低的配合比,作为抹灰砂浆配合比。最后,通过实测表观密度与理论表观密度,对配合比中每项材料用量进行校正,最终的配合比即为设计的抹灰砂浆的配合比。

4)施工应用

(1)基层处理

抹灰砂浆施工应在主体结构质量验收合格后进行。抹灰基层应清除表面杂物、残留灰浆、舌头灰、尘土、油渍,并应在抹灰前一天浇水润湿,水应渗入墙面内10～20mm,抹灰时墙面不得有明水。当基层为混凝土时,可将混凝土表面凿毛以增加黏结力。

(2)抹灰时,应先吊垂直、套房、找规矩、做灰饼

抹灰厚度不宜小于5 mm,当墙面凹度较大时应分层衬平,每层厚度不应大于7～9 mm,抹灰饼时,应先抹上部灰饼再抹下部灰饼,然后用靠尺板检查垂直与平整,灰饼宜用M15水泥砂浆抹成50 mm方形。

(3)墙面冲筋(标筋)

当灰饼砂浆硬化后,可用与抹灰层相同的砂浆冲筋,当墙面高度小于3.5 m时,宜做立筋,两筋间距不宜大于1.5 m,墙面高度大于3.5 m时,宜做横筋,两筋间距不宜大于2 m。

(4)冲筋2 h后,可抹底灰

先抹一层薄灰,并应压实、覆盖整个基层,待前一层六七成干时,再分层抹灰、找平。

(5)细部抹灰时规定

进行细部抹灰时还应符合下列规定:

①墙、柱间的阳角应在墙、柱抹灰前,用M20以上的水泥砂浆做护角。自地面开始,护角高度不宜小于1.8 m,每侧宽度宜为50 mm。

②窗台抹灰时,应先将窗台基层清理干净,并应将松动的砖或砌块重新补砌好,再将砖或砌块灰缝划深10 mm,并浇水润湿,然后用C15细石混凝土铺实,且厚度应大于25 mm。24 h后,应先采用界面砂浆抹一遍,厚度应为2 mm,然后再抹M20水泥砂浆面层。

③抹灰前应对预留孔洞和配电箱、槽、盒的位置、安装进行检查,箱、槽、盒外口应与抹灰面齐平或略低于抹灰面。应先抹底灰,抹平后,应把洞、箱、槽、盒周边杂物清除干净,再分层抹灰,用砂浆抹压平整、光滑。

④水泥踢脚(墙裙)、梁、柱等应用M20以上的水泥砂浆分层抹灰。门窗框周边缝隙和墙面其他孔洞应在抹灰前用C20及以上混凝土进行封堵。

⑤不同材质的基体交接处,应采取防止开裂的加强措施;当采用加强网时,每侧铺设宽度不应小于100 mm。

⑥在抹檐口、窗台、窗楣、阳台、雨篷、压顶和突出墙面的腰线以及装饰凸线时,应有流水坡度,下面应做滴水线(或槽),不得出现倒坡。做滴水线(槽)时,应先抹立面、再抹顶面、后抹底面,并应保证其流水坡度方向正确。窗台、阳台、压顶等部位应用C20以上水泥砂浆分层抹灰。

⑦当抹灰层需具有防水、防潮功能时,应采用防水砂浆;用于外墙的抹灰砂浆宜掺加纤维等抗裂材料。

⑧水泥基抹灰砂浆凝结硬化后,应及时进行保湿养护,养护时间不应少于7 d。各层抹灰砂浆在凝结硬化前,应防止暴晒、淋雨、水冲、撞击、振动。

(6)抹灰时环境温度不宜低于 5 ℃

雨天不宜进行外墙抹灰,施工时,应采取防雨措施,且抹灰砂浆凝结前不应受雨淋。夏季施工时,抹灰砂浆应随拌随用,抹灰时应控制好各层抹灰的间隔时间。当前一层过于干燥时,应先洒水润湿再抹第二层灰。夏季气温高于 30 ℃时,外墙抹灰应采取遮阳措施,并应加强养护。

5.4 预拌砂浆

预拌砂浆具有质量稳定、性能优良、文明施工、节能环保等优点,是我国推广使用的砂浆,按加水方式不同分为湿拌砂浆和干混砂浆。

5.4.1 湿拌砂浆

湿拌砂浆的性能应符合《预拌砂浆》(GB/T 25181—2019)相关要求;湿拌砌筑砂浆的砌体力学性能还应符合《砌体结构设计规范》(GB 50003—2011)的规定,湿拌砌筑砂浆拌合物的表观密度不应小于 1 800 kg/m^3。

湿拌砂浆性能应符合表 5.20 的规定,湿拌砂浆抗压强度应符合表 5.21 的规定,湿拌砂浆稠度允许偏差应符合表 5.22 的规定,湿拌砂浆的保塑时间应符合表 5.23 的规定,原材料计量允许偏差应符合表 5.24。另外,湿拌防水砂浆抗渗压力应符合表 5.25 的规定。

其中,机喷抹灰砂浆是指采用机械泵送喷涂工艺进行施工的抹灰砂浆。从表 5.20 可看出,机喷抹灰砂浆较普通抹灰砂浆和其他砂浆,在保水率和压力泌水率两方面提出了特别的要求,目的是保证机喷工艺顺利实施。机械喷涂施工与传统手工施工相比,具有效率高、材料质量输出稳定等特点,可降低人工成本、缩短工期、避免材料浪费,有效解决材料施工后空鼓、开裂、脱皮等问题。机喷抹灰砂浆包括机械喷涂湿拌抹灰砂浆和机械喷涂干混抹灰砂浆,其材料、机械设备、施工及验收参照《机械喷涂砂浆施工技术规程》(JC/T 60011—2022)。

表 5.20 湿拌砂浆性能指标(GB/T 25181—2019)

项目		湿拌砌筑砂浆	湿拌抹灰砂浆		湿拌地面砂浆	湿拌防水砂浆
			普通抹灰砂浆	机喷抹灰砂浆		
保水率/%		≥88.0	≥88.0	≥92.0	≥88.0	≥88.0
压力泌水率/%		—	—	<40	—	—
14 d 拉伸黏结强度/MPa		—	M5:≥0.15 >M5:≥0.20	≥0.20	—	≥0.20
28 d 收缩率/%		—	≤0.20		—	≤0.15
抗冻性[a]	强度损失率/%	≤25				
	质量损失率/%	≤5				

a. 有抗冻性要求时,应进行抗冻性试验。

表 5.21　湿拌砂浆抗压强度(MPa)(GB/T 25181—2019)

强度等级	M5	M7.5	M10	M15	M20	M25	M30
28 d 抗压强度	≥5.0	≥7.5	≥10.0	≥15.0	≥20.0	≥25.0	≥30.0

表 5.22　湿拌砂浆稠度允许偏差(mm)(GB/T 25181—2019)

规定稠度	允许偏差
<100	±10
≥100	-10 ~ +5

表 5.23　湿拌砂浆保塑时间(h)(GB/T 25181—2019)

保塑时间	4	6	8	12	24
实测值	≥4	≥6	≥8	≥12	≥24

表 5.24　湿拌砂浆原材料计量允许偏差(GB/T 25181—2019)

原材料品种	水泥	细骨料	矿物掺合料	外加剂	添加剂	水
每盘计量允许偏差/%	±2	±3	±2	±2	±2	±2
累计计量允许偏差/%	±1	±2	±1	±1	±1	±1

注:累计计量允许偏差是指每一运输车中各盘砂浆的每种原材料计量和的偏差。

表 5.25　湿拌防水砂浆抗渗压力(MPa)(GB/T 25181—2019)

抗渗等级	P6	P8	P10
28 d 抗渗压力	≥0.6	≥0.8	≥1.0

湿拌砂浆通过搅拌站专业化设备进行生产,并通过带有搅拌装置的专业运输车辆,发送到工地指定现场使用。其优点有:湿拌砂浆的拌制在工厂由专业技术人员进行配比设计、配方研制和砂浆质量控制,从根本上保证了砂浆的质量;原材料进料渠道稳定,进场各项指标控制严格;不用在工地进行二次搅拌,运输到现场可直接使用;湿拌砂浆的生产、运输、使用的过程完全处于密闭状态,避免了水泥、砂石运输、堆放等搅拌和搬运过程中的扬尘问题;生产过程采用全自动的生产方式,不需要人工在密封室操作,减少粉尘对作业人员的身体伤害;湿拌砂浆有利于自动化施工机具的应用,改变传统建筑施工的落后方式,提高施工效率。

5.4.2　干混砂浆

干混砂浆的性能应符合《预拌砂浆》(GB/T 25181—2019)相关要求;干混砌筑砂浆的砌体

力学性能还应符合《砌体结构设计规范》(GB 50003—2011)的规定,干混普通砌筑砂浆拌合物的表观密度不应小于 1 800 kg/m^3。

干混砌筑砂浆、干混抹灰砂浆、干混地面砂浆、干混普通防水砂浆的性能应符合表 5.26 的规定,干混陶瓷砖黏结砂浆的性能应符合表 5.27 的规定,干混界面砂浆的性能应符合表 5.28 的规定,原材料的计量允许偏差应符合表 5.29 和表 5.30 的规定。

干混自流平砂浆,主要有地面用水泥基自流平砂浆和石膏基自流平砂浆。地面用水泥基自流平砂浆,指由水泥基胶凝材料、细骨料、填料及添加剂等组成,与水搅拌后具有流动性或稍加辅助性铺摊就能流动找平的地面用材料;其主要技术性能有流动度、抗折强度、抗压强度、拉伸黏结强度、尺寸变化率、抗冲击性、耐磨性;材料性能和设计施工验收等应符合《地面用水泥基自流平砂浆》(JC/T 985—2017)和《自流平地面工程技术标准》(JGJ/T 175—2018)。石膏基自流平砂浆,指以半水石膏为主要胶凝材料,与骨料、填料及外加剂组成,与水搅拌后具有一定流动性的室内地面用自流平材料;其主要技术性能有流动度、抗折强度、抗压强度、拉伸黏结强度、尺寸变化率、抗冲击性;材料性能和设计施工验收等应符合《石膏基自流平砂浆》(JC/T 1023—2021)和《石膏基自流平砂浆应用技术规程》(T/CECS 847—2021)。自流平砂浆具有施工速度快、效率高、工艺简单、劳动强度低等优点;预混产品,质量均匀稳定,施工现场干净整洁,有利于文明施工,是绿色环保产品。自流平砂浆用途广泛,可用于工业厂房、车间、仓储、商业卖场、展厅、体育馆、医院、各种开放空间、办公室等,也用于居家、别墅、温馨小空间等,可作为饰面面层,也可作为耐磨基层。

表 5.26　部分干混砂浆性能指标(GB/T 25181—2019)

项目		干混砌筑砂浆		干混抹灰砂浆			干混地面砂浆	干混普通防水砂浆
		普通砌筑砂浆	薄层砌筑砂浆	普通抹灰砂浆	薄层抹灰砂浆	机喷抹灰砂浆		
保水率/%		≥88.0	≥99.0	≥88.0	≥99.0	≥92.0	≥88.0	≥88.0
凝结时间/h		3～12	—	3～12	—	—	3～9	3～12
2 h 稠度损失率/%		≤30	—	≤30	—	≤30	≤30	≤30
压力泌水率/%		—	—	—	—	<40	—	—
14 d 拉伸黏结强度/MPa		—	—	M5:≥0.15 >M5:≥0.20	≥0.30	≥0.20	—	≥0.20
28 d 收缩率/%		—	—	≤0.20			—	≤0.15
抗冻性[a]	强度损失率/%	≤25						
	质量损失率/%	≤5						

a. 有抗冻性要求时,应进行抗冻性试验。

表 5.27　干混陶瓷砖黏结砂浆性能指标(GB/T 25181—2019)

<table>
<tr><td colspan="2" rowspan="3">项目</td><td colspan="3">性能指标</td></tr>
<tr><td colspan="2">室内用(I)</td><td rowspan="2">室外用(E)</td></tr>
<tr><td>Ⅰ型</td><td>Ⅱ型</td></tr>
<tr><td rowspan="5">拉伸黏结强度/MPa</td><td>原强度</td><td>≥0.5</td><td>≥0.5</td><td rowspan="5">符合 JC/T 547—2017 的要求</td></tr>
<tr><td>浸水后</td><td>≥0.5</td><td>≥0.5</td></tr>
<tr><td>热老化后</td><td>—</td><td>≥0.5</td></tr>
<tr><td>冻融循环后</td><td>—</td><td>—</td></tr>
<tr><td>晾置时间≥20 min</td><td>≥0.5</td><td>≥0.5</td></tr>
</table>

注:1. 按使用部位分为室内用(代号 I)和室外用(代号 E),室内用又分为Ⅰ型和Ⅱ型。

2. Ⅰ型适用于常规尺寸的非瓷质砖粘贴;Ⅱ型适用于低吸水率、大尺寸的瓷砖粘贴。

表 5.28　干混界面砂浆性能指标(GB/T 25181—2019)

<table>
<tr><td colspan="2" rowspan="2">项目</td><td colspan="2">性能指标</td></tr>
<tr><td>混凝土界面(C)</td><td>加气混凝土界面(AC)</td></tr>
<tr><td rowspan="5">拉伸黏结强度/MPa</td><td>未处理,14 d</td><td>≥0.6</td><td>≥0.5</td></tr>
<tr><td>浸水处理</td><td rowspan="3">≥0.5</td><td rowspan="3">≥0.4</td></tr>
<tr><td>热处理</td></tr>
<tr><td>冻融循环处理</td></tr>
<tr><td>晾置时间,20 min</td><td>—</td><td>≥0.5</td></tr>
</table>

注:按基层分为混凝土界面(代号 C)和加气混凝土界面(代号 AC)。

表 5.29　干混砂浆主要原材料计量允许偏差(GB/T 25181—2019)

<table>
<tr><td colspan="2" rowspan="2">单次计量值 W</td><td colspan="2">普通砂浆生产线</td><td colspan="3">特种砂浆生产线</td></tr>
<tr><td>W≤500 kg</td><td>W>500 kg</td><td>W<100 kg</td><td>100 kg≤W≤1 000 kg</td><td>W>1 000 kg</td></tr>
<tr><td rowspan="2">允许偏差</td><td>单一胶凝材料、填料</td><td>±5 kg</td><td>±1%</td><td>±2 kg</td><td>±3 kg</td><td>±4 kg</td></tr>
<tr><td>单级骨料</td><td>±10 kg</td><td>±2%</td><td>±3 kg</td><td>±4 kg</td><td>±5 kg</td></tr>
</table>

注:普通砂浆是指砌筑砂浆、抹灰砂浆、地面砂浆和普通防水砂浆;特种砂浆是指普通砂浆之外的预拌砂浆。

表 5.30　干混砂浆外加剂和添加剂计量允许偏差(GB/T 25181—2019)

单次计量值 W/kg	$W<1$	$1\leq W\leq 10$	$W>10$
允许偏差/g	±30	±50	±200

干混砂浆是经干燥筛分处理的细骨料和无机胶接料、保水增稠材料、矿物掺和料和添加剂

等按一定比例进行物理混合而成的一种颗粒状或粉状混合物,以袋装或散装的形式运至工地加水拌合后即可使用的物料。其优势有:品质稳定可靠,解决了传统工艺配制砂浆配比难以把握导致影响质量的问题,计量准确,提高工程质量;品种齐全,可以满足不同功能和性能需求;对新型墙体材料有较强的适应性,有利于推广应用新型墙材;干混砂浆可以运送到工地后保存时间较长,需要使用时再进行加水拌合;随拌随用,使用较为灵活,方便小批量使用。其缺点有:需要二次搅拌,需要投入相应的搅拌设备和人力;搅拌过程中产生粉尘污染;现场搅拌时,加水量较为随意,不利于砂浆质量控制。

本章总结框图

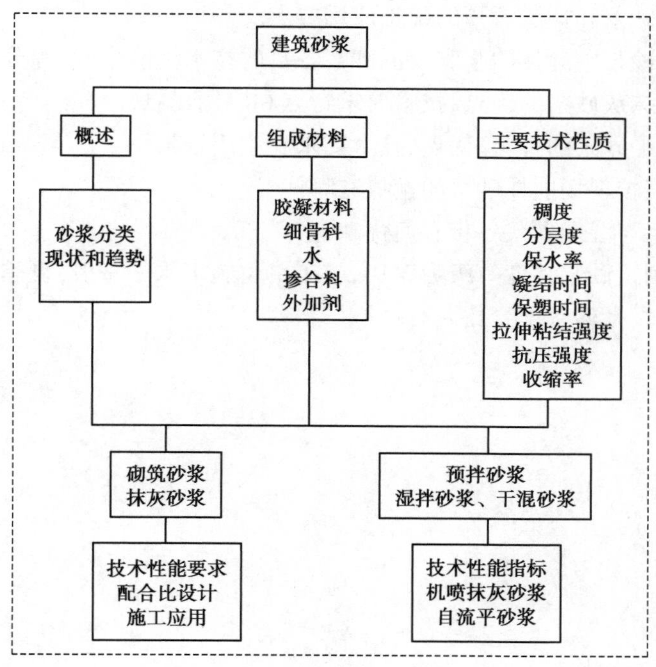

问题导向讨论题

问题1:工程中,抹灰工程中砂浆常见质量问题及通常处理方法有哪些?从材料性能和施工控制进行分析讨论。

问题2:抹灰砂浆的机械喷涂工艺对砂浆性能有哪些特别要求?其机喷工艺及要点?

问题3:某工程用脱硫石膏生产的抹灰石膏,但施工在墙面上后一个月,出现了大面积的返霜、长毛。请分析原因,并讨论处理措施。

分组讨论要求:每组 4 ~6 人,设组长 1 人,负责明确分工和协助要求,并指定人员代表小组发言交流。

思考练习题

5.1　简述建筑砂浆的分类。

5.2　简述建筑砂浆的发展现状和趋势。

5.3　简述建筑砂浆的主要组成材料。

5.4　简述建筑砂浆的主要技术性质及评价指标。

5.5　简述砌筑砂浆和抹灰砂浆的技术性能要求。

5.6　简述砌筑砂浆和抹灰石膏的施工应用要点。

5.7　简述预拌砂浆中湿拌砂浆和干混砂浆各自的技术性能指标,并分析区别。

5.8　简述机喷抹灰砂浆的优点、技术要求特点和应用场景。

5.9　简述自流平砂浆的种类、优点、技术要求和应用场景。

5.10　预拌砂浆较现场搅拌砂浆的优势有哪些?

5.11　干混砂浆与湿拌砂浆各自有何优缺点?

5.12　某工程砌筑砂浆强度等级为 M10,施工单位施工水平一般,夏季施工,采用 32.5 级矿渣水泥、中砂。请设计砂浆配合比。

6 建筑钢材

<table>
<tr><td rowspan="3">本
章
导
读</td><td>内容及要求</td><td>介绍建筑钢材的基础知识、主要技术性质、冷处理和热加工、土木工程中常用的钢材和建筑钢材的防护。通过本章学习,能够解释建筑钢材的定义、分类、化学组成及对性能的影响,能够分析建筑钢材的力学性能和工艺性能,能够说明建筑钢材的冷处理和热加工,能够说明土木工程中常用钢材的钢种和型号及性能,能够解释建筑钢材的防腐、防火和隔热的原因和处理措施。</td></tr>
<tr><td>重点</td><td>建筑钢材力学性质和工艺性质;土木工程中常用钢种和钢材;建筑钢材的防护。</td></tr>
<tr><td>难点</td><td>土木工程中常用钢种和钢材,特别是混凝土结构用钢和用钢的钢种特点和具体型号特性及选用。</td></tr>
</table>

钢是建筑业、制造业和人们日常生活中不可或缺的材料;钢材是土木工程建设的主要材料之一,钢材的质量极大地影响着工程实体的质量。建筑钢材主要指用于钢筋混凝土的钢筋、钢丝、钢绞线和用于钢结构的钢板、热轧工字钢、槽钢、角钢、H 型钢和钢管等型材。建筑钢材作为主要结构材料,其力学性能、工艺性能和耐久性能等对在工程中合理选择和正确使用建筑钢材至关重要。建筑钢材的主要优点是抗拉性能、抗压性能和抗冲击性能好,可切割、可焊接、可铆接,装配方便;主要缺点是易锈蚀、防火性能较差。钢铁工业是中国国民经济最为重要的基础产业之一,同时也是高污染、高能耗的行业;建筑钢材在其生产和使用中面临着可持续发展问题,如环保问题、节能问题等,故建筑钢材既要保持科学发展的态势,又要适应我国低碳、绿色发展需要。

6.1 建筑钢材基础知识

6.1.1 钢材的定义及冶炼

《钢分类 第 1 部分 按化学成分分类》(GB/T 13304.1—2008)对钢的定义:以铁为主要元

素、含碳量一般在2%以下,并含有其他元素的材料。注:在铬钢中含碳量可能大于2%,但2%通常是钢和铸铁的分界线。严格地说,钢是含碳量为0.021 8% ~2.11%的铁碳合金,为了保证其韧性和塑性,含碳量一般不超过1.7%。钢的主要元素除铁、碳外,还有硅、锰、硫、磷等。

钢铁是碳、硅、锰等元素在铁中的固溶体,用于改善钢的性能来满足工程建筑材料需求,另外一些元素磷、硫、氧、氢、氮等会存在于大部分钢中使其性能变差,所以炼钢就是通过化学反应去除这些杂质,并达到要求铸成合格的钢锭。

炼钢的原理就是在炼钢炉高温下,用氧气或铁氧化物将废钢或生铁中的碳磷硫和其他杂质转化为气体和炉渣排除得到钢。常用炼钢冶炼方法有3种,分别是:平炉炼钢、转炉炼钢和电炉炼钢。氧气转炉法是由转炉顶部吹入高压纯氧,将熔融的铁水中的多余的碳和硫磷等杂质迅速氧化除去,是目前主要的炼钢方法。电炉法炼钢主要是用废钢返回熔炼获得各种特殊钢。平炉法炼钢是利用废钢铁和适量的铁矿石为原料,以煤气或重油为燃料,利用氧气或空气,使碳和杂质氧化而被除去,平炉法炼钢目前已基本被淘汰。

6.1.2 钢材的分类

1)按化学成分分类

《钢分类 第1部分 按化学成分分类》(GB/T 13304.1—2008)规定,钢按化学成分分为非合金钢、低合金钢和合金钢。

(1)非合金钢

非合金钢按钢的主要质量等级分为普通质量非合金钢、优质非合金钢、特殊质量非合金钢。

普通质量非合金钢是指生产过程中不规定需要特别控制质量要求的钢,其特性值要求有:碳含量不超过0.10%、硫或磷含量不超过0.040%等。

优质非合金钢是指在生产过程中需要特别控制质量,如控制晶粒度,降低硫、磷含量,改善表面质量或增加工艺控制等,以达到比普通质量非合金钢特殊的质量要求,如良好的抗脆断性能、良好的冷成型性等,但这种钢的生产控制不如特殊质量非合金钢严格,如不控制淬透性。

特殊质量非合金钢是指在生产过程中需要特别严格控制质量和性能的非合金钢,如控制淬透性和纯洁度。非合金钢按主要性能或使用特性分类,主要考虑最高强度、最低强度、限制碳含量、硫含量、磁性或电性能等。

(2)低合金钢

低合金钢按主要质量等级分为普通质量低合金钢、优质低合金钢、特殊质量低合金钢;按主要性能及使用特性分类,主要考虑焊接性、耐候性、应用场景等。

(3)合金钢

合金钢按主要质量等级分为优质合金钢、特殊质量合金钢;按主要性能及使用特性分类,主要考虑了不同应用场景及环境要求。

2)按主要质量等级和主要性能或使用特性分类

《钢分类 第2部分:按主要质量等级和主要性能或使用特性的分类》(GB/T 13304.2—2008)按主要质量等级和主要性能或使用特性对非合金钢、低合金钢、合金钢进行分类,分为普通质量、优质、特殊质量。

3)按碳含量和脱氧程度分类

(1)按碳含量分类

钢按碳含量高低分为低碳钢、中碳钢、高碳钢,具体为:低碳钢碳含量一般低于0.25%(质量分数),中碳钢碳含量一般为0.25%~0.60%(质量分数),高碳钢碳含量一般高于0.60%(质量分数)。

(2)按脱氧程度分类

钢按脱氧程度可分为沸腾钢、镇静钢和半镇静钢。

沸腾钢为脱氧不完全的碳素钢。一般用锰铁和少量铝脱氧后,钢水中还留有高于碳氧平衡的氧量,与碳反应放出一氧化碳气体。因此,在浇注时钢水在钢锭模内呈沸腾现象,故称为沸腾钢。

镇静钢为完全脱氧的钢,使得氧的质量分数不超过0.01%。通常铸成上大下小带保温帽的锭型,浇铸时钢液镇静不沸腾。由于锭模上部有保温帽,这节帽头在轧制开坯后需切除,故钢的收缩率低,但组织致密,偏析小,质量均匀。优质钢和合金钢一般都是镇静钢。

半镇静钢为脱氧较完全的钢。脱氧程度介于沸腾钢和镇静钢之间,浇注时有沸腾现象,但较沸腾钢弱。

6.1.3 钢的化学成分对其性能的影响

钢中主要化学成分为铁(Fe),含量一般超过97%。此外还含有碳(C)、硫(S)、磷(P)、氧(O)、氮(N)、锰(Mn)、硅(Si)、钒(V)、钛(Ti)、铝(Al)、铌(Nb)等元素,这些元素虽含量很少,但对钢材性能的影响很大,具体见表6.1。

表6.1 化学组成对钢材性能的影响

组成元素		强度	硬度	塑性	韧性	可焊性
C	<0.8%	↑	↑	↓	↓	↓
	>1.0%	↓				↓
S		↓			↓	↓
P		↑	↑	↓↓	↓↓	↓↓
O		↓		↓	↓	↓
N		↑		↓	↓↓	↓
Mn		↑	↑		↑	↑
Si		↑		→	→	↓

续表

组成元素	强度	硬度	塑性	韧性	可焊性
V	↑↑			↑↑	
Ti	↑↑			↑↑	
Al					
Nb					

说明：↑表示性能变好，↓表示性能变差，↓↓表示性能显著变差，→表示性能变化不大，↑↑表示性能显著变好。

碳是决定钢材性能的主要成分，是仅次于铁的主要元素。它影响到钢材的强度、塑性、韧性等机械力学性能。当钢中含碳量在0.8%以下时，随着含碳量的增加，钢的强度和硬度提高，塑性和韧性下降；但当含碳量大于1.0%时，随含碳量增加，钢的强度反而下降。一般工程用碳素钢均为低碳钢，即含碳量小于0.25%，工程用低合金钢含碳量小于0.52%，焊接结构为了有良好的可焊性，含碳量应不大于0.2%。

钢中主要的有害元素有硫、磷、氧及氮，要特别注意控制其含量。磷是钢中很有害的元素之一，主要溶于铁素体起强化作用。磷含量增加，钢材的强度、硬度提高，塑性和韧性显著下降。特别是温度越低，对塑性和韧性的影响越大，从而显著加大钢材的冷脆性。磷也使钢材可焊性显著降低，但磷可提高钢的耐磨性和耐蚀性。硫是有害元素，呈非金属硫化物夹杂存在于钢中，可降低钢材的各种机械性能。由于硫化物熔点低，会使钢材在热加工过程中造成晶粒的分离，引起钢材断裂，形成热脆现象，称为热脆性。硫使钢的可焊性、冲击韧性、耐疲劳性和抗腐蚀性等均降低。因此，对硫的含量必须严加控制，一般不得超过0.045%～0.05%，有特殊要求时，更要严格控制。氧主要存在于非金属夹杂物中，少量熔于铁素体内。非金属夹杂物可降低钢的机械性能，特别是降低韧性、增加热脆性。氧化物所造成的低熔点也使钢的可焊性变差。氮是炼钢过程中由空气带入钢中残留下来的，氮能提高钢的强度，导致塑性和韧性显著降低，同时加剧钢的时效敏感性和冷脆性，使钢的可焊性变差。

钢中的有益元素有锰、硅、钒、钛、铝、铌等，控制掺入量可冶炼成低合金钢。锰是炼钢时为脱氧除硫而加入的元素，既能提高钢的强度和硬度，还能减轻硫和氧所引起的热脆现象，改善钢的热加工性能和可焊性，锰含量超过1.0%时就成为合金元素，用以提高合金钢的强度。硅是炼钢时为脱氧而加入的元素，含量小于1%时，能增加钢的强度、疲劳极限、耐腐蚀性及抗氧化性，对塑性和韧性影响不大，但对可焊性和冷加工性会有不良影响。钒、钛、铝、铌是炼钢时的强氧化剂，也是较为常用的合金元素，适量加入这些合金元素能改善钢的组织，细化晶粒，显著提高钢的强度及改善韧性。

6.2 建筑钢材主要技术性质

建筑钢材主要技术性质

建筑钢材，主要用作结构工程材料，不仅需要满足力学性能要求，同时还应满足工艺性能要求。根据《混凝土结构设计规范》(GB 50010—2010(2015 版))、《混凝土结构工程施工质量验收规范》(GB 50204—2015)及相关产品标准,混凝土结构用钢主要技术性质有屈服强度、抗拉强度、伸长率、弯曲性能和重量偏差,另外对无黏结预应力钢绞线还要求防腐润滑脂量和护套厚度。根据《钢结构设计标准》(GB 50017—2017)、《钢结构工程施工质量验收规范》(GB 50205—2020)及相关产品标准,钢结构用钢主要技术性质有屈服强度、抗拉强度、断后伸长率、硫磷含量、碳当量、冷弯试验、冲击韧性、屈强比、钢材厚度或直径。另外,钢结构的防护方面有抗火性能、防腐蚀性能、隔热及耐高温性能。

综上所述,钢材力学性能有屈服强度、抗拉强度、伸长率、屈强比、冲击韧性;钢材工艺性能有冷弯性能、焊接性能;钢材防护性能有抗火性能、防腐蚀性能、耐高温性能。本节主要介绍钢材的力学性能和工艺性能,钢材的防护性能在 6.5 节单独介绍。

6.2.1 钢材的力学性能

1)抗拉性能

钢材的主要强度指标和变形性能是根据常温、静载条件下标准试件一次拉伸试验确定的。低碳钢拉伸试验所得应力-应变(σ-ε)曲线如图 6.1 所示,根据曲线特点可分为 4 个阶段。

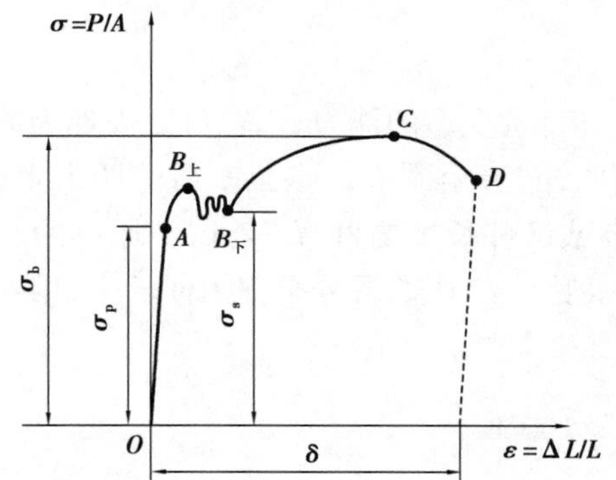

图 6.1 低碳钢的应力-应变曲线

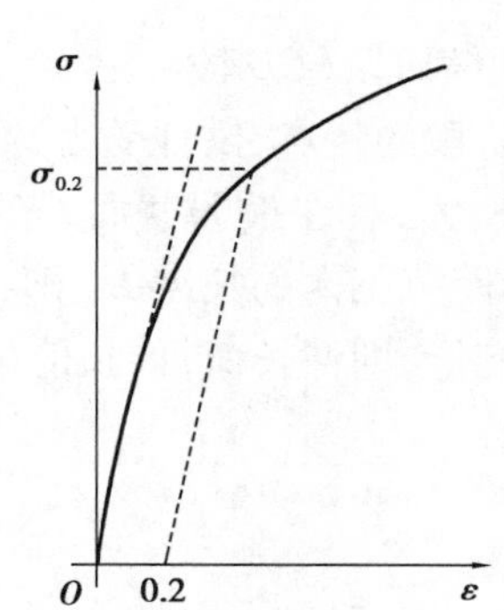

图 6.2 中高碳钢的条件屈服点

(1)弹性阶段(OA 段)

弹性阶段的特点是,随着荷载增加,应力和应变都增加,应力-应变成线性关系;在弹性阶段任意一点卸除荷载后,试件变形可完全恢复。该阶段的应力最高点 A 点对应的应力 σ_p 称为比例极限;该阶段应力与应变的比值即直线斜率,称为弹性模量 $E(=\sigma/\varepsilon)$。弹性模量表示钢材抵抗弹性变形的能力,是计算结构受力变形的重要指标,钢材级别不同,其弹性模量取值也有差异。《混凝土结构设计规范(2015 版)》(GB 50010—2010)中,HPB300 级钢筋的弹性模量 E 取值为 2.10×10^5 N/mm^2,HRB400 钢筋的弹性模量 E 取值为 2.00×10^5 N/mm^2,《钢结构设计标准》(GB 0017—2017)中统一取 E 为 2.06×10^5 N/mm^2。

(2)屈服阶段(AB 段)

屈服阶段的特点是,随着荷载增加,A 到 $B_上$ 阶段,应力增加滞后于应变增加,应力与应变成非线性关系,增加的应变除弹性应变外还有塑性应变,卸载时,其中的塑性应变不能恢复,称为残余应变。到达 B 点时开始屈服，形成屈服平台，钢材表现为完全塑性，整个屈服平台的应变幅称为流幅，流幅越大，钢材的塑性越好。同时屈服开始时曲线上下波动，波动最高点成为上屈服点 $B_{上}$，最低点 $B_{下}$成为下屈服点，下屈服点对试验条件不敏感，所以计算时取下屈服点对应应力作为设计依据，用 σ_s 表示，称为屈服强度。

(3)强化阶段(BC 段)

强化阶段的特点是，随着荷载增加，应力增加滞后于应变增加，应力与应变成非线性关系。经过屈服阶段后，钢材内部组织重新排列并建立了新的平衡，产生了继续承受增大荷载的能力。该阶段的应力最高点 C 点对应的应力称为极限抗拉强度或抗拉强度，用 σ_b 表示，是钢材拉断前最大强度。屈服强度与抗拉强度的比值 σ_s/σ_b 称为屈强比，是表征钢材使用可靠性即安全性的一个技术指标，屈强比越小即结构越安全，因为设计强度取值为屈服强度标准值，屈强比越小说明设计富裕度越大，所以越安全；但如果屈强比太小则钢材利用不充分，即利用率低，造成浪费。钢结构中采用塑性设计的结构及进行弯矩调幅的构件，钢材屈强比不应大于0.85，钢管结构中管材的屈强比不宜大于0.8，钢筋混凝土用钢筋抗拉强度实测值与屈服强度实测值比值不应小于1.25，即屈强比不应大于0.8，这些都是对屈强比上限作了要求即从安全性角度作了要求；另外，为了充分利用钢材避免浪费，在保证安全性情况下通常屈强比不应小于0.6，所以钢材屈服强度在兼顾安全性和利用率的情况下取值范围一般在0.6到0.8或0.85之间。

(4)颈缩阶段(CD 段)

颈缩阶段的特点，试件受力达到最高点后，其抵抗变形的能力显著降低，表现为应力减小、应变快速增大，且在最弱截面处的横截面急剧收缩，直至断裂。将拉断后的两个半截试件拼合，测得标距范围内的长度 L_1，即拉断后两个半截试件长度之和，L_1 与试件原标距长度 L_0 之差为塑性变形，即伸长值，伸长值(L_1-L_0)与原标距 L_0 之比的百分率称为伸长率，用 δ 表示，见式6.1。

$$\delta=\frac{L_1-L_0}{L_0}\times 100\% \tag{6.1}$$

式中 L_0——试件原标距长度；

L_1——试件拉断后的标距长度，即拉断后两节试件长度之和。

标准试件一般取 $L_0=5\ d_0$ 或 $L_0=10d_0$，d_0 为试件原始直径。伸长率 δ 是衡量钢材塑性的重要指标，伸长率越大表示钢材塑性越好。伸长率也是建筑结构抗震安全的一个要求技术指标，伸长率大有利于提高结构抗震安全性。《建筑抗震设计规范(2016年版)》(GB 50011—2010)的3.9.2条规定：混凝土结构材料，抗震等级为一、二、三级的框架和斜撑构件(含梯段)的纵向受力普通钢筋伸长率不应小于9%；钢结构用钢材伸长率不应小于20%。《混凝土结构设计规范(2015版)》(GB 50010—2010)的11.2.3条规定：按一、二、三级抗震等级设计的框架和斜撑构件，其纵向受力普通钢筋最大拉力下的总伸长率实测值不应小于9%。《钢结构设计标准》(GB 50017—2017)的4.3.6条规定，采用塑性设计的结构及进行弯矩调幅的构件钢材伸长率不应小于20%。

另外，中、高碳钢材没有明显的屈服点，通常以残余变形为0.2%时的应力作为屈服强度，称为条件屈服强度，用 $\sigma_{0.2}$ 表示，如图6.2所示。

2)冲击韧性

钢材的冲击韧性是指钢材在冲击荷载作用下吸收塑性变形功和断裂功的能力,反映钢材的抗冲击性能。钢材的冲击韧性试验是采用摆锤单次冲击的方式使试样破断,《金属材料 夏比摆锤冲击试验方法》(GB/T 229—2020)规定相应检验方法。将标准试样置于试验机的支架上,并使切槽位于受拉的一侧,如图6.3所示,把摆锤置于一定高度自由落下对试验进行冲击,破断时摆锤所做的功 W 与试件在缺口处的最小横断面积为 A 的比值,称为冲击韧性,用 α_k 表示,见式6.2。

$$\alpha_k = \frac{W}{A} \tag{6.2}$$

式中 α_k——钢材的冲击韧性,J/cm^2;

W——钢材破断时摆锤所做的功,J;

A——试件断口处的最小横断面积,cm^2。

钢材的冲击韧性值越大,钢材抵抗冲击荷载的能力越强。α_k 值与试验温度有关。有些材料在常温时冲击韧性并不低,但低温或负温破坏时呈现脆性破坏特征。

钢材的冲击韧性与钢材的化学成分、组织状态,以及冶炼、加工都有关系。当钢材中硫、磷含量较高时,存在化学偏析,非金属夹杂物和焊接中形成的微裂纹等都会使冲击韧性显著降低。

钢材的冲击韧性随温度的降低而下降,其规律是开始下降缓和,当达到一定温度范围时,突然呈脆性,这种性质称为钢材的冷脆性,这时的温度称为脆性临界温度。脆性临界温度的数值越小,钢材的抗低温冲击性能越好。在负温下使用的结构,应当选用脆性临界温度低于使用温度的钢材。由于脆性临界温度的测定工作较复杂,通常是根据使用环境的温度条件规定-20 ℃或-40 ℃的负温冲击值指标,以保证钢材在脆性临界温度以上使用。

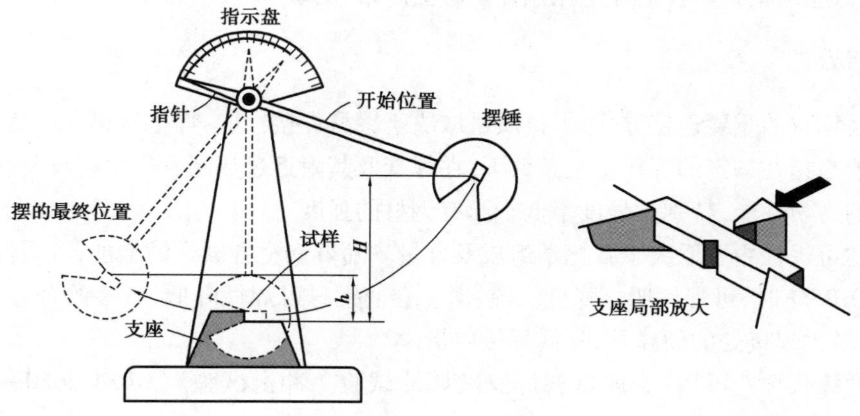

图6.3 摆锤式冲击试验原理图

6.2.2 工艺性能

1)冷弯性能

冷弯性能是指钢材在常温下承受弯曲变形的能力,以试验时的弯曲角度 α 和弯心直径 d 表示。钢材的冷弯试验是通过直径(或厚度)为 a 的试件,采用标准规定的弯心直径 d($d=na$,n 为整数),弯曲到规定的角度时(180°或 90°),检查弯曲处有无裂纹、断裂及起层等现象,如图 6.4 所示。若没有这些现象,则认为冷弯性能合格。钢材冷弯是 α 的弯曲角度越大,d/a 越小,则表示冷弯性能越好。具体可参照《金属材料 弯曲试验方法》(GB/T 232—2010)进行。

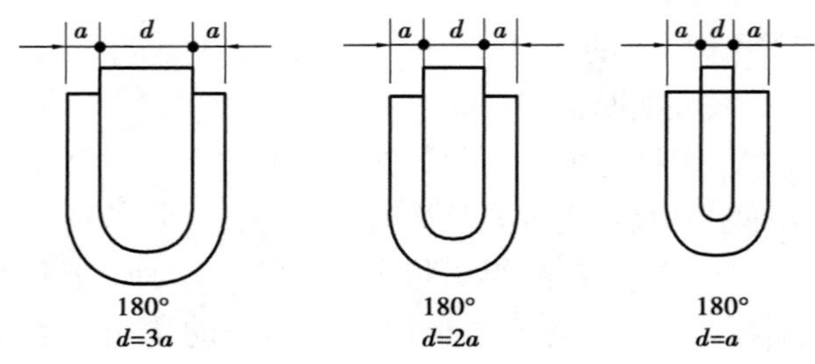

图 6.4 钢材冷弯试验示意图

冷弯性能是钢材处于不利变形条件下的塑性,而拉伸试验时的伸长率反映的是钢材在均匀变形下的塑性。冷弯性能可揭示钢材内部组织是否均匀,存在内应力和夹杂物等缺陷。而这些缺陷在拉伸试验中常因塑性变形导致应力重分布而得不到反映。在工程中,冷弯试验还被用作对钢材焊接质量进行严格检验的一种手段。一般来说,钢材的塑性越大,其冷弯性能越好,且冷弯试验对钢材塑性的评定比拉伸试验更严格、更敏感。

2)焊接性能

焊接是钢材的重要连接方式,焊接质量取决于钢材焊接性能、焊接材料和焊接工艺。钢材的焊接性能是指在一定的焊接工艺条件下,在焊缝及其附近过热区不产生裂纹及硬脆倾向,焊接后钢材的力学性能,特别是强度不低于原有钢材的强度。

钢材的可焊性主要取决于其化学组成及含量。随着钢材含碳量的增加,可焊性降低,当含碳量超过 0.25% 时,可焊性明显降低。硫、磷也会使钢材可焊性降低,过多的合金元素锰、硅、钒、钛等将增大焊接处的硬脆性,降低焊接质量。

钢材的焊接性能可按《金属材料焊缝破坏性试验 冲击试验》(GB/T 2650—2022)进行检测。

6.3 建筑钢材的冷加工和热处理

6.3.1 钢材的冷加工

1)冷加工强化机理

将钢材于常温下进行冷拉、冷拔或冷轧使其产生塑性变形,从而提高屈服强度,降低塑性韧性,这个过程称为冷加工强化处理。冷加工强化的机理:金属的塑性变形是通过位错运动来实现的。位错是指原子行列间相互滑移形成的线缺陷。如果位错运动受阻,则塑性变形困难,即变形抗力增大,因而强度提高。在塑性变形过程中,位错运动的阻力主要来自位错本身。因为随着塑性变形的进行,位错在晶体中运动时可通过各种机制发生增殖,使位错密度不断增加,位错之间的距离越来越小并发生交叉,使位错运动的阻力增大,导致塑性变形抗力提高。另一方面,由于变形抗力的提高,位错运动阻力的增大,位错更容易在晶体中发生塞积,反过来使位错的密度加速增长。所以,在进行冷加工时,依靠塑性变形时位错密度提高和变形抗力增大这两方面的相互促进,很快导致金属强度和硬度的提高,但也会导致其塑性降低。

2)冷加工强化方法

(1)冷拉

冷拉是将钢筋拉至其应力-应变曲线的强化阶段内任一点,然后慢慢卸去荷载,当再度加载时,其屈服极限将有所提高,而其塑性变形能力将有所降低。钢筋经冷拉后,一般屈服强度可提高20%~25%。

(2)冷拔

冷拔是将光圆钢筋通过硬质合金拔丝模孔强行拉拔。拉拔作用比纯拉伸的作用强烈,钢筋不仅受拉,而且同时受到挤压作用。经过一次或多次的冷拔后得到的冷拔低碳钢丝,其屈服强度可提高40%~60%,但因失去软钢的塑性和韧性,而具有硬钢的特点。

土木工程中大量使用的钢筋采用冷加工强化具有明显的经济效益。经过冷加工的钢材,可适当减小钢筋混凝土结构设计截面,或减小混凝土中配筋数量,从而达到节约钢材的目的。钢筋冷拉还有利于简化施工工序,冷拉盘条钢筋可省去开盘和调直工序,冷拉直条钢筋可与矫直、除锈等工序一并完成。但冷拔钢丝的屈强比较大,虽然利用率提高了,相应的安全储备较小。

(3)冷扎

冷轧是将圆钢在冷轧机上轧成断面形状规则的钢筋,可提高其强度及与混凝土的黏结力。钢筋在冷轧时,纵向与横向同时产生变形,因而能较好地保持其塑性和内部结构均匀性。

3)时效处理

将冷加工处理后的钢筋,在常温下存放15~20 d,或加热至100~200 ℃后保持一定时间

(2～3 h),其屈服强度一进步提高,且抗拉强度也提高,同时塑性和韧性也进一步降低,弹性模量则基本恢复。这个过程称为时效处理。

时效处理方法有两种:在常温下存放 15～20 d,称为自然时效,适合用于低强度钢筋。加热至 100～200 ℃后保持一定时间(2～3 h),称为人工时效,适合于高强钢筋。

钢材经冷加工和时效处理后,其性能变化如图 6.5 所示。图 6.5 中 *OBCD* 未经冷拉和时效处理试件的应力-应变曲线。当试件冷拉至超过屈服强度的任一个 *K* 点时卸去荷载,此时由于试件已产生塑性变形,曲线沿 *KO′*下降,*KO′*大致与 *BO* 平行。如果立即重新拉伸,则新的屈服点将提高至 *K* 点,以后的应力-应变曲线将与原来曲线 *KCD* 相似。如果在 *K* 点卸去荷载后不立即重新拉伸,即经过时效处理,则屈服点又进一步提高至 K_1 点,继续拉伸时曲线沿 $K_1C_1D_1$ 发展。钢筋经冷拉时效处理后,屈服强度和极限抗拉强度提高,塑性和韧性则相应降低,且屈服强度和极限抗拉强度提高的幅度略大于冷拉。时效处理对去除冷拉试件的残余应力有积极作用。

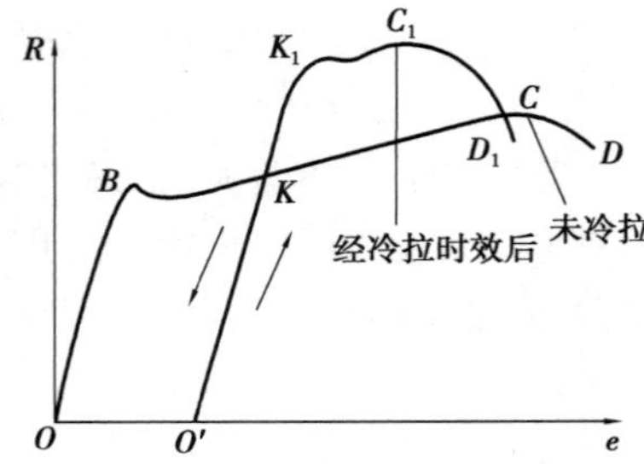

图 6.5 钢筋冷拉时效后应力-应变曲线

6.3.2 钢材的热处理

热处理是将钢材按规定的温度进行加热、保温和冷却处理,以改变其组织,得到所需要的性能的一种工艺。热处理包括淬火、回火、退火和正火。土木工程所用钢材一般只在生产厂进行热处理,并以热处理状态供应。在施工现场,有时需对焊接件进行热处理。

1)淬火

将钢材加热至基本组织改变温度以上,保温使基本组织转变为奥氏体,然后投入水或矿物油中急冷,使晶粒细化,碳的固溶量增加,强度和硬度增加,塑性和韧性明显下降。

2)回火

将比较硬脆、存在内应力的钢,再加热至基本组织改变温度以下(150～650 ℃),保温后按一定制度冷却至室温的热处理方法称为回火。回火后的钢材内应力消除,硬度降低,塑性和韧性得到改善。

3)退火

将钢材加热至基本组织转变温度以下(低温退火)或以上(完全退火),适当保温后缓慢冷却,以消除内应力,减少缺陷和晶格畸变,使钢的塑性和韧性得到改善。

4) 正火

将钢材加热至基本组织改变温度以上,然后在空气中冷却,使晶格细化,钢的强度提高而塑性有所降低。

土木工程常用钢材

6.4 土木工程常用钢材

土木工程常用的钢材主要有钢筋混凝土用钢和钢结构用钢,钢筋混凝土结构用钢包括钢筋、钢丝、钢绞线,钢结构用钢包括钢板、热轧工字钢、槽钢、角钢、H 型钢和钢管等型材。各种钢筋和型钢的性能,主要取决于所用的钢种及其加工方式。土木工程常用钢材主要由碳素结构钢、低合金高强度结构钢和耐候结构钢加工而成。

6.4.1 土木工程常用钢种

1) 碳素结构钢

碳素结构钢通常用于焊接、铆接、栓接工程结构用热轧钢板、钢带、型钢和钢棒。其牌号和化学成分见表 6.2。

表 6.2 碳素结构钢的牌号和化学成分(GB/T 700—2006)

牌号	等级	厚度(或直径)/mm	脱氧方法	化学成分(质量分数)/%,不大于				
				C	Si	Mn	P	S
Q195	—	—	F、Z	0.12	0.30	0.50	0.035	0.040
Q215	A	—	F、Z	0.15	0.35	1.20	0.045	0.050
	B							0.045
Q235	A	—	F、Z	0.22	0.35	1.40	0.045	0.050
	B			0.20[b]				0.045
	C		Z	0.17			0.040	0.040
	D		TZ				0.035	0.035
Q275	A	—	F、Z	0.24	0.35	1.50	0.045	0.050
	B	≤40	Z	0.21			0.045	0.045
		>40		0.22				
	C	—	Z	0.20			0.040	0.040
	D		TZ				0.035	0.035

注:b. 经需方同意,Q235B 的碳含量可不大于 0.22%。

根据《碳素结构钢》(GB/T 700—2006)，碳素结构钢的牌号表达方式为“Q+屈服强度数值+质量等级符号+脱氧程度符号”，如：Q235AF，表示屈服点为235 MPa、质量等级为A级、脱氧程度为沸腾钢的碳素结构钢。按屈服强度分牌号共4个，即Q195、Q215、Q235、Q275。质量等级分为A、B、C、D 4个等级，质量依次由差到好，即A级质量最差、D级质量最好。脱氧程度，分为F、b、Z、TZ 4个等级，依次为沸腾钢、半镇定钢、镇定钢、特殊镇定钢，脱氧程度从不完全到完全。

2)低合金高强度结构钢

低合金高强度结构钢是在碳素结构钢中加入总量小于5%的合金元素而形成的钢种，常用的合金元素有硅、锰、钛、钒、铬、镍和铜等，这些合金元素不仅可以提高钢的强度和硬度，还能改善钢的塑性和韧性。低合金高强度结构钢通常用于一般结构和工程的钢板、钢带、型钢和钢棒。

根据《低合金高强度结构钢》(GB/T 1591—2018)，低合金高强度结构钢牌号的表达方式为“Q+最小上屈服强度数值+交货状态代号+质量等级符号”，如Q355ND，表示屈服强度为355MPa、交货状态为正火或正火轧制、质量等级为D级的低合金高强度结构钢。牌号共8个，即Q355、Q390、Q420、Q460、Q500、Q550、Q620、Q690。质量等级分为B、C、D、E、F 5个等级，质量依次由差到好，即B最差、F最好。交货状态，热轧用AR或WAR标识，可省略；正火或正火轧制均为用N表示。当需方要求钢板具有厚度方向性能时，则上述规定的牌号后加上代表厚度方向(Z向)性能级别的符号，如Q355NDZ25。

低合金高强度结构钢的技术要求，见表6.3—表6.8。热轧钢的牌号、化学成分和碳当量值应符合表6.3和表6.4的要求；正火及正火轧制钢的牌号、化学成分和碳当量值应符合表6.5和表6.6的要求；热机械轧制钢的牌号、化学成分和碳当量值应符合表6.7和表6.8的要求。

表6.3　热轧钢的牌号和化学成分(GB/T 1591—2018)

牌号		化学成分(质量分数)/%														
钢级	质量等级	C[a]		Si	Mn	P[c]	S[c]	Nb[d]	V[e]	Ti[e]	Cr	Ni	Cu	Mo	N[f]	B
		以下公称厚度或直径/mm		不大于												
		≤40[b]	>40													
		不大于														
Q355	B	0.24		0.55	1.60	0.035	0.035	—	—	—	0.30	0.30	0.40	—	0.012	—
Q355	C	0.20	0.22	0.55	1.60	0.030	0.030	—	—	—	0.30	0.30	0.40	—	0.012	—
Q355	D	0.20	0.22	0.55	1.60	0.025	0.025	—	—	—	0.30	0.30	0.40	—	—	—

续表

牌号		化学成分(质量分数)/%													
Q390	B	0.20	0.55	1.70	0.035	0.035	0.05	0.13	0.05	0.30	0.50	0.40	0.10	0.015	—
	C				0.030	0.030									
	D				0.025	0.025									
Q420[g]	B	0.20	0.55	1.70	0.035	0.035	0.05	0.13	0.05	0.30	0.80	0.40	0.30	0.015	—
	C				0.030	0.030									
Q460[g]	C	0.20	0.55	1.80	0.030	0.030	0.05	0.13	0.05	0.30	0.80	0.40	0.20	0.015	0.004

注:a. 公称厚度大于 100 mm 的型钢,碳含量可由供需双方协商确定。

b. 公称厚度大于 30 mm 的钢材,碳含量不大于 0.22%。

c. 对于型钢和棒材,其磷和硫含量上限值可提高 0.005%。

d. Q390、Q420 最高可到 0.07%,Q460 最高可到 0.11%。

e. 最高可到 0.20%。

f. 如果钢中酸溶铝 Als 含量不小于 0.015% 或全铝 Alt 含量不小于 0.020%,或添加了其他固氮合金元素,氮元素含量不作限制,固氮元素应在质量证明书中注明。

[g] 仅适用于型钢和棒材。

表 6.4　热轧状态交货钢材的碳当量(基于熔炼分析)(GB/T 1591—2018)

牌号		碳当量 CEV(质量分数)/% 不大于				
		公称厚度或直径/mm				
钢级	质量等级	≤30	>30~63	>63~150	>150~250	>250~400
Q355[a]	B	0.45	0.47	0.47	0.49[b]	—
	C					—
	D					0.49[c]
Q390	B	0.45	0.47	0.48	—	—
	C					
	D					
Q420[d]	B	0.45	0.47	0.48	0.49[b]	—
	C					
Q460[d]	C	0.47	0.49	0.49	—	—

注:a. 当需对硅含量控制时(例如热浸镀锌涂层),为达到抗拉强度要求而增加其他元素如碳和锰的含量,表中最大碳当量值的增加应符合下列规定。

对于 Si≤0.030%,碳当量可提高 0.02%。

对于 Si≤0.25%,碳当量可提高 0.01%。

b. 对于型钢和棒材,其最大碳当量可到 0.54%。

c. 只适用于质量等级为 D 的钢板。

d. 只适用于型钢和棒材。

表 6.5　正火、正火轧制钢的牌号及化学成分(GB/T 1591—2018)

牌号		化学成分(质量分数)/%													
钢级	质量等级	C	Si	Mn	P[a]	S[a]	Nb	V	Ti[c]	Cr	Ni	Ca	Mo	N	Als[d]
		不大于			不大于					不大于					不小于
Q355N	B	0.20	0.50	0.90～1.65	0.035	0.035	0.005～0.05	0.01～0.12	0.006～0.05	0.30	0.50	0.40	0.10	0.015	0.015
	C				0.030	0.030									
	D				0.030	0.025									
	E	0.18			0.025	0.020									
	F	0.16			0.020	0.010									
Q390N	B	0.20	0.50	0.90～1.70	0.035	0.035	0.01～0.05	0.01～0.20	0.006～0.05	0.30	0.50	0.40	0.10	0.015	0.015
	C				0.030	0.030									
	D				0.030	0.025									
	E				0.025	0.020									
Q420N	B	0.20	0.60	1.00～1.70	0.035	0.035	0.01～0.05	0.01～0.20	0.005～0.05	0.30	0.60	0.40	0.10	0.015	0.015
	C				0.030	0.030									
	D				0.030	0.025								0.025	
	E				0.025	0.020									
Q460N[b]	C	0.20	0.50	1.00～1.70	0.030	0.030	0.01～0.05	0.01～0.20	0.006～0.05	0.30	0.80	0.40	0.10	0.015	0.015
	D				0.030	0.025								0.025	
	E				0.025	0.020									

注:钢中应至少含有铝、铌、钒、钛等细化晶粒元素中一种。单独或组合加入时,应保证其中至少一种合金元素含量不小于表中规定含量的下限。

a. 对于型钢和棒材,磷和硫含量上限值可提高 0.005%。

b. V+Nb+Ti≤0.22%,Mo+Cr≤0.30%。

c. 最高可到 0.20%。

d. 可用全铝 Als 替代,此时全铝最小含量为 0.020%。当钢中添加了铌、钒、钛等细化晶粒元素且含量不小于表中规定含量的下限时,铝含量下限值不限。

表 6.6　正火、正火轧制状态交货钢材的碳当量(基于熔炼分析)(GB/T 1591—2018)

牌号		碳当量 CEV(质量分数)/%			
钢级	质量等级	公称厚度或直径/mm			
		≤63	>63～100	>100～250	>250～400
Q355N	B、C、D、E、F	0.43	0.45	0.45	协议
Q390N	B、C、D、E	0.46	0.48	0.49	协议
Q420N	B、C、D、E	0.48	0.50	0.52	协议
Q460N	C、D、E	0.53	0.54	0.55	协议

表6.7　热机械轧制钢的牌号及化学成分(GB/T 1591—2018)

牌号		化学成分(质量分数)/%														
钢级	质量等级	C	Si	Mn	P[a]	S[a]	Nb	V	Ti[b]	Cr	Ni	Ca	Mo	N	B	Als[c]
		不大于														不小于
Q355M	B	0.14[d]	0.50	1.60	0.035	0.035	0.01～0.05	0.01～0.10	0.006～0.05	0.30	0.50	0.40	0.10	0.015	—	0.015
	C				0.030	0.030										
	D				0.030	0.025										
	E				0.025	0.020										
	F				0.020	0.010										
Q390M	B	0.15[d]	0.50	1.70	0.035	0.035	0.01～0.05	0.01～0.12	0.006～0.05	0.30	0.50	0.40	0.10	0.015	—	0.015
	C				0.030	0.030										
	D				0.030	0.025										
	E				0.025	0.020										
Q420M	B	0.16[b]	0.50	1.70	0.035	0.035	0.01～0.05	0.01～0.12	0.006～0.05	0.30	0.80	0.40	0.20	0.015	—	0.015
	C				0.030	0.030										
	D				0.030	0.025								0.025		
	E				0.025	0.020										
Q460M	C	0.16[d]	0.60	1.70	0.030	0.030	0.01～0.05	0.01～0.12	0.006～0.05	0.30	0.80	0.40	0.20	0.015	—	0.015
	D				0.030	0.025								0.025		
	E				0.025	0.020										
Q500M	C	0.18	0.60	1.80	0.030	0.030	0.01～0.11	0.01～0.12	0.006～0.05	0.60	0.80	0.55	0.20	0.015	0.004	0.015
	D				0.030	0.025								0.025		
	E				0.025	0.020										
Q550M	C	0.18	0.60	2.00	0.030	0.030	0.01～0.11	0.01～0.12	0.006～0.05	0.80	0.80	0.80	0.30	0.015	0.004	0.015
	D				0.030	0.025								0.025		
	E				0.025	0.020										
Q620M	C	0.18	0.60	2.60	0.030	0.030	0.01～0.11	0.01～0.12	0.006～0.05	1.00	0.80	0.80	0.30	0.015	0.004	0.015
	D				0.030	0.025								0.025		
	E				0.025	0.020										
Q690M	C	0.18	0.60	2.00	0.030	0.030	0.01～0.11	0.01～0.12	0.006～0.05	1.00	0.80	0.80	0.30	0.015	0.004	0.015
	D				0.030	0.025								0.025		
	E				0.025	0.020										

注:钢中应至少含有铝、铌、钒、钛等细化晶粒元素中一种,单独或组合加入时,应保证其中至少一种合金元素含量不小于表中规定含量的下限。

a. 对于型钢和棒材。磷和硫含量可以提高0.005%。

b. 最高可到0.20%。

c. 可用全铝Als替代。此时全铝最小含量为0.020%,当钢中添加了铌、钒、钛等细化晶粒元素且含量不小于表中规定含量的下限时,铝含量下限值不限。

d. 对于型钢和棒材,Q355M、Q390M、Q420M和Q460M的最大碳含量可提高0.02%。

表 6.8　热机械轧制或热机械轧制加回火状态交货钢材的碳当量及焊接裂纹敏感性指数（基于熔炼分析）(GB/T 1591—2018)

牌号		碳当量 CEV（质量分数）/% 不大于					焊接裂纹敏感性指数 Pcm（质量分数）/% 不大于
钢级	质量等级	公称厚度或直径/mm					
		≤16	>16～40	>40～63	>63～120	>120～150[a]	
Q355M	B、C、D、E、F	0.39	0.39	0.40	0.45	0.45	0.20
Q390M	B、C、D、E	0.41	0.43	0.44	0.46	0.46	0.20
Q420M	B、C、D、E	0.43	0.45	0.46	0.47	0.47	0.20
Q460M	C、D、E	0.45	0.46	0.47	0.48	0.48	0.22
Q500M	C、D、E	0.47	0.47	0.47	0.48	0.48	0.25
Q550M	C、D、E	0.47	0.47	0.47	0.48	0.48	0.25
Q620M	C、D、E	0.48	0.48	0.48	0.49	0.49	0.25
Q690M	C、D、E	0.49	0.49	0.49	0.49	0.49	0.25

注：a. 仅适用于棒材。

3）耐候结构钢

耐候结构钢是通过添加少量合金元素如 Cu、P、Cr、Ni 等，使其在金属基体表面形成保护层，以提高耐大气腐蚀性能的钢。耐候结构钢的分类、牌号、生产方式、用途，见表 6.9。

表 6.9　耐候结构钢的分类及用途（GB/T 4171—2008）

类别	牌号	生产方式	用途
高耐候钢	Q295GNH、Q355GNH	热轧	车辆、集装箱、建筑、搭架或其他结构用，比焊接耐候钢具较好的耐大气腐蚀性能
	Q265GNH、Q310GNH	冷轧	
焊接耐候钢	Q235NH、Q295NH、Q355NH、Q415NH、Q460NH、Q500NH、Q550NH	热轧	车辆、桥梁、集装箱、建筑或其他结构，比高耐候钢具较好的焊接性能

6.4.2　土木工程常用钢材

土木工程中钢材主要用于混凝土结构工程和钢结构工程。

1）混凝土结构用钢材

混凝土结构，是以混凝土为主制成的结构，包括素混凝土结构、钢筋混凝土结构和预应力混凝土结构。素混凝土结构指无筋或不配置受力钢筋的混凝土结构，钢筋混凝土结构指配置受力普通钢筋的混凝土结构，预应力混凝土结构指配置受力的预应力筋通过张拉或其他方法建立预加应力的混凝土结构。

混凝土结构用钢材分为普通钢筋和预应力筋。普通钢筋指用于混凝土结构构件中的各种非预应力筋的总称；普通钢筋有 4 种：热轧光圆钢筋 HPB300；普通热轧带肋钢筋 HRB335、HRB400、HRB500；细晶粒热轧带肋钢筋 HRBF400、HRBF500；余热处理带肋钢筋 RRB400。预应力筋指用于混凝土结构构件中施加预应力的钢丝、钢绞线和预应力螺纹钢筋等的总称；预应力筋有预应力钢丝、钢绞线，预应力螺纹钢筋。

（1）热轧光圆钢筋

根据《钢筋混凝土用钢第 1 部分：热轧光圆钢筋》（GB/T 1499.1—2017），热轧光圆钢筋牌号的构成及其含义，见表 6.10，热轧光圆钢筋仅有一个牌号 HPB300，其中 H 是英文单词 hot 热的缩写、P 是英文单词 plain 光平的缩写、B 是英文单词 bar 钢筋的缩写、300 是屈服强度为 300 MPa。

表 6.10　热轧光圆钢筋牌号的构成及其含义（GB/T 1499.1—2017）

产品名称	牌号	牌号构成	英文字母含义
热轧光圆钢筋	HPB300	由 HPB+屈服强度特征值构成	HPB——热轧光圆钢筋的英文（Hot rolled Plain Bars）缩写

热轧光圆钢筋具有强度低、塑性好、伸长率高，便于弯折成形，易焊接等特点。主要用于小规格梁柱的箍筋与其他混凝土构件的构造配筋；可用作中小型钢筋混凝土结构的主要受力钢筋、构件箍筋及钢、木结构的拉杆等。

（2）热轧带肋钢筋

根据《钢筋混凝土用钢第 2 部分：热轧带肋钢筋》（GB/T 1499.2—2018），热轧带肋钢筋是用低合金钢轧制而成，分为普通热轧钢筋和细晶粒热轧钢筋，其牌号的构成及其含义，见表 6.11，其中 H 是英文单词 hot 热的缩写、R 是英文单词 rolled 带肋的缩写、B 是英文单词 bar 钢筋的缩写、F 是英文单词 fine 细小的缩写、数值 400、500、600 是屈服强度特征值。

表 6.11　热轧带肋钢筋牌号的构成及其含义（GB/T 1499.2—2018）

<table>
<tr><th>类别</th><th>牌号</th><th>牌号构成</th><th>英文字母含义</th></tr>
<tr><td rowspan="5">普通热轧钢筋</td><td>HRB400</td><td rowspan="3">由 HRB+屈服强度特征值构成</td><td rowspan="5">HRB——热轧带肋钢筋的英文（Hot rolled Ribbed Bars）缩写。
E——“地震”的英文（Earthquake）首位字母</td></tr>
<tr><td>HRB500</td></tr>
<tr><td>HRB600</td></tr>
<tr><td>HRB400E</td><td rowspan="2">由 HRB+屈服强度特征值+E 构成</td></tr>
<tr><td>HRB500E</td></tr>
<tr><td rowspan="4">细晶粒热轧钢筋</td><td>HRBF400</td><td rowspan="2">由 HRBF+屈服强度特征值构成</td><td rowspan="4">HRBF——在热轧带肋钢筋的英文缩写后加“细”的英文（Fine）首位字母。
E——“地震”的英文（Earthquake）首位字母</td></tr>
<tr><td>HRBF500</td></tr>
<tr><td>HRBF400E</td><td rowspan="2">由 HRBF+屈服强度特征值+E 构成</td></tr>
<tr><td>HRBF500E</td></tr>
</table>

热轧带肋钢筋的强度、塑性、焊接性能均较好，钢筋表面带有纵肋和横肋，从而加强了钢筋与混凝土之间的握裹力；主要用于钢筋混凝土结构的受力钢筋，比使用热轧光圆钢筋节省钢材40%～50%。

(3)余热处理钢筋

根据《钢筋混凝土用余热处理钢筋》(GB/T 13014—2013)，余热处理钢筋是热轧后利用热处理原理进行表面控制冷却，并利用芯部余热自身完成回火处理所得的成品钢筋。其牌号的构成及其含义见表6.12，其中RRB是余热处理钢筋的英文缩写、W是焊接英文缩写、数值400、500是屈服强度特征值。

表6.12　余热处理钢筋牌号的构成及其含义(GB/T 13014—2013)

类别	牌号	牌号构成	英文字母含义
余热处理钢筋	RRB400 RRB500	由RRB+规定的屈服强度特征值构成	RRB——余热处理筋的英文缩写， W——焊接的英文缩写
	RRB400W	由RRB+规定的屈服强度特征值构成+可焊	

余热处理钢筋由轧制钢筋经高温淬火、余热处理后提高强度，资源能源消耗低、生产成本低；其延性、可焊性、机械连接性能及施工适应性也相应降低，一般可用于对变形性能及加工性能要求不高的构件中，如延性要求不高的基础、大体积混凝土、楼板以及次要的中小结构构件等。

(4)预应力混凝土用钢丝

根据《预应力混凝土用钢丝》(GB/T 5223—2014)和《预应力混凝土用中强度钢丝》(GB/T 30828—2014)，预应力混凝土用钢丝是以热轧盘条为原料，经冷加工或冷加工后进行连续的稳定化处理制成的。按加工状态分为冷拉钢丝和消除应力低松弛钢丝、代号分别为WCD和WLD；按外形分为光圆钢丝、螺旋肋钢丝和刻痕钢丝，代号分别为P、H和I。

性能特点，强度高，按抗拉强度分为650、800、970、1 270、1 370 MPa 5个级别；公称直径4～14 mm，适于先张法和后张法制造高效能混凝土结构。

(5)预应力混凝土用钢绞线

根据《预应力混凝土用钢绞线》(GB/T 5224—2014)，钢绞线是用2根、3根、7根、19根冷拉光圆钢丝及刻痕钢丝捻制而成，钢绞线按结构分为以下8类，结构代号为：

①用两根钢丝捻制的钢绞线，1×2。

②用3根钢丝捻制的钢绞线，1×3。

③用3根刻痕钢丝捻制的钢绞线，1×4I。

④用7根钢丝捻制的标准型钢绞线，1×7。

⑤用6根刻痕钢丝和1根光圆中心钢丝捻制的钢绞线，1×7I。

⑥用7根钢丝捻制又经模拔的钢绞线，(1×7)C。

⑦用19根钢丝捻制的1+9+9西鲁式钢绞线，1×19S。

⑧用19根钢丝捻制的1+6+6/6瓦林吞式钢绞线，1×19W。

钢绞线具有强度高、柔性好、无接头等优点，且质量稳定，安全可靠，主要用于大跨度梁、大型屋架、吊车梁、电杆等构件的预应力筋。

(6)预应力混凝土用螺纹钢筋

根据《预应力混凝土用螺纹钢筋》(GB/T 20065—2016)，预应力混凝土用螺纹钢筋等级代号级别及力学性能，见表6.13，其中PSB是预应力螺纹钢筋的英文缩写，数值785、830、930、1 080、1 200是屈服强度最小值，按屈服强度分为5个等级，公称直径为15～75 mm共12个规格。

表6.13　预应力螺纹钢筋等级代号级别及力学性能(GB/T 20065—2016)

级别	屈服强度[a] R_{eL}/MPa	抗拉强度 R_m/MPa	断后伸长率 A/%	最大力下总伸长率 A_{gt}/%	应力松弛性能	
					初始应力	1 000 h后应力松弛率 V_r/%
	不小于					
PSB785	785	980	8	3.5	$0.7R_m$	≤4.0
PSB830	830	1 030	7			
PSB930	930	1 080	7			
PSB1080	1 080	1 230	6			
PSB1200	1 200	1 330	6			

a 无明显屈服时，用规定非比例延伸强度($R_{po.2}$)代替。

2)钢结构用钢材

根据《钢结构设计标准》(GB 50017—2017)，钢结构用钢材主要是各种热轧型材，包括热轧钢板、热轧型钢、热轧H型钢和剖分T型钢以及热轧钢管。热轧钢板，主要有厚度6～200 mm的Q345GJ，厚度6～150 mm的Q235GJ、390GJ、Q420GJ、Q460GJ，厚度12～40 mm的Q500GJ、Q550GJ、Q620GJ、Q690GJ；热轧型钢主要有工字钢、槽钢、角钢。

(1)钢板

根据《建筑结构用钢板》(GB/T 19879—2015)、《厚度方向性能钢板》(GB/T 5313—2010)，钢板牌号和性能要求如下：

牌号表示方法：如Q345GJC，Q345GJCZ25，其中，Q-屈服强度的汉语拼音字母，345-规定的最小屈服强度数值，GJ-高性能建筑结构用钢的汉语拼音，C-质量等级，B、C、D、E，Z25-厚度方向性能级别，Z15、Z25、Z35。

技术性能：主要有化学成分、碳当量，拉伸性能、冲击性能、弯曲性能。特别是，对厚度方向性能钢板即Z向钢板，有磷、硫含量限制和收缩率值限制，具体见表6.14。

表 6.14　厚度方向性能钢板级别及部分技术要求(GB/T 5313—2010)

厚度方向性能级别	断面收缩率 Z/%		硫含量(质量分数)/%	磷含量(质量分数)/%
	3 个试样的最小平均值	单个试样的最小值		
Z15	15	10	≤0.010	≤0.02
Z25	25	15	≤0.007	
Z35	35	25	≤0.005	

(2)型钢

根据《热轧型钢》(GB/T 706—2016)、《热轧 H 型钢和剖分 T 型钢》(GB/T 11263—2017),主要有工字钢、槽钢、角钢、H 型钢、T 型钢,其截面示意图如图 6.6 所示。

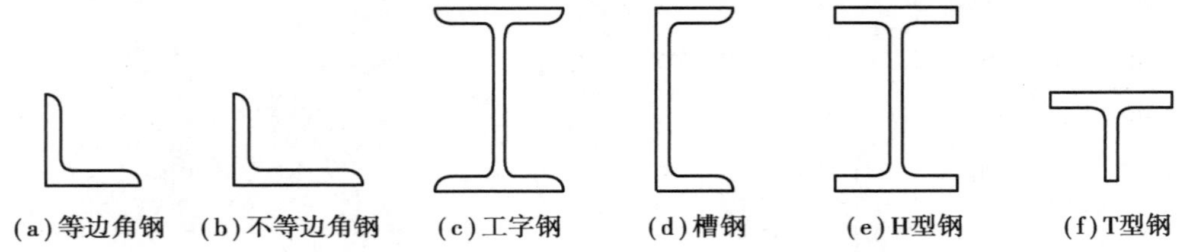

图 6.6　各种型钢截面示意图

型钢规格表示方法如下:

工字钢:“I”与 高度值×腿宽度值×腰厚度值

如:I 450×150×11.5(简记为I 45a)

槽钢:“[”与 高度值×腿宽度值×腰厚度值

如:[200×75×9(简记为[20b)

角钢:“∟”与 边宽度值×边宽度值×边厚度值

如:∟160×100×16

H 型钢:类别(HW、HM、HN、HT)与高度值×宽度值

如:HW300×300

T 型钢:类别(TW、TM、TN)与高度值×宽度值

如:TW150×300

型钢技术性能,主要有尺寸外形、拉伸性能、弯曲性能、冲击性能。型钢性能检验项目由化学成分(熔炼分析)、拉伸试验、弯曲试验、冲击试验、表面质量、尺寸、外形、重量偏差,具体可参照《热轧型钢》(GB/T 706—2016)、《热轧 H 型钢和剖分 T 型钢》(GB/T 11263—2017)。

(3)钢管

根据《结构用无缝钢管》(GB/T 8162—2018)、《建筑结构用冷成型焊接圆钢管》(JG/T 381—2012)和《建筑结构用冷弯矩形钢管》(JG/T 178—2005),建筑用钢管主要有无缝钢管和焊接钢管。无缝钢管,是由优质碳素结构钢、低合金高强度结构钢采用热轧(扩)或冷拔(轧)无缝方法制造。焊接钢管,是由优质碳素结构钢、高性能结构钢、厚度方向性能钢板或钢带冷弯成型圆形管坯后,并直缝对接焊接制造的钢管。

钢管标记,由代号 JY、钢材牌号与质量等级、钢管直径×壁厚×长度及标准号组成。如 JY Q345B-1800×50×6000-JG/T381-2012,表示钢材牌号为 Q345B、外径 1 800 mm、壁厚 50 mm、长度 6 000 mm 的钢管。

性能要求及检验主要有外形尺寸、力学性能、焊缝质量,可参照《结构用无缝钢管》(GB/T 8162—2018)、《建筑结构用冷成型焊接圆钢管》(JG/T 381—2012)和《建筑结构用冷弯矩形钢管》(JG/T 178—2005)。

钢管多用于高耸结构构件、塔桅、桁架,也可用于制作钢管混凝土。钢管混凝土是指在钢管内浇筑混凝土而形成的构件,可使构件承载力大大提高,且具有良好的塑性和韧性,经济效果显著,施工简单、工期短;钢管混凝土可用于厂房柱、构架柱、地铁站台柱、塔柱和高层建筑等。

6.4.3 土木工程钢材选用

①土木工程钢材选用的基本原则:钢材的选用应遵循技术可靠、经济合理的原则,综合考虑结构的重要性、荷载特征、结构形式、应力状态、连接方法、工作环境、钢材厚度和价格等因素,选用合适的钢材牌号和材性保证项目。

②主要考虑技术指标:机械性能,包括屈服点、抗拉强度、伸长率;化学成分,包括硫、磷、碳。

③承重结构用钢材应具有屈服强度、抗拉强度、断后伸长率和硫、磷含量的合格保证,对焊接结构还应具有碳当量的合格保证。

④焊接承重结构以及重要的非焊接承重结构用钢材应具有冷弯试验合格保证。

⑤对直接承受动力荷载或需验算疲劳的构件用钢材应具有冲击韧性的合格保证。

⑥焊接结构:焊接结构用钢质量等级不应低于 B 级;工作温度为 0 ~ 20 ℃时,Q235、Q345 钢不应低于 C 级,Q390、Q420 及 Q460 钢不应低于 D 级;工作温度不高于-20 ℃时, Q235、Q345 钢不应低 D 级,Q390、Q420 及 Q460 钢不应低于 E 级。

⑦需验算疲劳的非焊接结构,钢材质量等级不应低于 B 级。

⑧采用塑性设计的结构及进行弯矩调幅的构件,钢材屈强比不应大于 0.85,伸长率不应小于 20%。钢管结构中管材屈强比不宜大于 0.8。

⑨将 400 MPa、500 MPa 级高强热轧带肋钢筋作为纵向受力的主导钢筋推广应用,尤其是梁、柱和斜撑构件的纵向受力配筋应优先采用 400 MPa、500 MPa 级高强钢筋,500 MPa 级高强钢筋用于高层建筑的柱、大跨度与重荷载梁的纵向受力配筋更为有利。

⑩近年来,我国强度高、性能好的预应力筋(钢丝、钢绞线)已可充分供应,故冷加工钢筋不再列入混凝土结构设计。

6.5 建筑钢材的防护

建筑钢材的防护

建筑钢材的防护主要包括防腐、防火和隔热 3 个方面的内容。建筑钢材的防腐,包括建筑钢材的腐蚀危害、腐蚀原因及常用防腐措施;建筑钢材的防火,包括建筑钢材耐火性质和常用防火措施;建筑钢材的隔热,包括建筑钢材高温下性能劣化现象和常用隔热措施。

6.5.1 建筑钢材的防腐

建筑钢材表面与周围介质接触，发生化学反应、电化学反应导致钢材锈蚀等腐蚀。

1）腐蚀危害

腐蚀不仅使钢材有效截面减小，还会产生局部锈坑，引起应力集中，显著降低钢材强度、塑性、韧性等力学性能。尤其在冲击荷载、循环交变荷载作用下，将产生锈蚀疲劳现象，使钢材的疲劳强度大为降低，甚至出现脆性断裂，影响钢筋混凝土结构的使用寿命。

建筑钢材腐蚀一般是通过大气环境腐蚀，或与液态腐蚀性物质或固态腐蚀性物质接触产生腐蚀，其中大气环境对建筑钢结构的腐蚀等级见表6.15，分为无腐蚀、弱腐蚀、轻腐蚀、中腐蚀、较强腐蚀、强腐蚀6个腐蚀性等级，对应不同的腐蚀速率。

表6.15 大气环境对建筑钢结构长期作用下的腐蚀性等级（JGJ/T 251—2011）

腐蚀类型		腐蚀速率 /（mm·a^{-1}）	腐蚀环境		
腐蚀性等级	名称		大气环境气体类型	年平均环境相对湿度/%	大气环境
Ⅰ	无腐蚀	<0.001	A	<60	乡村大气
Ⅱ	弱腐蚀	0.001～0.025	A	60～75	乡村大气
			B	<60	城市大气
Ⅲ	轻腐蚀	0.025～0.05	A	>75	乡村大气
			B	60～75	城市大气
			C	<60	工业大气
Ⅳ	中腐蚀	0.05～0.2	B	>75	城市大气
			C	60～75	工业大气
			D	<60	海洋大气
Ⅴ	较强腐蚀	0.2～1.0	C	>75	工业大气
			D	60～75	海洋大气
Ⅵ	强腐蚀	1.0～5.0	D	>75	海洋大气

2）腐蚀的原因/作用

建筑钢材腐蚀的原因或作用主要有3种，即化学腐蚀、电化学腐蚀和应力腐蚀。

（1）化学腐蚀

化学腐蚀是指钢材与周围介质，如O_2、CO_2、H_2O、SO_2等，直接发生化学反应，生成疏松的氧化物而引起的腐蚀，也指与环境中的湿度、氧，介质中的酸、碱、盐发生一系列化学反应，伴随着体积增大，可达原体积的6倍，如图6.7所示。一些卤素离子特别是Cl^-，能破坏钢材钝化膜FeO，促进锈蚀反应，加速钢材锈蚀。

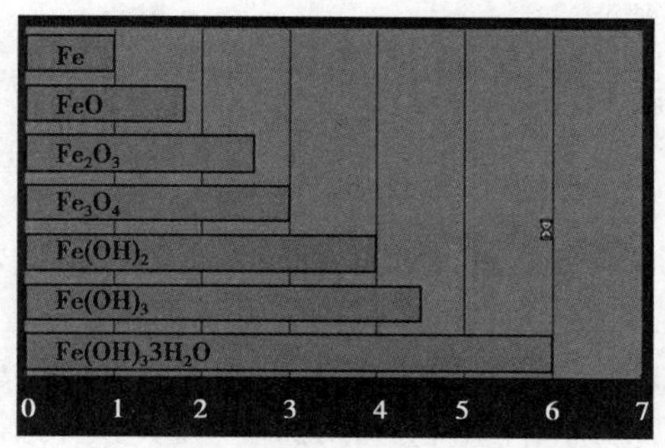

图 6.7 锈蚀产物体积增加的比例

(2)电化学腐蚀

由于钢材本身组成上的原因和杂质的存在,在表面介质的作用下,各成分电极电位的不同,形成许多微小的局部原电池而产生电化学腐蚀。水是弱电解质溶液,而溶有 CO_2 的水则成为有效的电解质溶液,从而加速电化学腐蚀过程。腐蚀条件和腐蚀过程如下:

①腐蚀条件。

电解质溶液——水、溶有 CO_2 的水

局部原电池——不同元素和杂质

②腐蚀过程。

阳极区:$Fe = Fe^{2+} + 2e$

阴极区:$2H_2O + 2e + \frac{1}{2}O_2 = 2OH^- + H_2O$

溶液区:$Fe^{2+} + 2OH^- = Fe(OH)_2$

$4Fe(OH)_2 + O_2 + 2H_2O = 4Fe(OH)_3$

电化学腐蚀条件须有电解质溶液和局部原电池,腐蚀过程为铁元素失去了电子成为 Fe^{2+} 进入介质溶液,与溶液中的 OH^- 离子结合生成 $Fe(OH)_2$,进一步氧化成疏松易剥落的红棕色铁锈 $Fe(OH)_3$。

钢材在大气中的腐蚀,实际上是化学腐蚀和电化学腐蚀共同作用所致,但以电化学腐蚀为主。

(3)应力腐蚀

钢材在应力状态下腐蚀加快的现象,称为应力腐蚀。所以,钢筋冷弯处、预应力钢筋等都会因应力存在而加速腐蚀。

3)防腐措施

防腐的基本思路或技术途径,一是针对腐蚀原因和途径,切断产生腐蚀的途径,使腐蚀条件不充分从而不发生腐蚀,二是增加钢材本身抵抗腐蚀的能力。具体措施如下:

①防腐蚀涂料。常用底漆有红丹、环氧富锌漆、铁红环氧底漆等,面漆有灰铅漆、醇酸磁漆、酚醛磁漆等。

②各种工艺形成的锌铝等金属保护层,如在钢材表面镀锌、镀锡、镀铬。

③阴极保护措施,即针对电化学腐蚀的主动牺牲阴极保护法。

④耐候钢。在钢材冶炼成型生产过程中加入铜、铬、镍等合金元素,从材质的角度达到提

高抵抗腐蚀的能力。

⑤混凝土保护。确保保护层厚度,限制氯离子外加剂及加入防锈剂等方法。

可将以上方法进行组合应用。比如港珠澳大桥,处在低氧、高湿、高盐度的海洋环境中,钢材极易腐蚀,再加之港珠澳大桥设计寿命120年,打破了国内大桥的"百年惯例",对钢材耐腐蚀性要求更高。港珠澳大桥用钢材,采用了高性能环氧涂层处理、牺牲阳极、选用耐候钢等技术措施。在钢材表面进行环氧涂层的处理,对钢材表面质量和外形质量要求都非常高,所用钢材不能有尖角、毛刺或其他影响涂层质量的缺陷,并要避免油、脂或漆等的污染,而且要想使涂层与钢材形成熔融结合在恶劣条件下不剥落,对涂装工艺也是相当有考究的。

6.5.2 建筑钢材的防火

1)钢材抵抗火灾能力及要求

钢材是不燃性材料,但并不表明钢材能够抵抗火灾。耐火试验与火灾案例表明,无保护层的钢柱、钢梁,耐火极限0.25 h。耐火极限指在标准耐火试验条件下、建筑构配件或结构从受火作用起至失去承载力、完整性或隔热性时为止所用时间、用h表示。

200 ℃以内,可以认为钢材的性能基本不变。超过300 ℃,钢材弹性模量、屈服强度、极限强度显著减低,应变急剧增大。400~500 ℃,钢材强度急剧下降,弹性模量约为常温时50%。600 ℃左右约15 min,钢材强度降低50 %。700 ℃,钢材基本失去承载能力。弹性模量约为常温时20%。

钢结构的抗火性能较差,其原因主要有两个方面:一是钢材热传导系数很大,火灾下钢构件升温快;二是钢材强度随温度升高而迅速减低,致使钢结构不能承受外部荷载作用而失效破坏。

根据《建筑设计防火规范(2018版)》(GB 50016—2014)对不同类型、不同耐火等级建筑构件的耐火极限有明确要求,见表6.16,耐火极限要求为0.50~3.00 h,而无防火保护的钢结构的耐火时间通常仅为15~20 min,达不到规定的设计耐火极限要求,因此需要进行防火保护。

表6.16 不同耐火等级建筑相应构件的耐火极限(h)(GB 50016—2014)

构件名称	耐火等级			
	一级	二级	三级	四级
柱	3.00	2.50	2.00	0.50
梁	2.00	1.50	1.00	0.50
楼板	1.50	1.00	0.50	—
屋顶承重构件	1.50	1.00	0.50	—

2)钢材防火保护措施

钢结构防火保护的基本原理是采用绝热或吸热材料,阻隔火焰和热量,降低钢结构的升温速率。防火措施以包覆法为主,即以防火涂料、不燃性板材或混凝土和砂浆将钢构件包裹起来。

钢材常用防火保护措施有:喷涂(抹涂)防火涂料,包覆防火板,包覆柔性毡状隔热材料,外包混凝土、金属网抹砂浆或砌筑砌体。

各防火措施特点及要求:

①喷涂(抹涂)防火涂料时,室内隐蔽构件,宜选用非膨胀性防火涂料;设计耐火极限大于1.50 h的构件,不宜选用膨胀型防火涂料;室外半室外钢结构采用膨胀型防火涂料时,应选用符合环境对其性能要求的产品。

②包覆防火板时,防火板应为不燃材料,且受火灾时不应出现炸裂和穿透裂缝等现象;防火板的包覆应根据构件形状和所处部位进行构造设计,并应采取确保安装牢固稳定的措施;固定防火板的龙骨及黏结剂应为不燃材料;龙骨应便于与构件及防火板连接,黏结剂在高温下应能保持一定的强度,并能保证防火板的包敷完整。

③包覆柔性毡状隔热材料时,不能应用于易受潮或受水的钢结构;在自重作用下,毡状材料不应发生压缩不均的现象。

④外包混凝土、金属网抹砂浆或砌筑砌体时,当采用外包混凝土时,混凝土的强度等级不宜低于C20;当采用外包金属网抹砂浆时、砂浆的强度等级不宜低于M5,金属丝网的网格不宜大于20 mm、丝径不宜小于0.6 mm,砂浆最小厚度不宜小于25 mm;当采用砌筑砌体时、砌块的强度等级不宜低于MU10。

6.5.3 建筑钢材的隔热

1)建筑钢材隔热的必要性

建筑钢材在高温的持续作用下,承载力和抵抗变形能力降低,主要体现在下述两方面。第一,高温作用,高温环境下的钢结构温度超过100 ℃长期作用时,产生的温度效应,包括结构的热膨胀效应和高温对钢结构材料的力学性能影响。第二,高温工作环境下的温度作用是一种持续作用,与火灾这类短期高温作用有所不同。在这种持续高温下的结构钢的力学性能与火灾高温下结构钢的力学性能也不完全相同,主要体现在蠕变和松弛上。对于长时间高温环境下的钢结构,钢结构的温度超过100 ℃时,高温下钢材的强度和弹性模量有不同程度的降低,温度越高持续时间越长降低得越多,换句话说在长期高温作用下钢材和钢结构承载能力下降。所以高温作用下需要对钢材和钢结构进行隔热保护。

2)建筑钢材隔热防护措施

高温环境下的钢结构温度超过100 ℃时,应进行结构温度作用验算,并应根据不同情况采取防护措施。

①当钢结构可能受到炽热熔化金属的侵害时,应采用砌块或耐热固体材料做成的隔热层加以保护。

②当钢结构可能受到短时间的火焰直接作用时,应采用加耐热隔热涂层、热辐射屏蔽等隔热防护措施。

③当高温环境下钢结构的承载力不满足要求时,应采取增大构件截面、采用耐火钢或采用加耐热隔热涂层、热辐射屏蔽、水套隔热降温措施等隔热降温措施。

④当高强度螺栓连接长期受热达 150 ℃以上时，应采用加耐热隔热涂层、热辐射屏蔽等隔热防护措施。

⑤钢结构的隔热保护措施在相应的工作环境下应具有耐久性，并与钢结构的防腐、防火保护措施相容。

本章总结框图

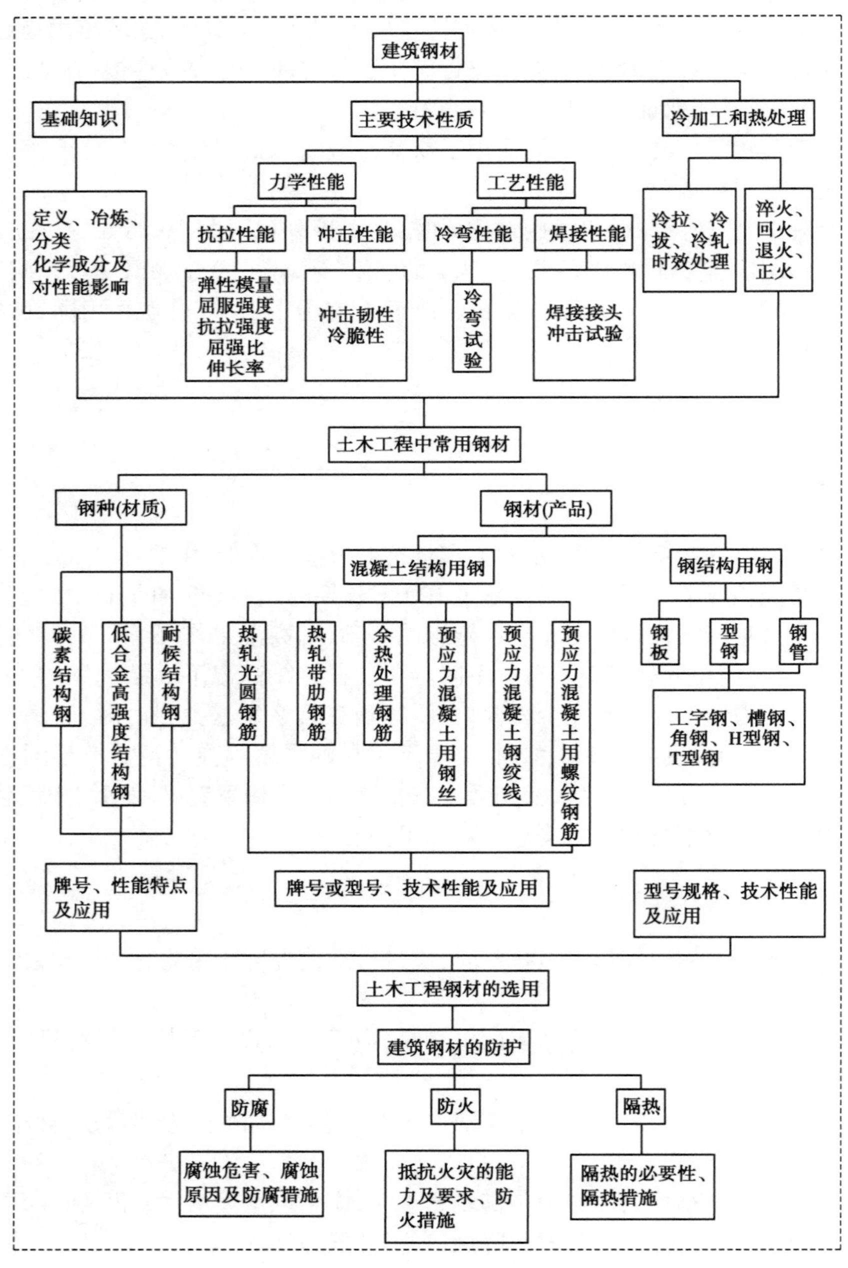

问题导向讨论题

问题1:120年设计寿命，港珠澳大桥用的钢材有什么“特异功能”？从港珠澳大桥工程环境和结构要求分析需求,以及从钢材性能和处理技术分析技术措施。

问题2:目前工程中常用钢材牌号、关注指标、价格、市场情况等？通过资料调研或实际工程调研。

分组讨论要求:每组4~6人,设组长1人,负责明确分工和协助要求,并指定人员代表小组发言交流。

思考练习题

6.1 钢材的碳、硫、磷含量对其各项技术性能有何影响?

6.2 简述低碳钢拉伸试验中应力应变变化特点及涉及的技术指标?

6.3 钢材冷加工的强化机理?

6.4 钢材的时效处理指的是什么性能?

6.5 钢材的热处理方式及特点?

6.6 土木工程中常用的钢材种类有哪些？并简述其牌号及性能特点。

6.7 混凝土结构中常用钢材有哪些？并简述其牌号及性能特点。

6.8 钢结构中常用钢材有哪些？并简述其型号及性能特点。

6.9 简述土木工程中钢材的选用原则。

6.10 简述钢材的腐蚀作用及防腐措施。

6.11 简述建筑钢材耐火性能及防火措施。

6.12 简述钢材防火和隔热的相关性和区别。

6.13 从设计标准和施工验收标准中,梳理钢筋混凝土用钢和钢结构用钢的主要技术指标。

7

墙体材料与屋面材料

<table>
<tr><td rowspan="3">本章导读</td><td>内容及要求</td><td>介绍了常见墙体材料烧结砖、建筑砌块、建筑墙板以及常见的屋面材料屋面瓦和屋面板。通过本章学习，能够说明墙体材料和屋面材料的种类，能够解释常用墙体材料和屋面材料的性能及应用特点；能够说明墙体材料和屋面材料的发展趋势。</td></tr>
<tr><td>重点</td><td>常用烧结砖、建筑砌块、建筑墙板的性能及应用特点。</td></tr>
<tr><td>难点</td><td>新型墙体材料层出不穷，各自相应的技术性能和应用特点。</td></tr>
</table>

墙体材料在建筑中起承重、围护、分隔空间、保温隔热、隔声等作用，屋面材料主要起防水、保温隔热、遮阳等作用。墙体材料用量大，种类繁多，通常分为砖、砌块、墙板；屋面材料通常分为屋面瓦和屋面板。

随着建筑节能的深入和“双碳”政策的推进，墙体材料改革持续进行，墙体材料的发展方向是轻质、高强、保温隔热性能良好的绿色材料，特别是产品形式方面适应建筑工业化和装配式建筑，生产设备大型化、科技化，生产工业化、规模化和现代化，同时降低原材料及能源消耗，减少环境污染。

7.1 烧结砖

以黏土、页岩、粉煤灰或其他地方资源为主要原料，以不同工艺制成的，在建筑中用于砌筑承重和非承重墙体的砖，统称为砌墙砖。

按照制造工艺，砌墙砖分为烧结砖、蒸养（压）砖、免烧（蒸）砖。蒸养（压）砖以石灰和含硅材料（砂、粉煤灰、煤矸石、炉渣和页岩）加水拌和，经压制成型、蒸汽养护或蒸压养护而成，主要品种有灰砂砖、粉煤灰砖和煤渣砖。免烧（蒸）砖有免烧免蒸粉煤灰砖、混凝土实心砖和混凝土多孔砖等。

按照孔洞率大小，砌墙砖分为实心砖、多孔砖和空心砖。实心砖又称为普通砖，孔洞率小于25%；多孔砖孔的尺寸小而数量多，孔洞率不小于28%；空心砖孔的尺寸大而数量少，孔洞率不小于40%。

除了混凝土实心砖和多孔砖外,其他类型的免烧(蒸)砖和蒸养(压)砖(如灰砂砖、粉煤灰砖和炉渣砖),目前在建筑工程中应用相对较少或受到限制,因此本节主要介绍烧结砖。

烧结砖根据孔洞率大小分为烧结普通砖、烧结多孔砖和烧结空心砖,但是考虑国家标准制订习惯,以及原材料和制备工艺均较为接近,本节也包含烧结多孔砌块和烧结空心砌块的相关内容。

7.1.1　烧结普通砖

1)烧结普通砖的生产

烧结普通砖(Fired common bricks)是指以黏土、页岩、煤矸石、粉煤灰、建筑渣土、淤泥(江河湖淤泥)、污泥、其他固体废弃物等为主要原料焙烧而成主要用于建筑物承重部位的普通砖。其主要化学成分有 SiO_2、Al_2O_3、Fe_2O_3、CaO、MgO、Na_2O、K_2O 等氧化物。因而,按其原料不同,分为黏土砖(N)、页岩砖(Y)、煤矸石砖(M)、粉煤灰砖(F)、淤泥砖(U)、建筑渣土砖(Z)、污泥砖(W)和其他固体废弃物砖(G)等。采用两种原材料,掺配比质量大于50%以上的为主要原材料;采用3种或3种以上原材料,掺配比质量最大者为主要原材料。污泥掺量达到30%以上的可称为污泥砖。

烧结普通砖生产工艺主要工序包括:原料经破碎或粉碎、磨细制成泥粉;泥粉加水调配、经炼泥机混炼成具有可塑性的均匀泥料;泥料经制砖机成型砖坯;砖坯经干燥、焙烧、冷却后制得烧结砖。

焙烧过程中坯体会发生一系列物理化学变化,温度较低时,主要发生矿物的脱水和分解反应,生成各种氧化物;随着温度的升高,氧化物间发生固相反应,形成一些组成不同的硅铝酸盐矿物;温度升至900~1 000 ℃时,熔点较低的硅铝酸盐矿物熔融,并将未熔颗粒黏结在一起,坯体的孔隙率随之降低,体积有所收缩,强度随之提高,这个过程称为烧结;若温度继续升高,坯体将软化变形,直至熔融,这将影响烧结坯体的外观和尺寸规整性。因此,焙烧温度应控制在烧结温度范围内,以获得具有一定孔洞率和强度,外观尺寸规整的烧结砖或砌块。

黏土中所含铁的化合物成分,在氧化环境中焙烧时(950~1 050 ℃),生成红色的高价氧化铁(Fe_2O_3),烧结得到的砖呈红色,称为红砖;如果坯体在氧化环境中烧成后继续在还原气氛中闷窑,则高价氧化铁还原成青灰色的低价氧化铁(FeO 或 Fe_3O_4),即制得青砖。青砖比红砖强度高,耐久性好,但价格较昂贵,很多采用青砖砌筑的古代城墙或建筑至今依然保存较好。

烧结普通砖的质量与原料的组成和质量、生产工艺密切相关。由于焙烧时窑内温度分布(火候)难以绝对均匀,除了焙烧正常的合格正火砖,还常出现欠火砖或过火砖;焙烧时温度过低,会出现欠火砖,欠火砖色浅、声哑、孔隙多、吸水率大、强度低和耐久性差;焙烧时温度过高,会出现过火砖,过火砖颜色深、声亮、尺寸不规整、孔隙少、吸水率低、强度较高耐久性好;欠火和过火砖均属不合格产品。砖坯受潮、受冻、遭雨淋或焙烧时升温过快,或烧成后冷却过快,将会产生强度低和耐久性差的酥砖;若砖坯在焙烧过程中产生了不均匀收缩,会引起砖开裂和尺寸不规整;砖坯在成型、运输过程中可能会因碰伤、磨损而造成缺棱、掉角等外观缺陷。此外,焙烧窑的窑型也会影响烧结砖质量,一般隧道窑的产品质量最好,轮窑次之,而围窑、土窑的产品质量波动大。

2)烧结普通砖的技术要求

根据国家标准《烧结普通砖》(GB/T 5101—2017),砖的外形为直角六面体,烧结普通砖的公称尺寸是240 mm×115 mm×53 mm ,其中240 mm×115 mm面称为大面,240 mm×53 mm 面称为条面,115 mm×53 mm 面称为顶面(图7.1)。根据尺寸偏差、外观质量、强度等级、欠火砖、酥砖和螺旋纹砖、抗风化性能、石灰爆裂及泛霜指标,烧结普通砖可以分为合格品、不合格品2个等级。

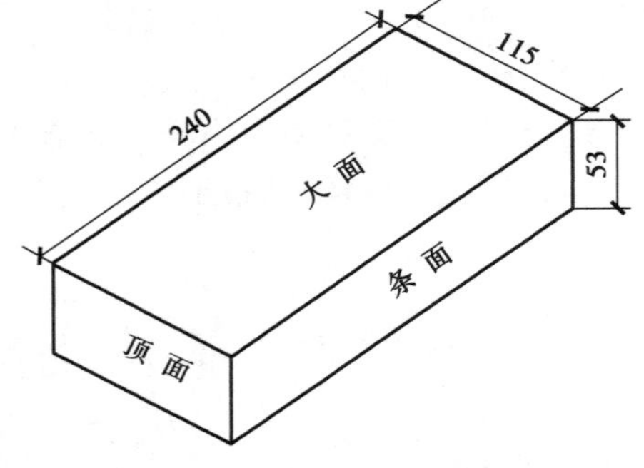

图7.1　砖的尺寸及平面名称

(1)尺寸允许偏差

为保证砌筑质量,砖的尺寸允许偏差应符合表7.1的规定。

表7.1　尺寸偏差(GB/T 5101—2017)(单位:mm)

公称尺寸	指标	
	样本平均偏差	样本极差<
240	±2.0	6.0
115	±1.5	5.0
63	±1.5	4.0

(2)外观质量

砖的外观质量包括两条面高度差、弯曲、杂质凸出高度、缺棱掉角、裂纹长度、完整面和颜色等内容应符合规定。合格品的颜色应基本一致。

(3)强度等级

烧结普通砖根据抗压强度分为5个等级:MU30、MU25、MU20、MU15、MU10,各强度等级的砖应符合表7.2的规定。

砖的产品标记按照产品名称的英文缩写、类别、强度等级和标准编号的顺序写出。示例:烧结普通砖,强度等级为MU20的黏土砖,其标记为:FCB N MU20 GB/T 5101。

表7.2　烧结普通砖强度等级(GB/T 5101—2017)(单位:MPa)

强度等级	抗压强度平均值f≥	强度标准值f_k≥
MU30	30.0	22.0
MU25	25.0	18.0
MU20	20.0	14.0
MU15	15.0	10.0
MU10	10.0	6.5

(4)抗风化性能

抗风化性能是指在干湿变化、温度变化、冻融变化等物理因素作用下,材料不破坏并长期保持原有性质的能力。抗风化性能与砖的使用寿命密切相关,砖的抗风化性能除了与砖本身的性质有关外,还与所处环境的风化指数也有关系。我国按照风化指数分为严重风化区(风化指数≥12 700)和非严重风化区(风化指数<12 700)。风化指数是指日气温从正温降至负温或从负温升至正温的每年平均天数与每年从霜冻之日起至霜冻消失之日为止,这一期间降雨总量(以 mm 计)的平均值的乘积。风化区的划分见表 7.3。

严重风化区的烧结普通砖抗风化性能比非严重风化区的要求更高。国家标准《烧结普通砖》(GB/T 5101—2017)规定,严重风化区中的黑龙江省、吉林省、辽宁省、内蒙古自治区、新疆维吾尔自治区的砖应进行冻融试验,其他地区的砖抗风化性能符合表 7.4 的规定时不做冻融试验,否则应进行冻融试验。淤泥砖、污泥砖、固体废弃物砖应进行冻融试验。

表 7.3 风化区的划分(GB/T 5101—2017)

严重风化区		非严重风化区	
1. 黑龙江省	10. 山西省	1. 山东省	10. 湖南省
2. 吉林省	11. 河北省	2. 河南省	11. 福建省
3. 辽宁省	12. 北京市	3. 安徽省	12. 台湾省
4. 内蒙古自治区	13. 天津市	4. 江苏省	13. 广东省
5. 新疆维吾尔自治区	14. 西藏自治区	5. 湖北省	14. 广西壮族自治区
6. 宁夏回族自治区		6. 江西省	15. 海南省
7. 甘肃省		7. 浙江省	16. 云南省
8. 青海省		8. 四川省	17. 上海市
9. 陕西省		9. 贵州省	18. 重庆市

注:此表数据不含香港特别行政区和澳门特别行政区。

表 7.4 烧结普通砖的抗风化性能(GB/T 5101—2017)

砖种类	严重风化区				非严重风化区			
	5 h 沸煮吸水率/%		饱和系数②		5 h 沸煮吸水率/ %		饱和系数	
	平均值	单块最大值	平均值	单块最大值	平均值	单块最大值	平均值	单块最大值
黏土砖、建筑渣土砖	<18	<20	<0.85	<0.87	<19	<20	<0.88	<0.90
粉煤灰砖①	<21	<23			<23	<25		
页岩砖	<16	<18	<0.74	<0.77	<18	<20	<0.78	<0.80
煤矸石砖								

注:①粉煤灰掺入量(体积比)小于 30% 时,按黏土砖规定。

②饱和系数为常温 24 h 吸水量与沸煮 5 h 吸水量之比。

(5)泛霜

当生产原料中含有可溶性无机盐(如硫酸钠等)时,在烧结过程中会隐含在烧结砖内部。当砖体受潮后干燥时,其中的可溶性盐类物质随水分蒸发向外迁移,使可溶性盐类物质渗透并附着在砖体表面,干燥后形成一层白色结晶粉末,这种现象称为泛霜。

轻度泛霜会影响建筑物的外观;泛霜较重时会造成砖体表面的不断粉化与脱落,降低墙体的抗冻融能力;严重的泛霜还可能很快降低墙体的承载能力。因此,工程中使用时每块砖不准许出现严重泛霜。

(6)石灰爆裂

当生产烧结普通砖的原料中夹杂有石灰石杂质时,焙烧砖体会使其中的石灰石烧成石灰。使用时,砖受潮或被雨淋,石灰吸水熟化,体积显著膨胀,导致砖体开裂,严重时会使砖砌体强度降低,直至破坏。

石灰爆裂是黏土砖内部的安全隐患,轻者影响墙体外观,重者会影响承载能力,甚至影响结构主体安全。砖的石灰爆裂应符合以下规定:破坏尺寸大于2 mm 且小于等于15 mm 的爆裂区域,每组砖样不得多于15 处,其中大于10 mm 的不得多于7 处;不允许出现大破坏尺寸大于15 mm 的爆裂区域;试验后抗压强度损失不得大于5 MPa。

(7)酥砖和螺旋纹砖

酥砖是指砖坯由于被雨水淋湿、受潮、受冻,或在焙烧过程中受热不均等原因,从而产生大量的网状裂纹的砖,这种现象会导致砖的强度和抗冻性显著降低。螺旋纹砖是指砖坯挤出时存在螺旋纹,砖坯变形在焙烧过程中难以消除,从而使砖体在使用过程中受力不均匀,其特征是强度低,声音哑,抗风化性能差,受冻后会层层脱皮,耐久性性能差。欠火砖、酥砖和螺旋纹砖不得在实际工程中使用。

(8)放射性核素限量

砖的放射性核素限量应符合《建筑材料放射性核素限量》(GB 6566—2010)的要求。

(9)配砖和装饰砖

配砖是砌筑时与主规格砖配合使用的砖,如半砖、七分头等。常用配砖规格:175 mm×115 mm×53 mm,其他配砖规格由供需双方协商确定。配砖的尺寸偏差、强度由供需双方协商确定。但抗风化性能、泛霜、石灰爆裂性能、放射性核素限量应符合标准规定。外观质量可参照标准技术要求执行。带有装饰面的砌筑用砖是装饰砖,装饰砖的主规格同烧结普通砖。

3)烧结普通砖的应用

烧结普通砖具有良好的绝热性、透气性、耐久性和热稳定性等特点,在土木工程中主要用于墙体材料,其中泛霜的砖不得用于潮湿部位。烧结普通砖可用于砌筑柱、拱、烟囱、窑身、沟道及基础;可与轻混凝土、加气混凝土等隔热材料复合使用,砌成两面为砖,中间填充轻质材料的复合墙体;在砌体中配置适当的钢筋和钢筋网成为配筋砖砌体,可代替钢筋混凝土过梁。但是,由于烧结普通砖能耗高,烧砖毁田,污染环境,因此我国对于实心黏土砖的生产,使用有所限制。也正因为如此,以多孔砖、工业废渣砖、砌块及轻质板材来替代实心黏土砖是大势所趋。

7.1.2 烧结多孔砖和多孔砌块

烧结多孔砖和多孔砌块是以黏土、页岩、煤矸石、粉煤灰及其他工业固体废弃物为主要原料,经焙烧而成主要用于承重部位的多孔砖和多孔砌块。按主要原料可分为黏土砖和黏土砌块(N)、页岩砖和页岩砌块(Y)、煤矸石砖和煤矸石砌块(M)、粉煤灰砖和粉煤灰砌块(F)、淤泥砖和淤泥砌块(U)、建筑渣土砖和建筑渣土砌块(Z)、其他固体废弃物砖和固体废弃物砌块(G)。

国家标准《烧结多孔砖和多孔砌块》(GB/T 13544—2011)规定,烧结多孔砖孔洞率≥28%,而烧结多孔砌块的孔洞率≥33%。烧结多孔砖和多孔砌块的孔洞尺寸小而数量多,孔洞方向垂直于受压面,与砖体受力方向一致(图7.2)。烧结多孔砖和多孔砌块在与砂浆的结合面上设有增加结合力的粉刷槽和砌筑砂浆槽。烧结多孔砖和多孔砌块的条面或顶面均匀分布有深度不小于2 mm的粉刷槽或类似结构,而且至少应在一个条面和顶面上设立深度大于15 mm的砌筑砂浆槽。

国家标准《烧结多孔砖和多孔砌块》(GB/T 13544—2011)对其尺寸允许偏差、外观质量、强度等级、孔型和孔洞率及孔洞排列、泛霜、石灰爆裂、抗风化性能等作出了相关规定。

虽然多孔砖和多孔砌块具有一定的孔洞率,使砖和砌块受压时有效受力面积减小,但因为制坯时受较大的压力,使孔壁致密程度提高,且对原材料的要求也较高,补偿了因有效面积减小而造成的强度损失,因而烧结多孔砖和多孔砌块的强度仍然很高,可用于砌筑6层以下的承重墙,也可以砌筑高层建筑的填充墙。由于其多孔构造,不宜用于基础、地面以下或室内防潮层以下的建筑部位。

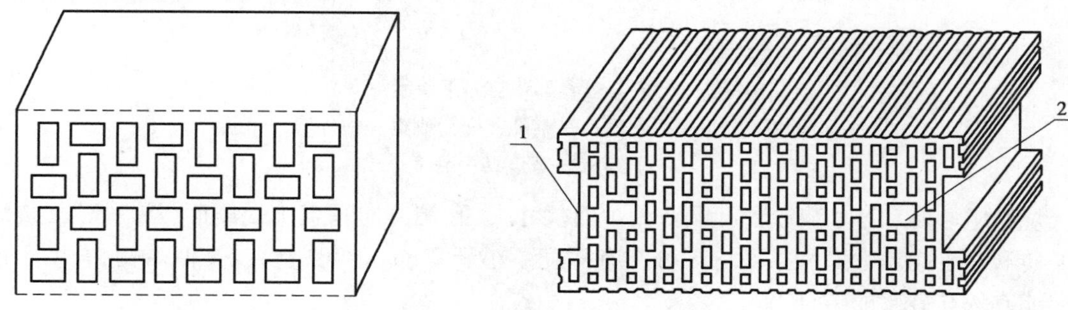

图7.2 烧结多孔砖和多孔砌块孔洞排列示意图

1—砂浆槽;2—手抓孔

多孔砖的规格尺寸有290、240、190、140、115和90 mm,按其体积密度,分为1 000、1 100、1 200和1 300四个密度等级。多孔砌块的规格尺寸有490、440、390、340、290、240、190、180、140、115和90 mm;按其体积密度,分为900、1 000、1 100和1 200四个密度等级;按其抗压强度,分为MU30、MU25、MU20、MU15、MU10等5个强度等级;其质量和各项性能应符合现行《烧结多孔砖和多孔砌块》(GB/T 13544—2011)规定的技术要求。

多孔砖和多孔砌块的产品标记按产品名称、品种、规格、强度等级、密度等级和标准编号顺序编写。标记示例:规格尺寸290 mm×140 mm×90 mm、强度等级MU25、密度等级1 200级的黏土烧结多孔砖,其标记为:烧结多孔砖 N 290×140×90 MU25 1200 GB/T 13544—2011。

7.1.3 烧结空心砖和空心砌块

烧结空心砖和空心砌块是指以黏土、页岩、煤矸石、粉煤灰、淤泥(江、河、湖等淤泥)、建筑渣土及其他固体废弃物为主要原料,经焙烧而成,主要用于建筑物非承重部位的空心砖和空心砌块。

烧结空心砖和空心砌块的原材料和制备工艺与烧结普通砖类似,主要用于建筑物非承重部位。按主要原料分为黏土空心砖和黏土空心砌块(N)、页岩空心砖和页岩空心砌块(Y)、煤矸石空心砖和煤矸石空心砌块(M)、粉煤灰空心砖和粉煤灰空心砌块(F)、淤泥空心砖和淤泥空心砌块(U)、建筑渣土空心砖和空心砌块(Z)、其他固体废弃物空心砖和空心砌块(G)。

《烧结空心砖和空心砌块》(GB/T 13545—2014)规定,烧结空心砖和空心砌块孔洞率≥40%。空心砖的长度≤365 mm、宽度≤240 mm 、高度≤115 mm(图 7.3),大于该尺寸的则属于空心砌块。

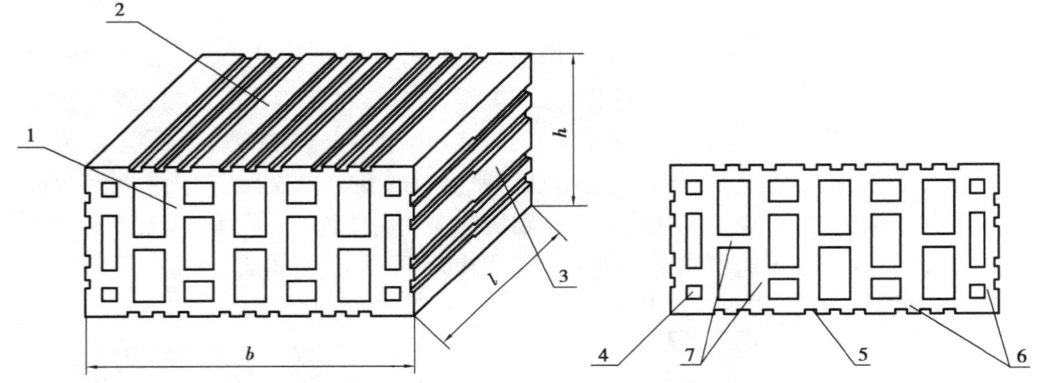

图 7.3 烧结空心砖和空心砌块示意图

1—顶面;2—大面;3—条面;4—壁孔;5—粉刷槽;6—外壁;7—肋;

l—长度;b—宽度;h—高度

烧结空心砖和空心砌块的孔洞数量少而尺寸大,孔洞方向垂直于受压面(图 7.3)。烧结空心砖和空心砌块大面和条面均匀分布有深度不小于 2 mm 的粉刷槽或类似结构,有助于增加砖或砌块与砂浆的结合力。

与烧结普通砖强度等级评定方法一样,烧结空心砖和空心砌块按抗压强度分为 MU10.0、MU7.5、MU5.0、MU3.5 四个强度等级。其密度等级按照 5 块体积密度平均值分为 800 级、900 级、1 000 级、1 100 级 4 个密度等级。烧结空心砖和空心砌块同样有泛霜、石灰爆裂和抗风化性能等技术要求。孔洞率≥40%,为矩形孔。

空心砖和空心砌块的产品标记按产品名称、类别、规格(长度×宽度×高度)、密度等级、强度等级和标准编号顺序编写。

示例:规格尺寸 290 mm×190 mm×90 mm. 密度等级 800、强度等级 MU7.5 的页岩空心砖,其标记为:烧结空心砖 Y (290×190×90) 800 MU7.5 GB/T 13545—2014。

烧结空心砖自重较轻,可减轻墙体自重,改善墙体的热工性能等,但强度不高,因而多用作非承重墙,如多层建筑内隔墙或框架结构的填充墙等。

7.2 建筑砌块

建筑砌块是尺寸较大的块体墙体材料,外形一般为直角六面体,根据需要也可生产各种异形砌块。砌块高度一般不大于长度或宽度的6倍,长度不超过高度的3倍。砌块尺寸大,制作工艺简单,施工效率高,可以改善墙体的保温隔热性能,而且生产砌块常采用粉煤灰、煤矸石等工业固体废弃物,也有利于节约资源和保护环境。

根据产品主规格尺寸,砌块分为大型砌块(高度>980 mm)、中型砌块(高度为380~980 mm)和小型砌块(高度为115~380 mm),其中应用最广泛的是小型砌块。

砌块按用途可分为承重砌块和非承重砌块,目前生产和应用最多的是非承重砌块;按有无孔洞可分为实心砌块(无孔洞或空心率< 25%)和空心砌块(空心率≥25%)。

按原材料和生产工艺又可分为蒸压加气混凝土砌块、普通混凝土小型空心砌块、粉煤灰混凝土小型空心砌块、轻集料混凝土小型空心砌块、泡沫混凝土砌块和石膏砌块等。此外还有混凝土中型空心砌块和粉煤灰硅酸盐中型砌块等,由于中型砌块单块质量大,砌筑劳动强度大,目前应用较少。

7.2.1 蒸压加气混凝土砌块

蒸压加气混凝土是以钙质材料(水泥、石灰等)和硅质材料(砂、矿渣、粉煤灰等)以及加气剂(铝粉、铝粉膏)和少量调节剂等,经配料、搅拌、浇注成型、静停、切割和蒸压养护等工艺过程制成的多孔轻质硅酸盐建筑制品。蒸压加气混凝土砌块是蒸压加气混凝土中用于墙体砌筑的矩形块材。根据所用原材料,蒸压加气混凝土砌块可以分为水泥-矿渣-砂、水泥-石灰-砂和水泥-石灰-粉煤灰3种。

蒸压加气混凝土砌块公称尺寸的长度(l)为600 mm;宽度(b)有100,120,125,150,180,200,240,250,300 mm;高度(h)有200,240,250,300 mm等多种规格。

1)强度等级和密度等级

国家标准《蒸压加气混凝土砌块》(GB/T 11968—2020)规定,蒸压加气混凝土砌块按抗压强度划分为:A1.5、A2.0、A2.5、A3.5和A5.0共5个强度等级;强度级别A1.5、A2.0适用于建筑保温。

按砌块的干表观密度,蒸压加气混凝土砌块的密度等级划分为B03、B04、B05、B06、和B07共5个级别;干密度级别B03、B04适用于建筑保温。

2)技术性能和应用

按尺寸偏差与外观质量、体积密度和抗压强度,蒸压加气混凝土砌块的质量等级分为Ⅰ型和Ⅱ型。Ⅰ型适用于薄灰缝砌筑,Ⅱ型适用于厚灰缝砌筑。各级的干密度和相应的强度应符合表7.5的规定。蒸压加气混凝土砌块的抗冻性、收缩性和导热系数应符合表7.6的规定。

表 7.5　蒸压加气混凝土砌块抗压强度和干密度要求(GB/T 11968—2020)

强度级别	抗压强度/MPa		干密度级别	平均干密度/(kg·m^{-3})
	平均值	最小值		
A1.5	≥1.5	≥1.2	B03	≤350
A2.0	≥2.0	≥1.7	B04	≤450
A2.5	≥2.5	≥2.1	B04	≤450
			B05	≤550
A3.5	≥3.5	≥3.0	B04	≤450
			B05	≤550
			B06	≤650
A5.0	≥5.0	≥4.2	B05	≤550
			B06	≤650
			B07	≤750

表 7.6　蒸压加气混凝土砌块的技术性能指标(GB/T 11968—2020)

密度等级		B03	B04	B05	B06	B07
强度等级	Ⅰ型			A2.5	A3.5	A5.0
	Ⅱ型	A1.5	A2.0			
干燥收缩值,mm/m	标准法	≤0.5				
抗冻性	冻后质量平均值损失/%			≤5.0		
	冻后强度平均值损失/%			≤20		
导热系数(干态)/[W/(m·K)],≤		0.10	0.12	0.14	0.16	0.18

蒸压加气混凝土砌块为轻质多孔材料,孔隙率达 70% ~80%,平均孔径约为 1 mm,表观密度小,一般约为黏土砖的 1/3;属不燃材料,在受热至 80 ~100 ℃及以上时会出现收缩和裂缝,但在 700 ℃以下不会损失强度,具有一定的耐热和良好的耐火性能;导热系数一般为 0.14 ~0.28 W/(m·K),具有良好的保温隔热性能;吸声系数为 0.2 ~0.3,有一定的吸声能力,由于本身质量较轻,加气混凝土砌块的隔声性能较差;与烧结普通砖相比,蒸压加气混凝土砌块的质量吸水率和干燥收缩值均较大,如果采用传统的砌筑普通砖的砌筑方法和砌筑砂浆,容易导致蒸压加气混凝土砌块墙体因沉降和干燥收缩出现开裂问题,因此为了避免墙体出现裂缝,而采用专用砌筑砂浆和薄层砌筑方法砌筑蒸压加气混凝土砌块墙体可以显著提高墙体施工质量,避免出现墙体开裂和抹灰层空鼓剥落等工程质量问题;加气混凝土砌块的气孔大多为“墨水瓶孔”,肚大口小,吸水吸湿速度缓慢,这一特性对砌筑和抹灰影响很大,施工时应尤其注意。

加气混凝土砌块广泛应用于一般建筑物墙体,还可用于多层建筑物的非承重墙、隔墙及低层建筑的承重墙。体积密度级别低的砌块还可用于屋面保温。

蒸压加气混凝土砌块产品以代号(AAC-B)、强度和干密度分级、规格尺寸和标准编号进行标记。示例:抗压强度为A3.5、干密度为B05、规格尺寸为600 mm×200 mm×250 mm的蒸压加气混凝土Ⅰ型砌块,其标记为:AAC-B A3.5 B05 600×200×250(Ⅰ) GB/T 11968—2020。

7.2.2 普通混凝土小型空心砌块

普通混凝土小型砌块是由水泥,矿物掺合料、砂、石、水等为原料,经搅拌、振动成型、养护等工艺制成的小型砌块,包括空心砌块和实心砌块。空心砌块如图7.4所示,分为主块型砌块和辅助砌块。

国家标准《普通混凝土小型砌块》(GB/T 8239—2014)规定,砌块按空心率分为空心砌块(空心率不小于25%,代号:H)和实心砌块(空心率小于25%,代号:S)。

普通混凝土小型砌块按其抗压强度划分强度等级,空心砌块与实心砌块用于承重结构和非承重结构有所差别,目前应用较多的是非承重砌块。普通混凝土砌块的主规格尺寸为390 mm×190 mm×190 mm,承重空心砌块的最小外壁厚应不小于30 mm,最小肋厚应不小于25 mm;非承重空心砌块的最小外壁厚和最小肋厚应不小于20 mm。

根据国家标准《普通混凝土小型砌块》(GB/T 8239—2014),普通混凝土小型空心砌块强度等级根据5块或10块的平均值和单块最小值划分为MU5.0、MU7.5、MU10.0、MU15.0、MU20.0、MU25.0、MU30.0、MU35.0和MU40.0共9个强度等级,砌块的强度等级分级见表7.7。

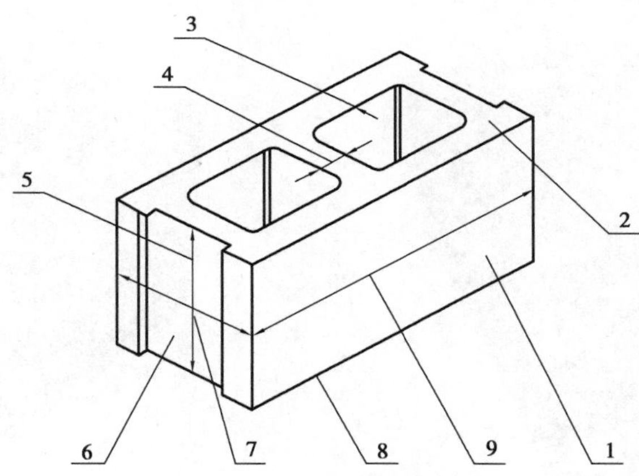

图7.4 普通混凝土小型空心砌块

1—条面;2—坐浆面(肋厚较小的面);3—壁;4—肋;5—高;6—顶面;7—宽度;8—铺浆面(肋厚较大的面);9—长度

表7.7 砌块的强度等级(GB/T 8239—2014)(单位:MPa)

砌块种类	承重砌块(L)	非承重砌块(N)
空心砌块(H)	7.5、10.0、15.0、20.0、25.0	5.0、7.5、10.0
实心砌块(S)	15.0、20.0、25.0、30.0、35.0、40.0	10.0、15.0、20.0

产品标记按下列顺序标记：砌块种类、规格尺寸、强度等级(MU)、标准代号。标记示例：规格尺寸 390 mm×190 mm×190 mm、强度等级为 MU15.0、承重结构用实心砌块，其标记为：LS 390×190×190 MU15.0 GB/T 8239—2014。

《普通混凝土小型砌块》(GB/T 8239—2014)还对其尺寸偏差、外观质量、外壁和肋厚、吸水率、线性干燥收缩值、抗冻性、碳化系数、软化系数、放射性核数限量等作出了规定。

L 类砌块的吸水率应不大于 10%，N 类砌块的吸水率应不大于 14%。

L 类砌块的线性干燥收缩值应不大于 0.45 mm/m；N 类砌块的线性干燥收缩值应不大于 0.65 mm/m。

砌块的碳化系数应不小于 0.85，砌块的软化系数也应不小于 0.85。

普通混凝土砌块适用于地震设计烈度为 8 度和 8 度以下地区的一般民用与工业建筑物的墙体。砌块堆放运输及砌筑时应有防雨措施，砌块装卸时严禁碰撞、扔摔，应轻拿轻放，不许反斗倾卸。砌块应按等级分批分别堆放，不得混杂。

考虑到普通混凝土砌块干燥收缩较大，因此对用于承重墙和外墙的砌块，要求干缩率小于 0.5 mm/m，非承重或内墙用的砌块，干缩率应小于 0.6 mm/m。砌筑混凝土砌块时不宜浇水，在气候干燥炎热时可以喷水润湿。砌筑前应控制砌块的相对含水率，对于潮湿、中等和干燥地区分别不大于 45%、40% 和 35%，控制砌块的相对含水率也有利于减少墙体裂缝。

普通混凝土砌块保温隔热性能较差，即使采用双排孔块型，单独用于砌筑墙体时也难以满足建筑节能要求。因此，常采用膨胀聚苯乙烯和超轻泡沫混凝土等轻质材料填充砌块的孔洞制成复合保温砌块，以提高砌块的保温隔热性能，降低墙体的传热系数，从而满足建筑节能标准要求，常见的复合保温砌块如图 7.5 所示。

图 7.5　复合保温砌块

7.2.3　轻集料混凝土小型空心砌块

轻集料混凝土小型空心砌块是指用轻集料混凝土制成的小型空心砌块。以轻粗集料、轻砂(或普通砂)、水泥和水等原料配制而成的轻集料混凝土的干表观密度不大于 1 950 kg/m^3。主要规格为 390 mm×190 mm×190 mm。与普通混凝土小型空心砌块相比，轻集料混凝土砌块自重更轻，保温隔热性能更好，有利于降低建筑使用能耗。

根据《轻集料混凝土小型空心砌块》(GB/T 15229—2011)的规定,轻集料混凝土小型空心砌块按砌块孔的排数分为单排孔、双排孔、三排孔和四排孔等。按砌块密度等级分为8级,即700、800、900、1 000、1 100、1 200、1 300、1 400级。按砌块强度等级分为:MU2.5、MU3.5、MU5.0、MU7.5和MU10.0五个等级,见表7.8。

表7.8　强度等级(GB/T 15229—2011)

强度等级	抗压强度/MPa		密度等级范围/(kg·m^{-3})
	平均值	最小值	
MU2.5	≥2.5	≥2.0	≤800
MU3.5	≥3.5	≥2.8	≤1 000
MU5.0	≥5.0	≥4.0	≤1 200
MU7.5	≥7.5	≥6.0	≤1 200[a]
			≤1 300[b]
MU10.0	≥10.0	≥8.0	≤1 200[a]
			≤1 400[b]

注:当砌块的抗压强度同时满足2个强度等级或2个以上强度等级要求时,应以满足要求的最高强度等级为准。

a. 除自燃煤矸石掺量不小于砌块质量35%以外的其他砌块。

b. 自燃煤矸石掺量不小于砌块质量35%的砌块。

轻集料混凝土小型空心砌块的技术要求包括:尺寸偏差和外观质量、密度等级、强度等级、吸水率、相对含水率、干燥收缩率、碳化系数、软化系数、抗冻性和放射性。其中,吸水率≤18%;干燥收缩率≤0.065%;碳化系数≥0.8;软化系数≥0.8。

轻集料混凝土小型空心砌块取材广泛,生产工艺简单,成本较低,保温性能较好,得到了广泛使用。用轻集料混凝土小型空心砌块砌筑的跨度较大的墙体,针对其干缩值较大的问题,往往还设置混凝土芯柱增强砌体的整体性能。

7.2.4　泡沫混凝土砌块

泡沫混凝土砌块是指用物理方法将泡沫剂水溶液制备成泡沫,再将泡沫加入由水泥基的胶凝材料、集料、掺合料、外加剂和水等制成的浆料中,经搅拌、浇筑成型、自然或蒸汽养护而成的轻质多孔混凝土砌块,也称为发泡混凝土。

我国建材行业标准《泡沫混凝土砌块》(JC/T 1062—2022)规定,泡沫混凝土砌块按尺寸偏差和外观质量分为一等品(B)和合格品(C)两个质量等级;按砌块立方体抗压强度分为A0.5、A1.0、A1.5、A2.5、A3.5、A5.0和A7.5共7个强度等级;按砌块的干表观密度分为B03、B04、B05、B06、B07、B08、B09和B10共8个等级。泡沫混凝土砌块的碳化系数应≥0.80。有抗冻性要求的泡沫混凝土砌块,其冻后质量损失应小于等于5%,强度损失应小于等于20%。泡沫混凝土砌块的密度等级、干燥收缩值和导热系数指标要求见表7.9。

表 7.9　泡沫混凝土砌块的密度等级、干燥收缩值和导热系数(JC/T 1062—2022)

密度等级	B03	B04	B05	B06	B07	B08	B09	B10
干表观密度/(kg · m^{-3})	≤330	≤430	≤530	≤630	≤730	≤830	≤930	≤1 030
干燥收缩值/(mm · m^{-1})	—				≤0.90			
导热系数/[W/(m · K)$^{-1}$]	≤0.08	≤0.10	≤0.12	≤0.14	≤0.18	≤0.21	≤0.24	≤0.27

泡沫混凝土属于多孔绝热材料,其突出特点是在混凝土内部形成封闭的泡沫孔,使混凝土轻质化和保温隔热,用于保温隔热的泡沫混凝土砌块的导热系数为 0.080 ~ 0.140 W/(m · K)。与加气混凝土通过化学反应发泡而形成气孔不同,泡沫混凝土是通过机械发泡将泡沫加入混凝土浆体形成气孔。泡沫混凝土砌块制备工艺简单,不需蒸压养护。此外,在泡沫混凝土中掺加陶粒等轻质集料还可以生产陶粒泡沫混凝土砌块,有利于降低泡沫混凝土干燥收缩和提高抗压强度。

泡沫混凝土砌块主要用于有保温隔热要求的工业与民用建筑物的墙体和屋面,以及框架结构的填充墙等。

7.2.5　陶粒发泡混凝土砌块

陶粒发泡混凝土砌块是以胶凝材料、陶粒为骨料,粉煤灰为掺合料,与泡沫剂、外加剂和水按一定比例均匀混合搅拌制成具有一定流动性的拌合料后,经模具内浇筑成型、养护、脱模、切割、再养护等工艺过程而制成的轻质混凝土砌块,代号为 CFB。

《陶粒发泡混凝土砌块》(GB/T 36534—2018)规定,陶粒发泡混凝土砌块按立方体抗压强度分为 MU2.5、MU3.5、MU5.0 和 MU7.5 四个等级;按干密度分为 600、700、800 和 900 四个等级;按导热系数分为 H12、H14、H16、H18 和 H20 五个等级。

陶粒发泡混凝土砌块的技术要求包括:尺寸偏差和外观质量、干密度等级、强度等级、抗冻性、干燥收缩值、体积吸水率、软化系数、碳化系数、抗渗性、导热系数、蓄热系数和放射性。其中,体积吸水率≤25%;干燥收缩值(标准法)≤0.50 mm/m;碳化系数≥0.85;软化系数≥0.85。

轻集料混凝土小型空心砌块和陶粒发泡混凝土砌块取材广泛,生产工艺简单,成本较低,保温性能较好,得到了广泛使用。以此类砌块砌筑的跨度较大的墙体,针对其干缩值较大的问题,除需确保产品质量外,往往还可考虑设置混凝土芯柱增强砌体的整体性能。

7.3　建筑墙板

建筑墙板

墙体材料目前在建筑中主要作为填充墙,起围护、分割和装饰的作用,而作为结构材料使用的承重墙体材料显著减少,这极大地推动了建筑墙板的发展。与普通砖和砌块相比,建筑墙板具有尺寸更大、施工速度更快、布置更加灵活等优点;此外,建筑墙板更有利于大规模工厂化生产,提高建筑节能效率,减少施工现场湿作业,与装配式建筑发展更加协调。因此,建筑墙板已经成为新型墙体材料发展的重要方向。建筑墙板品种很多,主要可分为薄板材、墙用条板和新型复合墙板3类。

墙用条板主要包括水泥空心条板、蒸压加气混凝土条板、石膏空心条板和玻璃纤维增强水泥空心条板等;轻质复合墙板主要包括复合外墙板、复合内墙板、外墙外保温板、外墙内保温板,如钢丝网架水泥夹芯墙板、水泥聚苯外墙保温板、GRC复合外墙板、金属面夹芯板、钢筋混凝土绝热材料复合外墙板、玻纤增强石膏外墙内保温板、纤维增强水泥平板、陶粒无砂大孔隔墙板、水泥/粉煤灰复合夹芯内墙板、铝合金压型板;薄板类轻质板材有纸面石膏板、纸面石膏复合墙板、GRC薄板、植物纤维石膏复合板、植物纤维水泥复合板等品种。薄板类材料一般需要与龙骨复合制作墙体用于隔墙。

7.3.1　石膏板

石膏板是以建筑石膏为主要原料制成的一种材料。它是一种质量轻、强度较高、厚度较薄、加工方便以及隔声绝热和防火等性能较好的建筑材料,是当前重点发展的新型轻质绿色板材之一。石膏板已广泛用于住宅、办公楼、商店、旅馆和工业厂房等各种建筑物的内隔墙、墙体覆面板、天花板、吸声板、地面基层板和各种装饰板等。其种类主要有纸面石膏板、纤维石膏板、石膏空心条板和石膏板刨花板等多种。

1)纸面石膏板

纸面石膏板是以建筑石膏为主要原料,加入少量添加剂与水搅拌后,连续浇注在两层护面纸之间,再经封边、压平、凝固、切断、干燥而成的一种轻质建筑板材。纸面石膏板主要有普通纸面石膏板(P)、耐水纸面石膏板(S)、耐火纸面石膏板(H)、耐水耐火纸面石膏板(SH)4种。

普通纸面石膏板(代号P)是以建筑石膏为主要原料,掺入适量纤维增强材料和外加剂等,在与水搅拌后,浇注于护面纸的面纸与背纸之间,并与护面纸牢固地黏结在一起的建筑板材。

耐水纸面石膏板(代号S)是以建筑石膏为主要原料,掺入适量纤维增强材料和耐水外加剂等,在与水搅拌后,浇注于耐水护面纸的面纸与背纸之间,并与耐水护面纸牢固地黏结在一起,旨在改善防水性能的建筑板材。

耐火纸面石膏板(代号H)是以建筑石膏为主要原料,掺入无机耐火纤维增强材料和外加剂等,在与水搅拌后,浇注于护面纸的面纸与背纸之间,并与护面纸牢固地黏结在一起,旨在提高防火性能的建筑板材。

耐水耐火纸面石膏板(代号SH)是以建筑石膏为主要原料,掺入耐水外加剂和无机耐火纤维增强材料等,在与水搅拌后,浇注于耐水护面纸的面纸与背纸之间,并与耐水护面纸牢固地黏结在一起,旨在改善防水性能和提高防火性能的建筑板材。

纸面石膏板规格繁多,长度通常为1 500,1 800,2 100,2 400,2 440,2 700,3 000,3 300,3 600,3 660 mm;宽度通常为600,900,1 200,1 220 mm;厚度通常为9.5,12.0,15.0,18.0,21.0,25.0 mm。

纸面石膏板与其他石膏制品一样,具有质轻(表观密度800~1 000 kg/m^3)、表面平整、易加工和施工简便等优点,还具有调湿、隔声和隔热等优点,其防火性能为B_1级,属于难燃材料。

纸面石膏板可以用于内隔墙、墙面板和天花板等,在建筑施工和装饰工程中使用广泛。但需要注意的是,纸面石膏板在厨房、卫生间等相对湿度经常大于70%的潮湿环境中使用时,必须采取防潮措施。

耐水纸面石膏板可以用于相对湿度大于75%的浴室和盥洗室等潮湿环境下,但表面采取防水处理措施效果更好。耐火纸面石膏板主要用于防火要求较高的建筑中。耐水耐火纸面石膏板用于对耐水和防火要求均较高的建筑中。

纸面石膏板与石膏龙骨或轻钢龙骨共同组成轻质隔墙,可以显著降低建筑物自重,增加建筑使用面积,提高房间分隔的灵活性,也有利于提高抗震性能和加快施工速度。

2)纤维石膏板

纤维石膏板是以纤维增强石膏为基材的无面纸石膏板,用无机纤维或有机纤维与建筑石膏、缓凝剂等经打浆、铺装、脱水、成型、烘干而制成。可节省护面纸,具有质轻、强度高、耐火、隔声、韧性高等性能,可加工性好。按照板材结构,纤维石膏板主要有单层纤维石膏板(又称均质板)和三层纤维石膏板;按照用途可分为复合板、轻质板(表观密度450~700 kg/m^3)和结构板(表观密度1 100~1 200 kg/m^3)。

纤维石膏板规格长度为1 200~3 000 mm,宽度为600~1 220 mm,厚度为10 mm和12 mm;其导热系数为0.18~0.19 W/(m·K),隔声指数为36~40 dB。

纤维石膏板一般用于非承重内隔墙、吊顶和内墙贴面等。与纸面石膏板相比,纤维石膏板的主要优点有:强度高,易于安装;板体密实,不易损坏;可钉可锯性好,螺钉拔出力强;密度高,隔声性好;无纸面,耐火性能好,表面不会燃烧;充分利用废纸资源等。其不足之处主要是:表观密度较大,板上画线较难,价格较高,生产线投资大。

3)石膏空心条板

石膏空心条板是以熟石膏为主要原料,掺加一定的粉煤灰或是水泥,适量的膨胀珍珠岩,加水搅拌成料浆,再加入少量增强纤维素或配置玻璃纤维网格布,浇筑入模成型,经初凝、抽芯、干燥等工序而得到的一种轻质高强防火建筑板材空心条板。该板材具有墙面平整光滑和洁白,板面不用抹灰;防滑性能好,质量轻,可切割、锯、钉,空心部位可以预埋电线和管件;吊挂力大,安装简便,不需龙骨,施工劳动强度低,速度快的特性,经济效益强。石膏空心条板性能指标应符合《石膏空心条板》(JC/T 829—2010)的规范要求。

石膏空心条板长度为2 100~3 600 mm,宽度为600 mm,厚度为60~120 mm,一般有7孔或9孔板材。其表观密度为600~900 kg/m^3,抗弯强度为2~3 MPa,导热系数为0.20 W/(m·K),隔声指数不小于30 dB,耐火极限为1~2.5 h。石膏空心条板适用于各类建筑的非承重内隔墙。

4)石膏刨花板

石膏刨花板是以建筑石膏为主要原料,木质刨花为增强材料,添加所需的辅助材料,经配合、搅拌、铺装、压制而成。其具有上述石膏板材的优点,适用于非承重内隔墙。

7.3.2 纤维增强水泥板

纤维增强水泥板是以温石棉、短切中碱玻璃纤维或耐碱玻璃纤维为增强材料,以低碱度硫铝酸盐水泥为胶结材料，加水混合成浆，经圆网机抄取制坯、压制、蒸汽养护等工序制成的薄型平板，其中掺加石棉纤维的称为 TK 板，不掺石棉纤维的称为 NTK 板。纤维增强水泥板长度为 1 200 ~2 800 mm，宽度为 800 ~1 200 mm，厚度为 40、50、60 mm。

纤维增强水泥板表现密度为 1 700 ~1 750 kg/m^3，抗折强度可达 15 MPa，抗冲击强度不小于 0.25 J/cm^2，具有强度高、防潮、防火、不易变形，可加工性(锯、钻、钉及表面装饰等)好的优点，适用于各类建筑物的复合外墙和内隔墙，特别是有防火、防潮要求的隔墙。

7.3.3 混凝土墙板

混凝土墙板以各种混凝土为主要原料加工制作而成。主要有蒸压加气混凝土板、挤压成型混凝土多孔条板、轻骨料混凝土配筋墙板等。

蒸压加气混凝土板是由钙质材料(水泥+石灰或水泥+矿渣)、硅质材料(石英砂或粉煤灰)、石膏、铝粉、水和钢筋组成的轻质板材。其内部含有大量微小、非连通的气孔，孔隙率为 70% ~80%，因而具有自重小、保温隔热性好、吸声性强等特点，同时具有一定的承载能力和耐火性，主要用作内、外墙板，屋面板或楼板。

混凝土多孔条板是以混凝土为主要原料的轻质空心条板。按生产方式分为固定式挤压成型、移动式挤压成型两种；按混凝土的种类分为普通混凝土多孔条板、轻骨料混凝土多孔条板、VRC 轻质多孔条板等。其中，VRC 轻质多孔条板是以快硬性硫铝酸盐水泥掺入 35% ~40% 的粉煤灰为胶凝材料，以高强纤维为增强材料，掺入膨胀珍珠岩等轻骨料而制成的一种板材。以上混凝土多孔条板主要用作建筑物的内隔墙。

轻骨料混凝土配筋墙板是以水泥为胶凝材料，以陶粒或天然浮石为粗骨料，以陶砂、膨胀珍珠岩砂、浮石砂为细骨料，经搅拌、成型、养护而制成的一种轻质墙板。为增强其抗弯能力，可在内部轻骨料混凝土浇注完后铺设钢筋网片。在每块墙板内部均设置 6 块预埋铁件，施工时与柱或楼板的预埋钢板焊接相连，墙板接缝处需采取防水措施(主要为构造防水和材料防水两种)。

7.3.4 玻璃纤维增强水泥复合墙板(GRC 板)

按照形状的不同，可分为 GRC 平板和 GRC 轻质多孔条板。GRC 平板由耐碱玻璃纤维、低碱度水泥、轻骨料和水为主要原料所制成。其具有密度低、韧性好、耐水、不燃烧、可加工性好等特点。它的生产工艺主要有 2 种，即喷射-抽吸法和布浆脱水-辊压法。采用前种方法生产的板材又称为 S-GRC 板，采用后种方法生产的板材又称为雷诺平板。以上两种板材的主要技术性质有：密度不大于 1 200 kg/m^3，抗弯强度不小于 8 MPa，抗冲击强度不小于 3 kJ/m^2，干湿变形不大于 0.15%，含水率不大于 10%，吸水率不大于 35%，热导率不大于 0.22 W/(m·K)，隔声系数不小于 22 dB 等。GRC 平板可以作为建筑物的内隔墙和吊顶板，经过表面压花、覆涂之后也可作为建筑物的外墙。

GRC 轻质多孔条板是以耐碱玻璃纤维为增强材料，以硫铝酸盐水泥轻质砂浆为基材制成的具有若干圆孔的条形板。GRC 轻质多孔条板的生产方式很多，有挤压成型、立模成型、喷射成型、预拌泵注成型、铺网抹浆成型等。根据板的厚度可分为 90 型和 120 型(单位为 mm)，按外观质量、尺寸偏差及物理力学性能可分为一等品和合格品。根据《玻璃纤维增强水泥轻质多孔隔墙条板》(GB/T 19631—2005)的规定,主要技术指标有:抗折破坏荷载 90 型合格品不小于 2 000 N、一等品不小于 2 200 N,120 型合格品不小于 2 800 N、一等品不小于 3 000 N;抗冲击次数不小于 5 次;干燥收缩不大于 0.6 mm/m;隔声量 90 型不小于 35 dB,120 型不小于 40 dB;吊挂力不小于 1 000 N 等。该条板主要用于建筑物的内外非承重墙体,抗压强度超过 10 MPa 的板材也可用于建筑物的加层和两层以下建筑的内外承重墙体。

7.3.5 纤维增强硅酸钙板

纤维增强硅酸钙板通常称为“硅钙板”,是由钙质材料、硅质材料和纤维作为主要原料,经制浆、成坯、蒸压养护而成的轻质板材。其中,建筑用板材厚度一般为 5 ~ 12 mm。制造纤维增强硅酸钙板的钙质原料为消石灰或普通硅酸盐水泥,硅质原料为磨细石英砂、硅藻土或粉煤灰,纤维可用石棉或纤维素纤维。同时为进一步降低板的密度并提高其绝热性,可掺入膨胀珍珠岩,为进一步提高板的耐火极限温度并降低其在高温下的收缩率,有时也加入云母片等材料。

硅钙板根据用途分为 3 类。A 类:适用于室外使用,可能承受直接日照、雨淋、雪或霜冻;B 类:适用于长期可能承受热、潮湿和非经常性的霜冻等环境。例如,地下设施、湿热交替或室外非直接日照、雨淋、雪、霜冻等环境;C 类:适用于室内使用,可能受到热或潮湿,但不会受到霜冻。例如,内墙,地板,面砖衬板或底板。硅钙板根据抗折强度分为 5 个等级:R1 级、R2 级、R3 级、R4 级、R5 级;根据抗冲击强度分为 5 个等级:C1 级、C2 级、C3 级、C4 级、C5 级。

该板材具有密度低、比强度高、湿胀率小、防火、防潮、防霉蛀、加工性良好等优点,主要用作高层、多层建筑或工业厂房的内隔墙和吊顶,经表面防水处理后可用作建筑物的外墙板。由于该板材具有很好的防火性,因此,特别适用于高层、超高层建筑。

7.3.6 复合墙板

复合墙板是将两种或两种以上不同功能的材料组合而成的墙板,其优势在于充分发挥所用材料各自的特长,改善使用功能,以满足不同的需要。常用的复合墙板主要由承受外力的结构层(混凝土板或金属板)、保温层(矿棉、泡沫塑料、加气混凝土等)及面层(装饰性好的轻质薄板)组成。常用的复合墙板有混凝土夹芯板、轻质隔热夹芯板等。

1) 混凝土夹芯板

混凝土夹芯板以 20 ~ 30 mm 厚的钢筋混凝土板作为内外表面层,中间填以矿渣毡或岩棉毡泡沫混凝土等保温材料,夹层厚度视热工计算而定。内外两层面板以钢筋件连接,用于内外墙。

2) 轻质隔热夹芯板

该类板是以轻质高强的薄板为外层,中间以轻质的保温隔热材料为芯材组成的复合板。用于外墙面的外层薄板有不锈钢板、彩色镀锌钢板、铝合金板、纤维增强水泥薄板等。芯材有岩棉毡、玻璃棉毡、阻燃型发泡聚苯乙烯、发泡聚氨酯等。用于内侧的外层薄板可根据需要选用石膏类板、植物纤维类板、塑料类板材等。

该板既具有良好的绝热和防水防潮等性能，又具备较高的抗弯强度和抗剪强度，并且安装灵活快捷。该板可用于厂房、仓库和净化车间、办公楼、商场等工业和民用建筑，还可用于加层、组合式活动室、室内隔断、天棚、冷库等。

7.3.7 新型墙体材料

新型墙体材料是区别于传统砌筑材料(石材、黏土砖等)而言的一类墙用材料新品种。它具有轻质、隔热、保温、隔声、抗震、节能、环保、易于加工、施工便捷等优点，并充分利用自然资源和工业固体废弃物。此外植物纤维类墙用板材也是新型墙体材料，它是以农作物的废弃物(如稻草、麦秸、玉米秆、甘蔗渣等)为原料，经适当加工处理而制成的各种板材。因其环保性较好，故应该大力发展和推广该类板材的应用。

1)稻草(麦秸)板

生产此板的主要原料是稻草或麦秸、板纸和脲醛树脂胶等。其生产方法是将干燥的稻草热压成密实的板芯，在板芯两面及4个侧边用胶贴上一层完整的面纸，经加热固化而成。

板芯内不加任何黏结剂，只利用稻草之间的缠绞拧编与压合，形成密实并有相当刚度的板构。其生产工艺简单，生产线全长只有80~90 m，从进料到成品仅需1 h。稻草板生产能耗低，仅为纸面石膏板生产能耗的1/4~1/3。

稻草板质量轻，隔热保温性能好，其缺点是耐水性差，可燃。稻草板具有足够的强度和刚度，可以单板使用而不需要龙骨支撑，且便于锯、钉、打孔、黏结和油漆，施工很便捷。适用作非承重的内隔墙、天花板及复合外墙的内壁板。

2)蔗渣板

蔗渣板是以甘蔗渣为原料，经加工、混合、铺装、热压而成的平板。该板生产时可不用胶而利用蔗渣本身含有的物质热压时转化成呋喃系树脂而起胶结作用，也可用合成树脂胶结成有胶蔗渣板。具有质轻、吸声、易加工(可钉、锯、刨、钻)和可装饰等特点。可用作内隔墙、天花板、门芯板、室内隔断用板和装饰板等。

7.4 屋面材料

屋面材料主要是各类瓦制品，按成分分为黏土瓦、水泥瓦、石棉水泥瓦、钢丝网水泥大波瓦、塑料大波瓦、沥青瓦等；按生产工艺分为压制瓦、挤制瓦和手工光彩脊瓦；按形状分为平瓦、波形瓦、脊瓦。新型屋面材料主要有轻钢彩色屋面板、铝塑复合板等。

7.4.1 屋面瓦

1)钢丝网水泥波瓦

钢丝网水泥波瓦是在普通水泥瓦中间设置一层低碳冷拔钢丝，成型后再经养护而成的大波波形瓦。规格有两种,一种长 1 700 mm,宽 830 mm,厚 11 mm,重约 50 kg;另一种长 1 700 mm,宽 830 mm,厚 12 mm,重 39 ~49 kg。脊瓦每块重 15 ~16 kg。脊瓦要求瓦的初裂荷载每块不小于 2 200 N。在 100 mm 的静水压力下,24 h 后瓦背无严重洇水现象。

钢丝网水泥大波瓦,适用于工厂散热车间、仓库及临时性建筑的屋面,有时也可以用于这些建筑的围护结构。

2)聚氯乙烯波纹瓦

聚氯乙烯波纹瓦,又称塑料瓦楞板,它是以聚氯乙烯树脂为主体,加入其他助剂,经塑化、压延、压波而制成的波形瓦。它具有轻质、高强、防水、耐腐、透光、色彩鲜艳等优点,适用于凉棚、果棚、遮阳板和简易建筑的屋面。常用规格为 1 000 mm×750 mm×(1.5 ~2)mm。抗拉强度为 45 MPa,静弯强度为 80 MPa,热变形特征为 60 ℃时 2 h 不变形。

3)彩色油毡(沥青)瓦

彩色沥青瓦是以玻璃纤维毡为胎基,经浸涂石油沥青后,一面覆盖彩色矿物粒料,另一面撒以隔离材料所制成的瓦状屋面防水材料。其主要用于民用住宅,特别是多层住宅、别墅的坡屋面防水工程。由于彩色沥青瓦具有色彩鲜艳丰富,形状灵活多样,施工简便无污染,产品质轻性柔,使用寿命长等特点,在坡屋面防水工程中得到广泛应用。

彩色沥青瓦的使用在国外已有 80 多年的历史。在一些工业发达国家,特别是美国,彩色沥青瓦的使用已占整个住宅屋面市场的 80% 以上。在国内,近几年来,随着坡屋面的重新崛起,作为坡屋面的主选瓦材之一,彩色沥青瓦的发展越来越快。

沥青瓦的胎体材料对强度、耐水性、抗裂性与耐久性起主导作用,胎体材料主要有聚酯胎和玻纤毡两种。玻纤毡具有优良的物理化学性能,抗拉强度大,裁切加工性能良好,与聚酯胎相比,玻纤毡在浸涂高温熔融沥青时表现出了更好的尺寸稳定性。

石油沥青是生产沥青瓦的传统黏结材料,具有黏结性、不透水性、塑性、大气稳定性均较好以及来源广泛、价格相对低廉等优点。宜采用低含蜡量的 100 号石油沥青和 90 号高等级道路沥青,经氧化处理。此外,涂盖料、增黏剂、矿物粉料填充、覆面材料对沥青瓦的质量也有直接影响。

7.4.2 屋面板

在大跨度结构中,长期使用的钢筋混凝土大板屋盖自重可达 300 kg/m^2 以上,且保温性能差,还需另设防水层。目前,随着我国彩色涂层钢板、超细玻璃纤维和自熄性泡沫塑料的出现,使轻型保温的大跨度屋盖得以迅速发展。

1)聚苯乙烯隔热夹芯板

聚苯乙烯隔热夹芯板(EPS)是以 0.6 ~0.8 mm 厚的彩色涂层钢板为面材,自熄聚苯乙烯为芯材,用热固化胶在连续成型及内加热、加压复合而成的超轻型板材。

这种板材自重仅为混凝土屋面的1/30～1/20，保温隔热性好，导热系数小于0.034 W/(m·K)，施工简便，集承重、保温、防水、装饰于一体，可制成平面形或曲面形板材，适合多种屋面形式，可用于大跨度屋面结构，如体育馆、展览厅、冷库等。

2）彩色涂层钢板

彩色涂层钢板是以冷轧或镀锌钢板为基材，经表面处理后涂以各种保护、装饰涂层而成的产品。常用的有无机涂层、有机涂层和复合涂层三大类。其中有机涂层钢板发展快，主要原因是有机涂层原料种类丰富、色彩鲜艳、制作工艺简单。彩色涂层钢板具有优异的装饰性，涂层附着力强，可长期保持鲜艳的色泽，并且具有良好的耐污染性能、耐高低温性能和耐沸水浸泡性能，另外加工性能也好。

彩色涂层钢板可用作建筑外墙板、屋面板、护壁板等。如作商业亭、候车亭的瓦楞板，工业厂房大型车间的壁板与屋顶等。另外，还可用作排气管道、通风管道、耐腐蚀管道、电气设备罩等。

3）硬质聚氨酯夹心板

该板由镀锌彩色压型钢板面层与硬质聚氨酯泡沫塑料芯材复合而成。压型钢板厚度为0.5、0.75、1.0 mm。彩色涂层为聚酯型、硅改性聚酯型、氟氯乙烯塑料型，这些涂层均具有极强的耐候性。硬质聚氨酯泡沫塑料表现密度不小于30 kg/m^3。

这种板材的规格尺寸为：厚度有30，40，50，60，80，100，120 mm，宽度为1 m，长度小于12 m。面材和芯材的黏结强度不应小于0.9 MPa；夹芯板燃烧性能应达到B_1级；挠度为L_0/100时，抗弯承载力应不小于0.5 kN/m^2。

金属面硬质聚氨酯夹芯板的面密度为7.3～13.2 kg/m^2，当板厚为40 mm时，其平均隔声量为25 dB。这种屋面板材具有质轻、保温、隔音效果好、色彩丰富及施工简便等特点，集承重、保温、防水于一体，可用于大型工业厂房、仓库、公共设施等大跨度建筑和高层建筑的屋面。

4）蒸压加气混凝土屋面板

蒸压加气混凝土屋面板与蒸压加气混凝土条板（墙板）的生产工艺相同，屋面板厚度有100，120，150，175，200，240 mm等规格，密度等级为B05和B06级，强度等级为A3.5和A5.0级。蒸压加气混凝土屋面板热工性能良好，除了用作屋面板，还可以用于楼板。

本章总结框图

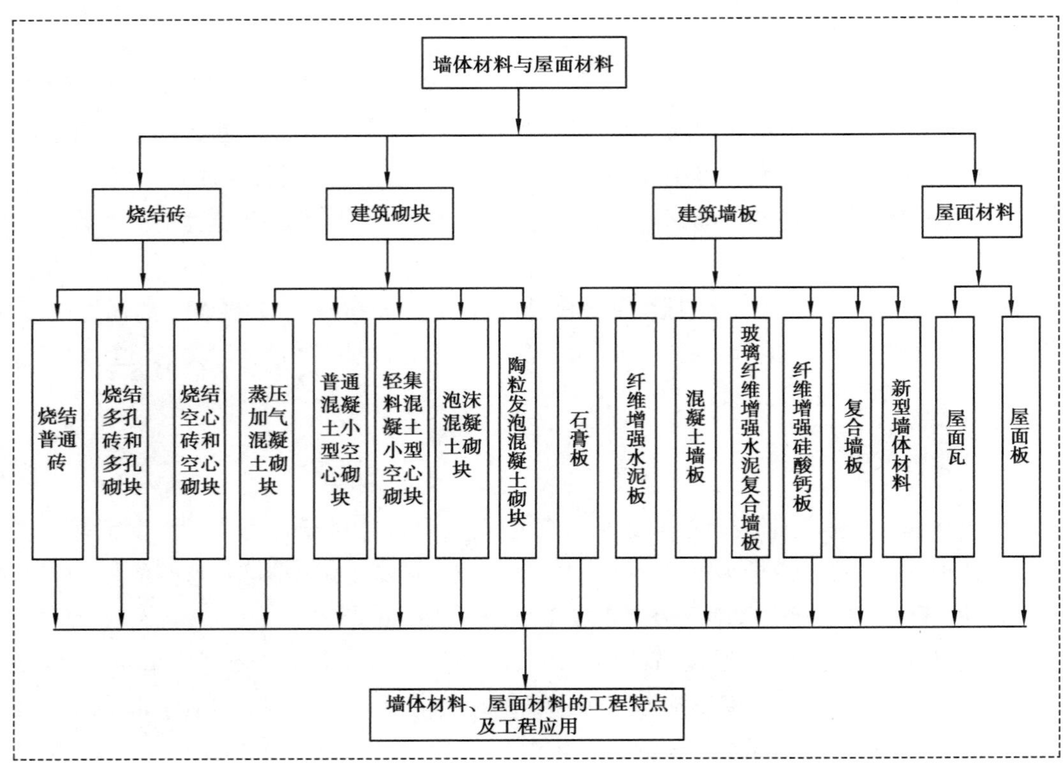

问题导向讨论题

问题 1:某工程用蒸压加气混凝土砌块砌筑外墙,该蒸压加气混凝土砌块出釜一周后即砌筑,工程完工一个月后,墙体出现裂纹,试分析原因。

问题 2:某县城于 2017 年 7 月 8—10 日遭受洪灾,某住宅楼底部向行车库进水,12 日上午倒塌,墙体破坏后部分呈粉末状,该楼为五层半砖砌体承重结构。在残存北纵墙基础上随机抽取 20 块砖进行试验。自然状态下实测抗压强度平均值为 5.85 MPa。低于设计要求的 MU10 砖抗压强度。从砖厂成品堆中随机抽取了砖测试,抗压强度十分离散,高的达到 8 MPa,低的仅 5.1 MPa。请对其砌体材料进行分析讨论。

分组讨论要求:每组 4 ~ 6 人,设组长 1 人,负责明确分工和协助要求,并指定人员代表小组发言交流。

思考练习题

7.1 目前所用的墙体材料有哪几类？各有何特点？

7.2 烧结多孔砖与烧结空心砖有何异同点？如何划分其各自的强度等级？

7.3 什么是砌块？常用的建筑砌块有哪些？其主要技术性质有哪些？

7.4 如何根据工程的特点合理地选用墙体材料？

7.5 墙体材料和屋面材料的技术性能差异主要是什么？

7.6 与烧结普通砖相比，工程上强制使用烧结多孔砖、烧结空心砖以及各种砌块等有何技术经济意义？

7.7 加气混凝土砌块砌筑的墙抹砂浆层，采用烧结普通砖的办法往往由于浇水后即抹，一般的砂浆往往易被加气混凝土吸去水分而容易开裂或空鼓。请分析原因。

7.8 烧结普通砖的种类主要有哪些？

7.9 我国用于墙体的板材品种有哪些？其主要技术性质有哪些？

7.10 承重黏土多孔砖与普通黏土砖相比，主要优点有哪些？

7.11 简述我国墙体材料改革的重大意义及发展方向。

8 石材

<table>
<tr><td rowspan="3">本章导读</td><td>内容及要求</td><td>介绍石材的分类、主要技术性质及技术要求、土木工程中常用的石材。通过本章学习，能够解释石材的分类，分析石材的物理性质、力学性质和工艺性质，并说明土木工程中常用石材的类型及性能特点。</td></tr>
<tr><td>重点</td><td>石材的主要技术性质及技术要求；土木工程中常用的石材。</td></tr>
<tr><td>难点</td><td>土木工程中常用石材的技术要求及选用。</td></tr>
</table>

石材作为最古老的建筑材料之一，由于其具有抗压强度高、耐久性好、装饰性好、可就地取材等优点，至今仍被广泛使用。世界上许多古老且著名的建筑，如我国的万里长城、古埃及的金字塔、意大利的比萨斜塔；现代著名建筑如北京天安门广场的人民英雄纪念碑等均由石材建造而成。石材的缺点有自重大、脆性大、抗拉强度低、结构抗震性能差、开采加工困难等。随着现代化开采技术与加工技术的进步，石材在现代建筑中，尤其是在建筑装饰中的应用越来越广泛。

8.1 石材分类

石材是土木工程和建筑装饰工程中常见的材料之一，是以天然岩石为主要原料经加工制作并用于建筑、装饰、碑石、工艺品或路面等用途的材料，包括天然石材和人造石材。随着科学技术的飞速发展，人造石材作为一种新型的饰面材料也得到了长足的发展。在建筑中，致密的块体石材常用于砌筑基础、墙体、护坡、挡土墙、沟渠与隧道衬砌等；散粒碎石、卵石、砂则用作水泥混凝土和沥青混凝土的粗骨料；坚固耐久、色泽美观的石材常用作墙面、地面等装饰材料。人造石材是以天然石材碎料和/或天然石英石或氢氧化铝粉等为主要原料，以无机或有机胶结料或两种混合物为黏合材料，加入颜料及其他外加剂，经混合搅拌、凝结固化等工序复合而成的材料，统称为人造石材，主要包括人造石实体面材、人造石英石和人造花岗石等。由于人造石材可以人为控制其性能、形状、花色图案等，因此，人造石材得到了广泛应用。

8.1.1　常用天然石材的类型

天然石材是指经选择和加工成的特殊尺寸或形状的天然岩石，按照材质主要分为大理石、花岗石、石灰石、砂岩、板石等，按照用途主要分为天然建筑石材和天然装饰石材等。岩石是指天然产出的具有一定结构构造的主要由岩矿物或天然玻璃质或胶体或生物遗骸组成的集合体，按其成因可分为岩浆岩、沉积岩和变质岩三大类。根据岩浆中 SiO_2 含量的高低，可将岩浆岩分为酸性岩、中性岩、基性岩、超基性岩等。建筑中常用的岩浆岩有花岗岩、玄武岩、辉绿岩、火山灰、浮石、凝石灰等。

1)岩浆岩

岩浆岩又称火成岩，是由岩浆在地下或喷出地表后冷凝形成的岩石。岩浆是存在于地壳下面呈熔融状态的硅酸盐物质，主要成分是二氧化硅（SiO_2）。当岩浆内部压力大于上部岩层压力时，岩浆被不断向地壳上层方向挤压，以至冲破地壳岩层，喷出地表；当岩浆内部压力小于上部岩层压力时，岩浆会停留于地壳下层，冷凝成岩。岩浆岩的构造可分为：块状构造、斑杂构造、球状构造、气孔和杏仁构造、晶洞和晶腺构造、枕状构造、流纹构造、流面和流线状构造、原生片麻状构造、冷缩节理构造等。

根据岩浆冷凝固化成岩条件的不同，岩浆岩可分为侵入岩和喷出岩两类。

(1)侵入岩

侵入岩分为深成岩和浅成岩。深成岩是岩浆侵入地壳深处（距地表约 3 km）冷凝形成的岩浆岩。由于深沉岩距离地表较深，压力较大，温度下降缓慢，矿物结晶良好，矿物颗粒体积较大，结构较为致密，整体性好，且岩石矿物分布较为均匀，如花岗岩、辉长岩、正长岩等；浅成岩是岩浆沿地壳裂缝爬升至距地表较浅处冷凝形成的岩浆岩。由于岩浆压力较小，矿物结晶较细小，如花岗斑岩、辉绿岩、正长斑岩等。

(2)喷出岩

喷出岩是岩浆喷出地表后冷凝形成的岩浆岩。在地表的条件下，温度下降迅速，矿物结晶差或来不及结晶。

2)沉积岩

沉积岩又称水成岩。它是由暴露于地表的原岩（即岩浆岩、变质岩和早期形成的沉积岩）经自然界的风化剥蚀、搬运作用（风、水流、冰川等）、沉积并经长期压密、胶结、重结晶等复杂的地质作用形成的岩石，主要分布于地表及近地表处，约占地表面积的 70%。沉积岩为层状结构，各层的成分、结构、颜色和层厚均不相同，与岩浆岩相比，其特点是结构致密性较差，表观密度小，孔隙率和吸水率大，强度较低，耐久性相对较差，但分布较广，约占地表面积的 75%，且埋深不大，开采加工难度小。根据沉积岩物质组成的不同，可分为化学沉积岩、生物沉积岩、碎岩岩类及黏土岩类 4 类。

(1)化学沉积岩

由溶解于水中的矿物质经聚积、胶结、沉积、重结晶和一系列复杂化学反应等过程而形成的岩石，如石膏、白云石等。

(2)生物沉积岩

由各种有机体的残骸沉积而成的岩石,如石灰岩和硅藻土等。

(3)碎岩岩类

碎岩岩类主要由碎屑物质组成的岩石。其中,由原岩风化破坏产生的碎屑物质形成的称为沉积碎屑岩,如砾岩、砂岩和粉砂岩等;由火山喷出的碎屑物质形成的,称为火山碎屑岩,如火山角砾岩、凝灰岩等。

(4)黏土岩类

黏土岩类主要由黏土矿物及其他矿物的黏土粒组成的岩石,如泥岩、页岩等。

3)变质岩

地壳中的原岩(即岩浆岩、沉积岩和已经生成的变质岩),由于地壳运动、岩浆活动等所造成的物理和化学条件的变化,即在高温、高压和化学性质活泼的物质(水汽、各种挥发性气体和水溶液)渗入的作用下,在固体状态下发生再结晶作用,改变了原来岩石的结构、构造甚至矿物成分,形成一种新的岩石称为变质岩。变质岩不仅有自身的特点,而且还保存着原来岩石的某些特征。

常见的变质岩可分为片理状岩类和块状岩类。

(1)片理状岩类

岩石有明显的片理构造,如片麻岩、片岩、千枚岩、板岩等。

(2)块状岩类

结构较致密,如大理石、石英岩等。

8.1.2 常用人造石材的类型

人造石材是以不饱和聚酯树脂(或热塑性高分子聚合物)、水硬性水泥或两者混合物为黏结剂,以天然石材和/或回收的废弃石材碎料(和/或粉体)、和/或天然石英(砂、粉)、和/或氢氧化铝粉、和/或诸如碎陶瓷、碎玻璃、碎镜子等不同种类的添加物为主要骨料,经黏合搅拌混合、真空加压、振动成型、凝结固化等工序加工而成的具有石材质感的复合材料,包括人造石石英石、人造石岗石、人造石实体面材和人造石水磨石等产品。与天然石材相比,人造石具有色彩艳丽、光洁度高、颜色均匀一致,抗压耐磨、韧性好、结构致密、坚固耐用、比重轻、不吸水、耐侵蚀风化、色差小、不褪色、放射性低等优点,具有资源综合利用的优势,在环保节能方面具有不可低估的作用,是名副其实的绿色环保建材产品,已成为现代建筑首选的饰面材料。

按照原料的不同,人造石材可分为树脂型、复合型、水泥型、烧结型四类。

1)树脂型人造石材

树脂型人造石材是以不饱和聚酯树脂为胶结剂,与天然大理石碎石、石英砂、方解石、石粉或其他无机填料按一定的比例配合,再加入催化剂、固化剂、颜料等外加剂,经混合搅拌、固化成型、脱模烘干、表面抛光等工序加工而成的,其成型方法有振动成型、压缩成型和挤压成型3种。由于不饱和聚酯树脂具有黏度小,易于成型;固化快、常温下可进行操作;成品颜色浅,光泽好,容易配制成各种明亮的色彩与花纹,物理、化学性能稳定,适用范围广等特点,成为目前装饰工程中使用较为广泛的人造石材。

2)复合型人造石材

复合型人造石材采用的黏结剂中,既有无机材料,又有有机高分子材料。其制作工艺是先用水泥、石粉等制成水泥砂浆的坯体,再将坯体浸于有机单体中,使其在一定条件下聚合而成。对于板材而言,底层用性能稳定而廉价的无机材料,面层用聚酯和大理石粉制作。无机胶结材料可用快硬水泥、白水泥、普通硅酸盐水泥、铝酸盐水泥、粉煤灰水泥、矿渣水泥以及熟石膏等。有机单体可用苯乙烯、甲基丙烯酸甲酯、醋酸乙烯、丙烯腈、丁二烯等,这些单体可单独使用,也可组合使用。复合型人造石材制品的造价较低。但受温差影响后聚酯面易产生剥落或开裂。

3)水泥型人造石材

水泥型人造石材是以各种水泥为胶结材料,以砂、天然碎石为粗细骨料,经配制、搅拌、加压蒸养、磨光和抛光后制成的。配制过程中混入颜料,可制成彩色水泥石。水泥型石材的生产取材方便,价格低廉,但其装饰性较差。水磨石和各类花阶砖即属此类。

4)烧结型人造石材

烧结型人造石材的生产方法与陶瓷工艺相似,是将长石、石英、辉绿石、方解石等粉料和赤铁矿粉,以及一定量的高岭土共同混合,一般配比为石粉60%,黏土40%,采用混浆法制备坯料,用半干压法成型,再在窑炉中以1 000 ℃左右的高温焙烧而成。烧结型人造石材的装饰性好,性能稳定,但需经高温焙烧,因而能耗大,成本高。

8.1.3 建筑石材的类型

建筑中常用的石材常加工为散粒状、块状,形状规则的石块、石板,形状特殊的石制品等。

1)砌筑用石材

砌筑用石材的原料主要有花岗岩、石灰岩、白云岩、砂岩等。根据加工程度的不同,可分为毛石和料石两类。

(1)毛石

毛石又称片石或块石,是由爆破直接得到的形状不规则的石块,按其表面的平整程度分为乱毛石和平毛石两类。乱毛石虽然是形状不规则的毛石,但大致有两个平行面。建筑用毛石构造要求一般要求中部厚度不小于150 mm,在一个方向的尺寸应达300~400 mm,抗压强度应大于10 MPa,软化系数应不低于0.75。平毛石则是乱毛石略经加工而成的石块,形状较整齐,表面粗糙,其中部厚度不应小于200 mm。毛石常被用来砌筑建筑物或构筑物的基础、墙身、勒脚、涵洞、挡墙、堤岸及护坡等。

(2)料石

料石又称条石,是由人工或机械将开采所获的毛石略为加工后,制成的较规则,大致方正的六面体石块。料石根据其表面加工的平整程度可分为毛料石、粗料石、半细料石和细料石。

料石常用致密的砂岩、石灰岩、花岗岩等开采凿制成,至少应有一个面的边角整齐,以便相互合缝。料石常用于砌筑墙体、地坪、踏步、拱和纪念碑等;形状复杂的料石制品可用作柱头、柱基、窗台板、栏杆和其他装饰等。

2)装饰石材

装饰石材主要是指用于工程中各部位的装饰性板材和块材。用致密岩石凿平或锯解而成的厚度一般为20 mm的石材称为板材。园林小品、室内摆设多用太湖石、山水石(浙江一带出产)和宣石、英德石(广东、福建一带出产)。这类石材造型奇特、千姿百态,是一种高档装饰品。堆砌假山可用普通石材、太湖石、猴头石(蓟县、遵化一带出产)等。较为常用的建筑装饰用石材是天然大理石和天然花岗石。

建筑上常用的大理石板材除用大理岩加工外,还有用砂岩、石英岩和致密的石灰岩加工的饰面板材。

3)颗粒状石料

(1)碎石

碎石是天然岩石经人工或机械破碎而成的粒径大于5 mm的颗粒状石料,其性质取决于母岩的品质,主要用于配制混凝土或用作道路、基础的垫层。

(2)卵石

卵石是母岩经自然风化、剥蚀、冲刷等作用而形成的表面较为光滑的颗粒状石料。其用途同碎石,还可作为装饰混凝土(如露石混凝土等)的骨料和园林庭院地面的铺砌材料等。

(3)石渣

石渣是用天然大理石与花岗石等残碎料加工而成,具有多种颜色和装饰效果,可作为人造大理石、水磨石、斩假石、水刷石等的骨料,还可用于制作干黏石制品。

8.2 石材主要性质及技术要求

石材的技术性质,可分为物理性质、力学性质和工艺性质。天然石材因形成条件各异,常含有不同种类的杂质,矿物成分也会有变化,所以,即使是同一类岩石,它们的性质也可能有很大差别。因此在使用时,都必须进行检验和鉴定,以保证工程质量。

8.2.1 物理性质

1)表观密度

石材的表观密度是单位体积所具有的质量。按表观密度大小,石材可分为重质石材和轻质石材两类。表观密度大于1 800 kg/m^3的为重质石材,主要用于建筑的基础、贴面、地面、路面、房屋外墙、挡土墙、桥梁及水工构筑物等;表观密度小于1 800 kg/m^2的为轻质石材,主要用作墙体材料,如采暖房屋外墙等。

表观密度大小由其矿物组成和孔隙率所决定,可间接反映出石材的致密程度、孔隙率、抗压强度和耐久性等性能。致密性越好的石材,表观密度越接近于其密度,为2 500~3 100 kg/m^3,表观密度越大,孔隙率越小,抗压强度越高,耐久性越好,如花岗岩、大理石等;孔隙率较大的石材,表观密度为500~1 700 kg/m^3,如致密程度较差的火山凝岩、浮石等。

2）吸水性

岩石在一定的试验条件下吸收水分的能力，称为掩饰的吸水性。石材的吸水性常用吸水率、饱和吸水率或饱水系数等指标表示，其大小主要与石材的化学成分、孔隙率大小、孔隙特征等因素有关。常吸水率低于1.5%的岩石称为低吸水性岩石；吸水率为1.5% ~3.0%的岩石称为中吸水性岩石；吸水率高于3.0%的岩石称为高吸水性岩石。常用岩石的吸水率为：花岗岩小于0.5%；致密石灰岩一般小于1%；贝壳石灰岩约为15%。石材吸水后，降低了矿物的黏结力，破坏了岩石的结构，从而导致石材的强度和耐水性降低。

3）耐水性

耐水性是指石材在水的作用下，强度和稳定性降低的性质，常以软化系数（K_R）表示。按软化系数大小，可将石材的耐水性分为高、中、低3个等级。软化系数大于0.90为高耐水性，软化系数在0.75 ~0.90的为中耐水性，软化系数在0.60 ~0.75的为低耐水性。处在经常与水接触环境中的石材，其软化系数应大于0.80，软化系数小于0.60者不允许用于重要建筑中。

4）抗冻性

石材在饱水状态下，能经受多次冻融循环而不破坏，同时也不严重降低强度的性质称为抗冻性。通常采用-15 ℃的温度冻结4 h后，再在（20±5）℃的水中融化4 h，此为一次冻融循环，抗冻性用冻融循环次数来表示。岩石经过多次冻融循环后，因进入岩石孔隙中的水结冰体积膨胀致材料发生破坏，岩石表面将出现剥落、裂缝、分层现象及质量损失、强度降低。石材的抗冻性与吸水性密切相关，吸水率大的石材其抗冻性也差。石材的抗冻性还与其矿物组成、晶粒大小及分布均匀性、天然胶结物的胶结性质、孔隙构造有关。根据经验，吸水率小于0.5%的石材，则认为是抗冻的，可不进行抗冻试验。一般要求室外工程饰面石材的抗冻融次数大于25次。大、中型桥梁，水利工程的结构物装饰石材要求抗冻融次数大于50次。

5）耐热性

石材的耐热性与其化学成分及矿物组成有关。石材经高温后，由于热胀冷缩、体积变化而产生内应力或因组成矿物发生分解和变异等导致结构破坏。如含有石膏的石材，在100 ℃以上时就开始破坏；含有碳酸镁的石材，温度高于725 ℃会发生破坏；含有碳酸钙的石材，温度达827 ℃时开始破坏。由石英与其他矿物所组成的结晶石材（如花岗岩等），当温度达到700 ℃以上时，由于石英受热发生膨胀，强度迅速下降。

6）导热性

石材的导热性主要与其表观密度和结构状态有关，重质石材导热系数可达2.91 ~3.49 W/（m · K），轻质石材的导热系数为0.23 ~0.70 W/（m · K）相同成分的石材，玻璃态的比结晶态的导热系数小。具有封闭孔隙的石材，导热系数小，导热性差。

7）安全性（放射性）

少数天然石材中可能含有某些放射性元素，主要是镭-226、钍-232、钾-40 等长寿命放射性同位素。这些放射性核素放射产生的 γ 射线和氡气，对人体健康有害，若超过国家规定的标准则是不安全的。用于室内及人口密集处的石材，应满足《建筑材料放射性核素限量》（GB 6566—2010）的要求。其中，A 类石材产品的使用范围不受限制；B 类产品不可用于 Ⅰ 类民用建筑的内饰面，但可用于Ⅱ类民用建筑物、工业建筑内饰面及其他一切建筑的外饰面；C 类产品只可用于建筑物的外饰面及室外其他用途。

8.2.2 力学性质

1）抗压强度

抗压强度是划分强度等级的依据。天然岩石的抗拉强度远远小于抗压强度，为抗压强度的 1/20 ~ 1/10，是典型的脆性材料，这是其使用范围受到限制的重要因素。

根据《砌体结构设计规范》（GB 50003—2011）规定，石材的强度等级可用边长为 70 mm 的立方体试块的抗压强度表示，抗压强度取 3 个试件破坏强度的平均值。试件也可采用 200、150、100、50 mm 的立方体，但应对其试验结果乘以相应的换算系数 1.43、1.28、1.14、0.86 后方可作为石材的强度等级。天然石材的强度等级有 MU100、MU80、MU60、MU50、MU40、MU30、MU20 共 7 个强度等级。

2）冲击韧性

石材抵抗多次连续重复冲击荷载作用的性能称为冲击韧性，可用石材冲击值表示。天然石材是典型的脆性材料，其冲击韧性取决于岩石的矿物组成和构造。石英岩、硅质砂岩脆性较大，含暗色矿物较多的辉长岩、辉绿岩等具有较高的韧性。通常，晶体结构的岩石比非晶体结构的岩石具有较高的韧性。

3）硬度

石材的硬度以莫氏或肖氏硬度表示。石材的硬度与抗压强度有很好的相关性，一般抗压强度高，其硬度也大。石材的硬度越大，其耐磨性和抗刻划性能越好，但表面加工越困难。

4）耐磨性

耐磨性是指石材在使用条件下抵抗摩擦、边缘剪切以及冲击等复杂作用的性质，用单位面积磨耗量表示。石材的耐磨性与其内部组成矿物的硬度、结构、构造特征以及石材的抗压强度和冲击韧性等性质有关。石材组成矿物越坚硬，构造越致密，抗压强度和冲击韧性越高，则石材的耐磨性越好。

8.2.3 工艺性质

石材的工艺性质主要包括加工性、磨光性、抗钻性等。

1)加工性

石材的加工性是指岩石开采、锯解、切割、凿琢、磨光和抛光等加工工艺的难易程度。凡强度、硬度、韧性较高的石材,不易加工;质脆而粗糙,有颗粒交错结构,含有层状或片状构造,以及易风化的岩石,都难以满足加工要求。

2)磨光性

磨光性是指石材能否磨成平整光滑表面的性质。致密、均匀、细粒的岩石,一般都有良好的磨光性,可以磨成光滑亮洁的表面;疏松多孔、鳞片状构造的岩石,磨光性不好。

3)抗钻性

抗钻性是指石材钻孔难易程度的性质。影响抗钻性的因素很复杂,一般石材的强度越高,硬度越大,越不易钻孔。

由于用途和使用条件不同,对石材的性质及其所要求的指标均有所不同。工程中用于基础、桥梁、隧道以及石砌工程的石材,一般规定其抗压强度、抗冻性与耐水性必须达到一定指标。

8.3 土木工程常用石材

石材广泛应用于建筑的室内、室外、道路、桥梁、地铁、园林、陵墓等环境,主要应用领域有室内石材装饰工程、室外石材装饰工程、园林景点。室内石材装饰工程项目和部位主要有商场、宾馆、机场、车站、展览馆、体育馆及其他公共建筑等室内的地面、墙面、柱面、踢脚、墙裙、勒脚、隔断、窗台、服务台、柜台、花饰格带、舞厅舞池、楼梯踏步、卫生间、洗浴室、水池、游泳池、花坛、假山、影壁、壁画等。室外石材装饰工程项目和部位主要有各种建筑的外墙面、柱基、柱头、柱面、地面、台阶、踏步、围墙、围栏、外廊、门楣、桥梁、人行路面、假山、水池、牌匾、石雕花格、勒脚、石雕、壁画等。园林景点的石材装饰工程项目主要有入口、门楣、假山、桥栏、石桌、石凳、石砌小道、儿童乐园中石像、石刻、石雕等。

我国石材内消费主要有 3 大部分,用量最大的是建筑内外装饰用板材,其次是建筑用石,包括园林、工程用石,再次就是石雕刻、石艺术品、墓碑石产品等。土木工程中常用石材 95%以上用于公共建筑装修。这里主要介绍常用的装饰用石材板材。

8.3.1 花岗石建筑板材

花岗石在商业上是指以花岗岩为代表的一类石材,包括岩浆岩和各种硅酸盐类变质岩石材。花岗石建筑板材,是用花岗石加工成的板材,主要用作建筑物的内外墙面、地面、柱面、台面等。

花岗石构造致密、强度高、密度大、吸水率低、材质坚硬、耐磨,属于硬质石材。其化学成分中 SiO_2 含量高,因此其耐酸性、抗风化能力及耐久性好,使用年限长。从外观来看,花岗石常呈整体均粒状结构,称为花岗结构,纹理呈斑点状,有深浅层次,从而构成这类石材的独特效果,这也是从外观上区别花岗石和大理石的主要特征。花岗岩色彩斑斓,呈斑点或晶粒花样,表面均匀分布着繁星般的云母亮点与闪闪发亮的石英结晶。其颜色由长石颜色和其他深色矿物颜色而定,一般呈灰色、黄色、蔷薇色、淡红色、黑色。花岗石建筑板材的物理性能应符合表8.1的规定。

表8.1　花岗石建筑板材物理性能要求(GB/T 18601—2009)

项目		技术指标	
		一般用途	功能用途
体积密度/(g·cm^{-3}),≥		2.56	2.56
吸水率/%,≤		0.60	0.40
压缩强度/MPa,≥	干燥	100	131
	水饱和		
弯曲强度/MPa,≥	干燥	8.0	8.3
	水饱和		
耐磨性[a]/(1·cm^{-3}),≥		25	25

注:a.使用在地面、楼梯踏步、台面等严重踩踏或磨损部位的花岗石石材应检验此项。

花岗石建筑板材属于一种高档的饰面材料,主要用于建筑室内饰面以及重要的大型建筑物基础、踏步、栏杆、堤坝、桥梁、路面、街边石、城市雕塑等;还可以用于酒吧台、服务台、收款台、展示台及家具等装饰。磨光花岗石板材的装饰特点是华丽而庄重,粗面花岗石板材的装饰特点是凝重而粗犷。可根据不同的使用场合选择不同物理性能及表面装饰效果的花岗石。花岗石建筑板材的质量应符合《天然花岗石建筑板材》(GB/T 18601—2009)的规定。

8.3.2　大理石建筑板材

大理石在商业上指以大理岩为代表的一类石材,包括结晶的碳酸盐类岩石和质地较软的其他变质岩类石材。大理石建筑板材,是用大理石加工成的板材,主要用作建筑物的内墙面、地面、柱面、台面等。

大理石质地比较密实、抗压强度高、吸水率低、表面硬度一般不大,属中硬性石材。大理石主要化学成分为碳酸盐类($CaCO_3$或$MgCO_3$等),在大气中受硫化物及水汽的作用,容易发生腐蚀。成分较纯的大理石呈纯白色,大多数大理石由两种或两种以上成分混杂而成,因其成分复杂,所以颜色变化较多,深浅不一,有多种光泽,形成大理石独特的天然美。在各种颜色的大理石中,暗红色、红色的最不稳定,绿色次之,白色大理石成分单纯,杂质少,性能较稳定,不易变色和风化,因此除少数大理石,如汉白玉、艾叶青等质纯、杂质少、比较稳定耐久的品种可用于室外,绝大多数大理石品种只宜用于室内。大理石建筑板材的物理性质应符合表8.2的规定。

表 8.2 大理石建筑板材物理性能要求(GB/T 19766—2016)

项目		技术指标		
		方解石大理石	白云石大理石	蛇纹石大理石
体积密度/($g \cdot cm^{-3}$),≥		2.60	2.80	2.56
吸水率/%,≤		0.50	0.50	0.60
压缩强度/MPa,≥	干燥	52	52	70
	水饱和			
弯曲强度/MPa,≥	干燥	7.0	7.0	7.0
	水饱和			
耐磨性[a]/($1 \cdot cm^{-3}$)	≥	10	10	10

注:a. 仅适用于地面、楼梯踏步、台面等易磨损部位的大理石石材。

天然大理石板材是高级装饰工程的饰面材料,一般用于宾馆、剧场、商场、图书馆、机场、车站等建筑的室内墙面、柱面、服务台、栏板、电梯间门口等部位。由于其耐磨性相对较差,虽可以用于地面,但不宜用于人流较多场所的地面。大理石由于耐酸腐蚀能力较差,除个别品种(如汉白玉、艾叶青等)外,一般只适用于室内。

除整板铺贴外,大理石厂生产光面和镜面大理石时裁剪下的大量边角余料,经过适当的分类加工,也可以制成碎拼大理石墙面或地面,是一种别具风格、造价较低的高级饰面,可以点缀高级建筑的庭院、走廊等部位,使建筑物丰富多彩。大理石建筑板材的质量应符合《天然大理石建筑板材》(GB/T 19766—2016)的规定。

8.3.3 板石

板石在商业上指易沿流片理产生的劈理面裂开成薄片的一类变质岩类石材。矿物成分以石英和长石为主,含有岩屑和其他副矿物机械沉积岩类石材。板石也称板岩,是一种可上溯到奥陶纪的沉积变质岩。形成板岩的页岩先沉积在泥床上,激烈的变质作用使页岩床折叠、收缩,最后形成板岩。板石主要由石英、绢云母和绿泥石族矿物组成。板石与大理石、花岗石虽同属饰面石材,但又不同于大理石和花岗石。

天然板石是天然饰面石材的重要组成,与其他天然板材相比,具有古香古色、朴实典雅、易加工、造价低廉等特点。天然板石种类繁多,装饰效果独特。按颜色可被分为以下 6 个种类。

①黑板石,深灰或深黑色,各地区产品色调差别不大。

②灰板石,灰色或灰浅色,部分地区产品带自身条纹。

③青板石,青色或浅蓝色,各地产品色调基本一致,少数地区带自身条纹。

④绿板石,草绿、黄绿或灰绿色,常带深、浅色相间的平行自生条纹。

⑤黄板石,板面呈以黄或黄褐色为主的天然山水或流云,十分美观。

⑥红板石,砖红或棕红色,常带条纹。

板石饰面板理化性能应符合表 8.3 规定。

表 8.3 板石饰面板理化性能要求(GB/T 18600—2009)

项目	技术指标			
	室内		室外	
	C_1 类	C_2 类	C_3 类	C_4 类
弯曲强度/MPa,≥	10.0	50.0	20.0	62.0
吸水率/%,≤	0.45		0.25	
耐气候性软化深度/mm,≤	0.64			
耐磨性[a]/(1·cm^{-3}),≥	8			

注:a. 仅适用在地面、楼梯踏步、台面等易磨损部位。

我国对石材消费保持全球第一的地位不会变化,“十四五”期间将是国内经济、发展格局重塑的五年,高质量发展新阶段,实现制造强国的重要时期。石材行业面临的新环境,资源开发与生态环境的矛盾;绿色发展、双控双碳;需求总量下降与产品结构矛盾,装配式建筑、供给侧结构性改革的关键时期;国际化面临新挑战。技术创新、商业模式创新是制胜关键,绿色化、规模化、集约化成为我国石材行业发展趋势。

本章总结框图

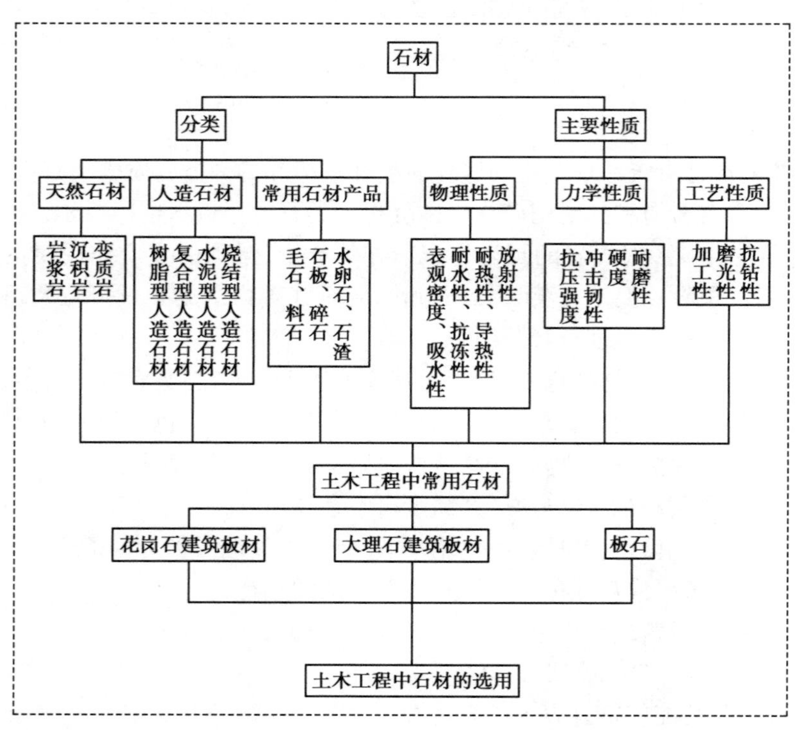

问题导向讨论题

问题:酒店大堂石材由于人员流动性大,通常碰到的石材问题为对石材表面的磨损。其次酒店公用卫生间使用的次数较为频繁,常常出现水渍飞溅的问题,这样就大大增加了酒店石材泛碱的可能性。对于这两种情况,通常怎么处理。

分组讨论要求:每组4~6人,设组长1人,负责明确分工和协助要求,并指定人员代表小组发言交流。

思考练习题

8.1 石材有哪些主要的技术性质？影响石材抗压强度的主要因素有哪些？

8.2 选择石材时应注意哪些事项？

8.3 常用石材有哪些？各具有什么特性？宜应用于哪些工程？

8.4 岩石按地质形成条件不同可分为哪几类？各有什么特点？

8.5 影响石材抗压强度的主要因素有哪些？

8.6 天然石材按放射性水平可分为哪几类？各适用于什么场合？

8.7 天然石材根据什么指标划分强度等级？分为哪几个强度等级？

8.8 列举出几种人造石材,并简要说明它们的性能特点和应用场景。

9 木材

本章导读	内容及要求	介绍木材的构造(宏观结构和微观结构)、木材的物理和力学性质,木材的防护等。阐述了木材在工程中的应用及其存在的优缺点。
	重点	木材的物理和力学性质及木材的防护处理(防腐、防蛀与防火等)。
	难点	木材的各向异性、湿胀干缩,以及含水率对木材性质的影响。

木材是人类使用最早的建筑材料之一。我国在木材建筑技术和木材装饰艺术方面都有很高的水平和独特的风格。如世界闻名的天坛祈年殿全部由木材建造,而全由木材建造的山西佛光寺正殿至今已保存千年之久。

木材作为建筑材料,具有许多优良性能,如轻质高强,即比强度高;有较高的弹性和韧性,耐冲击和振动;易于加工;在干燥环境或长期置于水中均有很好的耐久性;气干木材是良好的热绝缘和电绝缘材料;大部分木材都具有美丽的天然花纹,给人以淳朴、古雅、亲切的质感,因此木材作为装饰与装修材料,具有独特的功能和价值,被广泛应用。木材也有使其应用从而引起膨胀和收缩构造不均匀,导致各向异性;易随周围环境湿度变化而改变含水量,或引起膨胀或收缩;易腐朽或虫蛀;易燃烧;天然缺陷较多等。不过,对木材进行一定的加工和处理后,可有效改善这些缺点。

9.1 木材的分类和构造

木材的主要种类力学性质及应用

9.1.1 木材的分类

木材可以按树木成长的状况分为外长树木材和内长树木材。外长树是指树干的成长是向外发展的,由细小逐渐长粗成材,且成长情况因季节气候差异而有所不同,因而形成年轮;内长树的成长则主要表现为内部木质的充实。热带地区出产的木材几乎都是内长树木材。

根据树叶的外观形状可将木材分为针叶树木材和阔叶树木材。针叶树树干通直高大,树杈较小而分布较密,易得大材,其纹理顺直,材质均匀。由于多数针叶树木材的木质较轻软而易于加工,习惯上称为软材。针叶树木材强度较高,胀缩变形较小,耐腐蚀性强,建筑上广泛用于承重构件和装修材料。常用树种有松、杉、柏、银杏等。

阔叶树树干通直部分一般较短,树杈较大而数量较少。相当数量的阔叶树材的材质较硬而较难加工,故阔叶树材又称硬材。阔叶树材强度高,胀缩变形大,易翘曲开裂。阔叶树材板面通常较美观,具有很好的装饰作用,适用于家具、室内装修及胶合板等。常用树种有桉木、水曲柳、杨木、榆木、柞木、樟木等。

按木材的用途和加工工艺的不同,可以分为原条、原木、普通锯材和枕木4类。原条是指已经去皮、根及树梢,但尚未加工成规定尺寸的木料;原木是指由原条按一定尺寸加工成规定直径和长度的木材,分为直接使用原木和加工用原木;普通锯材是指已经加工锯解成型材的木料;枕木是指按枕木断面和长度加工而成的木材。

9.1.2 木材的构造

树干由树皮,形成层,木质部(即木材)和髓心组成。从树干横截面的木质部上可看到环绕髓心的年轮。每一年轮一般由两部分组成:色浅的部分称为早材(春材),是在季节早期生长,细胞较大,材质较疏;色深的部分称为晚材(秋材),是在季节晚期生长,细胞较小,材质较密。有些木材,在树干的中部,颜色较深,称为心材;在边部,颜色较浅,称为边材。针叶树材主要由管胞、木射线及轴向薄壁组织等组成,排列规则,材质较均匀。阔叶树材主要由导管、木纤维、轴向薄壁组织,木射线等组成,构造较复杂。由于组成木材的细胞是定向排列的,存在顺纹和横纹的差别。横纹又可区别为与木射线一致的径向,与木射线相垂直的弦向。某些阔叶树材,质地坚硬,纹理色泽美观,适于作装修用材。

木材的构造通常考虑宏观结构和微观结构两方面。

1)木材的宏观构造

宏观构造是用肉眼或放大镜能观察到的木材的组织。由于木材是各向异性的,可通过3个不同的锯切面来进行分析,即横切面(垂直于树轴的切面),径切面(通过树轴且与树干平行的切面)和弦切面(与树轴有一定距离且平行于树轴的切面)。

从横切面上观察, 木材由树皮,木质部和髓心3个部分组成(图9.1)。一般树的树皮覆盖在木质部外面,起保护树木的作用。髓心是树木最早形成的部分,贯穿整个树木的干和枝的中心,材性低劣, 易于腐朽,不宜作结构材。木质部位于髓心和树皮之间,是木材的主要取材部分。

(1)年轮

年轮,从横切面上可看到木质部有深浅相间的同心圆,称为年轮,即树木一年中生长的部分。年轮是围绕髓心的、深浅相同的同心环,年轮越密而均匀,材质越好。从髓心向外的辐射线,称为髓线,它与周围联结差,干燥时易沿此开裂。年轮和髓线组成木材美丽的天然纹理。

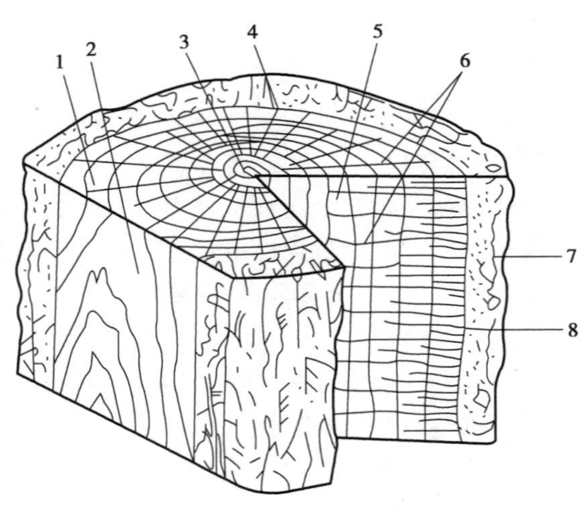

图 9.1 木材的宏观构造

1—横切面;2—弦切面;3—髓心;4—年轮;5—径切面;6—髓线;7—树皮;8—木质部

(2)早材和晚材

在同一年轮中,春季生长的部分由于细胞分裂速度快,细胞腔大,壁薄,所以材质较软,色较浅,称为春材(或早材)。夏秋季生长的部分由于细胞分裂速度慢,细胞腔小,壁厚,所以木质较致密,色较深,称为夏材(或晚材)。晚材部分越多,木材的强度越高。热带地区,树木一年四季均可以生长,故无早材、晚材之分。

(3)边材和心材

材色可以分为内、外两大部分,靠近树皮的色浅部分为边材,靠近髓心的色深部分为心材。在树木生长季节,边材具有生理功能,能运输和贮藏水分、矿物质和营养,边材逐渐老化而转变成心材。心材无生理活性,仅起支撑作用。与边材相比,心材中有机物积累多,含水量少,不易翘曲变形,耐腐蚀性好。

(4)髓线

木材横切面上可以看到一些颜色较浅或略带光泽的线条,它们沿着半径方向呈辐射状穿过年轮,这些线条称为髓线[又称木射线(ray)]。髓线可以从任一年轮处产生,一旦产生,它随着直径的增大而延长,直到形成层为止。髓线是木材中唯一呈射线状的横向排列组织,其功能主要是横向输导和储藏养分。髓线在不同的切面上,表现出不同的形状。在弦切面上呈短线或纺锤线,显示髓线的宽度和高度;在径切面上呈横向短带状,有光泽,显示髓线的宽度。顺着木材纹理方向为高度,垂直纹理方向为宽度。

(5)管孔和胞间道

阔叶材的导管在横切面上呈孔状,称为管孔。导管是阔叶树材的轴向输导组织,在纵切面上呈沟槽状。针叶材没有导管,用肉眼在横切面上看不到孔状结构,故称为无孔材。阔叶材具有明显的管孔,称为有孔材。

胞间道是由分泌细胞环绕而成的长度不定的管状细胞间隙。针叶材中储藏树脂的胞间道称为树脂道;阔叶材中储藏树脂的胞间道称为树胶道。

2)木材的微观构造

微观构造是指在显微镜下观察到的木材组织,如图 9.2 和图 9.3 所示。

用显微镜观察,木材是由无数的管状细胞紧密结合而成的,细胞之间大多数为纵向排列,少数为横向排列(如髓线)。细胞由细胞壁和细胞腔两部分组成。细胞壁由纤维素(约占 50%)、半纤维素(约占 25%)和木质素(约占 25%)组成,细胞壁的厚薄对木材的表观密度、强度、变形都有影响。细胞壁越厚,腔越小,木材越密实、强度越高,但湿胀干缩变形也越大。一般来说, 阔叶树细胞壁比针叶树厚,夏材比春材细胞壁厚。

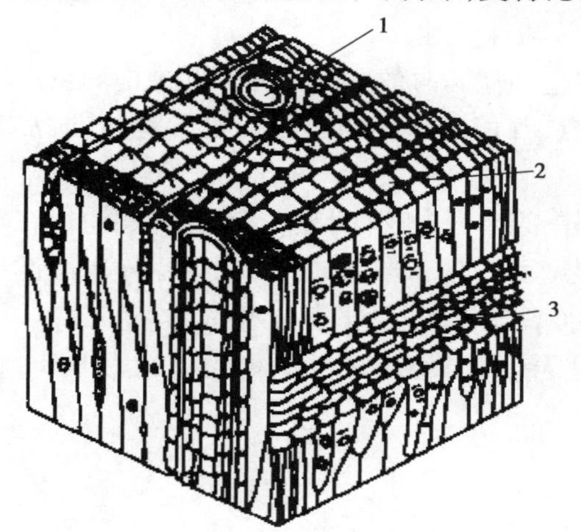

图 9.2　针叶树马尾松的显微构造
1—树脂道;2—管胞;3—髓线

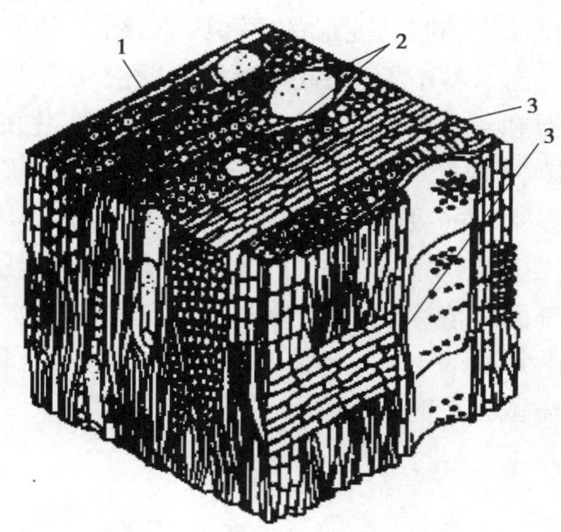

图 9.3　阔叶树柞木微观构造
1—木纤维;2—导管;3—髓线

木材细胞因功能不同可分为管胞、导管、髓线、木纤维等。针叶树(图 9.2)主要由管胞组成,它占木材总体积的 90% 以上,管胞为纵向细胞,在树木中起支承和输送养分的作用,还有少量的纵行和横行的薄壁细胞起横向传递和储存养分作用。阔叶树(图 9.3)主要由导管,木纤维及髓线组成,导管是壁薄而腔大的细胞,主要是输送养分的作用,木纤维壁厚腔小,主要起支撑作用,其体积占木材体积的 50% 以上。

9.2　木材的主要性质

9.2.1　木材的主要物理性质

1)密度与表观密度

木材的密度是指构成木材细胞壁物质的密度。密度具有变异性,即从髓心到树皮或早材与晚材及树根部到树梢的密度变化规律随木材种类的不同有较大的不同,为 1.50 ~ 1.56 g/cm³,表观密度为 0.37 ~ 0.82 g/cm³。

2) 含水率与吸湿性

木材的含水率是指木材所含水的质量占干燥木材质量的百分数。含水率的大小对木材的湿胀干缩性和强度影响很大。新伐木材的含水率常在35%以上;风干木材的含水率为15% ~25%;室内干燥木材的含水率为8% ~15%。

木材中所含水分可分为自由水、吸附水及化合水3种。自由水是指存在于细胞腔和细胞间隙中的水分,吸附水是指被吸附在细胞壁内细纤维之间的水分,化合水是指木材化学组成中的结合水。自由水的变化只影响木材的表观密度、燃烧性和抗腐蚀性,而吸附水的变化是影响木材强度和胀缩变形的主要因素,结合水在常温下不发生变化。

当木材中无自由水,而细胞壁内充满吸附水并达到饱和时的含水率称为纤维饱和点。纤维饱和点是木材物理力学性质发生变化的转折点,其值随树种的不同而有所差异,通常为25% ~35%,平均值为30%。

木材的吸湿性是双向的,即干燥的木材能从周围的空气中吸收水分,潮湿的木材也能在较干燥的空气中失去水分,其含水率随环境温度和湿度而变化。当木材长时间处于一定温度和湿度的环境中时,其含水率会趋于稳定,此时的含水率称为木材的平衡含水率。

木材的平衡含水率随其所在地区不同而有所差异,我国北方约为12%,南方约为18%,长江流域一般为15%。

3) 湿胀干缩性

木材的纤维细胞组织构造使木材具有显著的湿胀干缩变形特性。

木材的纤维饱和点是木材发生湿胀干缩变形的转折点,其规律是:当木材的含水率在纤维饱和点以下时,随着含水率的增大,木材体积膨胀;随着含水率的减小,木材体积收缩。当木材含水率在纤维饱和点以上变化时,只是自由水增减、木材的质量改变,而木材的体积不发生变化。

由于木材构造的不均质性,各方向的胀缩变形也不一致。同一木材中,弦向胀缩变形最大,径向次之,纵向最小。

木材的胀缩使其截面形状和尺寸有所改变,甚至产生裂纹和翘曲,致使木构件的结合部凸起或松弛,强度降低。为了避免这种不利影响,通常的措施是在加工制作前将木材进行干燥处理,使其含水率达到与其使用环境的湿度相适应的平衡含水率。

9.2.2 木材的主要力学性质及其影响因素

土木工程中常利用木材的以下几种强度:抗压、抗拉、抗弯和抗剪。由于木材是各向异性材料,因而其抗压、抗拉和抗剪强度又有顺纹和横纹的区别。

1) 抗压强度

木材的顺纹抗压强度是指压力作用方向与木材纤维方向平行时的强度,这种受压破坏是由细胞壁失去稳定而非纤维的断裂所致。木材的横纹抗压强度是指压力作用方向与木材纤维垂直时的强度,这种破坏是由于细胞腔被压扁产生极大的变形而造成的。

木材的横纹抗压强度比顺纹抗压强度低得多,一般针叶树的横纹抗压强度约为顺纹抗压强度的10%,阔叶树的这个比例为15%~20%。

2)抗拉强度

木材抗拉强度虽有顺纹与横纹两种,但横纹抗拉强度值很小(仅为顺纹抗拉强度的10%~20%),工程中一般不使用。

顺纹抗拉强度是指拉力方向与木材纤维方向一致时的强度。这种受拉破坏往往不是纤维被拉断而是纤维间被撕裂。顺纹抗拉强度是木材所有强度中最高的,为顺纹抗压强度的2~3倍,强度值波动范围大,通常为70~170 MPa。但在实际应用中,由于木材存在的各种缺陷(如木节、斜纹、裂缝等)对其影响极大,同时受拉构件连接处应力复杂,使木材的顺纹抗拉强度难以充分被利用。

3)抗弯强度

木材受弯时内部应力十分复杂,在梁的上部会受到顺纹抗压,下部会受到顺纹抗拉,而在水平面中则有剪切力。木材受弯破坏时,通常在受压区首先达到强度极限,开始形成微小的不明显的皱纹,但并不立即破坏,随着外力的增大,皱纹慢慢地在受压区扩展,产生大量塑性变形,以后当受拉区域内的许多纤维达到强度极限时,则因纤维本身及纤维间连接的断裂而遭到破坏。

木材的抗弯强度很高,为顺纹抗压强度的1.5~2倍。因此在土木工程中应用很广,如用于桁架、梁、桥梁、地板等。但木节、斜纹等对木材的抗弯强度影响很大,特别是当它们分布在受拉区时。另外,裂纹不能承受弯曲构件中的顺纹剪切。

4)抗剪强度

木材受剪切作用时,因剪切面和剪切方向的不同,分为顺纹剪切、横纹剪切和横纹切断3种,如图9.4所示。

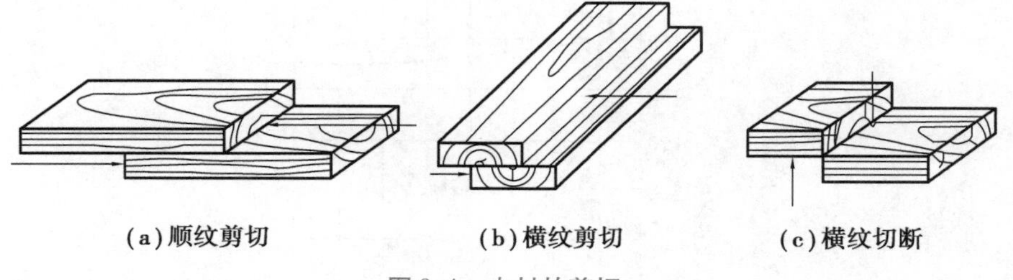

图9.4 木材的剪切

顺纹剪切破坏是由纤维间连接撕裂产生纵向位移和受横纹拉力作用所致;横纹剪切破坏完全是剪切面中纤维的横向连接被撕裂的结果;横纹切断破坏则是指木材纤维被切断。横纹切断强度最高,顺纹剪切强度次之,横纹剪切强度最低。

假设木材的顺纹抗压强度为1,木材各种强度之间的比例关系见表9.1。

表 9.1　木材各强度的关系

抗压强度		抗拉强度		抗弯强度	抗剪强度	
顺纹	横纹	顺纹	横纹		顺纹	横纹切断
1	1/10 ~ 1/3	2 ~ 3	1/20 ~ 1/3	1.5 ~ 2	1/7 ~ 1/3	1/2 ~ 1

木材强度等级按无疵标准试件的弦向静曲强度来评定(表 9.2)。木材强度等级代号中的数值为木结构设计时的强度设计值,它比试件实际强度低数倍,这是因为木材实际强度会受各种因素的影响。

表 9.2　木材各强度的关系

木材种类	针叶树材				阔叶树材				
强度等级	TC11	TC13	TC15	TC17	TB11	TB13	TB15	TB17	TB20
静曲强度最低值/MPa	48	54	60	74	58	68	81	92	104

5)木材强度的影响因素

木材是有机各向异性材料,顺纹方向与横纹方向的力学性质有很大差别。木材的顺纹抗拉和抗压强度均较高,但横纹抗拉和抗压强度较低。木材强度还因树种而异,并受木材缺陷、荷载作用时间、含水率及温度等因素的影响。

(1)含水率

木材的强度受含水率影响较大。当含水率在纤维饱和点以下时,随着含水率降低,吸附水减少,细胞壁趋于紧密,木材强度增高;当含水率在纤维饱和点以上变化时,主要是自由水的变化,对木材的强度基本无影响。含水率对各强度的影响程度不一样,对顺纹抗压强度和抗弯强度的影响较大,对顺纹抗剪强度影响较小,影响最小的是顺纹抗拉强度,如图 9.5 所示。

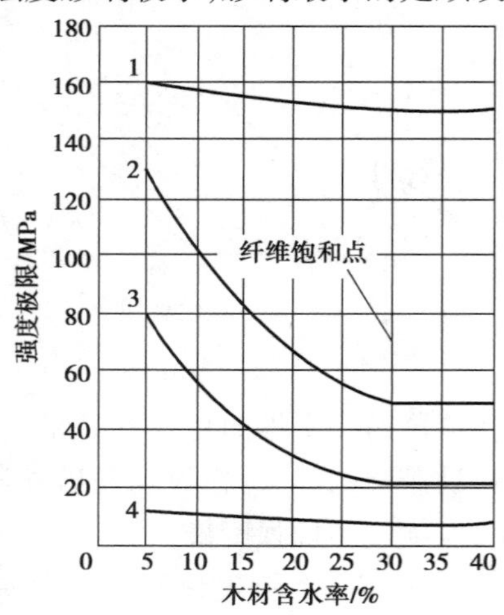

图 9.5　含水率对木材强度的影响

1—顺纹受拉;2—弯曲;3—顺纹受压;4—顺纹受剪

测定木材强度时,以木材含水率为12%(标准含水率)时的强度作为标准强度,其他含水率时的强度值可按下述经验公式(9.1)换算(当含水率为8%~23%时该公式误差最小):

$$\sigma_{12} = \sigma_{w}[1 + \alpha(W - 12)] \quad (9.1)$$

式中 σ_{12}——含水率为12%时的木材强度;

σ_{w}——含水率为W%时的木材强度;

W——试验时的木材含水率;

α——木材含水率校正系数,顺纹抗压为0.05,顺纹抗拉阔叶树为0.015,针叶树为0,抗弯为0.04,顺纹抗剪为0.03。

(2)负荷时间的影响

木材在长期荷载作用下,只有当其应力远低于强度极限的某一范围时,才可避免木材因长期负荷而破坏。原因在于较大外力作用下,木材随时间延长将发生蠕变,最后达到较大的变形而破坏。

木材在长期荷载作用下不致引起破坏的最大强度称为持久强度。木材的持久强度一般为极限强度的50%~60%,设计木结构时,应考虑负荷时间对木材强度的影响,通常以持久强度为依据。

(3)环境温度的影响

随着环境温度的升高,木材中的细胞壁成分会逐渐软化,强度也随之降低。一般气候下的温度升高不会引起化学成分的改变,温度恢复时会恢复原来强度。

当温度由25 ℃升到50 ℃时,将因木纤维和其间的胶体软化等原因,抗压强度降低20%~40%,抗拉和抗剪强度下降12%~20%;长期处于60~100 ℃时,水分和所含挥发物蒸发,强度下降,变形增大;超过100 ℃时,木材中的纤维素发生热裂解,强度明显下降。因此,环境温度长期超过50 ℃的建筑物不宜采用木结构。当温度低于0 ℃时,木质变脆, 解冻后木材的各项强度均下降。

(4)疵病的影响

木材在生长、采伐及保存过程中,会产生内部和外部缺陷,这些缺陷统称为疵病。木材的疵病主要有木节、斜纹、腐朽及虫害等,这些疵病将影响木材的力学性质,但同一疵病对木材不同强度的影响不尽相同。

木节分为活节、死节、松软节和腐朽节等几种,活节影响最小。木节使木材顺纹抗拉强度显著降低,对顺纹抗压影响最小。在木材受横纹抗压和剪切时,木节反而会增加其强度。斜纹因木纤维与树轴成一定夹角所致,会严重降低木材的顺纹抗拉强度,抗弯次之,对顺纹抗压强度影响较小。

裂纹、腐朽和虫害等疵病,会造成木材构造的不连续性或木材组织的破坏,因此会严重影响木材的力学性质,有时甚至能使木材完全失去使用价值。

9.3 木材的防护

9.3.1 木材的腐蚀与虫蛀

木材的腐朽主要是由真菌侵害所致,真菌有3种:霉菌、变色菌和腐朽菌。霉菌只寄生在木材表面,是一种发霉的真菌,变色菌是以细胞腔内含物(如淀粉、糖类等)为养料,不破坏细胞壁,这两种菌对木材的破坏作用很小。而腐朽菌是以细胞壁为养料,它能分泌出一种酵素,把细胞壁物质分解成简单的养料,供自身摄取生长,从而因细胞壁遭到破坏,使木材腐朽。

真菌在木材中生存和繁殖必须同时具备3个条件,即适量的水分、空气(氧气)和适宜的温度。温度低于5 ℃时,真菌停止繁殖,而高于60 ℃时,真菌则死亡。当木材含水率为35%~50%,温度为25~30 ℃,木材中又存在一定量的空气时,最适宜腐朽菌繁殖,因而木材最易腐朽。

木材除了受真菌腐蚀外,还会受到蛀虫的侵蚀,有的木材外表很完整,但内部已被蛀蚀一空。木材蛀虫主要是白蚁和甲虫,白蚁的危害最广泛,也最严重。木材被昆虫蛀蚀后形成或大或小的虫眼,这些虫眼破坏了木材的完整性,也降低了木材的力学性能。

9.3.2 木材的防腐与防蛀

根据木材产生腐朽的原因,通常采取两种防治措施。

①破坏真菌和蛀虫生存繁殖的条件。使木材处于经常通风干燥的状态,使其含水率低于20%;对木结构和木制品表面进行刷漆或涂料,油漆层或涂料层既能防水防潮,又能隔绝空气。

②将防腐剂涂刷在木材表面或浸渍木材,使木材变成有毒的物质,以起到杀菌杀虫作。用。木材防腐剂的种类很多,一般分为3类。

a. 水溶性防腐剂,如氟化钠、氯化锌、氟硅酸钠、硼酸等,多用于室内木结构的防腐防蛀处理。

b. 油溶性防腐剂,如蒽油、煤焦油等,这类防腐剂药力持久,毒性大,不易被水冲走、不吸湿,但有刺激性臭味,多用于室外、地下、水下等木构件。

c. 浆膏类防腐剂,如氟砷沥青等,这类防腐剂也有臭味,多用于室外木材的防腐处理。

9.3.3 木材的防火

木材是易燃物质。在热作用下,木材会分解出可燃气体,并放出热量;当温度达到260 ℃时,木材可在无热源时自燃,因此在木结构设计中将260 ℃称为木材的着火危险温度。木材在火的作用下,外层碳化,结构疏松,内部温度升高,强度降低,当强度低于承载能力时,木结构即被破坏。

对木材进行防火处理,就是使其不易燃烧;或在高温下只碳化,没有火焰,不至于很快波及其他可燃物;或当火源移开后,木材表面的火能立即熄灭。常用的防火处理方法是用防火剂浸渍木材;或将防火涂料涂刷或喷洒在木材表面,以阻止其着火燃烧。

9.4 木材的应用

木材是传统的建筑材料,在古建筑和现代建筑中都得到了广泛应用。在结构上木材主要用于构架和屋顶,如梁、柱、椽、望板、斗拱等木材在建筑工程中还常用作混凝土模板及木桩等。在国内外,木材历来被广泛用于建筑室内装修与装饰,给人以自然美的亲切感。人造板材是利用木材在加工过程中产生的边角废料,添加化工胶黏剂制作成的板材。人造板材与木材比较,有幅面大、变形小、表面平整光洁、无各向异性等特点。装饰用人造板材是利用木材加工过程中剩下的边皮、碎料、刨花、木屑等废料,进行加工处理而制成的板材。人造板材品种很多,市场上应用最广的有胶合板类、刨花板类、中密度纤维板类、细木工板等。

9.4.1 胶合板

胶合板是将原木旋切成的薄片,用胶黏合热压而成的人造板材,其中薄片的叠合必须按照奇数层数进行,而且保持各层纤维互相垂直,胶合板最高层数可达 15 层。胶合板如果用在室内,一般使用较便宜的脲醛胶,但这种胶防水性能有限。室外用胶合板由于要防腐通常使用酚醛胶,以防止胶合板分层开合,并在高湿情况下保持强度。

胶合板大大提高了木材的利用率,其主要特点是材质均匀、强度高、无疵病、幅面大、使用方便,板面具有真实、立体和天然的美感,广泛用作建筑物室内隔墙板、护壁板、顶棚板、门面板以及各种家具及装修。在建筑工程中,常用的是三合板和五合板。我国胶合板主要由水曲柳、椴木、桦木、马尾松及部分进口原料制成。

9.4.2 纤维板

纤维板也称密度板,是利用木材加工后剩下的碎料、刨花、树枝、树皮等废料或加入其他植物纤维,经破碎浸泡、研磨成木浆, 再加入胶料,经热压成型、干燥处理而成的人造板材。按成型时的温度和压力不同,分为硬质纤维板、半硬质纤维板和软质纤维板 3 种。

①硬质纤维板强度高、耐磨、不易变形,可代替木板, 用作室内壁板、门板、地板、家具等。

②半硬质纤维板表面光滑,材质细密,性能稳定,装饰性好,主要用于室内装饰、高档家具等。

③软质纤维板结构松软、强度较低、但吸声性和保温性好,常用作室内吊顶或做绝热、吸声材料。

纤维板的特点是:材质构造均匀,各向强度一致,抗弯强度高,耐磨性好,绝热性好,不易胀缩和翘曲变形,不腐朽,无木节、虫眼等缺陷。

9.4.3 刨花板、木丝板和木屑板

刨花板、木丝板和木屑板是利用木材加工过程中产生的大量刨花碎片、木丝、木屑等为原料,经过干燥、与胶结料拌和、热压而成的板材。所用胶结材料可有动物胶、合成树脂、水泥、菱苦土等。这类板材表观密度较小,强度低,主要用作吸声和绝热材料,但热压树脂刨花板和木屑板表面粘贴塑料贴面或用胶合板作饰面层后可用作吊顶、隔墙、家具等材料。

9.4.4 细木工板

细木工板又称大芯板,是中间为木条拼接,两个表面胶粘一层或两层单片板而成的实心板材。由于中间为木条拼接有缝隙,因此可降低因木材变形而造成的影响。细木工板具有较高的硬度和强度,质轻、耐久、易加工,适用于家具制造,建筑装饰、装修工程中,是一种极有发展前景的新型木型材。细木工板的质量要求排列紧密、无空洞和缝隙,选用软质木料,以保证有足够的持钉力且便于加工。

细木工板握钉力均比胶合板、刨花板高。尺寸规格为 915 mm×915 mm、915 mm×1 830 mm, 915 mm×2 440 mn、1 220 mm×2 440 mm,1 220 mm×1 220 mm,1 220 mm×1 830 mm,厚度为 5 ~ 30 mm 等。加工工艺与传统实木差不多,现普遍用作建筑室内隔墙、隔断、橱柜等的装修。

本章总结框图

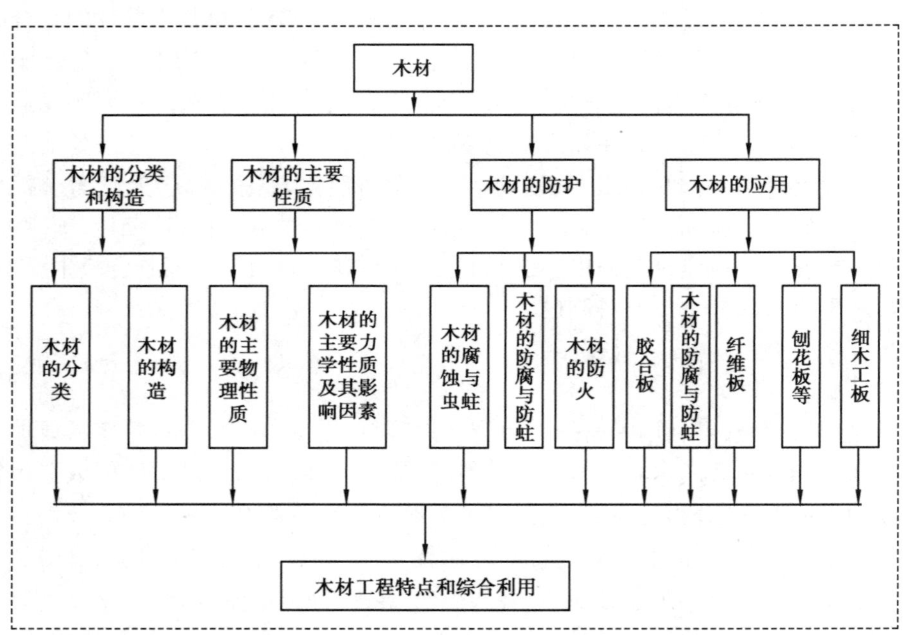

问题导向讨论题

问题 1:某邮电楼设备用房于 7 楼现浇钢筋混凝土楼板上铺炉渣混凝土 50 mm,然后再铺木地板。完工后设备未及时进场,门窗关闭长达一年,当设备再进场时,发现木板大部分腐蚀,人踩后发生断裂。请分析原因。

问题 2:某客厅地板用白松实木地板进行装修,使用一段时间后出现多处磨损,请分析原因。

分组讨论要求:每组 4 ~ 6 人,设组长 1 人,负责明确分工和协助要求,并指定人员代表小组发言交流。

思考练习题

9.1　木材是如何分类的？其特点如何？

9.2　木材含水率的变化对其性能有什么影响？

9.3　试比较木材各向强度高低。在木材实际应用中，为什么较多地用于承受顺纹抗压和抗弯？

9.4　引起木材腐蚀的主要原因有哪些？如何防止木材腐蚀？

9.5　什么是木材的纤维饱和点、平衡含水率、标准含水率？各有什么实用意义？

9.6　从横截面上看，木材的构造与性质有何关系？

9.7　简述针叶树与阔叶树在构造、性能和用途上的差别。

9.8　什么是木材的持久强度？

10 沥青及沥青混合料

<table>
<tr><td rowspan="2">本章导读</td><td>内容及要求</td><td>介绍沥青材料的类型,石油沥青生产工艺、组成结构、技术性质、评价指标,在此基础上介绍改性沥青、乳化沥青的技术性质,以及煤沥青、泡沫沥青等的性能特点;沥青混合料的类型、组成结构、技术性质及评价指标,热拌沥青混合料的组成设计方法。
通过本章的学习,能够解释沥青、沥青混合料的组成、说明各组成材料的性质及对沥青、沥青混合料性能的影响;能够分析沥青、沥青混合料的主要技术性质、热拌沥青混合料配合比设计;能够说明改性沥青、乳化沥青等的特性及应用。</td></tr>
<tr><td>重点</td><td>沥青、沥青混合料的组成及主要技术性质,热拌沥青混合料的配合比设计。</td></tr>
<tr><td></td><td>难点</td><td>沥青混合料的配合比设计及应用。</td></tr>
</table>

沥青是黑色或暗黑色固体、半固体或黏稠状物,由天然或人工制造而得,主要为高分子烃类所组成,可溶解于二硫化碳,是一种化学组成或微观结构极其复杂的混合物。人类开发与应用沥青已经有 5 000 多年的历史。约在公元前 3000 年,苏美尔人就在应用沥青镶嵌贝壳与珠宝以及作为木船防水涂料。16 世纪后,秘鲁印加人开始修筑沥青路面。1870 年,美国新泽西州 Newark 铺筑了第一条具有现代化意义的热拌沥青混凝土路面。时至今日,石油沥青作为一种重要的战略资源,已经被广泛地应用于公路,铁路、桥梁、机场等交通基础设施与养护,以及水利工程、防水防腐工程、工农业等国民经济的各个领域。

10.1 沥青材料

沥青的品种很多,广义的沥青主要包括天然沥青、焦油沥青及石油沥青三大类,而狭义的沥青主要是指石油沥青。

(1)天然沥青

地壳中的石油在各种因素作用下,其轻质油分蒸发,经浓缩、氧化作用形成的沥青类物质,称为“天然沥青(Native Asphalt)”。人们熟知的“湖沥青(Lake Asphalt)”就是天然沥青的一种。

(2)焦油沥青

煤、木材、页岩等有机物质经碳化作用或在真空中分馏得到的黏性液体,称为焦油沥青。由煤加工所得的焦油称为煤焦油;由木材蒸馏得到的焦油为木焦油;页岩经过蒸馏得到的焦油为页岩沥青。

(3)石油沥青

由地壳中的原油,经开采加工后获得的沥青为石油沥青。这是沥青材料的主要来源,应用较为广泛。通常所说的沥青就是石油沥青。

10.1.1　石油沥青

1)石油沥青的生产工艺

石油沥青是原油经过特定的生产加工工艺炼制而成的化工产品。其基本生产工艺主要有常减压蒸馏工艺、氧化工艺、溶剂脱沥青工艺及调和工艺。

(1)常减压蒸馏工艺

常减压蒸馏工艺即根据原油不同组分沸点不同,通过在常压和减压条件下加热原油,使原油中沸点较低的轻组分如汽油、煤油、柴油和蜡油等馏分挥发,塔底得到浓缩的高沸点减压渣油,即沥青产品。

(2)氧化工艺

沥青的氧化过程是将软化点低、针入度及温度敏感性大的减压渣油或其他残渣油,在一定温度条件下通入空气,使其组成发生变化。实际上,由于渣油组成的复杂性,在高温下渣油吹入空气所发生的反应不只是氧化,而是一个十分复杂的多种反应的综合过程,习惯上凡是通过吹空气产生的沥青都称为氧化沥青。

(3)溶剂脱沥青工艺

溶剂脱沥青是用轻烃做溶剂,利用溶剂对渣油中各组分的不同溶解能力,从渣油中分离出富含饱和烃和芳香烃的脱沥青油,同时得到含胶质和沥青质的浓缩物。然后通过调和、氧化等方法,可生产出各种规格的道路沥青和建筑沥青。

(4)调和工艺

调和工艺生产沥青主要是指参照沥青中的4个化学组成作为调和依据,按沥青的质量要求将组分重新组合起来生产沥青。它可以用同一原油的四组分做调和原料,也可以用同一原油或其他原油一、二次加工的残渣油或各种工业废料等做调和组分,这样做可以降低沥青生产过程对油源的依赖性,扩大沥青生产的原料来源。

2)石油沥青的组成与结构

石油沥青的组成

(1)沥青的元素组成与组分

①元素组成。石油沥青是十分复杂的烃类和非烃类的混合物,它是石油中相对分子量最大、组成及结构最为复杂的部分。除碳和氢两种元素外,还有少量的硫、氮及氧,通常称为杂原子。此外沥青中还富集了原油中的大部分微量金属元素,如钒、

镍、铁、钠、钙、铜等。

②化学组分。沥青的化学组分极其复杂,研究工作进行了近一个世纪,最常用于组分分离的基础是沥青各组分对不同溶剂的溶解度和不同吸附剂吸附性能的差异,使其按分子的大小、分子极性或分子的构型划分不同的组分,即沥青的化学组分。沥青的组分分析方法较多,常用的是美国人 L. R 哈巴尔德和 K. E 斯坦福尔德提出的三组分分析法和 L. W 柯尔贝特提出的四组分分析法。

(2)四组分的结构和特性

①沥青质。沥青质是不溶于正庚烷而溶于苯(或甲苯)的黑色或棕色的无定型固定体,除含有碳和氢外,还有一些氧、硫、氮。一般认为沥青质是复杂的芳香物材料,其极性很强,分子量相当大,大部分数据表明沥青质的分子量为 1 000 ~ 100 000。沥青质含量对沥青的流变特性有很大的影响。增加沥青质含量,可生产出较硬、针入度较小和软化点较高的沥青,其黏度也较大。沥青中沥青质的含量为 5% ~25% 。

②胶质。胶质溶于正庚烷。与沥青质一样也是大部分有碳和氢组成,并含有少量的氧、硫和氮。它是深棕色固体,其极性很强。这突出的特征使胶质具有很好的黏附力。它是沥青质的扩散剂或胶溶剂,胶质与沥青质的比例在一定程度上决定了沥青胶体结构的类型。

③芳香分。芳香分是由沥青中最低分子量的环烷芳香化合物组成,是胶溶沥青质分散介质的主要部分。芳香族占沥青总量的 20% ~50% ,是呈深棕色的黏稠液体。平均分子量为 300 ~2 000。芳香族由非极性碳链组成,其中非饱和环体系占优势,对其他高分子烃类具有很强的溶解能力。

④饱和分。饱和分是由直链和支链脂肪属烃以及烷基环烃和一些烷基芳香烃组成的,它们是非极性稠状油类,呈稻草色或白色。平均分子量范围类似芳香族,其成分包括蜡质及非蜡质的饱和物,此部分的含量占沥青总量的 5% ~20% 。饱和分和芳香分在沥青中主要是胶质-沥青质软化(塑化),可使沥青胶体体系保持稳定。

此外,沥青中还含有蜡分。蜡在高温时融化,使沥青黏度降低,沥青的温度敏感性增大。蜡在低温时宜结晶析出,分散在沥青质中,可减少沥青分子之间的紧密联系,使沥青的低温延展能力降低。蜡使沥青与石料表面的亲和力变小,影响沥青与石料的黏附性。由于蜡对沥青的性能有一定的影响,而沥青中蜡的含量主要与原油的基数有关,因此应对生产沥青的原油进行选择,使所生产的沥青的蜡含量低于限制。

(3)沥青的胶体结构

胶体理论的研究认为,大多数沥青是由相对分子量很大、芳香性很高的沥青质分散在分子量较低的可溶性介质中形成的胶体体系。沥青质分子对极性强的胶质具有很强的吸附力,因而形成了以沥青质为核心的胶团,极性相当的胶质吸附在沥青质周围形成中间相。由于胶团的胶溶作用,使胶团弥散并溶解于分子量较低、极性较弱的芳香分和饱和分组成的分散介质中,形成了稳固的胶体。

根据沥青中各组分的化学组成和相对含量的不同,沥青的胶体结构可分为溶胶、溶-凝胶和凝胶 3 种类型,如图 10.1 所示。

①溶胶型沥青。当沥青质的含量不多(在 10% 以下),相对分子量不很大,或分子尺寸较小,与胶质的相对分子质量相近时,饱和分和芳香分的溶解能力很强,分散相和分散介质的化

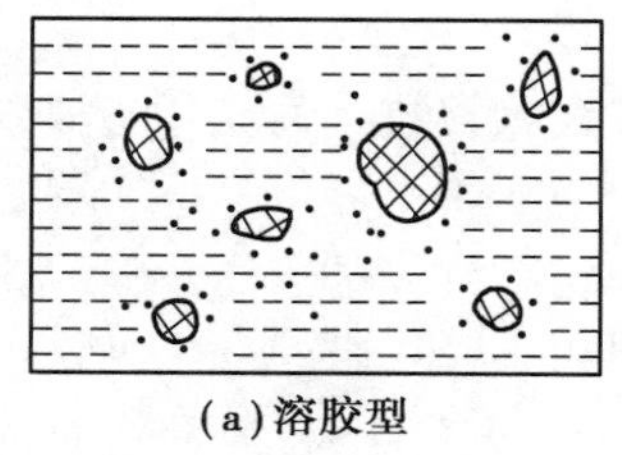
(a)溶胶型

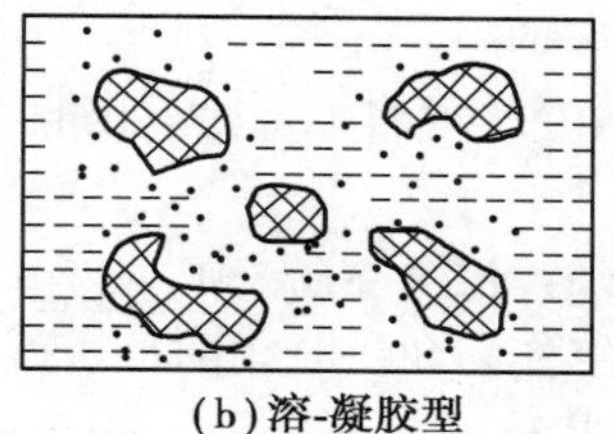
(b)溶-凝胶型

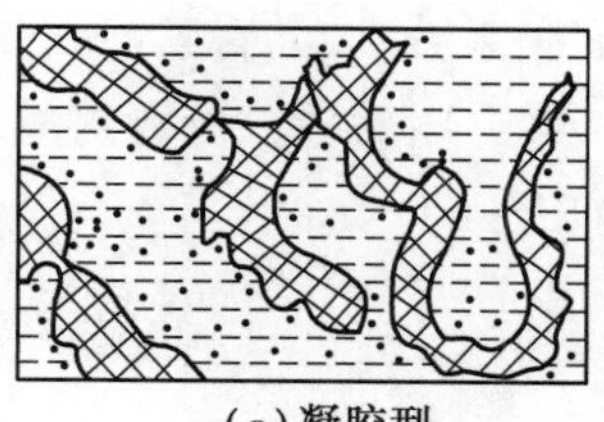
(c)凝胶型

图 10.1 沥青胶体结构

学组成比较接近,这样的沥青分散度很高,胶团可以在连续相中自由移动,近似真溶液,具有牛顿流特性,黏度与应力呈比例,称为溶胶型沥青。这类沥青对温度的变化敏感,高温时黏度很小,低温时由于黏度增大而使流动性变差,冷却时变为脆性固体。溶胶型沥青结构示意图如图10.1(a)所示。

②溶-凝胶型沥青。当沥青或沥青质中含有较多的烷基侧链,生成的胶团结构比较松散,可能含有一些开式网状结构,网状结构的形成与温度密切相关,在常温时,在变形的最初阶段表现出明显的弹性效应,但在变形增加至一定阶段时,则表现出牛顿流体状态。溶-凝胶型沥青结构示意图如图10.1(b)所示。

③凝胶型沥青。当沥青质含量很大,达到或超过25%～30%时,胶质的数量不足以包裹在沥青质的周围使之胶溶,沥青质胶团会相互连接,形成三维网状结构,胶团在连续相中移动比较困难,此时就形成了凝胶型沥青。这类沥青在常温下呈现非牛顿流动性,并具有黏弹性和较好的温度稳定性。随着温度的升高,连续相的溶解能力增强,沥青质胶团可逐渐解缔,或胶质从沥青质吸附中心脱落下来,当温度足够高时,沥青的分散度加大,沥青则可因近似真溶液而具有牛顿流特性。凝胶性沥青结构示意图如图10.1(c)所示。

3)石油沥青的技术性质

石油沥青的性质

由于石油沥青化学组成和结构的特点,使其具有一系列特性,而沥青的性质对沥青路面的使用性能有很大的影响,因此应该对其基本性质进行研究。

(1)沥青的物理性质

石油沥青的物理性质可用一些物理常数来表征,现重点对密度、体膨胀系数和介电常数加以叙述。

①密度。沥青密度是在规定温度下单位体积所具有的质量,单位为 kg/m^3 或 g/cm^3,也可用相对密度(无量纲)来表示。相对密度是指在规定温度条件下,沥青质量与同体积水的质量之比。沥青的密度是沥青混合料配合比设计时必不可少的重要参数,也是沥青使用、储存、运输、销售和设计沥青容器时不可缺少的数据。

沥青的密度与其化学组成有一定的关系,它取决于沥青各组分的比例及排列的紧密程度。沥青中含硫量大、芳香族含量高、沥青质含量高,则相对密度较大;蜡分含量较多,则相对密度较小。

②体膨胀系数。当温度上升时,沥青材料的体积会发生膨胀,这对于沥青储罐的设计,以及沥青作为填缝、密封材料使用有重要影响。同时与沥青路面的路用性能也有密切的关系,体

积膨胀系数大，沥青路面在夏季易泛油，在冬季会因收缩而产生裂缝。

③介电常数。沥青对氧、雨、紫外线等的耐气候老化能力与其介电常数有关。介电常数定义如下：

$$介电常数=\frac{沥青作为介质时平行板电容器的电容}{真空作为介质时相同平行板电容器的电容}$$

英国道路研究所（Transport and Road Research Laboratory，TRRL）研究认为，沥青路面抗滑阻力的改善与介电常数有关。因此，英国标准对道路用沥青的介电常数提出了要求。

(2)沥青的主要技术性质

①黏滞性。沥青黏滞性是指在外力作用下沥青粒子产生相互位移的抵抗剪切变形的能力，是反映沥青内部材料阻碍其相对流动的特性，是技术性质中与沥青路面力学行为联系最密切的一种性质。沥青的黏性通常用黏度表示。

沥青的黏度随温度的变化而变化，变化的幅度很大，因为需要不同的仪器和方法来测定。为了确定沥青 60 ℃黏度分级，国际上普遍采用真空减压毛细管黏度计测定其动力黏度（Pa · s），而施工温度为 135 ℃时通常采用毛细管法测定其运动黏度（mm^2/s），采用布洛克菲计方法测定表观黏度，并采用剪切流变仪测定其剪切黏度（Pa · s）。这些方法都是采用仪器为绝对黏度单位的黏度计，可以称为绝对黏度法。另一类则是采用一些经验的方法测定试验单位黏度，如恩格拉黏度计法、塞氏黏度计法、道路沥青标准黏度计法等。此外，针入度试验也可以表征沥青的相对黏度。

针入度试验是国际上普遍采用测定黏稠沥青的一种方法，也是划分沥青标号采用的一项指标，针入度试验模式如图 10.2 所示。该法是沥青材料在规定的温度条件下，以规定质量的标准针经过规定时间贯入沥青试样的深度，以 0.1 mm 计。针入度以 $P_{T,m,t}$ 表示，P 表示针入度，角标表示试验条件，其中 T 为试验温度，M 为标准针（包括连杆及砝码）质量，t 为贯入时间。T 越大表示沥青越软（稠度越小）。实际上，针入度是测量沥青稠度的一种指标，通常，稠度高的沥青，其黏度也高。但是，由于沥青胶体结构的复杂性，将针入度换算为黏度的一些方法，均不能获得良好的相关性。

沥青材料是一种非晶质高分子材料，它由液态凝结为固态，或由固态熔化为液态，没有明确的固化点或液化点，通常使用条件的固化点和滴落点来表示。工程中，为保证沥青不致因沥青温度升高而产生流动的状态，取滴落点和硬化点之间温度的间隔的 87.21% 作为软化点。我国现行《公路工程沥青及沥青混合料试验规程》（JTG E20—2011）是采用环与球法软化点，如图 10.3 所示。该法是沥青试样注入内径为 18.9 mm 的铜环中，上置一重 3.5 g 的钢球，在规定的加热温度（5 ℃/min）下进行加热，沥青试样逐渐软化，直至在钢球荷重作用下，使沥青产生 25.4 mm 垂度（即接触底板）时的温度，称为软化点，以℃计。

由此可见，针入度是在规定温度下测定沥青的条件黏度，而软化点则是沥青达到规定条件黏度时的温度，所以软化点体现了沥青的温度敏感性，既是反映沥青材料热稳性的一个指标，也是沥青条件黏度的一种量度。

②沥青的低温性能。沥青的低温性能与沥青路面的低温抗裂性有密切的关系，沥青的低温延性和低温脆性是重要性能，多以沥青的低温延度试验和脆点试验来表征。

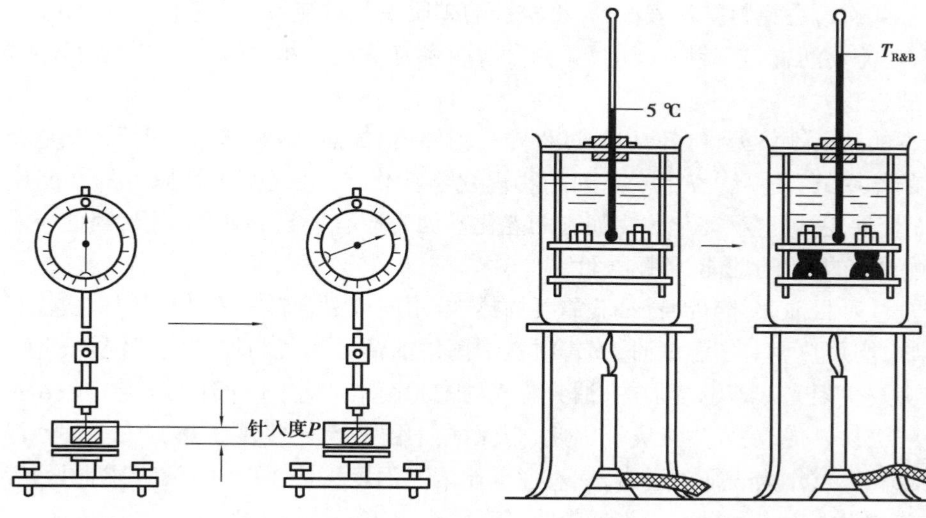

图 10.2　沥青针入度试验示意图

图 10.3　沥青软化点试验示意图

沥青的延性是指当其受到外力的拉伸作用时，所能承受的塑性变形的总能力，是沥青的黏聚力的衡量，通常用延度作为条件延性指标表征。延度试验方法是将沥青试样制成 8 字形标准试件，在规定拉伸速度和规定温度下拉断时的长度，以 cm 计，称为延度。试验模式如图 10.4 所示。沥青的延度与沥青的流变特性、胶体结构及化学组成等有密切的关系，研究表明：当沥青化学组分不协调，胶体结构不均匀，含蜡量增加时，都会使沥青的延度值相对降低。

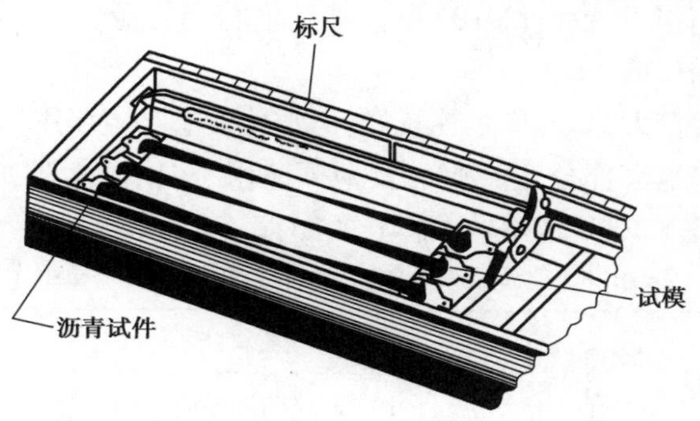

图 10.4　沥青延度试验示意图

沥青材料在低温下收到瞬时荷载作用时，常表现为脆性破坏。沥青脆性的测定极为复杂，通常采用 A. 弗拉斯脆点试验方法可以求出沥青达到临界硬度发生开裂时的温度作为条件脆性指标。

③沥青的感温性。沥青是复杂的胶体结构，黏度随温度的不同而产生不同的变化，这种黏度随温度变化的感应性称为感温性（Temperature Susceptibility）。由于沥青胶体结构的差异，沥青的黏度-温度曲线变化是很复杂的，人们采用不同的方法进行研究，常用的方法有针入度指数（PI）法、针入度黏度指数（PVN）法等。在沥青的常规试验中，软化点试验也可以作为反映沥青温度敏感性的方法。

④沥青的黏附性。黏附性（Adhesion）是沥青材料的主要功能之一。沥青在沥青混合料中

以薄膜的形式涂覆在集料颗粒表面，并将松散的矿质集料黏结为一个整体，除了沥青本身的黏结能力外，还需要沥青与石料支架的黏附能力，两者有一定的相关性。黏结能力较强的沥青，黏附性一般也较大。

⑤沥青的耐久性。沥青在使用的过程中受到储运、加热、拌和、摊铺、碾压、交通荷载以及自然因素的作用，而使沥青发生一系列的物理化学变化，逐渐改变了其原有的性能（黏度、低温性能）而变硬变脆，这种变化称为沥青的老化。沥青应有较长的使用年限，因此要求沥青材料具有较好的抗老化的性能，即耐久性。

⑥安全性。目前大部分沥青试验需要加热，常用沥青混合料需要采用热拌工艺，而沥青是一种有机物，当加热至一定温度时，沥青材料中挥发的油分蒸气与周围空气混合，此混合气体遇到火焰则发生闪光。若继续加热，油分蒸气的饱和度增加，由于此种蒸气与空气组成的混合气体遇火焰极易燃烧，易发生火灾。因此，为保证使用安全，还需要了解其安全性。沥青安全性以其闪点和燃点作为表征。通常，燃点温度比闪点温度约高 10 ℃。沥青质含量越高，闪点和燃点相差越大。闪点和燃点的高低表明沥青引起火灾或爆炸可能性的大小，它关系到运输、储运和加热使用等方面的安全。

4）技术标准及选用

石油沥青按用途分为建筑石油沥青、道路石油沥青和普通石油沥青 3 种。在土木工程中使用的主要是建筑石油沥青和道路石油沥青。

（1）建筑石油沥青

《建筑石油沥青》（GB/T 494—2010）根据针入度将沥青分为 10 号、30 号和 40 号 3 种牌号，相关技术标准见表 10.1。

建筑石油沥青黏度较大、高温稳定性较好，但塑性较小。主要用作制造油纸、油毡、防水涂料和沥青嵌缝膏。它们绝大部分用于屋面及地下防水、沟槽防水防腐蚀及管道防腐等工程。在满足使用要求的前提下，尽量选用较大牌号的沥青。

表 10.1　建筑石油沥青技术标准（GB/T 494—2010）

项目	质量指标			试验方法
	10 号	30 号	40 号	
针入度（25 ℃，100 g，5 s）/0.1 mm	10～25	26～35	36～50	GB/T 4509
针入度（46 ℃，100 g，5 s）/0.1 mm	报告	报告	报告	
针入度（0 ℃，200 g，5 s）/0.1 mm	≥3	≥6	≥6	
延度（25 ℃，5 cm/min）/cm	≥1.5	≥2.5	≥3.5	GB/T 4508
软化点（环球法）/℃	≥95	≥75	≥60	GB/T 4507
溶解度（三氯乙烯）/%	≥99.0			GB/T 11148
蒸发后质量变化（163 ℃，5 h）/%	≤1			GB/T 11964

续表

项目	质量指标			试验方法
	10 号	30 号	40 号	
蒸发后 25 ℃针入度比/%	≥65			GB/T 4509
闪点(开口杯法)/℃	≥260			GB/T 267

注:1. 报告应为实测值。

2. 测定蒸发损失后样品的 25 ℃针入度与原 25 ℃之比乘以 100 后,所得的百分比,称为蒸发后针入度比。

(2)道路石油沥青

道路石油沥青的技术要求

《公路沥青路面施工技术规范》(JTG F40—2004)将沥青分为 160 号、130 号、110 号、90 号、70 号、50 号和 30 号 7 个牌号,其技术标准见表 10.2。

沥青路面采用的沥青标号,宜按照公路等级、气候条件、交通条件、路面类型及在结构层中的层位及受力特点、施工方法等,结合当地的使用经验,经技术论证后确定。

对高速公路、一级公路,夏季温度高、高温持续时间长、重载交通、山区及丘陵区上坡路段、服务区、停车场等行车速度慢的路段,尤其是汽车荷载剪应力大的层次,宜采用稠度大、60 ℃黏度大的沥青,也可提高高温气候分区的温度水平选用沥青等级;对冬季寒冷的地区或交通量小的公路、旅游公路宜选用稠度小、低温延度大的沥青;对温度日温差,年温差大的地区宜注意选用针入度指数大的沥青。当高温要求与低温要求发生矛盾时应优先考虑满足高温性能的要求。

(3)沥青的参配

施工时,若采用一种沥青不能满足配制沥青要求所需的软化点或者缺乏某一牌号的沥青时,可以采用 2 种或 3 种不同牌号的沥青进行掺配。掺配时,应遵循同源原则,即石油沥青与石油沥青掺配,煤沥青与煤沥青掺配。不同沥青掺配比例应有试验确定,也可按下式进行估算:

$$Q_1 = \frac{T_2 - T}{T_2 - T_1} \times 100\%$$
$$Q_2 = 100\% - Q_1 \tag{10.1}$$

式中　Q_1——较软沥青用量,%;

Q_2——较硬沥青用量,%;

T——掺配后量沥青的软化点,℃;

T_1——较软沥青软化点,℃;

T_2——较硬沥青软化点,℃。

如用 3 种沥青,可先算出两种沥青的配比,再与第三种沥青进行配比计算,然后根据估算的掺配比例和在其临近的比例(±5%)进行试配,测定掺配后量的软化点,最后绘制掺配点-软化点曲线,即可从曲线上确定所要求的比例。同样可采用针入度指标按上述方法进行估算及试配。

表 10.2　道路石油沥青技术标准(JTG F40—2004)

指标	单位	等级	沥青标号																
			160 号[4]	140 号[4]	110 号			90 号					70 号					50 号	30 号[4]
针入度(25 ℃,5 s,100 g)	0.1 mm		140～160	120～140	100～120			80～100					60～80					40～60	20～40
适用的气候分区[1]			注[4]	注[4]	2-1	2-2	3-2	1-1	1-2	1-3	2-2	2-3	1-3	1-4	2-2	2-3	2-4	1-4	注[4]
针入度指数 PI[2]		A	-1.5～+1.0																
		B	-1.8～+1.0																
42 软化点(R&B),≥	℃	A	38	40	43			45			44		46		45			49	55
		B	36	39	42			43			42		44		43			46	55
		C	35	37	41			42					43					45	50
60 ℃动力黏度[2],≥	Pa·s	A	—	60	120			160			140		180		160			200	260
10 ℃延度[2],≥	cm	A	50	50	40			45	30	20	30	20	20	15	25	20	15	15	10
		B	30	30	30			30	20	15	20	15	15	10	20	15	10	10	8
15 ℃延度,≥	cm	A、B	100															80	50
		C	80	80	60			50					40					30	20
钠含量(蒸馏法),≤	%	A	2.2																
		B	3.0																
		C	4.5																
闪点,≤	℃		230					245					260						
溶解度,≥	%		99.5																
密度(15 ℃)	g/cm^2		实测记录																

TFOT 或 RTFOT 后[5]									
质量变化，≤	%		±0.8						
残留针入度比(25 ℃)，≥	%	A	48	54	55	57	61	63	65
		B	45	50	52	54	58	60	62
		C	40	45	48	50	54	58	60
残留延度(10 ℃)，≥	cm	A	12	12	10	8	6	4	—
		B	10	10	8	6	4	2	—
残留延度(15 ℃)，≥	cm	C	40	35	30	20	15	10	—

注：试验方法按照《公路工程沥青及沥青混合料试验规程》(JTJ E52—2011)规定的方法执行，用于仲裁试验求取 PI 时的 5 个温度的针入度关系的相关系数不得小于 0.997。

1. 气候分区见《公路沥青路面施工技术规范》(JTG F40—2004)附录 A。
2. 经建设单位同意，表中 PI 值、60 ℃动力黏度、10 ℃延度可作为选择性指标，也可作为施工质量检验指标。
3. 70 号沥青可根据需要要求供应商提供针入度范围为 60～70 或 70～80 的沥青，50 号沥青可要求提供针入度范围为 40～50 或 50～60 的沥青。
4. 30 号沥青仅适用于沥青稳定基层。130 号和 160 号沥青除寒冷地区可直接在中低级公路上应用外，通常用作乳化沥青、稀释沥青、改性沥青的基质沥青。
5. 老化试验以 TFOT 为准，也可以 RTFOT 代替。

10.1.2 改性石油沥青

一般由石油加工厂生产的沥青并不能完全满足土木工程对沥青的性能要求,为了解决其性能问题便生产出改性沥青。通过对沥青材料的改性,可以改善以下几个方面:提高高温抗变形能力,提高沥青的弹性性能,增强沥青的抗低温和抗疲劳开裂性能,改善沥青的黏附性能,提高沥青的抗老化性能等。

改性沥青是指掺橡胶、树脂高分子聚合物、磨细的橡胶粉或其他填料等外掺剂(改性剂),或采取对沥青轻度氧化加工等措施,使沥青或沥青混合料的性能得以改善而制成的沥青结合料。从广义上讲,凡是可以改善沥青路用性能的材料如聚合物、纤维、抗剥落剂、岩沥青、填料(如硫黄、炭黑等),都可以称为改性剂。

1)橡胶改性沥青

橡胶是沥青的重要改性材料,它和沥青有较好的混溶性,并能使沥青具有橡胶的很多优点,如高温变形性小,低温柔性好。由于橡胶的品种不同,掺入的方法也有所不同,而各种橡胶沥青的性能也有差异。现将常用的几种分述如下。

(1)氯丁橡胶改性沥青

沥青中掺入氯丁橡胶后,可使其气密性、低温柔性、耐化学腐蚀性、耐气候性等得到大大改善。氯丁橡胶改性沥青的生产方法有溶剂法和水乳法。溶剂法是先将氯丁橡胶溶于一定的溶剂中形成溶液,然后掺入沥青中,混合均匀即成为氯丁橡胶改性沥青。水乳法是将橡胶和石油沥青分别制成乳液,再混合均匀即可使用。氯丁橡胶改性沥青可用于路面的稀浆封层和制作密封材料和涂料等。

(2)丁基橡胶改性沥青

丁基橡胶改性沥青的配制方法与氯丁橡胶沥青类似,而且较简单一些。将丁基橡胶切成小片,于搅拌条件下把小片加到100 ℃的溶剂中(不得超过110 ℃)制成浓溶液。同时将沥青加热脱水熔化成液体状沥青。通常在100 ℃左右将两种液体按比例混合搅拌均匀进行浓缩15 ~20 min,达到要求性能指标。丁基橡胶在混合物中的含量一般为2% ~4%。同样也可以分别将丁基橡胶和沥青制备成乳液,然后再按比例将两种乳液混合即可。丁基橡胶改性沥青具有优异的耐分解性,并有较好的低温抗裂性能和耐热性能,多用于道路路面工程和制作密封材料和涂料。

(3)热塑性弹性体(SBS)改性沥青

SBS是热塑性弹性体苯乙烯-丁二烯嵌段共聚物,它兼有橡胶和树脂的特性,常温下具有橡胶的弹性,高温下又能像树脂那样熔融流动,成为可塑的材料。SBS改性沥青具有良好的耐高温性、优异的低温柔性和耐疲劳性,是目前应用最成功和用量最大的一种改性沥青。SBS改性沥青可采用胶体磨法或高速剪切法生产,SBS的掺量一般为3% ~10%。主要用于制作防水卷材和铺筑高等级公路路面等。

(4)再生橡胶改性沥青

再生橡胶掺入沥青中后,同样可大大提高沥青的气密性,低温柔性,耐光、热、臭氧性,耐气候性。再生橡胶改性沥青材料的制备是先将废旧橡胶加工成1.5 mm以下的颗粒,然后与沥青混合，经加热搅拌脱硫，就能得到具有一定弹性、塑性和黏结力良好的再生胶改性沥青材料。废旧橡胶的掺量视需要而定，一般为3% ~15%。再生橡胶改性沥青可以制成卷材、片材、密封材料、胶黏剂和涂料等，随着科学技术的发展，加工方法的改进，各种新品种的制品将会不断增多。

2）树脂改性沥青

用树脂改性石油沥青，可以改进沥青的耐寒性、耐热性、黏结性和不透气性。由于石油沥青中含芳香性化合物很少，故树脂和石油沥青的相容性较差，而且可用的树脂品种也较少，常用的树脂有古马隆树脂、聚乙烯树脂、乙烯乙酸乙烯共聚物（EVA）、无规聚丙烯（APP）等。

（1）古马隆树脂改性沥青

古马隆树脂又名香豆桐树脂，呈黏稠液体或固体状，浅黄色至黑色，易溶于氯化烃、酯类、硝基苯等，为热塑性树脂。将沥青加热熔化脱水，在150 ~160 ℃情况下，将古马隆树脂放入熔化的沥青中，并不断搅拌，再将温度升至185 ~190 ℃，保持一定时间，使之充分混合均匀，即得到古马隆树脂沥青。树脂掺量约40%。这种沥青的黏性较大。

（2）聚乙烯树脂改性沥青

在沥青中掺入5% ~10%的低密度聚乙烯，采用胶体磨法或高速剪切法即可制得聚乙烯树脂改性沥青。聚乙烯树脂改性沥青的耐高温性和耐疲劳性有显著改善，低温柔性也有所改善。一般认为，聚乙烯树脂与多蜡沥青的相容性较好，对多蜡沥青的改性效果较好。此外，乙烯-乙酸乙烯共聚物（EVA）、无规聚丙烯（APP）也常用来改善沥青性能，制成的改性沥青具有良好的弹塑性、耐高温性和抗老化性，多用于防水卷材、密封材料和防水涂料等。

3）橡胶和树脂改性沥青

橡胶和树脂同时用于改善沥青的性质，使沥青同时具有橡胶和树脂的特性，且树脂比橡胶便宜，橡胶和树脂又有较好的混溶性，故效果较好。橡胶、树脂和沥青在加热融熔状态下，沥青与高分子聚合物之间发生相互侵入和扩散，沥青分子填充在聚合物大分子的间隙内，同时聚合物分子的某些链节扩散进入沥青分子中，形成凝聚的网状混合结构，故可得到较优良的性能，配制时，采用的原材料品种、配比、制作工艺不同，可以得到很多性能各异的产品，主要有卷、片材，密封材料，防水涂料等。

4）矿物填充料改性沥青

为了提高沥青的黏结能力和耐热性，降低沥青的温度敏感性，经常加入一定数量的矿物填充料。常用的矿物填充料大多是粉状的和纤维状的，主要的有滑石粉、石灰石粉、硅藻土和石棉等。

（1）滑石粉

滑石粉主要化学成分是含水硅酸镁（$3MgO \cdot 4SiO_2 \cdot H_2O$），亲油性好（憎水），易被沥青润湿，可直接混入沥青中，以提高沥青的机械强度和抗老化性能，可用于具有耐酸、耐碱、耐热和绝缘性能的沥青制品中。

(2)石灰石粉

石灰石粉主要成分为碳酸钙,属亲水性的岩石,但其亲水程度比石英粉弱,而最重要的是石灰石粉与沥青有较强的物理吸附力和化学吸附力,故是较好的矿物填充料。

(3)硅藻土

硅藻土是软质多孔而轻的材料,易磨成细粉,耐酸性强,是制作轻质、绝热、吸音的沥青制品的主要填料。膨胀珍珠岩粉有类似的作用,故也可作这类沥青制品的矿物填充料。

(4)石棉

这里的石棉主要指石棉绒或石棉粉,其主要组成为钠、钙、铁、铁的硅酸盐,星纤维状,富有弹性。具有耐腐蚀、隔音和耐热性能,是热和电的不良导体,内部有很多微孔,吸油(沥青)量大,掺入后可提高沥青的抗拉强度和热稳定性。

此外,白云石粉、磨细砂、粉煤灰、水泥、高岭土粉、白垩粉等也可作沥青的矿物填充料。

10.1.3 乳化沥青

乳化沥青是黏稠沥青经热融和机械作用以微滴状态分散于含有乳化剂的水中,形成水包油(O/W)型的沥青乳液。

乳化沥青的应用已有近百年历史,最早用于喷洒除尘,后逐渐用于道路建筑。由于阳离子乳化剂的使用,乳化沥青得到了更为广泛的应用。乳化沥青不仅可用于路面的维修与养护,并可于铺筑表面处理,贯入式、沥青碎石、乳化沥青混凝土等各种结构形式的路面,还可用于旧沥青路面的冷再生和防尘处理。

乳化沥青的优越性主要体现在以下几个方面:

①可冷态施工,节约能源,减少环境污染。

②常温下具有较好的流动性,能保证撒布的均匀性,可提高路面的修筑质量。

③采用乳化沥青,扩展了沥青路面的类型,如稀浆封层等。

④乳化沥青与矿料表面具有良好的工作性和黏附性,可节约沥青并保证施工质量。

⑤可延长施工季节、乳化沥青施工受低温多雨季节影响较小。

乳化沥青是由沥青、水和乳化剂组成,需要时可加入少量添加剂(如稳定剂)。生产乳化沥青用的沥青应适宜乳化,一般采用针入度大于100的较软沥青;水是沥青分散的介质,水的硬度和离子对乳化沥青具有一定的影响,应根据乳化剂类型的不同确定对水质的要求;乳化剂在乳化沥青中用量很少,但对乳化沥青的形成、应用及存储稳定性都具有重大影响;稳定剂主要采用无机盐类和高分子化合物,用以改善沥青乳液的稳定性。

10.1.4 其他沥青材料

1)煤沥青

(1)煤沥青的化学组成

①煤沥青的化学元素组成。煤沥青主要由碳、氢、氧、硫和氮元素组成。由于其高度缩聚和短侧链的特点,所以其碳氢比要比石油沥青大得多。

②煤沥青的化学组成。由于煤沥青是由数千计的复杂化合物组成的混合物,分离为单体

组成十分复杂、困难,故目前煤沥青化学组成的研究,与前述石油沥青的研究方法相同,也采用选择性溶解等方法,将煤沥青划分为几个化学性质相近且路用性能有一定联系的组分。煤沥青可分离为油分、软树脂、硬树脂和游离碳4个组分。除上述基本组分外,煤沥青的油分中还含有萘、蒽和酚等。煤沥青中的萘、蒽和酚均为有害物质,其含量必须加以限制。

(2)煤沥青的技术性质

煤沥青与石油沥青相比,在技术性质上有以下差异:

①煤沥青的温度稳定性较低。煤沥青是较粗的分散系,其中软树脂的温度感应性较高,所以煤沥青受热易软化。因此加热温度和时间都要严格控制,更不宜反复加热,否则易引起性质的急剧恶化。

②煤沥青与矿质集料的黏附性较好。在煤沥青的组成中含有较多数量的极性物质,它赋予煤沥青较高的表面活性,与矿质集料有着较好的黏附性。

③气候稳定性较差。煤沥青的化学组成中含有较高的不饱和芳香烃,气候稳定性较差。

④煤沥青对人体有害。煤沥青中对人体有害成分较多,不宜用于城市道路和路面面层。

2)橡胶沥青

随着世界范围机动车保有量迅速增加,废旧轮胎数量剧增。废旧轮胎属于影响人类健康、威胁生态环境的有害垃圾之一,被称为"黑色垃圾",其回收和处理技术是世界性难题。将废旧轮胎磨细成橡胶粉应用于道路工程建设的做法得到了较为广泛的关注,这也是大量处理废旧轮胎的较佳途径。

按照美国材料与试验协会(American Society for Testing and Materials,ASTM)的定义,橡胶沥青(Rubberized Asphalt)是指含量大于15%的橡胶粉在高温条件下(180 ℃)与沥青均匀拌和而得到的改性沥青结合料。在高温条件下,橡胶粉在沥青中充分溶胀并发生较为复杂的物质交换与化学反应,一方面,橡胶粉发生脱硫、降解,部分橡胶粉成分浸入沥青中,对沥青起到改性作用;另一方面,橡胶粉充分溶胀后体积可占沥青的30%~50%,在沥青中形成三维空间网络结构,起到对沥青加筋的效果。因此,橡胶沥青的性能得到明显改善,其黏度、韧性、软化点提高,脆点降低,感温性能提升。目前,橡胶沥青被广泛应用于沥青洒布、沥青混合料与填缝料等。

3)泡沫沥青

泡沫沥青是指沥青在水与空气的共同作用下膨胀至泡沫状而形成的沥青结合料,由沥青发泡设备制备。制备时,将压缩空气和常温水喷入置于发泡机膨胀腔内的高温沥青中,水在气压的作用下分散为数量众多的细微水体。当细微水体遇到热沥青时,两者发生热交换作用,水体温度升高并迅速汽化成水蒸气。水蒸气与注入的压缩空气在热沥青内部形成众多泡沫,使沥青迅速膨胀。沥青体积在增加至最大值后逐渐减小,恢复原有体积,这一过程历时1 min,泡沫状的沥青表观黏度降低,表面积增大,表面张力也随之降低,这些特性使泡沫沥青能够很好地黏附在湿冷的集料表面,特别是粉尘细集料表面,从而大幅度提高施工和易性。

泡沫沥青是一种常用的冷再生稳定剂。泡沫沥青冷再生工艺是一种节能环保、经济简便的先进道路维修手段。在工程实践中,泡沫沥青常与水泥混合使用,与乳化沥青等其他稳定剂相比，泡沫沥青价格低廉，用水量少，经处理后的再生混合料强度增长迅速，再生层铺筑后可立即开放交通，无须长时间养生。

10.2 沥青混合料的组成及性质

沥青混合料是矿质混合料（简称矿料）与沥青结合料及添加剂等经拌制而成的混合料，其经摊铺、压实成型后成为沥青路面。目前，沥青混合料是现代道路路面结构的主要材料之一，广泛用于各类道路路面，尤其适合高速行车道路路面。它具备以下特点：

①具有良好的力学性质和路用性能，铺筑的路面平整无接缝，减振吸声，行车舒适。路表具有一定的粗糙度，且无强烈反光，有利于行车安全。

②采用机械化施工，有利于施工质量控制，施工后即可开放交通。

③便于分期修建和再生利用。

但是沥青混合料也存在高温稳定性和低温抗裂性不足的问题。

10.2.1 沥青混合料的组成结构

沥青混合料的类型、组成结构及结构强度理论

沥青混合料是由粗集科、细集料、矿粉、沥青以及外加剂所组成的一种复合材料。粗集料分布在沥青与细集料形成的沥青砂浆中，细集料又分布在沥青与矿料构成的沥青胶浆中，形成具有一定内摩阻力和黏结力的多级网络结构。由于各组成材料用量比例的不同，压实后沥青混合料内部的矿料颗粒的分布状态、剩余空隙率也呈现出不同的特征，形成不同的组成结构，故使具有不同组成结构特征的沥青混合料在使用时表现出不同的性能。按照沥青混合料的矿料级配组成特点，将沥青混合料分为悬浮密实结构骨架空隙结构及骨架密实结构，如图 10.5 所示。

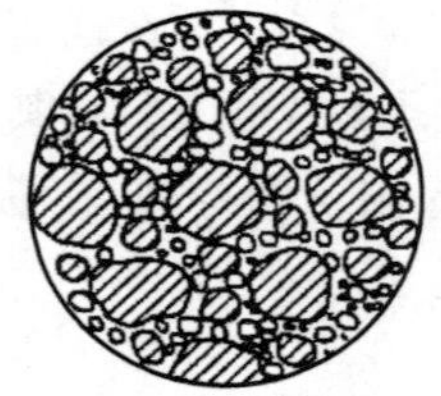
(a)悬浮-密实结构

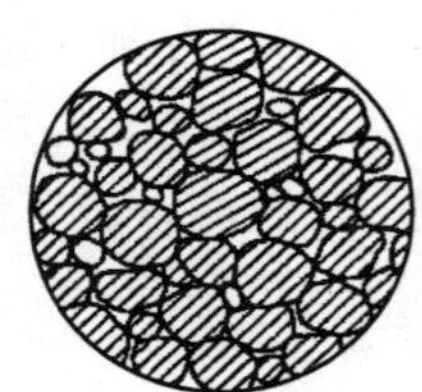
(b)骨架-空隙结构

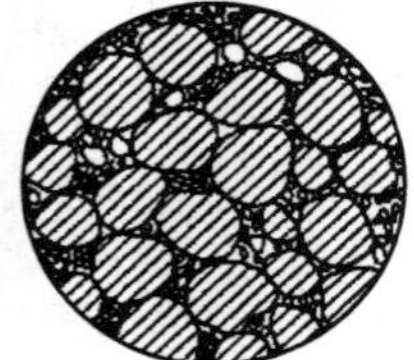
(c)骨架-密实结构

图 10.5 沥青混合料的典型组成结构

1) 悬浮-密实结构

当采用连续型密级配矿料与沥青配制沥青混合料时，矿料颗粒由大到小连续存在。这种结构虽然密实度很大，但粒径较大的颗粒被较小一档的颗粒挤开，不能直接接触形成嵌挤骨架结构，彼此分离悬浮于较小颗粒和沥青胶浆之间，形成了所谓的悬浮-密实结构，如图 10.5(a) 所示。此种结构的特点是黏聚力较高，混合料的密实性与耐久性较好，但内摩阻力较小，高温稳定性较差。我国传统的 AC 型沥青混凝土就属于典型的悬浮-密实结构。

2）骨架-空隙结构

采用连续型开级配矿料与沥青组成沥青混合料时，由于所组成的矿质混合料中粗集料所占比例较高，细集料很少，因此粗集料可以互相靠拢形成骨架。但细集料不足以充分填充骨架空隙，压实后混合料中的空隙较大，形成了所谓的骨架空隙结构，如图 10.5(b)所示。这种结构的沥青混合料内摩擦角较大，高温稳定性较好，但黏聚力较低，耐久性差。沥青碎石混合料（AM）及开级配排水式磨耗层沥青混合料（OGFC）均属于典型的骨架-空隙结构。

3）骨架-密实结构

当采用间断型密级配矿料与沥青组成沥青混合料时，在沥青混合料中既有足够的粗集料形成骨架，又根据骨架空隙大小加入了足够的细集料和沥青胶浆，使之填满骨架结构，形成了较高密实度的骨架结构，如图 10.5(c)所示。这种结构兼具上述两种结构的优点，但施工和易性较差，是一种较为理想的结构类型。沥青玛蹄脂碎石混合料（SMA）即是一种典型的骨架-密实型结构。

10.2.2 沥青混合料的技术性质

沥青混合料的路用性能

沥青混合料作为沥青路面的面层材料，在使用过程中将承受车辆荷载反复作用以及环境因素的作用，因此沥青混合料应具有足够的高温稳定性、低温抗裂性、疲劳特性、耐久性、抗滑性、施工和易性等技术性能，以保证沥青路面优良的服务性能，且经久耐用。

1）沥青混合料的高温稳定性

高温稳定性是指沥青混合料在高温条件下，能够抵抗车辆荷载的反复作用，不发生显著永久变形，保证路面平整度的特性。沥青混合料是典型的黏-弹-塑性材料，在高温及长时间荷载作用下会产生显著的变形，其中不可恢复的部分称为永久变形，这种特性是导致沥青路面产生车辙、波浪及拥包等病害的主要原因。在交通量大、重车比例高和经常变速路段的沥青路面上，车辙是最严重、最具危害的破坏形式之一。

（1）高温稳定性的评价方法

评价沥青混合料高温稳定性的试验方法较多，如圆柱体试件的单轴（三轴）静载、动载、重复荷载试验以及单轴贯入试验；简单剪切的静载、动载、重复荷载试验；反复碾压模拟试验，如车辙试验等。此外还有马歇尔稳定度、维姆稳定度和哈费氏稳定度等工程试验。

①车辙试验。车辙试验是一种模拟车辆轮胎在路面上滚动形成车辙的试验方法，源自英国运输与道路研究实验室（TRRL），经过各国道路工作者的改进与完善，已成为世界大多数国家评价沥青混合料高温性能的通用试验。

目前，我国车辙试验采用标准方法成型沥青混合料板块状试件，在 60 ℃温度条件下，规定的试验轮以(42±1)次/min 的频率，沿着试件表面同一轨迹反复行走，时间约 1 h 或最大变形达到 25 min 时为止。记录试件表面在试验轮反复作用下所形成的车辙深度。对于炎热地区或特重及以上交通荷载等级道路，可根据气候条件或交通状况适当提高车辙试验的温度或荷载。

车辙试验的评价指标为动稳定度DS(Dynamic Stability),定义为试件产生1 mm的车辙深度试验轮的行走次数,动稳定度DS由式(10.2)计算。

$$DS = \frac{(t_2 - t_1) \cdot N}{d_2 - d_1} \cdot C_1 \cdot C_2 \tag{10.2}$$

式中　DS——沥青混合料的动稳定度,次/mm;

t_1、t_2——试验时间,通常为45 min和60 min;

N——试验轮往返行走速度,通常为42次/min;

C_1——试验机类型系数,曲柄连杆驱动加载轮往返运动方式为1.0;

C_2——试件系数,实验室备制宽300 mm的试件为1.0。

车辙试验既可用于测定沥青混合料的高温抗车辙能力,供沥青混合料配合比设计时的高温性检验,也可用于现场沥青混合料的高温稳定性检验。

②马歇尔试验。马歇尔试验方法最早由美国密西西比州公路局布鲁斯·马歇尔(Bruce Marshall)提出,迄今已经历了半个多世纪。马歇尔试验设备简单,操作方便,被世界上许多国家所采用,也是目前我国评价沥青混合料高温性能、进行密集配沥青混合料配合比设计的主要试验方法。

马歇尔试验用于测定沥青混合料试件的破坏荷载和抗变形能力。将沥青混合料制备成规定尺寸的圆柱状试件,试验时将试件横向置于两个半圆形压膜中,使试件受到一定的侧限,在规定温度和加荷速度下,对试件施加压力,记录试件所受压力与变形曲线。

马歇尔试验的力学指标为马歇尔稳定度MS(Marshall Stability)和流值FL(Flow Value)。稳定度MS是指试件受压至破坏时承受的最大荷载,以kN计;流值FL是达到最大破坏荷载时试件的垂直变形,以0.1 mm计。

目前,在我国沥青路面工程中,马歇尔稳定度与流值既是沥青混合料配合比设计的主要指标,也是沥青路面施工质量控制的主要指标。

(2)高温稳定性的主要影响因素

沥青混合料高温稳定性的形成,主要来源于矿质集料颗粒间的嵌锁作用和沥青的高温黏度。采用表面粗糙、多棱角颗粒接近立方体的碎石集料,经压实后集料颗粒间能够形成紧密的嵌锁作用,增大沥青混合料的内摩阻角,有利于增强沥青混合料的高温稳定性。沥青的高温黏度越大,与集料的黏附性越好,相应的沥青混合料的高温抗变形能力也就越强。同时,适当减少沥青混合料的沥青用量,有助于增强其高温抗变形能力。

2)沥青混合料的低温抗裂性

当冬季气温降低时,沥青面层将产生体积收缩,而在基层结构与周围材料的约束作用下,沥青混合料不能自由收缩,将在结构层中产生温度应力。由于沥青混合料具有一定的应力松弛能力,若降温速度较慢,所产生的温度应力会随着时间的增加逐渐松弛减小,不会对沥青路面产生较大的危害。但若气温骤降,所产生的温度应力来不及松弛,当温度应力超过沥青混合料的容许应力时,沥青混合料就会被拉裂,导致沥青路面出现裂缝,造成路面的损坏。因此要求沥青混合料具备一定的低温抗裂性能。

目前用于研究和评价沥青混合料低温抗裂性的方法可以分为3类:预估沥青混合料的临界开裂温度、评价沥青混合料的低温变形能力或应力松弛能力、评价沥青混合料抗断裂性能。

相关的试验主要包括:等应变加载的破坏试验,如间接拉伸试验、直接拉伸试验;低温收缩试验;低温蠕变弯曲试验;受限试件温度应力试验;应力松弛试验等。

3)沥青混合料的疲劳特性

沥青路面在使用过程中,受到车辆荷载的反复作用,或者受到环境温度交替变化所产生的温度应力作用,长期处于应力应变反复变化的状态。随着荷载作用次数的增加,材料内部缺陷、微裂纹不断扩展,路面结构强度逐渐衰减,直至最后发生疲劳破坏,路面出现裂缝。

目前,实验室内沥青混合料试件的疲劳试验方法众多,可以分为旋转法、扭转法简支三点或四点弯曲法、悬臂梁弯曲法、弹性基础梁弯曲法、直接拉伸法、间接拉伸法、三轴压力法、拉-压法和剪切法等。而在国际上开展较为普遍的试验方法为劈裂疲劳试验法、梯形悬臂梁弯曲法、矩形梁四点弯曲法。美国 SHRP A-003A 研究项目对这 3 种试验方式进行了影响因素敏感性试验可靠性及合理性 3 个方面的评价与分析,并综合考虑试件制作和试验操作等方面的要求,最终确定了矩形梁四点弯曲法作为沥青混合料疲劳性能研究的标准试验。

影响沥青混合料疲劳寿命的因素很多,包括加载速率、施加应力或应变波谱的形式、荷载间歇时间、试验和试件成型方法、混合料劲度、混合料的沥青用量混合料的空隙率集料的表面性状、温度、湿度等。

4)沥青混合料的耐久性

耐久性是指沥青混合料在使用过程中抵抗环境因素及行车荷载反复作用的能力,包括沥青混合料的抗老化性能、水稳定性能等。

沥青混合料老化取决于沥青的老化程度,也与外界环境因素和压实空隙率有关。在气候温暖、日照时间较长的地区,沥青的老化速率快;而在气温较低、日照时间短的地区,沥青的老化速率相对较慢。沥青混合料的空隙率越大,环境介质对沥青的作用就越强烈,其老化程度也越高。

沥青混合料的水稳定性除了与沥青的黏附性有关外,还受沥青混合料压实空隙率大小及沥青膜厚度的影响。当空隙率较大时,外界水分容易进入沥青混合料结构内部,在高速行车造成的动水压力作用下,集料表面的沥青会发生迁移甚至剥落。当沥青混合料中的沥青膜较薄时,水可能穿透沥青膜层导致沥青从集料表面剥落,使沥青混合料松散。

5)沥青混合料的抗滑性

沥青路面的抗滑性对保障道路交通安全至关重要。抗滑性能必须通过合理选择沥青混合料组成材料、正确设计与施工来保证。

沥青路面的抗滑性不仅与所用矿料的表面构造深度、颗粒形状与尺寸、抗磨光性有着密切的关系,还取决于矿料级配所确定的表面构造深度。增加沥青混合料中的粗集料含量有助于提高沥青路面的宏观构造深度,为了使沥青路面路表形成较大的宏观构造深度,设计人员往往选用开级配或半开级配的沥青混合料,但这类混合料的空隙率较大,耐久性较差。此外还应严格控制沥青混合料中的沥青含量,特别是应选用含蜡量低的沥青,以免行车时出现滑溜现象。

6)沥青混合料的施工和易性

沥青混合料应具备良好的施工和易性,以便在拌和、摊铺及碾压过程中使集料颗粒保持均匀分布,并能被压实到规定的密度。这是保证沥青路面使用品质的必要条件。影响沥青混合料施工和易性的因素很多,包括沥青混合料组成材料的技术品质、用量比例及施工条件等。目前,尚无直接评价沥青混合料施工和易性的方法和指标,一般是通过合理选择组成材料,控制施工条件等措施来保证沥青混合料的质量。

10.3 沥青混合料的配合比设计

沥青混合料组成设计的目的是根据设计要求、工程特点和当地经验,选择合适的组成材料,确定合适的级配类型和级配范围、确定各组成材料的比例,使得所配制的沥青混合料能够满足高温稳定性、低温抗裂性、耐久性和施工和易性的要求。本节介绍热拌沥青混合料组成设计基本要求及密接配沥青混合料配合比设计方法。

沥青混合料的体积参数和技术要求

沥青混合料的组成材料的技术要求

热拌沥青混合料马歇尔组成设计方法

Superpave沥青混合料设计方法

SMA混合料组成设计方法

10.3.1 沥青混合料组成材料的技术要求

沥青混合料配合比设计的主要任务是根据沥青混合料的技术要求,选择粗集料、细集料、矿粉和沥青材料,并确定各组成材料相互配合的最佳组成比例,使沥青混合料既满足技术要求,又符合经济的原则。

1)沥青

沥青是沥青混合料中最重要的组成材料,其性能直接影响沥青混合料的各种技术性质。

沥青路面所用沥青类型应根据道路等级、气候条件、交通荷载等级、结构层位、沥青混合料类型、施工条件以及当地使用经验等,经技术论证后确定。一般来说,在夏季温度高、高温持续时间长的地区应采用黏度高的沥青;而在冬季寒冷的地区,则宜采用稠度低、低温劲度较小的沥青;对于日温差较大的地区,还应考虑选择针入度指数较高的低感温性沥青;对于极重特重和重交通荷载等级道路气候严酷地区道路连续长陡纵坡路段、服务区或停车场等行车速度慢路段的中面层和表面层,为了提高沥青混合料的强度和承载能力,应采取选用黏度较大的改性沥青或添加外掺剂等措施。

2)粗集料

沥青混合料用粗集料可选用碎石、破碎砾石、筛选砾石、钢渣、矿渣等。粗集料应该洁净、干燥、表面粗糙,形状接近立方体,且无风化,不含杂质,并具有足够的强度、耐磨耗性。粗集料的粒径规格应按照《公路沥青路面施工技术规范》(JTG F40—2004)中规定进行生产和选用。若某规格粗集料不满足规范要求,但确认其与其他集料组配后的矿料合成级配复合设计要求,也可以使用。

3)细集料

用于拌制沥青混合料的细集料,可以采用天然砂、机制砂和石屑。细集料应洁净、干燥、无风化、不含杂质,并有适当的级配范围。细集料级配在沥青混合料中的适用性,应将其与粗集料及填料配制成矿质混合料后,再判定其是否符合矿料设计级配的要求再做决定。当一种细集料不能满足级配要求时,可采用两种或两种以上的细集料掺和使用。

4)填料

填料在沥青混合料中的作用非常重要,沥青混合料主要依靠沥青与矿粉的交互作用形成具有较高黏结力的沥青胶浆,将粗细集料结合成一个整体。沥青混合料所用矿粉最好采用石灰岩或岩浆岩中的强基性岩石等憎水性石料经磨细得到的矿粉,原石料中的泥土杂质应清除。矿粉应干燥、洁净,能自由地从矿粉仓流出。在拌和厂粉尘也可以代替一部分矿粉使用,为改善量混合料水稳定性,可以采用干燥的磨细生石灰粉、消石灰粉或水泥作为填料,其用量不宜超过矿料总量的1%。

10.3.2　沥青混合料配合比设计

标准《公路沥青路面施工技术规范》(JTGF40—2004)规定,沥青混合料配合比设计包括3个阶段:目标配合比设计阶段、生产配合比设计阶段、生产配合比验证阶段。后两个设计阶段是在目标配合比的基础上进行的,需借助于施工单位的拌和设备、摊铺和碾压设备完成。通过3个阶段的配合比设计过程,可以确定沥青混合料中组成材料品种、矿质集料级配和沥青用量。本节着重介绍沥青混合料的目标配合比设计过程。

1)组成材料选择与材料性能测试

在现场勘查、试验检测的基础上确认实际工程所用的各种原材料。按照规定的试验方法对这些材料进行取样,测试各档集料、矿粉、沥青材料的密度进行集料的筛分试验,确定各种规格集料的级配组成。

2)矿质混合料的配合比设计

首先根据道路使用条件和结构层位确定所用沥青混合料类型,并确定沥青混合料的公称最大粒径、沥青混合料的工程设计级配范围;并根据各档集料的筛分结果,在工程设计级配范围中,设计3组初选配合比,确定每组混合料中各档集料的用量比例,计算矿质混合料的合成级配;根据使用经验,初估沥青用量,按照初试矿料配合比拌制3组沥青混合料,在标准条件下,成型马歇尔试件,并测试试件的毛体积密度、计算试件孔隙率、矿料间歇率和沥青饱和度。根据沥青混合料马歇尔试件体积参数指标的要求,确定矿料的设计配合比。

3)最佳沥青用量的确定

首先按照所设计的矿质混合料配合比,计算各种规格集料的用量,称量各档集料和矿粉,然后根据经验估计适宜的沥青用量(或油石比)。以所估计的沥青用量(或油石比)为中值,按0.5%间隔变化,取5个不同的沥青用量(或油石比),拌制沥青混合料,并成型马歇尔试件,计算或测试沥青混合料的理论最大相对密度,测试沥青混合料试件的毛体积密度,然后计算沥青混合料试件的空隙率、沥青饱和度、矿料间歇率等体积参数,测试沥青混合料试件的马歇尔稳定度和流值,确定最佳沥青用量。

4)配合比设计检验

用于高等级道路沥青路面的密级配沥青混合料,需要在配合比设计的基础上进行性能检验,不符合要求的沥青混合料,应更换材料或重新进行配合比设计。

【例题10.1】某高速公路沥青路面中面层用沥青混合料配合比设计。

(1)设计资料

设计某高速公路沥青路面中面层用沥青混合料,中面层结构设计厚度为6 cm。

气候条件:7月平均最高气温32 ℃,年极端最低气温-6.5 ℃,年降雨量1 500 mm。

沥青结合料采用SBS改性沥青,相对密度1.038,经检验各项技术性能均符合要求。

粗集料、细集料均为石灰岩。集料分4档,按公称最大粒径由大到小编号,分别为1号料(10~25 mm)、2号料(5~10 mm)、3号料(3~5 mm)、4号料(0~3 mm)。各档集料的主要技术指标见表10.3,筛分试验结果见表10.4。

表10.3 各档集料和矿粉的密度和吸水率

集料编号	表观相对密度	毛体积相对密度	吸水率/%
1号	2.754	2.725	0.40
2号	2.740	2.714	0.45
3号	2.702	2.691	0.56
4号	2.705	2.651	1.69
矿粉	2.710	—	—

表10.4 各档集料和矿粉的筛分结果

集料编号	下列筛孔(mm)的通过百分率/%											
	26.5	19	16	13.2	9.5	4.75	2.36	1.18	0.6	0.3	0.15	0.075
1号	100	83.9	40.6	8.7	0.9	0.4	0	0	0	0	0	0
2号	100	100	100	92.7	27.7	1.3	0.7	0	0	0	0	0
3号	100	100	100	100	100	82.5	1.0	0.3	0	0	0	0
4号	100	100	100	100	100	99.7	76.8	44.0	28.1	15.3	10.7	8.0
矿粉	100	100	100	100	100	100	100	100	100	100	99.8	95.7

(2)设计要求

确定沥青混合料类型,进行矿质混合料配合比设计。确定最佳沥青用量。

解：

步骤1：确定沥青混合料类型以及矿质混合料的级配范围。

根据设计资料，选用连续密级配AC-20型沥青混合料。AC-20混合料的公称最大粒径为19 mm，可以满足结构厚度不小于矿料公称最大粒径2.5倍的要求，也满足中面层沥青混合料矿料公称最大粒径不小于16 mm的要求。AC-20混合料的设计级配范围查《公路沥青路面施工技术规范》(JTG F40—2004)确定，设计级配范围如图10.6所示。

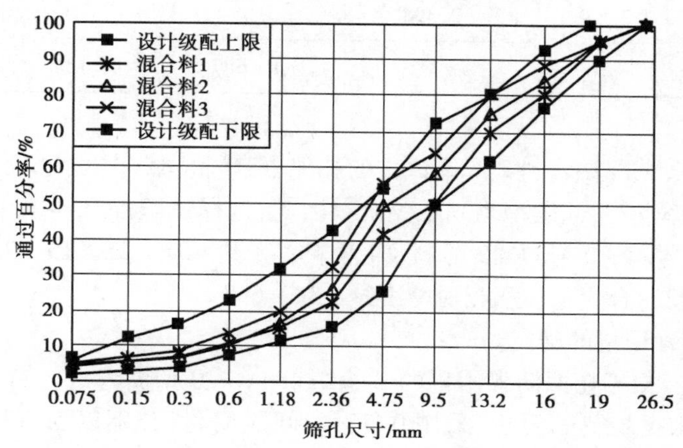

图10.6　初试配合比下矿质混合料级配组成曲线

步骤2：矿质混合料设计配合比的确定。

①拟订初试矿料配合比。根据设计级配范围，设计了3组矿质混合料，3组初试矿料的配合比见表10.4，合成级配组成如图10.6所示。根据初试混合料中各档集料级配组成、密度的测试结果，计算初试混合料的合成表观相对密度、合成毛体积相对密度。再根据集料的吸水率，计算试配混合料的有效相对密度，结果见表10.5。

表10.5　3组初试矿质混合料的配合比

初试混合料编号	下列各档集料用量				矿粉/%	合成表观相对密度 γ_{sa}	合成毛体积对密度 γ_{sb}	有效相对密度 γ_{se}
	1号	2号	3号	4号				
1	31	25	15	25	4	2.729	2.698	2.722
2	25	23	17	32	3	2.725	2.692	2.718
3	20	20	18	39	3	2.721	2.687	2.714

②矿料设计配合比的确定。根据使用经验，初估沥青用量4.3%，按表10.5中混合料的初试配合比进行备料，在标准条件下，成型马歇尔试件，测试试件的毛体积密度。表10.6给出了试件的理论最大相对密度。毛体积相对密度、空隙率、矿料间歇率和沥青饱和度，试件的理论最大相对密度由计算法确定。

根据道路等级和沥青混合料类型，确定沥青混合料马歇尔试件体积参数指标的技术要求，见表10.6。

表 10.6　3 组初试混合料的马歇尔试件参数汇总

混合料编号	理论最大相对密度	毛体积相对密度	空隙率 VV/%	矿料间歇率 VMA/%	沥青饱和度 VFA/%
1	2.544	2.438	4.2	13.5	67.4
2	2.541	2.409	5.2	14.4	62.9
3	2.538	2.398	5.5	14.6	61.5
设计要求			4 ~ 6	≥13	65 ~ 75

由表 10.6 可见，试配混合料 2 和 3 试件的孔隙率、矿料间歇率偏大，沥青饱和度偏小。试配混合料 1 的空隙率、矿料间歇率均满足要求。因此，选择试配混合料 1 作为设计配合比，各档集料的比例为：1 号料∶2 号料∶3 号料∶4 号料∶矿粉＝31∶25∶15∶25∶4。矿料的有效相对密度 γ_{se} 为 2.722，合成毛体积相对密度 γ_{sb} 为 2.698。

步骤 3：最佳沥青用量的确定。

①马歇尔试验。根据初拟沥青用量的试验结果，AC-20 型沥青混合料的最佳沥青用量可能为 4.5% 左右。根据规范的要求，采用 0.5% 的间隔变化，分别以沥青用量 3.5%、4.0%、4.5%、5.0% 和 5.5% 拌制 5 组沥青混合料。按规定方法成型马歇尔标准试件。

根据沥青混合料材料组成计算各沥青用量下试件的最大相对密度。采用表干法测定试件在空气中的质量和表干质量，计算试件的毛体积密度。计算试件的孔隙率、矿料间歇率和沥青饱和度指标。在 60 ℃ 的温度下，测定各组试件的马歇尔稳定度和流值。

根据设计资料，道路所在的地气候条件，确定该沥青路面气候分区属于夏炎热冬温潮湿区。据此确定沥青混合料试件体积参数指标和马歇尔试验指标的设计要求，结果见表 10.7。

表 10.7　马歇尔试件体积参数、稳定度和流值汇总表

试件组号	沥青用量/%	理论最大相对密度	空气中质量/g	水中质量/g	表干质量/g	毛体积相对密度	空隙率/%	矿料间歇率/%	沥青饱和度/%	稳定度/kN	流值(0.1 mm)
A1	3.5	2.576	1 159.2	670.0	1 165.9	2.338	9.2	17.1	46.0	7.8	21
A2	4.0	2.556	1 187.3	695.4	1 192.5	2.388	6.6	15.8	58.4	8.6	25
A3	4.5	2.537	1 213.9	718.5	1 217.5	2.433	4.1	14.7	72.0	8.7	32
A4	5.0	2.518	1 225.7	724.3	1 229.5	2.426	3.6	15.3	76.3	8.1	37
A5	5.5	2.499	1 250.2	735.5	1 253.3	2.414	3.4	16.2	79.1	7.0	44
技术要求							3 ~ 5	≥13	65 ~ 75	≥8	15 ~ 40

②绘制各项指标与沥青用量的关系图。根据表 10.6 中的数据，绘制沥青用量与毛体积密度、空隙率、沥青饱和度、马歇尔稳定度和流值等指标的关系曲线图，如图 10.7 所示。

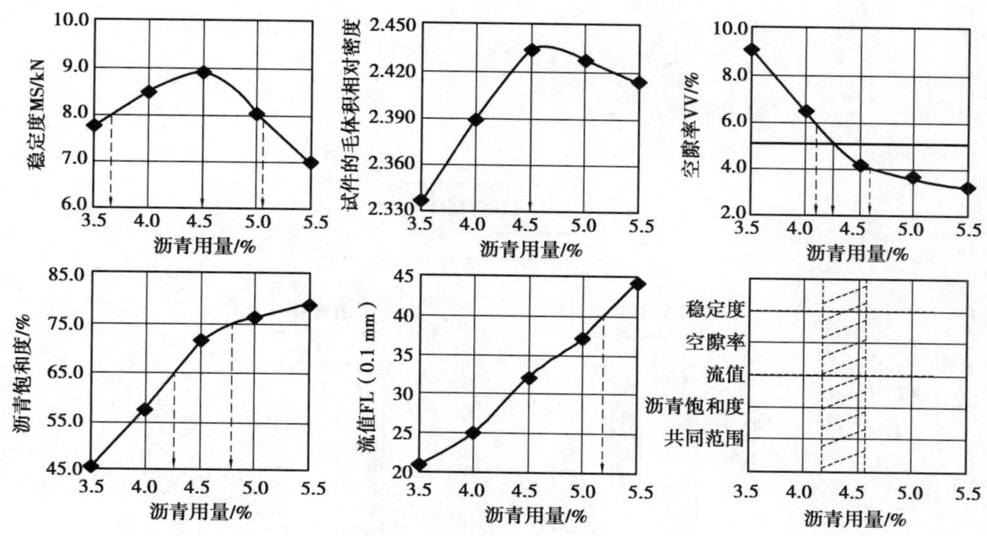

图 10.7 沥青用量与试件体积参数、马歇尔试验指标的关系曲线

③最佳沥青用量确定。确定最佳沥青用量初始值 OAC_1。

由图 10.7 可知，与马歇尔稳定度最大值对应的沥青用量 $a_1=4.5\%$，对应与试件毛体积相对密度最大值的沥青用量 $a_2=4.5\%$，对应与规定空隙率范围中值的沥青用量 $a_3=4.25\%$，沥青饱和度中值的沥青用量 $a_4=4.35\%$，求取 a_1、a_2、a_3、a_4 的算术平均值，得最佳沥青用量初始值：

$$OAC_1=\frac{4.5\%+4.5\%+4.25\%+4.35\%}{4}\approx 4.40\%$$

确定最佳沥青用量初始值 OAC_2。

确定各项指标均符合沥青混合料技术标准要求的沥青用量范围，见图 10.7 中阴影部分，其中 $OAC_{min}=4.25\%$，$OAC_{max}=4.6\%$，则 OAC_2 为

$$OAC_2=\frac{OAC_{min}+OAC_{max}}{2}=\frac{4.25\%+4.6\%}{2}=4.42\%$$

当沥青用量为 4.4% 时，试件的矿料间歇率为 14.8%，满足≥13% 的技术要求。

综合确定最佳沥青用量 OAC。

一般条件下，以 OAC_1 和 OAC_2 的平均值作为最佳沥青用量，即 OAC 为 4.41%。

道路所在地区属于夏炎热冬温潮湿区，夏季气候炎热，考虑在高速公路上渠化交通对沥青路面的作用，预计有可能会出现车辙，根据经验可取最佳沥青用量 OAC 为 4.4%。

步骤 4：配合比检验。

采用沥青用量 4.4% 制备沥青混合料，按照规定方法分别进行沥青混合料的冻融劈裂强度试验和车辙试验。沥青混合料的冻融劈裂强度比为 88.4%，大于规范要求的 75%；满足沥青混合料水稳定性要求；动稳定度为 4 226 次/mm，大于规范要求的 2 800 次/mm，满足沥青混合料抗车辙能力要求。通过以上试验和计算，可以确定沥青混合料最佳沥青用量为 4.4%。

本章总结框图

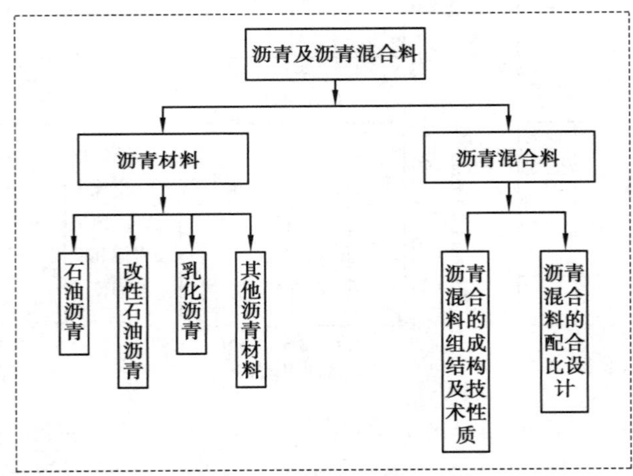

问题导向讨论题

问题:某高速公路进行白改黑工程,其气候分区为2-2,为了方便施工,采用了110号道路石油沥青和公称最大粒径为9.5 mm的粗骨料配制沥青混合料进行面层和基层的施工。投入使用半年后,出现了面层脱离的现象,请分析可能的原因有哪些?并思考从沥青材料的选用和制备角度考虑,如何保证沥青路面的施工质量?

分组讨论要求:每组4~6人,设组长1人,负责明确分工和协助要求,并指定人员代表小组发言交流。

思考练习题

10.1　采用沥青化学组分分析方法可以将沥青分离为哪几个组分?与沥青的技术性质有何关系?

10.2　沥青可划分为哪几种胶体结构?与其技术性质有何关系?

10.3　沥青针入度、延度、软化点试验反映沥青的哪些性质?简述主要试验条件。

10.4　沥青混合料按其组成结构可分为哪几种类型?各种结构类型沥青混合料的路用性能是什么?

10.5　简述沥青混合料应具备的主要技术性能及其主要影响因素。

10.6　简述沥青混合料高温稳定性评价方法和评价指标。

10.7　简述我国现行连续密级配热拌沥青混合料配合比设计方法。矿质混合料配合比、沥青最佳用量是如何确定?

11 合成高分子材料

<table>
<tr><td rowspan="3">本
章
导
读</td><td>内容及要求</td><td>介绍合成高分子材料的种类及性能特点，土木工程中常用的塑料、合成橡胶、合成纤维、塑料-橡胶共聚物、黏结剂和建筑涂料。通过本章学习，能够解释合成高分子材料的特征及基本性质，能够说明建筑塑料、合成橡胶、合成纤维、黏结剂和建筑涂料的组成及用途。</td></tr>
<tr><td>重点</td><td>塑料、合成橡胶、合成纤维、黏结剂和建筑涂料的性质及用途。</td></tr>
<tr><td>难点</td><td>塑料、合成橡胶、合成纤维、黏结剂和建筑涂料的组成。</td></tr>
</table>

高分子材料可称为聚合物材料，按照其来源可分为合成高分子材料和天然高分子材料两大类。天然高分子均由生物体内生成，与人类有着密切的联系，如天然橡胶、纤维素、甲壳素、蚕丝、淀粉等。合成高分子是指用结构和相对分子质量已知的单体为原料，经过一定的聚合反应得到的聚合物。土木工程中常用的合成高分子材料有塑料、合成橡胶、合成纤维、塑料-橡胶共聚物、黏结剂和建筑涂料等。

11.1 合成高分子材料的种类及性能特点

聚合物(Polymer)是由千万个低分子化合物通过聚合反应联结而成，因而又称为高分子化合物或高聚物。聚合物有天然聚合物(Natural Polymer)和合成聚合物(Synthetic Polymer)两类。从自然界直接得到的聚合物为天然高分子化合物，如淀粉、蛋白质、纤维素和天然橡胶等。而由人工用单体制造的高分子化合物称为合成聚合物或合成高分子聚合物，包括有机聚合物、半有机聚合物和无机聚合物，如聚氯乙烯(Polyvinyl Chloride)、聚苯乙烯(Polystyrene)、丁苯橡胶(Styrene-butadiene Rubber)和有机玻璃(Plexiglass)等。

11.1.1 高分子材料分类

聚合物种类繁多，且在不断增加，很需要一个科学的分类，但目前尚无公认的统一方法，通常分类如下所述。

1) 根据来源分类

①天然高分子,包括天然无机(石棉、云母等)和天然有机高分子(纤维素、蛋白质、淀粉、橡胶等)。

②人工合成高分子,包括合成树脂、合成橡胶和合成纤维等。

③半天然高分子,如醋酸纤维、改性淀粉等。

2) 按聚合物主链元素不同分类

①碳链高分子,大分子主链完全由碳原子组成,如聚乙烯、聚苯乙烯、聚氯乙烯等乙烯基类和二烯烃类聚合物。

②杂链高分子,主链除碳原子外,还含氧、氮、硫等杂原子的聚合物,如聚醚、聚酯、聚酰胺等。

③元素有机高分子,主链不是由碳原子,而是由硅、硼、铝、氧、硫、磷等原子组成,如有机硅橡胶。

聚合物还通常根据它们的用途区分为塑料、纤维和橡胶(弹性体)三大类。如果加上涂料、黏合剂和功能高分子则有六大类。弹性体(橡胶)是一类在比较低的应力下就可以达到很大可逆应变(伸长率可达500% ~1 000%)的聚合物。主要品种有丁苯橡胶、顺丁橡胶、异戊橡胶、丁基橡胶和乙丙橡胶。纤维是一类高抗形变的聚合物,伸长率低于10% ~50%。主要品种有尼龙、涤纶、锦纶、腈纶、维纶和丙纶等。塑料是介于纤维与弹性体之间,具有多种机械性能的一大类聚合物。

11.1.2 高分子化合物的基本性质

①质轻。高分子化合物的密度一般为0.9 ~2.2 g/cm^3,平均约为铝的1/2,钢的1/5,混凝土的1/3,与木材相近。

②比强度高。长链型的高分子化合物,分子与分子之间的接触点很多,相互作用很强,而且其分子链是蜷曲的,相互纠缠在一起。

③弹性好。高分子化合物受力时,其蜷曲的分子可以被拉直而伸长,当外力去除后,又能恢复到原来的蜷曲状态。

④绝缘性好。高分子化合物分子中的化学键是共价键,不能电离出电子,因此不能传递电流。同时,高分子化合物对于热、声也有良好的隔绝性能。

⑤耐磨性好。高分子化合物中有很多种类具有耐磨的特性以及优良的自润滑性,如聚四氟乙烯、尼龙等。

⑥耐腐蚀性优良。高分子化合物具有耐酸、耐腐蚀的特性。

⑦耐水性、耐湿性好。多数高分子化合物具有很强的憎水性,防水、防潮性能优良。

⑧耐热性与耐火性差、易老化,弹性模量低,价格较高。

11.2 土木工程中常用的合成高分子材料

土木工程中常用的合成高分子材料有塑料、合成橡胶、合成纤维、塑料-橡胶共聚物、黏结剂和建筑涂料等。

11.2.1 塑料

1)塑料的组成

塑料是以合成树脂为主要原料,加入填充剂、增塑剂、润滑剂、颜料等添加剂,在一定温度和压力下制成的一种有机高分子材料。

(1)合成树脂

在塑料中,合成树脂的含量为30%～60%,甚至近于全部。塑料的主要性质取决于所采用的合成树脂。合成树脂在塑料中起胶结作用,把其他组分牢固地结合起来,使之具有加工成型性质。

合成树脂是合成高分子聚合物的一族,简称树脂,高聚物的结构复杂而且分子量很大,一般都在数千以上,甚至高达上百万。例如,由乙烯($CH_2=CH_2$)聚合而成的高分子聚乙烯分子量为1 000～3 500,有些甚至可高达5×10^5。

合成树脂按其受热时所发生的变化不同又可分为热塑性树脂和热固性树脂。以不同的树脂为基材,可以分别制得热塑性塑料或热固性塑料。塑料的主要性质取决于所采用的合成树脂。用于热塑性塑料的树脂主要有聚氯乙烯、聚苯乙烯等。用于热固性塑料的树脂主要有酚醛树脂、环氧树脂等。

(2)添加剂

塑料中除含有合成树脂外,为了改善加工条件和使用性能,还需添加一定数量的稳定剂、增塑剂、填充剂及其他助剂。这些填充剂分散于塑料基体中,并不影响聚合物的分子结构。

①稳定剂。在高聚物模塑加工过程中起到减缓反应速度、防止光、热、氧化引起的老化作用,减缓聚合物在加工和使用过程中的降解作用,延长使用寿命,常用的抗氧剂、热稳定剂和紫外吸收剂等。

②增塑剂。能使高分子材料增加塑性的化合物称为增塑剂,一般为高沸点,不易挥发的液体或低熔点的固体有机物,如邻苯二甲酸酯类、聚酯类、环氧类等。

③填充剂。填充剂主要是化学性质不活泼的粉状、块状或纤维状的固体物质,常用的有机玻璃纤维、云母、石棉等,占塑料质量的20%～50%,可提高强度、增加耐热性、增加稳定性并降低塑料成本。

④其他助剂。如改善聚合物加工性能和表面性能的润滑剂,使聚合物由热可塑的线型结构转变为网型或体型结构的固化剂,以及阻燃剂等。

2) 塑料的性能和用途

塑料是多功能材料,可以通过调整配合比参数及工艺条件制得不同性能的材料,具有较高的比强度和优良的加工性能,因此在土木工程中也得到广泛的应用。表 11.1 为常用于制造塑料的合成树脂的性能和用途。

表 11.1 常用的合成树脂的性能和用途

合成树脂名称	代号	合成方法	特性与用途
聚乙烯	PE	乙烯单体加聚而成,按合成的方法不同,有高压、中压、低压之分	强度高、延伸率大、耐寒性好、电绝缘、耐热性差。用于制造薄膜、结构材料、配制涂料、油漆等
聚丙烯	PP	丙烯为单体加聚而成	密度低,强度、耐热性比 PE 好,延伸率、耐寒性尚好,主要用于生产薄膜、纤维、管道
聚氯乙烯	PVC	氯乙烯单体加聚而成	较高的力学性能、化学稳定性好、变形能力低、耐寒性差。用于制造建筑配件、管道及防水材料
聚苯乙烯	PS	苯乙烯加聚而成	质轻、耐水、耐腐蚀、不耐冲击、性脆。用于制作板材和泡沫塑料
乙烯-乙酸乙烯酯共聚物	EVA	乙烯和醋酸乙烯加聚而成	具有优良的韧性、弹性和柔软性,并具有一定的刚度、耐磨性和抗冲击性。用于黏结剂、涂料等
聚甲基丙烯酸甲酯	PMMA	甲基丙烯酸甲酯加聚而成	透明度高、低温时具有较高的冲击强度、坚韧、有弹性。主要用作生产有机玻璃
酚醛树脂	PF	苯酚与甲醛缩聚而成	耐热、耐化学腐蚀、电绝缘。较脆,对纤维的胶合能力强。不能单独作为塑料使用
环氧树脂	EP	两个或两个以上环氧基团交联而成	黏结性和力学性能优良,耐碱性良好,电绝缘性能好,固化收缩率低。可生产玻璃钢、胶结剂和涂料
聚酰胺	PA	二胺和二酸缩聚而得或内酰胺加聚而成	质轻、良好的机械性能和耐磨性、耐油,但不耐酸和强碱。大量用于制造机械零件
有机硅树脂	SI	二氯二甲基硅烷水解缩聚-线型;二氯二甲基硅烷与三氯甲基硅烷水解-体型	耐高温、耐寒、耐腐蚀、电绝缘性好、耐水性好。用于制作高级绝缘材料、防水材料等
SBS 塑料	ABS	丙烯腈、丁二烯和苯乙烯共聚	高强耐热、耐油弹性好、抗冲击、电绝缘,但不耐高温、不透明。用于制作装饰板材、家具等
聚碳酸酯	PC	双酚 A 和碳酸二苯酯通过酯交换和缩聚反应合成	透明度极高,耐冲击、耐热、耐油等,耐磨性差。用于制造电容器、录音带等

11.2.2 合成橡胶

1)合成橡胶的组成

合成橡胶(Synthetic Rubber)是以生胶为原料,加入适合的配合剂,经硫化后得到的高分子弹性体。

(1)合成橡胶的基本原料

合成橡胶是由石油、天然气、煤石灰石以及粮食等原料经加工而取得的。常用原料如甲烷、丙烷、乙烯、丁烯、戊烯、苯、甲苯以及乙炔等。这些原料经与水作用或脱水反应就可成为丁二烯,而丁二烯是很多合成橡胶的单体原料。

生胶是橡胶制品的重要组成部分,但因其自身的分子结构是线形或带有支链的长链状分子,分子中有不稳定的双键存在,受温度影响体态性能变化较大,因此必须在生胶中掺加其他组分进行硫化处理。根据其在橡胶中的作用,可分为硫化剂、硫化促进剂、活化剂、增塑剂、防老剂、填充剂、着色剂等,统称为配合剂。

(2)配合剂

①硫化剂。硫化剂相当于热塑性塑料中的固化剂,它使生胶的线形分子间形成交联而成为立体的网状结构,从而使胶料变成具有一定强度韧性的高弹性硫化胶。除硫化剂外,还有酰胺类、树脂类、金属氧化物等。近年来还发展了用原子辐射的方法直接进行交联作用。

②硫化促进剂。硫化促进剂作用是缩短硫化时间,降低硫化温度。提高制品的经济性,并能改善性能。多为有机合物。

③活化剂。活化剂也称助促进剂,能起加速并充分发挥有机促进剂的活化促进作用,以减少促进剂用量,缩短硫化时间。常用的活化剂有氧化锌、氧化镁、硬脂酸等。

④填充剂。填充剂的作用是增加橡胶制品的强度降低成本及改善工艺性能。主要性状有粉状和织物状。常用活性填充料有炭黑、二氧化硅、白陶土、氧化锌、氧化镁等。非活性填料有滑石粉、硫酸钡等。

⑤防老剂。防老剂用于防止橡胶因热氧化作用、机械力作用、光参与氧化作用以及水解作用而引起质变。常用防老剂有酚类、胺类、蜡类。为了有效抑制橡胶老化,可同时使用几种防老剂,共同发挥作用。

⑥增塑剂。增塑剂又称软化剂。应根据具体橡胶的性能及要求选用不同的增塑剂,选用时要考虑增塑剂与橡胶的极性相似,相似相容性好,有利于增塑剂的均匀分散。

各种配合剂的功用不同,有的在一种胶中同时起几种作用,如石蜡既是润滑剂又是防老剂,硬脂酸是活性剂又是分散剂,同时它们又有很好的增塑作用,石蜡与硬脂酸还能起内润滑与外润滑作用,帮助橡胶脱模,是很好的脱模剂。

2)合成橡胶的性能与用途

合成橡胶的特征是在较小的外力作用下,能产生大的变形,外力去除后能迅速恢复原状,具有良好的伸缩性、储能能力和耐磨、隔声、绝缘等性能,是应用广泛的材料。生胶原料有天然橡胶和合成橡胶两大类，而天然橡胶远不能满足生产发展的需要，而石化工业的迅速发展可生产大量的合成橡胶原料，因此人工合成橡胶是主要原料来源，所制成的橡胶制品的性能因单体和制造工艺的不同而异，某些性能（如耐油、耐热、耐磨等）甚至较天然橡胶为优。表 11.2 列出了常用橡胶材料的性能与用途。

表 11.2　常用橡胶材料的性能与用途

品种	代号	来源	特性		用途
天然橡胶	NR	天然	弹性高、抗撕裂性能优良、加工性能好，易与其他材料相混合，耐磨性良好	耐油、耐溶剂性差，易老化，不适用于 100 ℃以上	轮胎、通用制品
丁苯橡胶	SBR	丁二烯苯乙烯共聚	与天然橡胶性能相近，耐磨性突出，耐热性、耐老化性较好	生胶强度低，加工性能较天然橡胶差	轮胎、胶板、胶布、通用制品
丁腈橡胶	NBR	丁二烯与丙烯腈聚合	耐油、耐热性好，气密性与耐水性良好	耐寒性、耐臭氧性较差，加工性不好	输油管、耐油密封垫圈及一般耐油制品
氯丁橡胶	CR	氯丁二烯以乳液聚合	物理、力学性能良好，耐油耐溶剂性和耐气候性良好	电绝缘性差，加工时易黏辊，相对成本较高	胶管、胶带、胶黏剂、一般制品
顺丁橡胶	BR	丁二烯定向共聚	弹性性能最优，耐寒、耐磨性好	抗拉强度低，黏结性差	橡胶弹簧，减震橡胶垫
丁基橡胶	HR	异丁烯与少量异戊二烯共聚	气密性、耐老化性和耐热性最好，耐酸耐碱性良好	弹性大，加工性能差，耐光老化性差	内胎、外胎、化工衬里及防震制品
乙丙橡胶	EPDM	乙烯丙烯二元共聚	耐热性突出，耐气候性、耐臭氧性很好，耐极性溶剂和无机介质	硫化慢、黏着性差	耐热、散热胶管、胶带，汽车配件及其他工业制品
硅橡胶	SI	硅氧烷聚合	耐高温及低温性突出，化学惰性大，电绝缘性优良	机械强度较低、价格较贵	耐高低温制品，印膜材料
聚氨酯橡胶	UR	二元或多元异氰酸酯与二羟基或多羟基化合物加聚而成	耐磨性高于其他各类橡胶，抗拉强度最高，耐油性优良	耐水、耐酸碱性差，高温性能差	胶轮、实心轮胎.齿轮带及耐磨制品

11.2.3 合成纤维

合成纤维(Synthetic Fiber)是以有机高分子聚合物为原料,经熔融或溶解后纺制成的纤维,如聚酰胺、聚酯纤维等,与纤维素纤维和蛋白质纤维等人造纤维均属于有机化学纤维,而玻璃纤维、陶瓷纤维等则属于无机化学纤维。自然界还有石棉等无机天然纤维及动植物纤维等有机天然纤维。

1)合成纤维的制造

合成纤维是经过有机化合物单体制备与聚合、纺丝及后加工 3 个环节完成的。合成纤维原料中的主要成分为有机高分子化合物,并添加了提高纤维加工和使用性能的某些助剂,如二氧化钛、油剂、染料和抗氧剂等,制成成纤高聚物。

将成纤高聚物的熔体或浓溶液,用纺丝泵连续、定量而均匀地从喷头的毛细孔中挤出,成为液态细流,再在空气、水或特定的凝固浴中固化成为初生纤维的过程,称为"纤维成型"或"纺丝"。纺丝方法主要有两大类:熔体纺丝法和溶液纺丝法。溶液纺丝法又分为湿法纺丝和干法纺丝。因此,合成纤维主要有 3 种纺丝方法。纺丝成型后得到的初生纤维的结构还不完善,物理机械性能较差,必须经系列后加工,主要是拉伸和热定型工序,其性能才能得到提高和稳定。

2)合成纤维的特性

相对于各种天然纤维和人造纤维,合成纤维则具有强度高密度小弹性好、耐磨、耐酸碱和不霉、不蛀等优越性能,因此合成纤维不仅广泛应用于工农业生产,国防工业和日常衣料用品等各个领域,近年来在道路等土木工程中也得到了越来越多的应用。常用合成纤维的特性和用途见表 11.3。

表 11.3 主要合成纤维的性能

化学名称	商品名称	特性
聚酯纤维	涤纶(的确良)	弹性好,弹性模量大,不易变形,强度高,抗冲击性好,耐磨性、耐性、化学稳定性及绝缘性均较好
聚酰胺纤维	锦纶(人造毛)	质轻,浆度高,抗拉强度好、耐磨性好,弹性模量低
聚丙腈烯纤维	腈纶(奥纶)	质轻,柔软,不霉蛀,弹性好,吸湿小,耐磨性差
聚乙烯醇	维纶、维尼纶	吸湿性好,强度较好,不霉蛀,弹性差
聚丙烯	丙纶	质轻,强度大,相对密度小,耐磨性优良
聚氯乙烯	氯纶	化学稳定性好,耐酸、碱,弹性、耐磨性均好,耐热性差;可用作纤维增强材料,配制纤维混凝土,具有较高的抗冲击性能,也可作为防护构件用

11.2.4 塑料-橡胶共聚物

随着聚合物工业的发展,不论就成分还是就形状而言,橡胶与塑料的区别已不是很明显了。例如,将聚乙烯氯化可以得到氯化聚乙烯橡胶(CPE),即氯原子部分置换聚乙烯大分子链上氢原子的产物。随着氯含量增加,氯化聚乙烯柔韧性增加而呈现橡胶的特性。ABS 树脂在光、氧作用下容易老化,为了克服这一缺点,将氯化聚乙烯与苯乙烯和丙腈烯进行接枝,可制得耐候性的 ACS 树脂。高冲击聚苯乙烯树脂是由顺丁橡胶(早期为丁苯橡胶)与苯乙烯接枝共聚而成,故也称接枝型抗冲击聚苯乙烯(HIPS)。该产品韧性较高,抗冲击强度较普通聚苯乙烯提高 7 倍以上。苯乙烯-丁二烯-苯乙烯嵌段共聚物(简称 SBS)是苯乙烯嵌段共聚物,它兼具塑料和橡胶的特性,具有弹性好、抗拉强度高、低温变形能力好等优点。SBS 是较佳的沥青改性剂,可综合提高沥青的高温稳定性和低温抗裂性。

11.2.5 黏结剂

黏结剂也称为黏结剂,是一种能在两种物体表面形成薄膜,并将两个或两个以上同质或不同质的物体黏结在一起的材料。随着现代工艺方法的改进和建筑要求的提高,采用黏结剂进行构件和材料的加工,具有工艺简单、省时省工、接缝处密封紧密、应力均匀分布、耐腐蚀性好等优点,因此,黏结剂越来越广泛地应用于土木工程领域。

黏结剂主要提供的是黏结能力,黏结主要来源黏结剂与被黏材料间的机械联结、物理吸附、化学键力或相互分子的渗透或扩散作用等。这种黏结能力与黏结剂的组成有密切关系。黏结剂一般多为有机合成材料,主要由黏结料、固化剂、增塑剂、稀释剂及填充剂(填料)等原材料配制而成。有时为了改善黏结剂的某些性能,还需要加入一些改性材料。按黏结料的性质可将黏结剂分为有机黏结剂和无机黏结剂两大类,其中有机类中又可分为人工合成有机类和天然有机类。

据不完全统计,迄今为止已有 6 000 多种黏结剂产品问世,由于其品种繁多,组分各异,应用也各有不同。在土木工程中,黏结剂主要用于工程装饰、密封或结构之间的黏结,常用于建筑加固工程和装饰工程中。工程常用的黏结剂可分为热固性树脂黏结剂、热塑性树脂黏结剂和合成橡胶黏结剂 3 类。土木工程常用黏结剂的性能及应用见表 11.4。

表 11.4 土木工程中常用黏结剂的性能及应用

种类		特性	主要用途
热塑性树脂黏合剂	聚乙烯缩醛黏结剂	黏结强度高、抗老化、成本高、施工方便	黏贴塑胶壁纸、瓷砖、墙布等。加入水泥砂浆中,可改善砂浆性能,也可配成地面涂料
	聚醋酸乙烯酯黏结剂	黏附力好,水中溶解度常温固化快,稳定性好,成本低,耐水性、耐热性差	黏结各种非金属材料、玻璃、陶瓷、塑料、纤维织物、木材等
	聚乙烯醇黏结剂	水溶性聚合物,耐热、耐水性差	适合黏结木材、纸张、织物等。与热固性黏结剂并用

续表

种类		特性	主要用途
热塑性树脂黏合剂	丙烯酸酯类黏结剂	黏度低、干燥成型迅速、对多种材料具有良好的黏结能力、耐候性好、耐水性及耐化学腐蚀性好，电气性能好、使用方便、毒性低	广泛用于钢、铁、铝、不锈钢、塑料，玻璃，陶瓷等材料的黏结，用于应急修补、装配定位、堵测、密封、紧固防松等工程中
热固性树脂黏合剂	环氧树脂黏结剂	黏结强度高，收缩率小，耐腐蚀，电绝缘性好，且耐水、耐油	黏结金属制品、玻璃、陶瓷、木材、塑料、皮革、水泥制品、纤维制品等
	酚醛树脂黏结剂	黏结强度高，耐疲劳，耐热，耐气候老化	黏结金属、陶瓷、玻璃、塑料 和其他非金属制品
	聚氨酯黏结剂	黏附性好，耐疲劳，耐油、耐水、耐酸，韧性好，耐低温性能优异，可室温固化，但耐热性差	黏结塑料、木材、皮革等，特别适用于防水、耐酸、耐碱等工程中
	不饱和聚酯树脂黏结剂	黏度低、易润湿、强度较高、耐热性好、可室内固化、电绝缘性好、收缩率大、耐水性差	主要用于玻璃钢的黏结，还可黏结陶瓷、金属、木材、人造大理石、混凝土等材料
合成橡胶黏合剂	丁腈橡胶黏结剂	弹性及耐候性良好，耐疲劳、耐油、耐溶剂性好，耐热，有良好的混溶性，但黏着性差，成膜缓慢	耐油部件中橡胶与橡胶、橡胶与金属，织物等的黏结，尤其适用于黏结软质聚氯乙烯材料
	氯丁橡胶黏结剂	黏附力、内聚强度高，耐燃、耐油、耐溶剂性好，储存稳定性差	结构黏结或不同材料的黏结，如橡胶、木材、陶瓷、石棉等不同材料的黏结
	聚硫橡胶黏结剂	弹性、黏性良好，耐油、耐候性好，对气体和蒸汽不渗透，防老化性好	作密封胶及用于路面、地坪、混凝土的修补、表面密封和防滑，以及用于海港、码头及水下建筑的密封
	硅橡胶黏结剂	耐紫外线、耐老化性良好，耐热、耐腐蚀性、黏附性好，防水防震	金属、陶瓷、混凝土、部分塑料的黏结，尤其适用于门窗玻璃的安装以及隧道、地铁等地下建筑中瓷砖、岩石接缝时的密封

11.2.6　建筑涂料

建筑涂料

涂料是涂覆在被保护或被装饰的物体表面，并能与被涂物形成牢固附着的连续薄膜，通常是以树脂或油或乳液为主，添加或不添加颜料、填料，添加相应助剂，用有机溶剂或水配制而成的黏稠液体，也有些以固体形式存在。早期涂料大多以植物油为主要原料，因此在很长一段时间里，涂料被称为油漆，但现在合成树脂等高分子材料已取代植物油作为基料，因此涂料是更为准确的用词。涂料用途很广，用于建筑工程中的称为建筑涂料。涂料的基本组成成分为主要成膜物质、次要成膜物质和辅助成膜物质。

由于建筑涂料的种类繁多，新品种层出不穷，因此分类方法也很多。按分类的依据不同，常用的有：

1）按主要成膜物质的化学成分分类

按主要成膜物质的化学成分，可将建筑涂料分为有机涂料、无机涂料、有机-无机复合涂料。有机涂料是建筑涂料的主要品种，常用的有溶剂型、水溶型和乳液型涂料3种。无机涂料是使用历史最长的一种涂料，如传统的石灰水、大白粉、可赛银等。其耐水性差，涂料质地疏松，与基材的黏结性差，易起粉和掉皮，所以逐渐被以合成树脂为基料配制成的各类涂料所取代。目前，主要有以碱金属硅酸盐为主要成膜物质的无机涂料和以胶态二氧化硅为主要成膜物质的无机涂料。

2）按涂膜的厚度分类

按涂膜的厚度，可将建筑涂料分为薄质涂料、厚质涂料。建筑涂料的涂膜厚度小于1 mm的，称为薄质涂料；涂膜厚度为1～5 mm的，称为厚质涂料。

3）按建筑材料的使用部位分类

按建筑涂料的使用部位，可将建筑涂料分为外墙涂料、内墙涂料、地面涂料和屋面防水涂料等。根据它们涂刷于建筑物的部位不同，对涂料性质的要求，也有不同的侧重。

建筑涂料的主要作用是装饰建筑物，保护主体建筑材料，提高其耐久性。随着现代居住环境要求的提高，建筑涂料还要具有防霉变、防火、防水，增加居住美观等作用。建筑涂料类及常用建筑涂料的特性及应用见表11.5和表11.6。

表11.5　建筑涂料分类

主要产品类型		主要成膜物类型
墙面涂料	合成树脂乳液内墙涂料 合成树脂乳液外墙涂料 溶剂型外墙涂料 其他墙面涂料	丙烯酸酯类及其改性共聚溶液；醋酸乙烯及其改性共聚乳液；聚氨酯；氟碳等树脂；无机黏结剂等
防水涂料	溶剂型防水涂料 聚合物乳液防水涂料 其他防水涂料	EVA、丙烯酸酯类乳液、聚氨酯、沥青、PVC胶泥或油膏、聚丁二烯等树脂
地坪涂料	水泥基等非木质地面用涂料	聚氨酯、环氧等树脂
功能性建筑涂料	防火涂料 防霉（藻）涂料 保温隔热涂料 其他功能性建筑涂料	聚氨酯、环氧、丙烯酸酯类、乙烯类、氟碳等树脂

表 11.6　常用建筑涂料的特性及应用

种类		主要成分	性能	应用
外墙涂料	过氯乙烯外墙涂料	过氯乙烯树脂、改性酚醛树脂、DOP 等	涂膜平滑、韧性、有弹性、不透水,表面干燥快、色彩丰富,耐候性、耐腐蚀性好	砖墙、混凝土、石膏板、抹灰墙面等的装饰
外墙涂料	氯化橡胶外墙涂料	氯化橡胶、瓷土、溶剂等	耐水、耐酸碱、耐候性好,对混凝土、钢铁附着力强,维修性能好	水泥、混凝土外墙,抹灰墙面
	丙烯酸酯外墙涂料	丙烯酸酯、碳酸钙等	耐水,耐候性,耐高、低温性良好,装饰效果好、色彩丰富、可调性好	各种外墙饰面
	立体多彩涂料	合成树脂、乳胶漆、腻子等	立体花形图案多样,装饰豪华高雅,耐水、耐油、耐候、耐冲洗,对基层适应性强	休闲娱乐场所、宾馆等各种外墙饰面
	多功能陶瓷涂料	聚硅氧烷化合物、丙烯酸树脂等	耐候性、加工性、耐污性、耐划性优异,是适应高档墙面装饰的涂料	高档高层外墙饰面等
	纳米材料改性外墙涂料	纳米材料、乳胶漆等	不沾水、油,抗老化、抗紫外线、不龟裂、不脱皮,耐冷热、不燃,自洁、耐霉菌	高档高层内墙饰面等
内墙涂料	聚乙烯醇水玻璃涂料	聚乙烯醇树脂、水玻璃、轻质碳酸钙等	无毒、无味、耐燃,干燥快,施工方便、涂膜光滑、配色性强,价廉,不耐水擦洗	一般公用建筑的内墙装饰
	醋酸乙烯-丙烯酸酯内墙涂料(乳胶)	醋酸乙烯、丙烯酸酯、钛白粉等	耐水、耐候、耐酸碱性好,附着力强,干燥快,易施工,有光泽	要求较高的内墙装饰建筑物
	烯酸酯内墙涂料(乳胶)	醋酸乙烯、丙烯酸酯、钛白粉等	耐水、耐候、耐酸碱性好,附着力强,干燥快,易施工,有光泽	要求较高的内墙装饰建筑物
	苯-丙乳胶涂料	苯乙烯、丙烯酸丁酯、甲基丙烯酸甲酯等	耐水、耐候、耐碱、耐擦洗性好,外观细腻,色彩鲜艳,加入不同的填料,可表现出丰富的质感	高级建筑的内墙装饰
	环保壁纸型内墙涂料	天然贝壳粉末、有机黏结剂等	色彩图案丰富,不褪色、不起皮,经久耐用,无毒、无害,施工简便,无接缝	中高档建筑内墙装饰
地面涂料	过氧乙烯地面涂料	过氧乙烯、丙烯酸酯、601 等	耐水、耐磨、耐化学腐蚀、耐老化性好,色彩丰富,附着力强,涂膜硬	各种水泥地面的室内装

本章总结框图

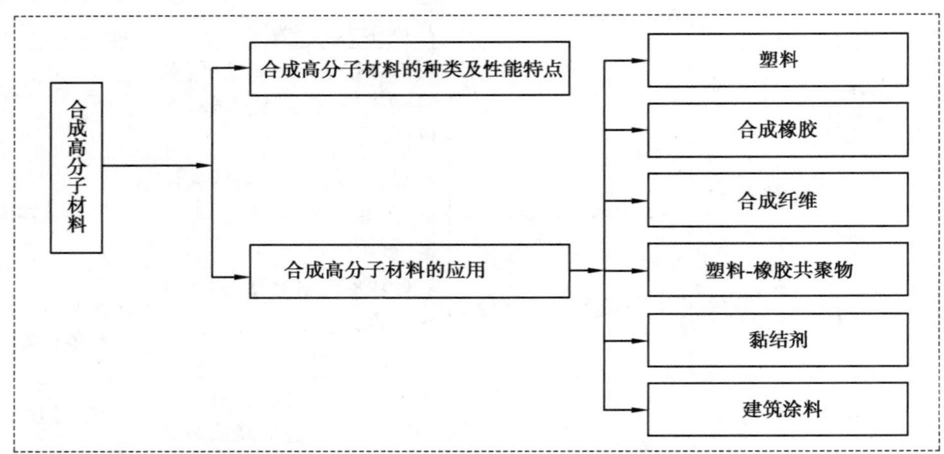

问题导向讨论题

问题 1:G1505 福州市绕城高速公路的某段高边坡施工中为了提高预应力锚索对地层的锚固力,在锚索孔道压浆中加入了聚丙烯腈纤维,试分析这种材料的作用。

问题 2:江北嘴国际金融中心位于重庆市江北嘴金融核心区,查阅相关资料,简要分析该建筑中运用了哪些合成高分子材料,各有什么作用?

分组讨论要求:每组 4 ~6 人,设组长 1 人,负责明确分工和协助要求,并指定人员代表小组发言交流。

思考练习题

11.1　什么是高分子聚合物？有何特点？其聚合方式有哪些？

11.2　简述合成橡胶、合成纤维以及塑料的主要成分、分类及性能。

11.3　高分子材料在道路工程中的哪些方面会得到应用？

11.4　建筑涂料的主要成分包括哪些？各有什么作用？

11.5　什么是黏结剂？有哪些种类？

12 土木工程功能材料

<table>
<tr><td rowspan="3">本章导读</td><td>内容及要求</td><td>介绍土木工程中的防水材料、保温隔热材料、吸声隔声材料和防火材料4类功能材料。通过本章学习,能够说明各种功能材料的基本类型、常用功能材料的适用范围;能够解释各种功能材料的性质;能够分析各种功能材料的选用方法和原则。</td></tr>
<tr><td>重点</td><td>各种功能材料的分类、组成、结构性能等。</td></tr>
<tr><td>难点</td><td>各种功能材料的组成、结构及性能三者的关系,常见功能材料的规格与规范、选用原则、检测方法和工程应用方法等。</td></tr>
</table>

土木工程功能材料主要是指担负某些建筑功能的非承重用材料,它赋予建筑物防水、防火、保温、隔热、采光、隔声、装饰等功能,决定着土木工程的使用功能和品质。随着建筑物用途的拓展、建筑节能的推进以及人们物质需求的提高,对土木工程功能材料方面的要求越来越高。这类材料的品种、形式繁多,功能各异,本章主要介绍防水材料、保温隔热材料、吸声隔声材料和防火材料。

12.1 防水材料

防水材料的作用是防止雨水、地下水、工业和民用的给排水、腐蚀性液体以及空气中的湿气、蒸气等侵入建筑物,是土木工程中重要的功能材料之一。建筑物防水处理的部位主要有屋面、墙面、地面和地下室等。

防水材料的材料特点和性能都不尽相同,从而导致防水材料类别的划分方式也不同。目前一般采用结合组分、材料和形态的方式来分类,通常分为刚性防水材料和柔性防水材料。刚性防水材料主要包括防水混凝土和防水砂浆,柔性防水材料主要包括沥青基防水卷材、合成高分子防水卷材、防水涂料、密封材料以及其他新型防水材料。

我国于1947年建立了首个纸胎沥青油毡工厂，至20世纪80年代，沥青类防水材料一直为主导产品。改革开放后，我国城镇化速度加快，防水材料得到迅速发展，通过引进国外生产线及自主研发等手段，逐渐研发出改性沥青防水卷材、合成高分子防水卷材、防水涂料、密封材料和刚性止水堵漏材料等几百种材料。1980年，我国引进三元乙丙橡胶防水卷材技术和设备，通过工程应用，该卷材得到了快速发展；20世纪90年代，我国引进并自主研发了PVC、聚氨酯等新型防水材料，住房和城乡建设部开始推广新型防水材料及技术。21世纪以来，我国陆续研发了TPO、喷涂聚脲、喷涂硬泡聚氨酯及氟树脂涂料等新型防水材料。2022年我国建筑防水材料产量达到34.57亿 m^2，建筑防水材料生产规模以上企业900余家。总体上，我国建筑防水材料产业已经具有基本门类齐全的防水材料产品，主要有防水卷材、防水涂料、刚性防水材料、堵漏止水材料、防水密封材料等类别。

12.1.1 防水卷材

防水卷材主要有弹性体(SBS)和塑性体(APP)改性沥青防水卷材、自粘聚合物改性沥青防水卷材、高分子(PVC、TPO、EPDM等)防水卷材、种植屋面用耐根穿刺防水卷材等。

1) SBS改性沥青防水卷材

SBS改性沥青防水卷材是以聚酯毡、玻纤毡、玻纤增强聚酯毡为胎基，以苯乙烯-丁二烯-苯乙烯(SBS)热塑性弹性体作石油沥青改性剂，两面覆以聚乙烯膜、细砂、矿物颗粒等隔离材料所制成的防水卷材。

按胎基分为聚酯毡(PY)、玻纤毡(G)、玻纤增强聚酯毡(PYG)；按上表面隔离材料分为聚乙烯膜(PE)、细砂(S)、矿物粒料(M)，下表面隔离材料为细砂(S)、聚乙烯膜(PE)；按材料性能分为Ⅰ型和Ⅱ型，具体材料性能要求见表12.1。

产品标记按名称、型号、胎基、上表面材料、下表面材料、厚度、面积和标准编号顺序进行标记，如10 m^2 面积、3 mm厚、上表面为矿物粒料、下表面为聚乙烯膜、聚酯毡Ⅰ型弹性体改性沥青防水卷材，标记为SBS Ⅰ PY M PE 3 10 GB 18242—2008。

主要用途：①弹性体改性沥青防水卷材主要适用于工业与民用建筑的屋面和地下防水工程。②玻纤增强聚酯毡卷材可用于机械固定单层防水，但需通过抗风荷载试验。③玻纤毡卷材适用于多层防水中的底层防水。④外露使用采用上表面隔离材料为不透明的矿物粒料的防水卷材。⑤地下工程防水宜采用表面隔离材料为细砂的防水卷材。另外，SBS改性沥青防水卷材低温柔度性能较好，能够在北方地区广泛使用。

表 12.1 SBS 防水卷材材料性能(GB 18242—2008)

<table>
<tr><th rowspan="3">序号</th><th rowspan="3" colspan="2">项目</th><th colspan="5">指标</th></tr>
<tr><th colspan="2">I</th><th colspan="3">Ⅱ</th></tr>
<tr><th>PY</th><th>G</th><th>PY</th><th>G</th><th>PYG</th></tr>
<tr><td rowspan="4">1</td><td rowspan="4">可溶物含量/(g·m^{-2})
≥</td><td>3 mm</td><td colspan="4">2 100</td><td>—</td></tr>
<tr><td>4 mm</td><td colspan="4">2 900</td><td>—</td></tr>
<tr><td>5 mm</td><td colspan="5">3 500</td></tr>
<tr><td>试验现象</td><td>—</td><td>胎基不燃</td><td>—</td><td>胎基不燃</td><td>—</td></tr>
<tr><td rowspan="3">2</td><td rowspan="3">耐热性</td><td>C</td><td colspan="2">90</td><td colspan="3">105</td></tr>
<tr><td>≤mm</td><td colspan="5">2</td></tr>
<tr><td>试验现象</td><td colspan="5">无流淌、滴落</td></tr>
<tr><td rowspan="2">3</td><td rowspan="2" colspan="2">低温柔性/℃</td><td colspan="2">-20</td><td colspan="3">-25</td></tr>
<tr><td colspan="5">无裂缝</td></tr>
<tr><td>4</td><td colspan="2">不透水性 30 min</td><td>0.3 MPa</td><td>0.2 MPa</td><td colspan="3">0.3 MPa</td></tr>
<tr><td rowspan="3">5</td><td rowspan="3">拉力</td><td>最大峰拉力/(N/50 mm) ≥</td><td>500</td><td>350</td><td>800</td><td>500</td><td>900</td></tr>
<tr><td>次高峰拉力/(N/50 mm) ≥</td><td>—</td><td>—</td><td>—</td><td>—</td><td>800</td></tr>
<tr><td>试验现象</td><td colspan="5">拉伸过程中,试件中部无沥青涂盖层开裂或与胎基分离现象</td></tr>
<tr><td rowspan="2">6</td><td rowspan="2">延伸率</td><td>最大峰时延伸率/% ≥</td><td>30</td><td rowspan="2">—</td><td>40</td><td rowspan="2">—</td><td>—</td></tr>
<tr><td>第二峰时延伸率/% ≥</td><td>—</td><td>—</td><td>15</td></tr>
<tr><td rowspan="2">7</td><td rowspan="2">浸水后质量增加/%
≤</td><td>PE、S</td><td colspan="5">1.0</td></tr>
<tr><td>M</td><td colspan="5">2.0</td></tr>
<tr><td rowspan="6">8</td><td rowspan="6">热老化</td><td>拉力保持率/% ≥</td><td colspan="5">90</td></tr>
<tr><td>延伸率保持率/% ≥</td><td colspan="5">80</td></tr>
<tr><td rowspan="2">低温柔性/℃</td><td colspan="2">-15</td><td colspan="3">-20</td></tr>
<tr><td colspan="5">无裂缝</td></tr>
<tr><td>尺寸变化率/% ≤</td><td>0.7</td><td>—</td><td>0.7</td><td>—</td><td>0.3</td></tr>
<tr><td>质量损失/% ≤</td><td colspan="5">1.0</td></tr>
<tr><td>9</td><td>渗油性</td><td>张数 ≤</td><td colspan="5">2</td></tr>
<tr><td>10</td><td colspan="2">接缝剥离强度/(N·mm^{-1}) ≥</td><td colspan="5">1.5</td></tr>
<tr><td>11</td><td colspan="2">钉杆撕裂强度[a]/N ≥</td><td colspan="4">—</td><td>300</td></tr>
</table>

续表

<table>
<tr><td rowspan="3">序号</td><td rowspan="3" colspan="2">项目</td><td colspan="5">指标</td></tr>
<tr><td colspan="2">Ⅰ</td><td colspan="3">Ⅱ</td></tr>
<tr><td>PY</td><td>G</td><td>PY</td><td>G</td><td>PYG</td></tr>
<tr><td>12</td><td colspan="2">矿物粒料黏附性[b]/g ≤</td><td colspan="5">2.0</td></tr>
<tr><td>13</td><td colspan="2">卷材下表面沥青涂盖层厚度[c]/mm ≥</td><td colspan="5">1.0</td></tr>
<tr><td rowspan="4">14</td><td rowspan="4">人工气候加速老化</td><td>外观</td><td colspan="5">无滑动、流淌、滴落</td></tr>
<tr><td>拉力保持率/% ≥</td><td colspan="5">80</td></tr>
<tr><td rowspan="2">低温柔性/℃</td><td colspan="2">-15</td><td colspan="3">-20</td></tr>
<tr><td colspan="5">无裂缝</td></tr>
</table>

注：a. 仅适用于单层机械固定施工方式卷材。

b. 仅适用于矿物粒料表面的卷材。

c. 仅适用于热熔施工的卷材。

2) APP 改性沥青防水卷材

APP 改性沥青防水卷材是以聚酯毡、玻纤毡、玻纤增强聚酯毡为胎基，以无规聚丙烯（APP）或聚烯烃类聚合物（APAO、APO 等）作石油沥青改性剂，两面覆以聚乙烯膜、细砂、矿物颗粒等隔离材料所制成的防水卷材。

按胎基分为聚酯毡（PY）、玻纤毡（G）、玻纤增强聚酯毡（PYG）；按上表面隔离材料分为聚乙烯膜（PE）、细砂（S）、矿物粒料（M），下表面隔离材料为细砂（S）、聚乙烯膜（PE）；按材料性能分为Ⅰ型和Ⅱ型，具体材料性能要求见表 12.2。

产品标记按名称、型号、胎基、上表面材料、下表面材料、厚度、面积和标准编号顺序进行标记，如 10 m^2 面积、3 mm 厚、上表面为矿物粒料、下表面为聚乙烯膜、聚酯毡Ⅰ型塑性体改性沥青防水卷材，标记为：APP Ⅰ PY M PE 3 10 GB 18243—2008。

主要用途：①塑性体改性沥青防水卷材主要适用于工业与民用建筑的屋面和地下防水工程。②玻纤增强聚酯毡卷材可用于机械固定单层防水，但需通过抗风荷载试验。③玻纤毡卷材适用于多层防水中的底层防水。④外露使用采用上表面隔离材料为不透明的矿物粒料的防水卷材。⑤地下工程防水宜采用表面隔离材料为细砂的防水卷材。另外，APP 改性沥青防水卷材的耐热性较好，能够在南方地区广泛应用。

从表 12.1 和表 12.2 比较可知，SBS 改性沥青防水卷材的低温柔性较好，APP 改性沥青防水卷材的耐热性较好。两者应用差别：在高温和紫外光的长期直射下，APP 防水卷材有更强的抵御疲惫的特点，SBS 卷材则是在超低温下的抵抗性比较好，能够避免因超低温导致的缝隙。因而 SBS 防水卷材在严寒的北方地区应用较多，而 APP 防水卷材在高温的南方地区应用较多。

表 12.2 APP 防水卷材材料性能(GB 18243—2008)

序号	项目		指标				
			I		II		
			PY	G	PY	G	PYG
1	可溶物含量/(g·m^{-2}) ≥	3 mm	2 100				—
		4 mm	2 900				—
		5 mm	3 500				
		试验现象	—	胎基不燃	—	胎基不燃	—
2	耐热性	C	110		130		
		≤mm	2				
		试验现象	无流淌、滴落				
3	低温柔性/℃		-7		-15		
			无裂缝				
4	不透水性 30 min		0.3 MPa	0.2 MPa	0.3 MPa		
5	拉力	最大峰拉力/(N/50 mm) ≥	500	350	800	500	900
		次高峰拉力/(N/50 mm) ≥	—	—	—	—	800
		试验现象	拉伸过程中,试件中部无沥青涂盖层开裂或与胎基分离现象				
6	延伸率	最大峰时延伸率/% ≥	25	—	40	—	—
		第二峰时延伸率/% ≥	—		—		15
7	浸水后质量增加/% ≤	PE、S	1.0				
		M	2.0				
8	热老化	拉力保持率/% ≥	90				
		延伸率保持率/% ≥	80				
		低温柔性/℃	-2		-10		
			无裂缝				
		尺寸变化率/% ≤	0.7	—	0.7	—	0.3
		质量损失/% ≤	1.0				
9	接缝剥离强度/(N·mm^{-1}) ≥		1.0				
10	钉杆撕裂强度[a]/N ≥		—				300
11	矿物粒料黏附性[b]/g ≤		2.0				

续表

序号	项目		指标				
			I		Ⅱ		
			PY	G	PY	G	PYG
12	卷材下表面沥青涂盖层厚度[c]/mm ≥		1.0				
13	人工气候加速老化	外观	无滑动、流淌、滴落				
		拉力保持率/% ≥	80				
		低温柔性/℃	-2		-20		
			无裂缝				

注：a. 仅适用于单层机械固定施工方式卷材。

b. 仅适用于矿物粒料表面的卷材。

c. 仅适用于热熔施工的卷材。

3）自粘聚合物改性沥青防水卷材

自粘聚合物改性沥青防水卷材，是以自粘聚合物改性沥青为基料，非外露使用的无胎基或采用聚酯胎基增强的本体自粘防水卷材。不包括仅表面覆以自粘层的聚合物改性沥青防水卷材。

按有无胎基增强分为无胎基（N 类）、聚酯胎基（PY 类），无胎基（N 类）；按上表面材料又分为聚乙烯膜、聚酯膜、无膜双面自粘，聚酯胎基（PY 类）；按上表面材料分为聚乙烯膜、细砂、无膜双面自粘。产品按性能分为Ⅰ型和Ⅱ型，具体材料性能要求见表 12.3 和表 12.4。

产品标记按名称、类、型、上表面材料、厚度、面积和标准编号顺序进行标记，如 20 m^2 面积、2.0 mm 厚聚乙烯膜面Ⅰ型 N 类、自粘聚合物改性沥青防水卷材，标记为：自粘卷材 N Ⅰ PE 2.0 20 GB 23411—2009。

自粘聚合物改性沥青防水卷材具有施工便利、黏结强度高、耐寒、耐腐蚀、性价比高及其对基层的适应性等优点，使其防水体系变得更加安全可靠，广泛应用于机场、隧道、地下室以及特种工程防水领域中。

自粘聚合物改性沥青防水卷材的黏结特性是由自粘聚合物改性沥青涂层的黏结特性所决定，施工应用时只要将其与干净的被黏物表面接触并施加一定外力，自粘卷材就会与被黏物粘牢。自粘卷材的黏结过程是一种界面现象，即通过自粘胶与被黏物体表面的浸润、吸附、扩散等物理、界面化学作用使两者连接在一起，其可以用量化的黏合性能的四要素来表征自粘卷材的黏合特性：初黏力、黏合力、内聚力和黏基力。

①初黏力，指当卷材的黏合面与被黏物表面以很轻的压力接触后，立即快速分离所表现出来的抵抗分离的能力。初黏性是自粘卷材的一种湿黏性能，能使自粘改性沥青涂层与被黏物接触后，在黏合作用初期，低压下即可形成强度可测的黏结性能。其大小受自粘改性沥青涂层的黏度、浸润性、被黏物的种类、黏合速度及温度的影响。

②黏合力，指用适当的外压力和时间进行粘贴，卷材与卷材之间、卷材和被黏物表面之间所表现出来的抵抗黏合界面分离的能力，一般用自粘卷材的剥离强度、剪切强度进行度量和表征，也是自粘卷材最主要的性能。

③内聚力，是指自粘卷材中自粘聚合物改性沥青的内聚力，即自粘卷材施工完毕后抵抗外力作用（如卷材本身的质量等）防止本身形变的能力。内聚力是自粘改性沥青涂层分子间作用力的表现，是自粘胶层的内聚强度，其大小取决于自粘改性沥青涂层的组成，主要体现在自粘卷材的剪切性能和耐高温性能上。一般将自粘卷材经适当压力和时间牢固粘贴在基层上，测量在持久的剪切应力作用下抵抗剪切蠕变破坏的能力，即持黏力来表征和度量内聚力。

④黏基力，指自粘改性沥青涂层与基层之间的黏附力，其取决于自黏胶的黏附力、基层的状态和界面表面能。

表 12.3 自粘防水卷材 N 类卷材物理力学性能（GB 23411—2009）

序号	项目		指标				
			PE		PET		D
			Ⅰ	Ⅱ	Ⅰ	Ⅱ	
1	拉伸性能	拉力/（N/50 mm） ≥	150	200	150	200	—
		最大拉力时延伸率/% ≥	200		30		—
		沥青断裂延伸率/% ≥	250		150		450
		拉伸时现象	拉伸过程中，在膜断裂前无沥青涂盖层与膜分离现象				—
2	钉杆撕裂强度/N ≥		60	110	30	40	—
3	耐热性		70 ℃滑动不超过 2 mm				
4	低温柔性/℃		−20	−30	−20	−30	−20
			无裂纹				
5	不透水性		0.2 MPa，120 min 不透水				—
6	剥离强度/（$N \cdot mm^{-1}$） ≥	卷材与卷材	1.0				
		卷材与铝板	1.5				
7	钉杆水密性		通过				
8	渗油性/张数 ≤		2				
9	持黏性/min ≥		20				

续表

<table>
<tr><td rowspan="3">序号</td><td rowspan="3" colspan="2">项目</td><td colspan="5">指标</td></tr>
<tr><td colspan="2">PE</td><td colspan="2">PET</td><td rowspan="2">D</td></tr>
<tr><td>Ⅰ</td><td>Ⅱ</td><td>Ⅰ</td><td>Ⅱ</td></tr>
<tr><td rowspan="6">10</td><td rowspan="6">热老化</td><td>拉力保持率/% ≥</td><td colspan="5">80</td></tr>
<tr><td>最大拉力时延伸率/% ≥</td><td colspan="2">200</td><td colspan="2">30</td><td>400(沥青层断裂延伸率)</td></tr>
<tr><td rowspan="2">低温柔性/℃</td><td>-18</td><td>-28</td><td>-18</td><td>-28</td><td>-18</td></tr>
<tr><td colspan="5">无裂纹</td></tr>
<tr><td>剥离强度卷材与铝板/($N \cdot mm^{-1}$) ≥</td><td colspan="5">1.5</td></tr>
<tr style="display:none"></tr>
<tr><td rowspan="2">11</td><td rowspan="2">热稳定性</td><td>外观</td><td colspan="5">无起鼓、皱褶、滑动、流淌</td></tr>
<tr><td>尺寸变化/% ≤</td><td colspan="5">2</td></tr>
</table>

表 12.4　自粘防水卷材 PY 类卷材物理力学性能(GB 23411—2009)

<table>
<tr><td rowspan="2">序号</td><td rowspan="2" colspan="3">项目</td><td colspan="2">指标</td></tr>
<tr><td>Ⅰ</td><td>Ⅱ</td></tr>
<tr><td rowspan="3">1</td><td rowspan="3" colspan="2">可溶物含量/($g \cdot m^{-2}$) ≥</td><td>2.0 mm</td><td>1 300</td><td>—</td></tr>
<tr><td>3.0 mm</td><td colspan="2">2 100</td></tr>
<tr><td>4.0 mm</td><td colspan="2">2 900</td></tr>
<tr><td rowspan="4">2</td><td rowspan="4">拉伸性能</td><td rowspan="3">拉力/(N/50 mm) ≥</td><td>2.0 mm</td><td>350</td><td>—</td></tr>
<tr><td>3.0 mm</td><td>450</td><td>600</td></tr>
<tr><td>4.0 mm</td><td>450</td><td>800</td></tr>
<tr><td colspan="2">最大拉力时延伸率/% ≥</td><td>30</td><td>40</td></tr>
<tr><td>3</td><td colspan="3">耐热性</td><td colspan="2">70 ℃无滑动、流淌、滴落</td></tr>
<tr><td rowspan="2">4</td><td rowspan="2" colspan="3">低温柔性/℃</td><td>-20</td><td>-30</td></tr>
<tr><td colspan="2">无裂纹</td></tr>
<tr><td>5</td><td colspan="3">不透水性</td><td colspan="2">0.3 MPa,120 min 不透水</td></tr>
<tr><td rowspan="2">6</td><td rowspan="2">剥离强度/($N \cdot mm^{-1}$) ≥</td><td colspan="2">卷材与卷材</td><td colspan="2">1.0</td></tr>
<tr><td colspan="2">卷材与铝板</td><td colspan="2">1.5</td></tr>
<tr><td>7</td><td colspan="3">钉杆水密性</td><td colspan="2">通过</td></tr>
</table>

续表

<table>
<tr><td rowspan="2">序号</td><td colspan="2" rowspan="2">项目</td><td colspan="2">指标</td></tr>
<tr><td>Ⅰ</td><td>Ⅱ</td></tr>
<tr><td>8</td><td colspan="2">渗油性/张数　≤</td><td colspan="2">2</td></tr>
<tr><td>9</td><td colspan="2">持黏性/min　≥</td><td colspan="2">15</td></tr>
<tr><td rowspan="5">10</td><td rowspan="5">热老化</td><td>最大拉力时延伸率/%　≥</td><td>30</td><td>40</td></tr>
<tr><td rowspan="2">低温柔性/℃</td><td>-18</td><td>-28</td></tr>
<tr><td colspan="2">无裂纹</td></tr>
<tr><td>剥离强度 卷材与铝板/(N·mm^{-1})　≥</td><td colspan="2">1.5</td></tr>
<tr><td>尺寸稳定性/%　≤</td><td>1.5</td><td>1.0</td></tr>
<tr><td>11</td><td colspan="2">自粘沥青再剥离强度/(N·mm^{-1})　≥</td><td colspan="2">1.5</td></tr>
</table>

4)合成高分子防水卷材

合成高分子防水卷材是以合成树脂、合成橡胶以及这两者之间的混合体为基料,加入一定适量的化学助剂和填充料等,然后采用橡胶或塑料的挤出或压延等加工工艺所制成的可卷曲的片状防水材料。

合成高分子防水卷材的主要品种和典型产品主要有:

①树脂类防水卷材,如聚氯乙烯(PVC)、高密度聚乙烯自粘胶膜卷材。

②橡胶类防水卷材,如硫化型三元乙丙橡胶(EPDM)。

③橡塑类防水卷材,如热塑性聚烯烃类防水卷材(TPO)、氯化聚乙烯橡胶共混卷材(硫化型),具体分类见表12.5。

产品标记示例,均质片:长度为20.0 m,宽度为1.0 m,厚度为1.2 mm的硫化型三元乙丙橡胶(EPDM)片材,标记为:JL1-EPDM-20.0 m×1.0 m×1.2 mm。

合成高分子防水卷材以拉伸强度高、断裂延伸率大、耐高低温性能好、耐腐蚀、耐老化、对基层伸缩或开裂变形的适应性强等特点,特别是相对于沥青防水卷材、防水涂料、防水砂浆等而言,合成高分子防水卷材具有显著的弹性强,适合冷施工且使用寿命长的优点。主要应用于屋面基层、地下室顶板、外墙等部位防水,同时在洞库、蓄水池等这类水泥工程中也有应用。不同种类合成高分子防水卷材的物理性能,可参照《高分子防水材料　第1部分:片材》(GB/T 18173.1—2012)。

表 12.5　高分子防水片材(卷材)的分类(GB/T 18173.1—2012)

分类		代号	主要原材料
均质片	硫化橡胶类	JL1	三元乙丙橡胶
		JL2	橡塑共混
		JL3	氯丁橡胶、氯磺化聚乙烯、氯化聚乙烯等
	非硫化橡胶类	JF1	三元乙丙橡胶
		JF2	橡塑共混
		JF3	氯化聚乙烯
	树脂类	JS1	聚氯乙烯等
		JS2	乙烯醋酸乙烯共聚物、聚乙烯等
		JS3	乙烯醋酸乙烯共聚物与改性沥青共混等
复合片	硫化橡胶类	FL	(三元乙丙、丁基、氯丁橡胶、氯磺化聚乙烯等)/织物
	非硫化橡胶类	FF	(氯化聚乙烯、三元乙丙、丁基、氯丁橡胶、氯磺化聚乙烯等)/织物
	树脂类	FS1	聚氯乙烯/织物
		FS2	(聚乙烯、乙烯醋酸乙烯共聚物等)/织物
自粘片	硫化橡胶类	ZJL1	三元乙丙/自粘料
		ZJL2	橡塑共混/自粘料
		ZJL3	(氯丁橡胶、氯磺化聚乙烯、氯化聚乙烯等)/自粘料
		ZFL	(三元乙丙、丁基、氯丁橡胶、氯磺化聚乙烯等)/织物/自粘料
	非硫化橡胶类	ZJF1	三元乙丙/自粘料
		ZJF2	橡塑共混/自粘料
		ZJF3	氯化聚乙烯/自粘料
		ZFF	(氯化聚乙烯、三元乙丙、丁基、氯丁橡胶、氯磺化聚乙烯等)/织物/自粘料
	树脂类	ZJS1	聚氯乙烯/自粘料
		ZJS2	(乙烯醋酸乙烯共聚物、聚乙烯等)/自粘料
		ZJS3	乙烯醋酸乙烯共聚物与改性沥青共混等/自粘料
		ZFS1	聚氯乙烯/织物/自粘料
		ZFS2	(聚乙烯、乙烯醋酸乙烯共聚物等)/织物/自粘料

续表

分类		代号	主要原材料
异形片	树脂类（防排水保护板）	YS	高密度聚乙烯，改性聚丙烯，高抗冲聚苯乙烯等
点(条)粘片	树脂类	DS1/TS1	聚氯乙烯/织物
		DS2/TS2	(乙烯醋酸乙烯共聚物、聚乙烯等)/织物
		DS3/TS3	乙烯醋酸乙烯共聚物与改性沥青共混物等/织物

另外，种植屋面或种植顶板，应采用耐根穿刺防水卷材。具体可参照《种植屋面用耐根穿刺防水卷材》(GB/T 35468—2017)。

12.1.2 防水涂料

防水涂料是由合成高分子聚合物、高分子聚合物与沥青、高分子聚合物与水泥为主要成膜物质，加入各种助剂、改性材料、填充材料等加工制成的溶剂型、水乳型或粉末型的涂料。防水涂料以高分子材料为主体，经涂布能在结构物表面常温条件下固化形成连续的、整体的、具有一定厚度的涂料防水层。防水涂料主要应用于各种工业与民用建筑、市政设施、路桥工程等的防水、防渗及保护、堵漏及密封等场所，在保护建筑物不漏不渗、延长建筑物寿命等方面，起到了巨大作用。

防水涂料产品主要技术指标分为固有性能指标和应用性能指标。固有性能指标，是指通常情况下合格材料由于自身材质性能所应满足、也能满足的技术指标，如强度指标、延伸率指标、耐酸碱、老化指标。这些指标取决于防水涂料主要材质的自身性能，以及用于界定有关材料组合中的辅料、填料是否合理。应用性能指标指的是满足建筑工程实际需求的技术指标，如干燥时间、低温弯折性能、黏结性能、不透水性等技术要求。这些性能涉及防水涂料在建筑工程的综合实际应用性能和效率。在工程验收时，防水涂料应符合有关国家现行材料标准的规定外，在应用性能指标中，更为关注的是涂料的不透水性、黏结力、施工便捷性以及抗老化性能。

1)沥青及改性沥青防水涂料

沥青及改性沥青防水涂料主要有水乳型沥青防水涂料、非固化橡胶沥青防水涂料和喷涂速凝型橡胶沥青防水涂料。

(1)水乳型沥青防水涂料

水乳型沥青防水涂料，是以水为介质，采用化学乳化剂或矿物乳化剂制得的沥青基防水涂料。水乳型沥青防水涂料的主要介质是水，主要是运用矿物或者化学催化剂来产出乳化沥青，然后运用高分子材料对其进行改性而生成。在高分子改性剂方面，有和沥青一同进行乳化的，如三元乙丙以及 SBS 等；有后加的如丁腈、丁苯以及氯丁等聚合物乳胶。其产品一般有水乳型 SBS 改性、水性氯丁橡胶以及三元乙丙等多种沥青防水涂料。其技术性能可参照《水乳型沥青防水涂料》(JC/T 408—2005)。

(2)非固化橡胶沥青防水涂料

非固化橡胶沥青防水涂料,是以橡胶、沥青为主要组分,加入助剂混合制成的在使用年限内保持黏性膏状体的防水涂料。非固化橡胶沥青防水涂料性能特点:具有固化时间长、黏稠胶质特性持久等特点,具有极强的自愈能力,难以剥离并且碰触即黏,即使温度低于-20 ℃,它依然能够保持良好的黏性。它的运用能够有效消除基层开裂而引发的挠曲疲劳、防水层断裂以及因应力过高而出现的老化等情况;非固化涂料有着较强的黏滞性,在封闭裂缝以及处理窜水问题方面有着突出的实效,能够进一步提高建筑防水性。另外,非固化橡胶沥青防水涂料能够实现防水涂料与卷材的共同使用。其技术性能可参照《非固化橡胶沥青防水涂料》(JC/T 2428—2017)。

(3)喷涂速凝型橡胶沥青防水涂料

喷涂速凝型橡胶沥青防水涂料,是双组分乳液型防水涂料,双组分为橡胶沥青乳液和破乳剂。橡胶沥青乳液,主要包括了聚合物改性材料以及阴离子高固含量乳化沥青,是由两者组合而成,在本质上属于具有水性高分子性质的涂料。在施工运用中,两个组分将会在专用喷涂设备的作用下实现混合,生成涂膜层,并具备较高的完整性、致密性、弹性以及伸长性,在防水、防渗以及防腐等方面具有较好成效。同时,该涂料在相对潮湿的基面有着良好的运用效果,其凝胶时间通常会在 10 s 以内,每次喷涂的厚度能够达到 2 mm 之上,不但固化时间快,而且有着环保、绿色等特点。其技术性能可参照《喷涂橡胶沥青防水涂料》(JC/T 2317—2015)。

2)聚合物水泥防水涂料

聚合物水泥防水涂料是以丙烯酸酯、乙烯-乙酸乙烯酯等聚合物乳液或水泥为主要原料,加入填料及其他助剂配制而成,经水分挥发和水泥水化反应固化成膜的双组分水性防水涂料,是典型的复合型涂料。其中典型的是聚丙烯酸酯防水涂料。其技术性能可参照《聚合物水泥防水涂料》(GB/T 23445—2009)。

聚合物水泥防水涂料性能特点如下所述。

①涂料与基面的亲和性提高。由于防水层的基面一般为水泥基,水泥与高分子乳液都是易黏结材料,因此对基面的适应性能有很大的改观。即使基面较为潮湿,也不影响施工的进行。

②水泥的透水性主要因结晶过程产生的各种孔隙造成,聚合物与水泥结合可以弥补其中的孔隙。同时在保证防水性能的前提下,防水涂料的物理性能有较宽的范围,如伸长率可以从百分之几十到几百不等。

③由于水泥本身有较大的刚性,因此加入水泥后,涂膜的弯折柔性略有下降,低伸长率的配方尤其如此。高伸长率配方的低温柔性一般可以达到-10 ℃甚至更好,而低伸长率的配方一般只有常温下的柔性。

④乳液成膜的过程首先是失水,水泥硬化过程是吸水并放热,因此水泥在体系中还有干燥剂的作用。聚合物水泥类涂料一般干燥快、成膜快,整个成膜过程要比非水泥体系短。

3)合成高分子防水涂料

合成高分子涂料主要有聚氨酯防水涂料、喷涂聚脲防水涂料、硅橡胶防水涂料和聚丙烯酸酯防水涂料。

聚氨酯防水涂料，是由异氰酸酯、聚醚等经加成聚合反应而成的含异氰酸酯基的预聚体，配以催化剂、无水助剂、无水填充剂、溶剂等，经混合等工序加工制成的聚氨酯防水涂料。聚氨酯防水涂料是一种反应型固化防水涂料，其性能特点：

①材料的延伸率和撕裂强度大，耐冲击、抗渗透、耐油性好，对中度以下的酸、碱、盐有良好的抗腐蚀性，耐磨性优良。

②耐老化性和耐水解性好，与混凝土基面有良好的黏结力。

③低温柔韧性优良，使用温度可为-40～100 ℃。

④反应活性高，固化速度快。在室温甚至在低温下可固化成型。

⑤施工工艺简单，可手工涂刮和滚涂，也可机械喷涂。其技术性能可参照《聚氨酯防水涂料》(GB/T 19250—2013)。主要用于各类建筑防水工程的餐厅、厨卫、地下室以及停车场、看台等环境中的防水涂料。

喷涂聚脲防水涂料，是以异氰酸酯类化合物为甲组分、胺类化合物为乙组分，采用喷涂施工工艺使两组分混合、反应生产的弹性体防水涂料。喷涂聚脲防水涂料性能特点为固化快、施工效率高、可带湿施工、强度高、耐老化性能优良、耐盐腐蚀性好、不含溶剂。其技术性能可参照《喷涂聚脲防水涂料》(GB/T 23446—2009)和《单组分聚脲防水涂料》(JC/T 2435—2018)。喷涂聚脲防水涂料，是一种新型无溶剂、无污染的产品，已广泛应用于建筑物、隧道、高速铁路、桥梁等众领域中。

硅橡胶防水涂料，是以硅橡胶乳液和其他高分子聚合物乳液的复合物为主要原料，掺入适量的化学助剂和填充剂等，均匀混合配制而成的乳液型防水涂料。该涂料具有较好的渗透性、成膜性、耐水性、弹性、黏结性和耐高低温等性能，并可在干燥或潮湿而无明水的基层进行施工作业。主要适用于地下工程以及厕浴间、蓄水池、屋面等工程防水。

聚丙烯酸酯防水涂料，是由聚丙烯酸酯乳液及助剂液料与水泥、无机填料及助剂粉料搅拌混合涂抹而成的防水涂料，是一种聚合物水泥防水涂料。其技术性能可参照《聚合物水泥防水涂料》(GB/T 23445—2009)。

4)无机类防水涂料

无机防水涂料的主要成分是水泥基渗透结晶型防水材料。水泥基渗透结晶型防水材料的使用方法主要是水泥基渗透结晶型防水涂料与防水剂两种。水泥基渗透结晶型防水涂料，是以硅酸盐水泥、石英砂为主要成分，掺入一定量活性化学物质制成的粉状材料，经与水拌合后调配成可刷涂或喷涂在水泥混凝土表面的浆料；也可采用干撒压入未完全凝固的水泥混凝土表面。水泥基渗透结晶型防水剂，是以硅酸盐水泥和活性化学物质为主要成分制成的粉状材料，掺入水泥混凝土拌合物中使用。

水泥基渗透结晶型防水涂料，是一种刚性防水材料，与水作用后，材料中含有的活性化学物质通过载体水向混凝土内部渗透，在混凝土中形成不溶于水的结晶体，堵塞毛细孔道，从而使混凝土致密、防水。主要用于隧洞、地下连续墙、电缆隧道、地下涵洞、工业与民用建筑地下室地下车库、浴厕间、水库、水池、游泳池、电梯井等新建工程的防水施工；结构开裂(微裂)、渗水点、孔洞的堵漏施工，混凝土设施的弊病维修；混凝土结构及水泥砂浆等防腐。其技术性能可参照《水泥基渗透结晶型防水材料》(GB 18445—2012)。

防水涂料优缺点及发展趋势:它具有使形状复杂、节点繁多的作业面操作简单、易行防水效果可靠,同时可形成无接缝的连续防水膜层,而且在使用过程中使用时无须加热,便于操作,如果工程一旦渗漏,防水涂料可以对渗漏点做出判断及维修。但是防水涂料同样会受到温度的制约,由于受基面平整度的影响故膜层有薄厚不均的现象。防水涂料的研制应用取得了很大进步。溶剂型防水涂料中含有大量的有机挥发物,在配漆和施工过程中,大量 VOC 排向大气,造成污染,当前正由溶剂型向乳液型和反应型,由低档向高弹性、高耐久性、功能性方向发展。而且,防水涂料正朝着水性环保型方向发展,如高性能水性聚合物改性沥青防水涂料、水性聚氨酯防水涂料等。

12.1.3　密封材料

建筑防水密封材料,是指能承受接缝位移以达到气密、水密目的而嵌入建筑接缝中的材料。主要嵌入建筑物缝隙、门窗四周、玻璃镶嵌部位以及因开裂产生的裂缝,又称嵌缝材料。

为达到防水密封的效果,建筑密封材料必须具有较强的水密性和气密性,以及良好的黏结性,良好的耐高低温性和耐老化性能,具有弹塑性。在密封材料的选用方面,第一步应该考虑密封材料的黏结性能和使用部位。黏结好的密封材料和被黏合在一起的基层是作为密封的重要基础。依据材料的不同和其性质以及表面的状态来选择被粘基础能够黏结在一起的、性能良好的作为密封材料;在部位不相同的建筑物的接缝中对密封材料的要求也是不一样的,所以,要根据被粘基层的材质、表面状态和性质来选择黏结性良好的密封材料。

适用于使用密封材料的接缝分为 5 类:

①柔性防水材料之间的接缝。

②刚性防水材料之间的接缝。

③柔性防水材料与刚性防水材料之间的接缝。

④柔性或刚性防水材料与塑料或金属构(配)件之间的接缝。

⑤塑料或金属构(配)件之间的接缝,由于不定型密封材料均为柔性材料,必须在迎水面使用,不能在背水面使用。只需要在防水层的接缝处使用密封材料,使接缝具备水密性,就可以完全达到使用密封材料目的;结构层以及基层上的接缝,不必具备水密性,所以不必使用密封材料。

常用的密封材料有:塑料油膏、丙烯酸类密封膏、沥青嵌缝油膏、聚硫密封膏、硅酮密封膏和聚氨酯密封膏等。在密封材料绿色产品评价时,仅针对密封胶,按基础聚合物分为硅酮(SR)、硅烷封端聚醚(MS)、聚氨酯(PU)、聚硫(PS)、聚烯酸(AC)、丁基(BU)6 类,具体可参考《绿色产品评价 防水与密封材料》(GB/T 35609—2017)。

12.1.4　刚性防水材料

刚性防水材料是指按一定比例掺入水泥砂浆或混凝土中配制防水砂浆或防水混凝土的材料。主要包括防水抗渗混凝土、水泥基渗透结晶防水材料、聚合物水泥防水砂浆,也包括砂浆、混凝土用各种防水剂。

(1)防水抗渗混凝土

防水抗渗混凝土是以调整混凝土的配合比、掺外加剂或使用新品种水泥等方法提高自身的密实性、憎水性和抗渗性,使其满足抗渗压力大于0.6 MPa的不透水性混凝土。主要通过掺加减水剂、引气剂和膨胀剂提高抗渗性,也可添加防水剂提高抗渗性。

(2)水泥基渗透结晶型防水材料

水泥基渗透结晶型防水材料,是一种用于水泥混凝土的刚性防水材料。其与水作用后,材料中含有的活性化学物质以水为载体在混凝土中渗透,与水泥水化产物生产不溶于水的针状结晶体,填塞毛细孔道和微细缝隙,从而提高混凝土致密性与防水性。水泥基渗透结晶型防水材料按使用方法分为水泥基渗透结晶型防水涂料和水泥基渗透结晶型防水剂。

(3)聚合物水泥防水砂浆

聚合物水泥防水砂浆是以水泥、细骨料为主要原材料,以聚合物乳液或可再分散胶粉为改性剂,添加适量助剂混合而成的刚性新型防水抗渗材料。具有强度高、防水性好、有一定的延伸性、易与潮湿基层黏结的优点,施工方便,以水为分散剂,有利于环境保护。

12.2 保温隔热材料

建筑节能与保温隔热材料

保温隔热材料,又称绝热材料,是指能阻滞热流传递、用于减少结构物与环境热交换的一种功能材料。在建筑中,习惯上把用于控制室内热量外流的材料称为保温材料,把防止室外热量进入室内的材料称为隔热材料,保温材料和隔热材料统称为绝热材料。在土木工程中,绝热材料主要用于墙体和屋顶保温隔热,以及热工设备、采暖和空调管道的保温,在冷藏设备中则大量用作隔热,即起到满足建筑空间或热工设备的热环境的作用。建筑物采用适当的绝热材料,不仅能保温隔热,满足人们舒适的居住办公条件,而且有着显著的节能效果。

12.2.1 材料的热工性能

热传递方式有3种:传导、对流、热辐射。传导,指热从物体温度较高的部分沿着物体传到温度较低的部分,由于物体各部分直接接触的物质质点(分子、原子、自由电子)做热运动而引起的热能传递过程。对流,流体各部分之间发生相对位移,依靠冷热流体互相掺混和移动所引起的热量传递方式,具体指液体或气体中,较热的部分上升,较冷的部分下降,循环流动,互相掺和,使温度趋于均匀,热量就从高温的地方通过分子的相对位移传向低温的地方。热辐射,是一种靠电磁波传递能量的过程。

导热系数是衡量绝热材料性能优劣的主要指标,导热系数越小绝热效果越好。导热系数,指在稳定条件下,当材料层单位厚度(1 m)内的温差为1 ℃时,在1 h内通过1 m^2 表面积的热量。材料的导热系数受材料本身的分子结构及化学成分、孔隙特征、材料所处环境的温度、湿度及热流方向的影响。

(1)材料组成

不同的材料其导热系数是不同的。一般来说,导热系数由大到小为固体材料、液体材料、气体材料,其中固体材料导热系数由大到小为金属材料、无机非金属材料、有机材料。

(2)微观结构

对于同一种材料,其微观结构不同,导热系数也有很大的差异,一般来说,结晶体结构的导热系数最大,微晶体结构的导热系数次之,玻璃体结构的导热系数最小。为了获取导热系数较低的材料,可通过改变其微观结构的方法来实现。

(3)表观密度与孔隙特征

由于材料中固体物质的热传导能力比空气大得多,故表观密度小的材料,因其孔隙率大,导热系数小。在孔隙率相同时,孔隙尺寸越小,导热系数越小;封闭孔隙比连通孔隙的导热系数小。对于纤维状材料,当纤维之间压实至某一表观密度时,其导热系数最小,该表观密度称为最佳表观密度。当纤维材料的表观密度小于最佳表观密度时,其导热系数反而增大,这是因孔隙增大且相互连通,引起空气对流的结果。

(4)材料的湿度

材料吸湿受潮后,其导热系数增大,这在多孔材料中最为明显。这是由于水的导热系数(0.58 W/m · K)远大于密闭空气的导热系数(0.023 W/m · K)。当绝热材料中吸收的水分结冰时,其导热系数会进一步增大,因为冰的导热系数(2.33 W/m · K)比水的大。因此,绝热材料应特别注意防水防潮。

蒸汽渗透是值得注意的问题。水蒸气能从温度较高的一侧渗入材料,当水蒸气在材料孔隙中达到最大饱和度时就凝结成水,从而使温度较低的一侧表面上出现冷凝水滴,这不仅大大提高了导热性,而且还会降低材料的强度和耐久性。防治方法是在可能出现冷凝水的界面上,用沥青卷材、铝箔或塑料薄膜等憎水性材料加做隔蒸汽层。

(5)温度

材料的导热系数随温度的升高而增大,因为温度升高时,材料固体分子的热运动增强,同时材料孔隙中空气的导热和孔壁间的辐射作用也有所增加。但这种影响,当温度在 0 ~ 50 ℃范围内时并不显著,只有对处于高温或负温下的材料,才要考虑温度的影响。

(6)热流方向

对于各向异性的材料,如木材等纤维质的材料,当热流平行于纤维方向时,热流受阻小,故导热系数大,而热流垂直于纤维方向时,热流受阻大,故导热系数小。

绝热材料除应具有较小的导热系数外,还应具有适宜的强度、抗冻性、耐水性、防火性、耐热性和耐低温、耐腐蚀性,有时还需具有较小的吸湿性或吸水性等。优良的绝热材料应是具有很高的空隙率,且以封闭、细小孔隙为主的,吸湿性和吸水性很小的有机或无机非金属材料。多数无机绝热材料的强度较低,吸湿性或吸水性较高,使用时应予以注意。

室内外之间的热交换除了通过材料的传导传热外,辐射传热也是一种重要的传热方式,铝箔等金属薄膜,由于具有很强的反射能力,具有绝热辐射传热的作用,因而也是理想的绝热材料。

12.2.2 绝热材料的分类和性能

绝热材料种类繁多,一般可按材质、使用温度、形态和结构来分类。按材质可分为有机绝热材料、无机绝热材料。按形态又可分为多孔状绝热材料、纤维状绝热材料、粉末状绝热材料和层状绝热材料 4 种。

1)无机绝热材料的种类及性能特点

无机绝热材料是用矿物质原料做成的呈松散状、纤维状或多孔状的材料,可加工成板、卷材或套管等形式的制品。无机绝热材料不腐烂、不燃,有些材料还能抵抗高温,但其堆积密度较大。

(1)无机纤维状绝热材料

这是一类由连续的气相与无机纤维状固相组成的材料。常用的无机纤维有矿棉、玻璃棉等,可制成板或筒状制品。由于无机纤维状绝材料不燃、吸声、耐久、价格便宜、施工简便,因而广泛应用于住宅建筑和热工设备的表面。

①玻璃棉及其制品。玻璃棉是玻璃原料或碎玻璃经熔融后制成的一种纤维状材料。其堆积密度为40~150 kg/m^3,导热系数小,价格与矿棉制品相近,可制成沥青玻璃棉毡、板及酚醛玻璃棉毡和板,使用方便,因此是广泛应用在温度较低的热力设备和房屋建筑中的保温隔热材料,还是优质的吸声材料。

②矿棉和矿棉制品。矿棉一般包括矿渣棉和岩石棉。矿渣棉所用原材料有高炉硬矿渣、铜矿渣和其他矿渣等,另加一些调整原料(含氧化钙、氧化硅的原料)。岩石棉是将天然岩石经融入后吹制而成的纤维状(棉状)产品。矿棉具有质轻、不燃、绝热和电绝缘等性能,且原料来源丰富,成本较低,可制成矿棉板、矿棉防水毡及管套等。可用作建筑物的墙壁、屋顶、顶棚等处的保温隔热和吸声。

(2)无机散粒状绝热材料

这是一类由连续气相与无机颗粒固相组成的材料。常用的固相材料有膨胀蛭石和膨胀珍珠岩等。

①膨胀蛭石及其制品。蛭石是一种天然矿物,在850~1 000 ℃的温度下煅烧时,体积急剧膨胀,单个颗粒的体积能膨胀约20倍。膨胀蛭石的主要特性是:表观密度为80~900 kg/m^3,导热系数为0.046~0.070 W/(m·K),可在1 000~1 100 ℃温度下使用,不蛀、不腐,但吸水性较大。膨胀蛭石可以呈松散状铺设于墙壁、楼板、屋面等夹层中,作为绝热、隔声使用。使用时应注意防潮,以免吸水后影响绝热效果。膨胀蛭石也可与水泥、水玻璃等胶凝材料配合,浇制成板,用于墙、楼板和屋面板等构件的绝热。

②膨胀珍珠岩及其制品。膨胀珍珠岩是由天然珍珠岩煅烧而成的,呈蜂窝泡沫状的白色或灰白色颗粒,是一种高效能的绝热材料。其堆积密度为40~500 kg/m^3,导热系数为0.047~0.070 W/(m·K),最高使用温度可达800 ℃,最低使用温度为-200 ℃。具有吸湿性小、无毒、不燃、抗菌、耐腐、施工方便等特点。建筑上广泛用于维护结构、低温及超低温保冷设备、热工设备等处的隔热保温材料,也可用于制作吸声制品。膨胀珍珠岩制品是以膨胀珍珠岩为主,配合适量胶凝材料(水泥、水玻璃、磷酸盐、沥青等),经拌和、成型、养护(或干燥、或固化)后而制成的具有一定形状的板、块、管壳等制品。

(3)无机多孔类绝热材料

多孔类材料是由固相和孔隙良好的分散材料组成的,主要有泡沫类和发气类产品。它们整个体积内含有大量均匀分布的气孔(开口孔、闭口孔或两者皆有)。

①泡沫混凝土。泡沫混凝土是由水泥、水、松香泡沫剂混合后,经搅拌、成型、养护而制成

的一种多孔、轻质、保温、绝热、吸声的材料，也可用粉煤灰、石灰、石膏和泡沫剂制成粉煤灰泡沫混凝土。泡沫混凝土的表观密度为300～500 kg/m³，导热系数为0.082～0.186 W/(m·K)。

②加气混凝土。加气混凝土是由水泥、石灰、粉煤灰和发泡剂(铝粉)配制而成的一种保温绝热性能良好的轻质材料。由于加气混凝土的表观密度小(500～700 kg/m³)，导热系数[0.093～0.164 W/(m·K)]要比烧结普通砖小几倍，因而24 cm厚的加气混凝土墙体，其保温绝热效果优于37 cm厚的砖墙。此外，加气混凝土的耐火性能良好。

③硅藻土。硅藻土是由水生硅藻类生物的残骸堆积而成。其孔隙率为50%～80%，导热系数约为0.060 W/(m·K)，因此具有很好的绝热性能。硅藻土最高使用温度可达900 ℃，可用作填充料或制成制品。

④微孔硅酸钙。微孔硅酸钙，是由硅藻土或硅石与石灰等经配料、拌和、成型机水热处理制成，以托贝莫来石为主要水化产物的微孔硅酸钙。其表观密度约为200 kg/m³，导热系数约为0.047 W/(m·K)，最高使用温度约为650 ℃。以硬硅钙石为主要水化产物的微孔硅酸钙，其表观密度约为230 kg/m³，导热系数约为0.056 W/(m·K)，最高使用温度可达1 000 ℃。

⑤泡沫玻璃。泡沫玻璃，是由玻璃粉和发泡剂等经配料、烧制而成。其气孔率达80%～95%，气孔直径为0.1～5 mm，且大量为封闭而孤立的小气泡；表观密度为150～600 kg/m³，导热系数为0.058～0.128 W/(m·K)，抗压强度为0.8～15 MPa。采用普通玻璃粉制成的泡沫玻璃使用温度为300～400 ℃，若用无碱玻璃粉生产时，则使用温度可达800～1 000 ℃。泡沫玻璃耐久性好，易加工，可满足多种绝热需要。

2)有机绝热材料的种类及性能特点

有机绝热材料是用有机原料(如各种树脂、软木、木丝、刨花等)制成的，有机绝热材料的密度一般小于无机绝热材料的密度；有机绝热材料一般吸湿性较大，易受潮、腐烂，高温下易分解变质或燃烧，一般温度高于120 ℃时就不宜使用，但其堆积密度小，原料来源广，成本低，隔热效果好。

①泡沫塑料。泡沫塑料，是以各种树脂为基料，加入一定剂量的发泡剂、催化剂、稳定剂等辅助材料，经加热发泡而制成的一种具有轻质、绝热、吸声、防震性能的材料。目前我国生产的有：聚苯乙烯泡沫塑料，其表观密度为20～50 kg/m³，导热系数为0.038～0.047 W/(m·K)，最高使用温度为70 ℃；聚氯乙烯泡沫塑料，其表观密度为12～75 kg/m³，导热系数为0.031～0.045 W/(m·K)，最高使用温度为70 ℃，遇火能自行熄灭；聚氨酯泡沫塑料，其表观密度为30～65 kg/m³，导热系数为0.035～0.042 W/(m·K)，最高使用温度可达120 ℃，最低使用温度为-60 ℃。此外，还有脲醛树脂泡沫塑料及其制品等。该类绝热材料可用于复合墙板及屋面板的夹芯层、冷藏及包装等绝热需要。

②植物纤维类绝热板。该类绝热材料可用稻草、木质纤维、麦秸、甘蔗渣等为原料经加工而成，其表观密度为200～1 200 kg/m³，导热系数为0.058～0.307 W/(m·K)，可用于墙体、地板、顶棚等，也可用于冷藏库、包装箱等。

③窗用绝热薄膜。这种薄膜是以聚酯薄膜经紫外线吸收剂处理后，在真空中进行蒸镀金属粒子沉积层，然后与一层有色透明的塑料薄膜压粘而成。厚度为12～50 μm，用于建筑物窗玻璃的绝热，效果与热反射玻璃相同。其作用原理是将透过玻璃的大部分阳光反射出去，反射

率最高可达80%,从而起到了遮蔽阳光、防止室内陈设物褪色、减少冬季热量损失、节约能源、增加美感等作用,同时还有避免玻璃片伤人的功效。

12.2.3 绝热材料的工程应用

1)建筑节能

(1)建筑节能概述

建筑节能,指建筑规划、设计、施工和使用维护过程中,在满足规定的建筑功能要求和室内环境质量的前提下,通过采取技术措施和管理手段,实现提高能源利用效率、降低运行能耗的活动。全面的建筑节能,就是建筑全寿命过程中每一个环节节能的总和,是指建筑在选址、规划、设计、建造和使用过程中,通过采用节能型的建筑材料、产品和设备,执行建筑节能标准,加强建筑物所使用的节能设备的运行管理,合理设计建筑围护结构的热工性能,提高采暖、制冷、照明、通风、给排水和管道系统的运行效率,以及利用可再生能源,在保证建筑物使用功能和室内热环境质量的前提下,降低建筑能源消耗,合理、有效地利用能源。

我国建筑新建和既有建筑运行的建筑能耗约占社会总能耗的1/3,建筑能耗的总量逐年上升。建筑能耗已成为国民经济的巨大负担,因此建筑行业全面节能势在必行。全面建筑节能有利于从根本上促进能源资源节约和合理利用,缓解我国能源资源供应与经济社会发展的矛盾;有利于加快发展循环经济,实现经济社会的可持续发展;有利于长远地保障国家能源安全、保护环境、提高人民群众生活质量、促进国民经济水平持续健康发展。

我国建筑节能经历了4个阶段:

①起步阶段(20世纪80年代初到90年代初期),从1986年第一本建筑节能设计标准《民用建筑节能设计标准(采暖居住建筑部分)》(JGJ 26—1986)试行开始到1995年。这个时期是我国建筑节能工作的初级阶段,节能率目标为30%,仅针对严寒和寒冷地区,其间,我国建筑节能事业开展了大量基础性研究工作。

②成长发展阶段(1995—2005年),以目标节能率为50%的《民用建筑节能设计标准(采暖居住建筑部分)》(JGJ 26—1995)发布实施为标志,我国建筑节能工作开始迈入成长发展期;这一阶段我国初步健全建筑节能设计标准体系,制订了《夏热冬冷地区居住建筑节能设计标准(附条文说明)》(JGJ 134—2001)、《夏热冬暖地区居住建筑节能设计标准(附条文说明)》(JGJ 75—2003)、《公共建筑节能设计标准》(GB 50189—2005),这个阶段中国的建筑节能工作已经步入了正轨;除了提高围护结构方面的节能要求,还加强了暖通空调系统方面的节能要求。

③全面推进阶段(2005—2018年),2010年发布实施《严寒和寒冷地区居住建筑节能设计标准》(JGJ 26—2010)、2015发布实施《公共建筑节能设计标准》(GB 50189—2015),节能目标提高到65%,夏热冬冷、夏热冬暖地区居住建筑节能设计要求也在不断提高;另外,20世纪90年代绿色建筑的概念引入中国,2006年我国发布了第一部绿色建筑的标准《绿色建筑评价标准》(GB/T 50378—2006),标志着我国的建筑节能进入了绿色建筑的阶段,2010年发布《民用建筑绿色设计规范》(JGJ/T 229—2010),此后不同类型公共建筑绿色评价标准纷纷立项,并已从民用建筑扩展到工业建筑,形成了以《绿色建筑评价标准》(GB/T 50378—2014)为核心的标准体系。

④绿色低碳阶段(2018 年至今),2018 年 12 月 8 日发布、2019 年 8 月 1 日起实施的标准《严寒和寒冷地区居住建筑节能设计标准》(JGJ 26—2018),节能目标提高到 75%,2019 年发布实施了《绿色建筑评价标准》(GB/T 50378—2019),重新构建了绿色建筑评价技术指标体系、扩展了绿色建筑内涵、提高了绿色建筑性能要求,2019 年中国工程建设标准化协会(CECS)发布实施系列绿色建材评价标准,全面推广绿色建材,2020 年 9 月中国明确提出 2030 年"碳达峰"与 2060 年"碳中和"目标,要求全生命周期的建筑节能,绿色建筑在建材生产、建材运输、建筑运营、建筑维护、建筑拆解、废弃物处理的全生命周期中协同发展。

截至 2022 年底,全国累计建成绿色建筑面积超 100 亿 m^2,累计建成节能建筑面积超过 303 亿 m^2,节能建筑占城镇民用建筑面积比例超过 64%;全国城镇完成既有居住建筑节能改造面积超过 21 亿 m^2;累计建设超低、近零能耗建筑面积超过 3 700 万 m^2,为减少碳排放,逐步实现"双碳"目标贡献力量。

(2)建筑节能技术途径及技术措施

①技术途径。减少建筑能耗总量,一般可从建筑规划与设计、围护结构、提高终端用户用能效率、提高总的能源利用效率等方面实现。

a. 建筑规划与设计。面对全球能源环境问题,不少全新的设计理念应运而生,如微排建筑、低能耗建筑、零能建筑和绿色建筑等。它们本质上都要求建筑师从整体综合设计概念出发,坚持与能源分析专家、环境专家、设备师和结构师紧密配合。在建筑规划和设计时,根据大范围的气候条件影响,针对建筑自身所处的具体环境气候特征,重视利用自然环境(如外界气流、雨水、湖泊和绿化、地形等)创造良好的建筑室内微气候,以尽量减少对建筑设备的依赖。具体措施可归纳为以下 3 个方面:合理选择建筑的地址、采取合理的外部环境设计(主要方法为:在建筑周围布置树木、植被、水面、假山、围墙);合理设计建筑形体(包括建筑整体体量和建筑朝向的确定),以改善既有的微气候;合理的建筑形体设计是充分利用建筑室外微环境来改善建筑室内微环境的关键部分,主要通过建筑各部件的结构构造设计和建筑内部空间的合理分隔设计得以实现。同时,可借助相关软件进行优化设计,如利用辅助软件进行建筑阴影模拟,辅助设计建筑朝向和居住小区的道路、绿化、室外消闲空间,分析室内外空气流动是否通畅。

b. 围护结构。建筑围护结构组成部件(屋顶、墙、地基、隔热材料、密封材料、门和窗、遮阳设施)的设计对建筑能耗、环境性能、室内空气质量与用户所处的视觉和热舒适环境有根本的影响。一般增大围护结构的费用仅为总投资的 3% ~6%,而节能却可达 20% ~40%。通过改善建筑物围护结构的热工性能,在夏季可减少室外热量传入室内,在冬季可减少室内热量的流失,使建筑热环境得以改善,从而减少建筑冷、热消耗。首先,提高围护结构各组成部件的热工性能,一般通过改变其组成材料的热工性能实行,如欧盟新研制的热二极管墙体(低费用的薄片热二极管只允许单方向的传热,可以产生隔热效果)和热工性能随季节动态变化的玻璃。然后,根据当地的气候、建筑的地理位置和朝向,以建筑能耗软件计算结果为指导,选择围护结构组合优化设计方法。最后,评估围护结构各部件与组合的技术经济可行性,以确定技术可行、经济合理的围护结构。

c. 提高终端用户用能效率。高能效的采暖、空调系统与上述削减室内冷热负荷的措施并行,才能真正地减少采暖、空调能耗。首先,根据建筑的特点和功能,设计高能效的暖通空调设备系统,如热泵系统、蓄能系统和区域供热、供冷系统等。然后,在使用中采用能源管理和监控系统监督和调控室内的舒适度、室内空气品质和能耗情况。如欧洲国家通过传感器测量周边环境的温、湿度和日照强度,然后基于建筑动态模型预测采暖和空调负荷,控制暖通空调系统的运行。在其他的家电产品和办公设备方面,应尽量使用节能认证的产品。如美国鼓励采用"能源之星"的产品,而澳大利亚对耗能大的家电产品实施最低能效标准(MEPS)。

d. 提高总的能源利用效率。从一次能源转换到建筑设备系统使用的终端能源的过程中,能源损失很大。因此,应从全过程(包括开采、处理、输送、储存、分配和终端利用)进行评价,才能全面反映能源利用效率和能源对环境的影响。建筑中的能耗设备,如空调、热水器、洗衣机等应选用能源效率高的能源供应。例如,作为燃料,天然气比电能的总能源效率更高。采用第二代能源系统,可充分利用不同品位热能,最大限度地提高能源利用效率,如热电联产(CHP)、冷热电联产(CCHP)。

②技术措施。理想的节能建筑应在最少的能量消耗下满足以下 3 点:能够在不同季节、不同区域控制接收或阻止太阳辐射;能够在不同季节保持室内的舒适性;能够使室内实现必要的通风换气。

建筑节能的途径主要包括:尽量减少不可再生能源的消耗,提高能源的使用效率;减少建筑围护结构的能量损失;降低建筑设施运行的能耗。

a. 减少能源消耗,提高能源的使用效率:如利用计算机、平衡阀及其专用智能仪表对管网流量进行合理分配,既改善供暖质量,又节约能源;在用户散热器上安设热量分配表和温度调节阀,用户可根据需要消耗和控制热能,以达到舒适和节能的双重效果;采用新型的保温材料包敷送暖管道,以减少管道的热损失。

减少建筑围护结构的能量损失。建筑物围护结构的能量损失主要来自 3 个部分:外墙、门窗、屋顶。这 3 个部分的节能技术是各国建筑界都非常关注的。主要发展方向是:开发高效、经济的保温、隔热材料和切实可行的构造技术,以提高围护结构的保温、隔热性能和密闭性能。

b. 外墙节能技术:就墙体节能而言,传统的用重质单一材料增加墙体厚度来达到保温的做法已不能适应节能和环保的要求,而复合墙体越来越成为墙体的主流。复合墙体一般用块体材料或钢筋混凝土作为承重结构,与保温隔热材料复合,或在框架结构中用薄壁材料加以保温、隔热材料作为墙体。建筑用保温、隔热材料主要有岩棉、矿渣棉、玻璃棉、聚苯乙烯泡沫、膨胀珍珠岩、膨胀蛭石、加气混凝土及胶粉聚苯颗粒浆料发泡水泥保温板等。墙体的复合技术有内附保温层、外附保温层和夹心保温层 3 种。另外,通过采用隔热性能好的墙体材料,无须在建筑内外墙表面再做保温层就能达到规定的建筑节能要求,称为自保温体系。

c. 门窗节能技术:门窗具有采光、通风和围护的作用,还在建筑艺术处理上起着很重要的作用。然而门窗又是最容易造成能量损失的部位。为了增大采光通风面积或表现现代建筑的性格特征,建筑物的门窗面积越来越大,更有全玻璃的幕墙建筑。这对外维护结构的节能提出了更高要求。对门窗的节能处理主要是改善材料的保温隔热性能和提高门窗的密闭性能。从门窗材料来看,近些年出现了铝合金断热型材、铝木复合型材、钢塑整体挤出型材、塑木复合型材以及 UPVC 塑料型材等一些技术含量较高的节能产品。为了解决大面积玻璃造成能量损失过大的问题,人们运用了高新技术,将普通玻璃加工成中空玻璃、镀贴膜玻璃(包括反射玻璃、吸热玻璃)、高强度 LOW-E 防火玻璃(高强度低辐射镀膜防火玻璃)、采用磁控真空溅射方法镀制含金属银层的玻璃以及最特别的智能玻璃。智能玻璃能感知外界光的变化并做出反应，分为两类：一类是光致变色玻璃，在光照射时，玻璃会感光变暗，光线不易透过；停止光照射时，玻璃复明，光线可以透过玻璃照射进室内。在太阳光强烈时，可以阻隔太阳辐射热；天阴时，玻璃变亮，太阳光又能进入室内。另一类是电致变色玻璃，在两片玻璃上镀有导电膜及变色物质，通过调节电压，促使变色物质变色，调整射入的太阳光（但因其生产成本高，还不能实际使用），这些玻璃都有很好的节能效果。

d. 屋顶节能技术：屋顶的保温、隔热是围护结构节能的重点之一。在寒冷的地区屋顶设保温层，以阻止室内热量散失；在炎热的地区屋顶设置隔热降温层以阻止太阳的辐射热传至室内；而在冬冷夏热地区（黄河至长江流域），建筑节能则要冬、夏兼顾。保温常用的技术措施是在屋顶防水层下设置导热系数小的轻质材料用作保温，如膨胀珍珠岩、玻璃棉等（此为正铺法）；也可在屋面防水层以上设置聚苯乙烯泡沫（此为倒铺法）。屋顶隔热降温的方法有：架空通风、屋顶蓄水或定时喷水、屋顶绿化等。最受推崇的是利用智能技术、生态技术来实现建筑节能的愿望，如太阳能集热屋顶和可控制的通风屋顶等。

e. 降低建筑设施运行的能耗：采暖、制冷和照明是建筑能耗的主要部分，降低这部分能耗对节能起着重要作用，在这方面一些成功的技术措施很有借鉴价值，如英国建筑研究院（BRE）的节能办公楼便是一例。办公楼在建筑围护方面采用了先进的节能控制系统，建筑内部采用通透式夹层，以便于自然通风；通过建筑物背面的格子窗进风，建筑物正面顶部墙上的格子窗排风，形成贯穿建筑物的自然通风。办公楼使用的是高效能冷热锅炉和常规锅炉，两种锅炉由计算机系统控制交替使用。通过埋置于地板内的采暖和制冷管道系统调节室温。该建筑还采用了地板下输入冷水通过散热器制冷的技术，通过在车库下面的深井用水泵从地下抽取冷水进入散热器，再由建筑物旁的另一回水井回灌。为了减少人工照明，办公楼采用了全方位组合型采光、照明系统，由建筑管理系统控制；每一单元都有日光，使用者和管理者通过检测器对系统进行遥控；在 100 座的演讲大厅，设置有两种形式的照明系统，允许有 0% ~100% 的亮度，采用节能型管型荧光灯和白炽灯，使每个观众都能享有同样良好的视觉效果和适宜的温度。

f. 新能源的开发利用：在节约不可再生能源的同时，人类还在寻求开发利用新能源以适应人口增加和能源枯竭的现实，这是历史赋予现代人的使命，而新能源的有效开发利用必定要以高科技为依托。如开发利用太阳能、风能、潮汐能、水力、地热及其他可再生的自然界能源，必须借助于先进的技术手段，并且要不断地完善和提高，以达到更有效地利用这些能源。如人们在建筑上不仅能利用太阳能采暖，太阳能热水器还能将太阳能转化为电能，并且将光电产品与建筑构件合为一体，如光电屋面板、光电外墙板、光电遮阳板、光电窗间墙、光电天窗以及光电玻璃幕墙等，使耗能变成产能。

2）常用建筑绝热材料

在建筑工程中，节能建筑常用的绝热材料有蒸压加气混凝土砌块、节能型烧结页岩空心砌块、模塑聚苯板、挤塑聚苯板、聚苯颗粒保温砂浆、无机保温砂浆、泡沫混凝土等。

(1)蒸压加气混凝土砌块

蒸压加气混凝土砌块,是以硅质材料和钙质材料为主要原料,掺加发气剂及其他调节材料,通过配料浇注、发气静停、切割、蒸压养护等工艺制成的多孔轻质硅酸盐建筑制品,用于墙体砌筑的矩形块材。砌块的规格尺寸有600 mm×(100、120、125、150、180、200、240、250、300)mm×(200、240、250、300)mm;强度级别有A1.5、A2.0、A2.5、A3.5、A5.0五个级别,其中常用的有A2.5、A3.5、A5.0;干密度级别有B03、B04、B05、B06、B07五个级别。干密度级别B03(干密度≤350 kg/m³、导热系数(干态)≤0.10 W/(m·K))、B04(干密度≤450 kg/m³、导热系数(干态)≤0.12 W/(m·K))适用于建筑保温。B05(干密度≤550 kg/m³、导热系数(干态)≤0.14 W/(m·K))、B06(干密度≤650 kg/m³、导热系数(干态)≤0.15 W/(m·K))、B07(干密度≤750 kg/m³、导热系数(干态)≤0.18 W/(m·K)),主要用于民用节能建筑墙体自保温工程。具体参照《蒸压加气混凝土砌块》(GB/T 11968—2020)。

(2)节能型烧结页岩空心砌块

砌体导热系数(干态)不大于0.30 W/(m·K)的烧结页岩空心砌块,称为节能型烧结页岩空心砌块,又称节能砖。砌块按侧面壁厚度不同分为薄壁型(B型)和厚壁型(H型),其中厚壁型切块单边侧面壁厚不小于25 mm,主要用于有锚固要求的部位;薄壁型的密度等级有800 kg/m³和900 kg/m³、导热系数≤0.25 W/(m·K),厚壁型的密度等级有900 kg/m³和1 000 kg/m³、导热系数≤0.30 W/(m·K)。产品尺寸规格有240 mm×(200或250或300)mm×190 mm,主要用于民用节能建筑墙体自保温工程。具体参照《非承重节能型烧结页岩空心砌块墙体工程技术规程》(DBJ 50-127—2011)、《烧结空心砖和空心砌块》(GB/T 13545—2014)。

(3)模塑聚苯板(EPS板)和挤塑聚苯板(XPS板)

模塑聚苯板(EPS板),是绝热用阻燃型模塑聚苯乙烯泡沫塑料制作的保温板材。挤塑聚苯板(XPS板),以聚苯乙烯树脂或其共聚物为主要成分,添加少量添加剂,通过加热挤塑成型而制得的具有闭孔结构的硬质泡沫塑料制品,包括添加一定量石墨的挤塑聚苯板,简称挤塑板;由于挤塑成型,其强度和保温性能较模塑聚苯板好。EPS板和XPS板保温性能良好,主要性能指标见表12.6和表12.7;主要用于外墙保温工程和屋面保温工程中。

表12.6　模塑聚苯板(EPS)性能指标(GB/T 29906—2013)

项目	性能指标	
	039级	033级
导热系数/[W/(m·K)]	≤0.039	≤0.033
表观密度/(kg·m⁻³)	18~22	
垂直于板面方向的抗拉强度/MPa	≥0.10	
尺寸稳定性/%	≤0.3	
弯曲变形/mm	≥20	
水蒸气渗透系数/[ng/(Pa·m·s)]	≤4.5	
吸水率(体积分数)/%	≤3	
燃烧性能等级	不低于B_2级	B_1级

表 12.7 挤塑聚苯板(XPS)性能指标(GB/T 30595—2014)

项目	性能指标
表观密度/[kg·m^{-3}]	22~35
导热系数(25 ℃)/[W/(m·K)]	不带表皮的毛面板,≤0.032;带表皮的开槽板,≤0.030
垂直于板面方向的抗拉强度/MPa	≥0.20
压缩强度/MPa	≥0.20
弯曲变形[a]/mm	≥20
尺寸稳定性/%	≤1.2
吸水率(V/V)/%	≤1.5
水蒸气透湿系数/[ng/(Pa·m·s)]	3.5~1.5
氧指数/%	≥26
燃烧性能等级	不低于 B_2 级

注:a. 对带表皮的开槽板,弯曲试验的方向应与开槽方向平行。

(4)聚苯颗粒保温砂浆和无机保温砂浆

聚苯颗粒保温砂浆,是指由可再分散胶粉、无机胶凝材料、外加剂等制成的胶粉料与作为主要骨料的聚苯颗粒复合而成的保温浆料。无机保温砂浆,是指由无机轻骨料如膨胀珍珠岩、玻化微珠、膨胀蛭石等为骨料,掺加胶凝材料及其他功能组分制成的干混砂浆。保温砂浆具有较好的保温隔热性能和施工性能,其性能指标见表 12.8 和表 12.9,主要用于外墙保温工程和楼地面保温工程。

表 12.8 胶粉聚苯颗粒浆料性能指标(JG/T 158—2013)

项目	单位	性能指标	
		保温浆料	贴砌浆料
干表观密度	kg/m^3	180~250	250~350
抗压强度	MPa	≥0.20	≥0.30
软化系数	—	≥0.5	≥0.6
导热系数	W/(m·K)	≤0.06	≤0.08
线性收缩率	%	≤0.3	≤0.3
抗拉强度	MPa	≥0.1	≥0.12

续表

<table>
<tr><th colspan="3" rowspan="2">项目</th><th rowspan="2">单位</th><th colspan="3">性能指标</th></tr>
<tr><th>保温浆料</th><th colspan="2">贴砌浆料</th></tr>
<tr><td rowspan="4">拉伸黏结强度</td><td rowspan="2">与水泥砂浆</td><td>标准状态</td><td rowspan="4">MPa</td><td rowspan="2">≥0.1</td><td>≥0.12</td><td rowspan="4">破坏部位不应位于界面</td></tr>
<tr><td>浸水处理</td><td>≥0.10</td></tr>
<tr><td rowspan="2">与聚苯板</td><td>标准状态</td><td rowspan="2">—</td><td>≥0.10</td></tr>
<tr><td>浸水处理</td><td>≥0.08</td></tr>
<tr><td colspan="3">燃烧性能等级</td><td>—</td><td>不应低于 B_1 级</td><td colspan="2">A 级</td></tr>
</table>

表 12.9 无机保温砂浆硬化后的性能指标(GB/T 20473—2021)

项目	单位	技术要求	
		Ⅰ型	Ⅱ型
干密度	kg/m^3	≤350	≤450
抗压强度	MPa	≥0.50	≥1.0
导热系数(平均温度 25 ℃)	W/(m·K)	≤0.070	≤0.085
拉伸黏结强度	MPa	≥0.10	≥0.15
线收缩率	—	≤0.30%	
压剪黏结强度	kPa	≥60	
燃烧性能		应符合 GB 8624 规定的 A 级要求	

(5)泡沫混凝土

泡沫混凝土,是以水泥为主要胶凝材料,并在骨料、外加剂和水等组分共同制成的料浆中引入气泡,经混合搅拌、浇筑成型、养护而成的具有闭孔结构的轻质多孔混凝土。其优点是密度小、质量轻、保温、隔音、抗震等,缺陷有强度偏低、开裂、吸水等。其强度等级有 FC0.2、FC0.3、FC0.5、FC1.0、FC2.0、FC3.0、FC4.0、FC5.0、FC7.5、FC10、FC15、FC20、FC25、FC30 共 14 个强度等级,其密度等级和导热系数见表 12.10。泡沫混凝土主要用于屋面保温工程和楼地面保温工程,还可制成轻质隔墙板。具体可参照《泡沫混凝土》(JG/T 266—2011)和《泡沫混凝土应用技术规程》(JGJ/T 341—2014)。

表 12.10 泡沫混凝土密度等级和导热系数(JG/T 266—2011)

密度等级	干密度 ρ_d/($kg\cdot m^{-3}$)		导热系数[W/(m·K)]
	标准值	允许范围	
A01	100	$50<\rho_d\leq150$	0.05

续表

密度等级	干密度 ρ_d/(kg · m^{-3})		导热系数[W/(m · K)]
	标准值	允许范围	
A02	200	$150<\rho_d\leqslant250$	0.06
A03	300	$250<\rho_d\leqslant350$	0.08
A04	400	$350<\rho_d\leqslant450$	0.10
A05	500	$450<\rho_d\leqslant550$	0.12
A06	600	$550<\rho_d\leqslant650$	0.14
A07	700	$650<\rho_d\leqslant750$	0.18
A08	800	$750<\rho_d\leqslant850$	0.21
A09	900	$850<\rho_d\leqslant950$	0.24
A10	1 000	$950<\rho_d\leqslant1\ 050$	0.27
A11	1 100	$1\ 050<\rho_d\leqslant1\ 150$	0.29
A12	1 200	$1\ 150<\rho_d\leqslant1\ 250$	0.31
A13	1 300	$1\ 250<\rho_d\leqslant1\ 350$	0.33
A14	1 400	$1\ 350<\rho_d\leqslant1\ 450$	0.37
A15	1 500	$1\ 450<\rho_d\leqslant1\ 550$	0.41
A16	1 600	$1\ 550<\rho_d\leqslant1\ 650$	0.45

12.3 吸声隔声材料

为了保障建筑的人居环境安全健康,《建筑环境通用规范》(GB 55016—2021)和《民用建筑隔声设计规范》(GB 50118—2010),针对声环境,提出了功能房间室内噪音限值要求;并且《民用建筑隔声设计规范》(GB 50118—2010)对分户墙、分户楼板、外墙、外窗等的空气声隔声性能提出了隔声标准,对卧室、起居室(厅)的分户楼板的撞击声隔声性能提出了隔声标准。

12.3.1 吸声材料

吸声材料,是一种能在较大程度上吸收由空气传递的声波能量,从而减低噪声的材料。吸声材料由于自身的多孔性、薄膜作用或共振作用而对入射声能具有吸收作用。吸声材料要与周围的传声介质的声特性阻抗匹配,使声能无反射地进入吸声材料,并使入射声能绝大部分被吸收。在音乐厅、影剧院、大会堂等内部的墙面、地面、天棚等部位适当采用吸声材料，能控制和调整室内的混响时间，消除回声，以改善室内的听闻条件；也用于降低喧闹场所的噪声，以改善生活环境和劳动条件；还可广泛用于降低通风空调管道的噪声。吸声材料按其物理性能和吸声方式可分为多孔性吸声材料和共振吸声结构两大类。后者包括单个共振器、穿孔板共振吸声结构、薄板吸声结构和柔顺材料等。

12.3.2　隔声材料

隔声，就是用构件将噪声源和接收者分开，使声能在传播途径中受到阻挡，从而降低或消除噪声传递的措施。隔声分为隔绝空气声(通过空气传播的声音)和隔绝固体声(通过撞击或振动传播的声音)。隔声材料，是指主要起隔绝声音作用的材料，建筑中隔声材料主要用于分户墙、分户楼板、外墙、外窗等。

对于隔绝空气声音，空气声的隔绝主要是反射，根据声学中的“质量定律”，其传声的大小主要取决于隔声材料单位面积质量，质量越大，越不易振动，则隔声效果越好。因此，空气声隔声材料必须选择密实、沉重的材料作为隔声材料。

对于隔绝固体声音最有效的措施是采用不连续结构处理。即在墙体中间、楼板中间加弹性衬垫，这些衬垫材料大多可以用轻质材料、多孔材料、柔性材料等吸声材料，将固体声转换成空气声后而被吸声材料吸收。对于楼板，可以使用覆盖隔音和减振材料来达到隔声标准，屋顶可以安装充填了吸声与隔声材料的吊顶来加强隔音效果。对于墙体，可以采用带有吸声隔声材料的双层墙体或采用具有吸声隔声功能的墙体材料。

12.3.3　建筑不同部位隔声

1)墙体隔声

对于墙体隔声来说，主要是选用隔声性能好的墙体构造和墙体材料。常用的有 GRC 轻质多孔条板、石膏珍珠岩轻质多孔条板、蒸压加气混凝土条板、聚苯颗粒条板、页岩空心砖。

2)楼板隔声

楼板需要使用有效的构造方法来改善楼板的撞击声所产生的隔声性能。通常隔绝楼板撞击声的方法有 3 种。

①面层隔声，在楼板面层铺设弹性材料，如木地板、地毯等，通过弹性面层材料减弱撞击能量及楼板振动，达到改善楼板隔声效果。

②中间隔声，又称浮筑楼板隔声，做法是在楼板的基层和面层之间铺设一层软质高弹性隔声材料，将基层和面层完全隔离，表面采用细石混凝土或自流平石膏做保护层，把弹性隔声垫层夹在楼板中间，使地板面层受冲击产生振动的一小部分传至基层然后辐射到楼下。浮筑楼板是目前主流的楼板隔声做法，而且通常同时具有保温隔声功能。

③吊顶隔声，在楼板下作吊顶处理，吊顶与楼板间形成空腔，以隔绝撞击声形成的空气传声。比较而言，吊顶隔声的隔声效果差、施工难度大、成本高、工程中较少采用。

3)门窗隔声

噪声源依据其固有特性和人类的感受程度划分为低频、中低频、中频、中高频与高频五大类。一般,门窗的声音泄漏主要是低频类型,如道路交通噪声、铁路噪声、机场噪声以及工业噪声。隔音门主要有4类,木质骨架及面板或皮革软垫;型钢骨架、冷轧钢板面板中的无门槛类与有门槛类;轻钢龙骨骨架、彩色钢板面板;轻钢龙骨骨架、电镀锌钢面板,使用过程中根据具体情况选择适合环境的隔音门。隔声窗的隔声性能与自身玻璃厚度、层数、间距以及制造的形态构造、窗扇的密闭性等有很大的关系。在实际使用过程中,一种方式是中空玻璃,即由两层或多层玻璃组成,内部充填惰性气体;另一种是夹层玻璃,即在多层玻璃间增加PVB膜,这种膜能起到噪声弱化的作用。

4)电梯井道及机房隔声

对于电梯井道及机房,通常在楼板上铺设低频减振隔声板,井道墙面施工洞口及缝隙用隔声棉进行填堵,再用密封膏或水泥砂浆填平,表面吸声棉凹凸面朝向井道。机房顶板加设Z型龙骨,龙骨中间填隔声板、龙骨外钉防火板。电梯门采用隔声门,电梯机房窗采用双层双玻璃、窗框间填消声条。

5)管道隔声

住宅建筑内部管道的噪声污染是一个不容忽视的问题。常用的PVC管道质地相对轻薄,因此刚性较差,使得隔音效果较差,当水流经过时产生噪声较大。可采用一种较低噪声的PVC排水管道,该管道内壁上设计了螺旋形状的肋,在排水中这种螺旋肋减缓了水流速度,有效控制了噪声产生。另外,可采用三层共挤技术管道,将聚合物隔音泡沫填充在中间层,阻挡和减少了水流噪声的传播。

6)机械设备隔声措施

工业设备在使用过程中因与地面发生摩擦,会不间断地产生振动,并且冲击楼板,冲击波通过楼板传播出去,产生较高强度的噪声与振动污染声环境。将建筑内机房区域设置为浮动状态的地板台面是有效的阻尼技术之一。可浮式状态的地板台面,是将楼板、基础地板以及周围的墙壁采用压剪橡胶增大阻尼弹性的隔振胶垫将它们分离隔开。表面的混凝土层和基础板间是没有一点儿刚性连接,因此可以起到提高地板抗冲击的隔声性能的作用。浮动平台对结构平台也起到了一定的保护层作用,振动带来的冲击以及噪声都会被浮动平台大量吸收以后才会传到结构平台。

12.4 防火材料

防火材料的作用是防止或减缓火灾发生或减少火灾损失,因为火灾出现将造成居住场所毁于一旦,甚至危及生命。防火材料一般采用燃烧性能为A级的材料。防火技术性强,涉及面广,包括建筑耐火等级、构建耐火极限、防火分区、防火分隔、建筑防火构造、防火间距、消防设施设置、疏散距离、疏散宽度、疏散楼梯设置形式、灭火救援场地、消防车道、消防电梯等,建筑防火构造涉及防火墙、建筑构件和管道井防火、屋顶闷顶和建筑缝隙防火、疏散楼梯间和疏散楼梯、防火门、防火窗、防火卷帘、天桥栈桥和管沟防火、建筑保温和外墙装饰防火。这里仅就《建筑防火通用规范》(GB 55037—2022)、《建筑设计防火规范(2018 年版)》(GB 50016—2014)中住宅建筑和公共建筑涉及的防火材料进行阐述。

民用建筑的耐火等级可分为一、二、三、四级,不同耐火等级建筑相应构件的燃烧性能和耐火极限有明确的低限要求,这就需要构件本身材料或外加铺设的防火材料防护层有一定的防火或耐火性能,并且对不同耐火等级不同结构部位材料燃烧性有一定要求。防火材料的选取和使用,决定了建筑构件的耐火极限,进而影响整座建筑的防火耐火等级。

1)防火板

防火板材是以无机材料为基材,添加各种改性物质之后经一定工艺加工而成。它们大多是不燃性材料或难燃性材料,在火灾中能够保持一定的强度,具有良好的尺寸稳定性和防火隔热性能。防火板材大多具有化学性能稳定,耐候性好,可锯可切、任意切割组装等诸多优点。目前在建筑行业中使用较多的防火板材有石膏板材、硅酸钙板、纤维增强水泥板、钢丝网架水泥夹心复合板以及金属复合板材。其中石膏板材应用较为广泛。

2)防火涂料

防火涂料是一种涂覆于基材表面,防止基材燃烧,阻止火势蔓延的特殊涂料。它可以提高材料表面的耐火能力,并在一定程度上阻止燃烧的进行,常用于木质结构建筑和钢结构建筑。

防火涂料按其组成分为非膨胀型和膨胀型防火涂料。非膨胀型防火涂料也称阻燃涂料,一般是以硅酸盐、水玻璃作为基料,掺入云母、硼化物等难燃或不燃材料。当其暴露于火源或强热时,其本身不燃烧并形成一层隔绝氧气的釉状保护层,对基层起到一定的保护作用,但隔热性能较差,对可燃基材的保护效果有限。膨胀型防火涂料,主要以高分子化合物为基料,加入阻燃剂、发泡剂、助剂、溶剂等材料,经分散而形成。涂层遇火时,形成一种具有良好隔热性能的致密而均匀的海绵状或蜂窝状碳质泡沫层,能有效地保护可燃性基材。由于非膨胀型防火涂料的防火作用远不如膨胀型防火涂料,所以工程中很少采用非膨胀型防火涂料,主要采用膨胀型防火涂料。

膨胀型防火涂料,一旦发生火灾,涂层发生膨胀炭化,形成一层比原来涂膜厚度大几十甚至上百倍的不易燃烧的海绵状碳化层。这种碳化层是很好的隔热体,能使被保护物体在一定时间内保持低温,从而阻止或延缓物体被燃烧。钢结构防火涂料是施涂在建筑物或构筑物钢构件上的涂料,发生火灾时能形成一种耐火隔热保护层,以提高钢结构的耐火极限,从而满足建筑设计防火规范的要求。

3)防火封堵材料

防火封堵材料,指具有防火、防烟功能,用于密封或填塞建筑物、构筑物以及各类设施中的贯穿孔洞、环形缝隙及建筑缝隙便于更换且符合相关耐火性能和理化性能要求的材料。建筑中,特别是医院、大型综合性商场等建筑功能区繁多的建筑物,管线的安装需要频繁地穿过防火墙、防火隔墙和耐火楼板等建筑防火分隔构件,如果没有采取相应的封堵措施,将无法满足防火完整性的相关要求;另外,旅馆类建筑、儿童活动场所、老年人活动场所,以及其他人员密集或者行为能力受限的建筑或场所,火灾时所产生的烟气及其毒性更容易威胁人们的生命安全;电信建筑、科技展馆、博物院等建筑场所一旦发生火灾,带来的损失更是不可估量。因此,对这些建筑中相应部位防火封堵的严密性要求较高。

防火封堵材料按照用途可分为:孔洞用防火封堵材料、缝隙用防火封堵材料、塑料管道用防火封堵材料。按照产品的组成和形状特征可分为:柔性有机堵料、无机堵料、阻火包、阻火模块、防火封堵板材、泡沫封堵材料、缝隙封堵材料、防火密封胶和阻火包带等。具体防火封堵材料应用,可参照《建筑防火封堵应用技术标准》(GB/T 51410—2020)。

本章总结框图

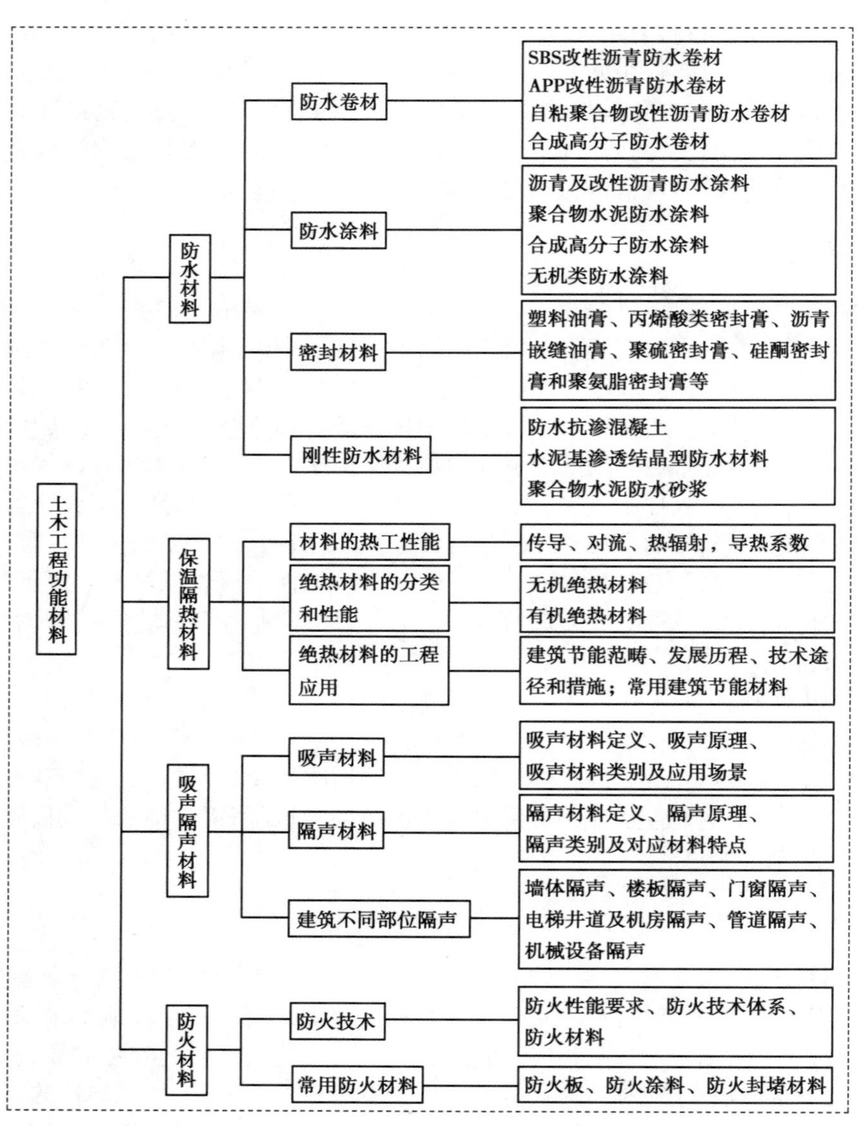

问题导向讨论题

问题1:夏热冬冷地区的住宅建筑屋顶,在防水材料选择方面应考虑哪些主要因素?该地区目前建筑屋顶防水常用防水材料有哪几种,其性能特点如何?

问题2:随着建筑节能的推进和"双碳"政策的实施,试讨论住宅建筑常用的建筑节能途径、技术措施和节能材料?

问题3:为了人的身体健康,在进行建筑设计时对室内声环境有一定要求,具体到楼板隔声有什么要求?目前常用的楼板隔声措施和材料有哪些?

问题4:建筑防火至关重要,它涉及财产和生命安全,其中建筑外墙保温体系是火灾的一个风险点,试问目前相关标准对建筑外墙保温在防火设计方面有什么要求?常用防火措施和防火材料有哪些?

分组讨论要求:每组4~6人,设组长1人,负责明确分工和协助要求,并指定人员代表小组发言交流。

思考练习题

12.1 防水材料分类?

12.2 防水卷材基本性能要求?

12.3 常用的防水卷材有哪些?

12.4 自粘聚合物改性沥青防水卷材的性能优点及应用场景?

12.5 防水涂料基本性能要求有哪些?

12.6 防水涂料产品主要技术性能指标是什么?

12.7 常用防水涂料类别及性能特点有哪些?

12.8 建筑防水密封材料主要应用场景及常用的防水密封材料?

12.9 绝热材料定义,即什么是绝热材料?

12.10 绝热材料的性能特点是什么?

12.11 材料的导热受哪些因素影响?

12.12 建筑外墙保温常用材料有哪些?

12.13 吸声材料在建筑中的应用场景或者说哪些建筑或建筑空间需要采用吸声措施和吸声材料?

12.14 楼板隔声措施有哪几种?常用材料有哪些?

12.15 简述住宅建筑设计防火要求和防火技术体系。

12.16 简述常用建筑防火材料类别及产品。

13

前沿智能材料

本章导读	内容及要求	介绍智能材料功能和结构组成、土木工程智能材料、土木工程 3D 打印材料和建筑 3D 打印技术。通过本章学习，能够说明智能材料的功能和结构组成、土木工程智能材料的性质用途和技术瓶颈、土木工程 3D 打印材料及建筑 3D 打印技术的研究现状及发展趋势。
	重点	土木工程智能材料性质和用途、土木工程 3D 打印材料工程性能。
	难点	土木工程智能材料智能化技术途径。

在人们眼里，被大量利用的各种材料(钢筋、混凝土、塑料、纤维等)可能是最“笨”的东西。它们只能被人所感知，自己却无从感知外界情况，在出现“危机问题”时，它们不能告诉人们，也没法修理自己，只能“坐以待毙”。但是随着城市化进程的加快，道路、桥梁、建筑物的安全成了人们越来越关注的问题。人们会不由自主地想到：如果桥梁、建筑物，甚至在空中飞行的飞机，在其材料断裂发生事故之前若能发出预警，甚至能自行修补缺陷，那将会给人以极大的安全感。这一设想能否实现呢？由此，产生了智能材料的构想。

智能材料是一种能感知外部刺激，能够判断并适当处理且本身可执行的新型功能材料，其构想源于仿生，行为与生命体的智能反应类似。智能材料通常具备 4 个功能 3 个能力，4 个功能即传感功能、反馈功能、信息识别与积累功能、响应功能；3 个能力即自诊断能力、自修复能力和自适应能力。智能材料的设计、制造、加工、性能和结构特征均涉及材料学的最前沿领域，代表了材料科学最活跃的方面和最先进的发展方向。智能材料的结构组成包括基体材料、感知材料、执行材料和感知测控系统。基体材料起承载作用，应选用轻质材料；首选高分子材料，因为其重量轻、耐腐蚀，尤其具有黏弹性的非线性特征，其次选用金属材料，以强度较高的轻质有色金属合金为主。感知材料起传感作用，主要是感知压力、应力、温度、电磁场、pH 值等环境的变化；常用感知材料有形状记忆材料、电致变色材料、磁致伸缩材料、光纤材料、压电材料、电流变体和液晶材料等。执行材料起着响应与控制作用，常用的执行材料有形状记忆材料、压电材料、磁致伸缩材料和电流变体等，可以看出这些材料既是执行材料也是感知材料。感知测控系统处理传感器输出的信号，是智能材料核心部分。

智能材料拥有诸多普通材料不具备的特殊功能,现已逐步成为研究的重点与热点。近年来,形状记忆材料、自修复材料、光热敏感材料、压电材料等引起了人们的广泛关注,在建筑、飞机制造、医疗和军事等方面已取得一些实际成果和应用。智能材料的一个重要进展标志是形状记忆合金,或称记忆合金。这种合金在一定温度下成形后,能记住自己的形状。当温度降到一定值(相变温度)以下时,其形状会发生变化;当温度再升高到相变温度以上时,它又会自动恢复原来的形状。

13.1 土木工程智能材料

土木工程智能材料的特点具体表现为反馈性、感知性、自适应性、自诊断性、信息积累性、自我修复性以及识别性等,而智能材料的优势则包括以下 4 个方面。

①智能材料可以对外部环境进行自我感知,并能够感知到环境中存在的问题以及相关参数,如负荷力、光能、热能、化学能以及应力变化。

②智能材料具有相应的驱动效能,可以对外界环境变化有效适应。

③在使用智能材料时,可以结合预先设计的相关功能,有效控制材料,并结合实际情况对相应的控制方式进行选择。

④智能材料可根据外部环境发生的变化快速调整,并可在内外部环境问题消失后,及时恢复相应的初始状态。

智能材料主要为复合型材料。目前,土木工程智能材料主要有光导纤维、碳纤维混凝土、形状记忆合金、压电材料、压磁材料等。

13.1.1 光导纤维

光导纤维是一种双层管状结构的材料,由外包层和内芯构成,内层材料采用的是 SiO_2,主要用于传输信息,外层结构是一层透明的保护层。光导纤维最初主要运用在通信传输系统中,并以此为信息载体的光子,其在容量、速度等方面要高于电子,所以得到了快速发展,光导纤维如今在信息远距离传输、传感以及监测等方面得到了广泛应用。

光导纤维在土木工程中主要用于混凝土结构改性,将光导纤维作为传感元件植入混凝土中,在混凝土结构发生变化的过程中会改变纤维的物理形态,这时便可利用信号传播的方式来监督或预防混凝土的结构变化,可以自动监测、控制、诊断、评价以及预报各项指标,而且在埋入形状记忆合金等驱动元件后,可以对信息处理系统和控制元件进行有机结合,使混凝土结构具有相应的智能性,能够自我诊断和修复混凝土结构。在控制地震响应和诊断土木工程结构时,应用光导纤维,能够有效完成相关的检测和评定工作。

13.1.2 碳纤维混凝土

碳纤维混凝土,是一种集多种功能与结构性能为一体的复合材料,由普通混凝土添加少量一定形状碳纤维和超细添加剂(分散剂、消泡剂、早强剂等)组成。

碳纤维混凝土之所以被称为智能材料,主要原因是在传统混凝土中加入了碳纤维材料。

碳纤维具有高强度、高弹性、大导电性等特点，使混凝土具有更为理想的韧度。混凝土韧度一直是材料科学难以突破的问题，加入碳纤维，可以使混凝土强度和韧性等得到改善，并且碳纤维间还会有导电网络形成，在材料中可以起到良好的阻隔导电作用。除此之外，碳纤维混凝土在温度上会有相应的温度变化产生，进而使电阻发生改变，材料内部温差还会有热电效应衍生出来。因此，在受到电场作用后，碳纤维混凝土会有热变效应产生。

碳纤维混凝土还可以制成自修复材料，纤维能感知混凝土中的裂纹和钢筋的腐蚀，并能自动黏合混凝土的裂纹或阻止钢筋的腐蚀。黏合裂纹的纤维是用玻璃丝和聚丙烯制成的多孔状中空纤维，将其掺入混凝土后，在混凝土过度挠曲时，它会被撕裂，从而释放出一些化学物质来充填和黏合混凝土中的裂缝。防腐蚀纤维则被包在钢筋周围。当钢筋周围的酸度达到一定值时，纤维的涂层就会溶解，从纤维中释放出能阻止混凝土中钢筋被腐蚀的物质。

13.1.3　形状记忆合金

记忆金属，又称形状记忆合金，是指在一定温度范围下发生塑性形变后，在另一温度范围又能恢复原来宏观形状的特殊金属材料。已开发成功的形状记忆合金有 TiNi 基形状记忆合金、铜基形状记忆合金、铁基形状记忆合金等。

形状记忆合金在土木工程中主要用于其结构方面，形状记忆合金是一种新型智能材料，有一个非常显著的优点，即当它的形状与记忆被激发时，该材料会产生超高的回复应力，且回复力在 700 MPa 以上，还能产生 8% 左右的回复应变。除此之外，形状记忆合金的能量传输与储存很强大，可以将材料嵌入土木工程结构中，实现结构的自诊断与自增强；还能将形状记忆合金材料制成智能型驱动器，用于控制土木工程结构的裂缝与变形。

形状记忆合金还具有较为优越的相变伪弹性与相变滞后性能，即在加载和卸载过程中，应力应变曲线呈环形，在这个过程中材料会吸收与消耗大量能量，且形状记忆合金具有较高的相变恢复力，最高可达 400 MPa。利用形状记忆合金的这一特点能开发出相变伪弹性被动耗能减震装置，用于土木结构的被动耗能减震控制。

一般会在土木工程结构的中间层或底部安装形状记忆合金被动耗能器，这样能够在其结构发生变形时第一时间发现并实时监测，以此来消耗地震能量。在土木工程结构中安装记忆合金耗能器，能吸收 60% 左右的地震能量，抑制结构的位移，在土木工程抗震控制中有着显著的应用价值。

13.1.4　压电材料

压电材料是指在受到压力作用时会在两端面间出现电压的晶体材料。在土木工程中，所采用的压电体通常为集成式，将压电体嵌入土木工程内部结构中，通过压电传感器实现对结构震动模态的检测，并根据输出信号确定压电作动器的输入信号，从而主动控制土木工程内部的结构振动，压电效应是压电材料的核心思想，能够引起土木工程结构内部的极化现象，有效提高材料的工作效率。现阶段，锆钛酸铅被普遍用于制作驱动器与加速传感器，并用于研究在任何激励条件下的压电层合结构的主动与被动阻尼等问题。压电材料已经被逐渐开发，应用于土木工程结构的健康监测、噪声控制、静变形能以及安全评价等工作，可以发挥出良好的应用效果。

13.1.5 压磁材料

压磁材料是指具有压磁效应的材料,可以采用压磁材料制成的传感器来感知其磁性(磁导率)变化,从而检测其内部应力和外部载荷的变化。

压磁材料在材料科学中的研究相对广泛,而在应用层面尚有不足。目前土木工程领域对于压磁材料应用的关注,主要是在磁流变材料和磁致伸缩智能材料两个方面。而该材料的功能则体现在受到外部磁场刺激时,产生变化的可逆性。磁流变材料的优势,是能在受到磁场强变化后,实现基于非牛顿流原理的一种急速固化,使结构更加稳固,从而避免材料的崩塌。磁流变材料有效整合了磁场和经典力学的核心内容,使自身能够在空间的变化中,得到真正意义上的结构稳定。磁致伸缩智能材料的主要特征是电磁的转换,凭借着高效率的转换与可适应性的转换结果,同样得到了广泛的关注。

常见的压磁材料有金属压磁材料如 Fe-Co-V 系、Fe-Ni 系、Fe-Al 系和 Ni-Co 系合金,铁氧体压磁材料,稀土压磁材料如 $TbFe_2$、$SmFe_2$ 系。压磁材料主要用于电磁能和机械能相互转换的超声发声器、接受器、超声探伤器、超声钻头、超声焊接器、滤波器、稳频器、谐波发声器、振荡器、微波检波器以及声纳、回声探测仪等。但因相关技术的成熟度不高,在土木工程领域的应用范围较小。

13.2 土木工程 3D 打印材料

3D 打印是一种快速成型技术,又称增材制造,是一种以数字模型文件为基础,运用粉末状金属或塑料等可黏合材料,通过机械设备逐层打印叠加成型的方式来构造物体的技术。打印的设计过程是先通过计算机建模软件建模,再将建成的三维模型“分区”成逐层的截面,即切片,从而指导打印机逐层打印。3D 打印常用材料有尼龙玻纤、耐用性尼龙材料、水泥材料、石膏材料、铝材料、钛合金、不锈钢、塑料、陶瓷、橡胶类材料。3D 打印应用领域涉及国际空间、海军舰艇、航天科技、医学领域、房屋建筑、汽车行业、电子行业、海底铺路等。

13.2.1 建筑 3D 打印技术

建筑 3D 打印技术是以数字模型为基础,采用以胶凝材料、骨料、掺合料、外加剂、特种纤维等材料为主制成的特殊“油墨”,利用计算机制图将建筑模型转换为三维设计图,通过分层加工、叠加成型的方式逐层增加材料将建筑物打印建造出来的技术,其本质是综合利用管理、材料、计算机与机械等技术的特定组合完成工程建造的技术。

建筑 3D 打印技术起源于 1997 年美国学者 Joseph Pegna 提出的一种适用于水泥材料逐层累积并选择性凝固的自由形态构件的建造方法。建筑 3D 打印技术作为新型数字建造技术,相比于传统的建筑施工工艺,具有以下诸多优点:①通过恒定的施工速率来减少现场施工时间,提高施工效率;②无需模板,可减少模板的浪费从而减少施工成本;③不使用模板使得建筑的可定制性强,实现更复杂的设计和审美目的;④创造基于高端技术的工作岗位;⑤根据计算机设计图,全程由电脑程序操控,节省人力,也使伤亡事故风险大幅减少;⑥可降低建筑粉尘及噪声污染,保护环境,实现绿色环保。与此同时,3D 打印技术在建筑行业应用的缺点也很突出:3D 打印过程中无模板支撑,以逐层叠加的方式成型,一方面,无法直接添加钢筋,从而导致抗弯强度较低,另一方面,打印过程中造成的层间弱面和引入的空隙在一定程度上成为打印结构潜在的缺陷,造成构件的非均质性,削弱了结构的整体承载能力和长期耐久性能等,从而阻碍其广泛应用。这也意味着其成型工艺对新拌混凝土的性能及在 3D 打印中的特性提出了更高的挑战。

国外应用案例:美国明尼苏达州的工程师 Andrey Rudenko 团队采用单头打印机器,利用轮廓工艺打印完成了占地约 3 m×5 m 的中世纪城堡。菲律宾的 Lewis Yakichl 借助 3D 打印机利用轮廓工艺打印出了占地面积 10.5 m×12.5 m×3 m 的别墅式酒店。2018 年 3 月,美国得克萨斯州一家创业公司 ICON,利用 3D 打印技术,以水泥砂浆为材料,打印了一栋 60.4 m^2 的房屋。

国内应用案例:盈创建筑科技(上海)有限公司采用 3D 打印技术,以砂浆为打印材料,率先于 2014 年 4 月在上海张江高新青浦园区内打印了 10 幢建筑;2015 年 5 月打印了一栋 5 层楼的楼房和一套 1 100 m^2 的精致别墅;2016 年 7 月在迪拜用 19 天打印出全球首个 3D 打印办公室,占地面积约为 250 m^2。2016 年 6 月,北京华商腾达工贸有限公司用类似滑模工艺加逐层堆积的 3D 打印方法,使用强度等级 30 MPa 低坍落度混凝土,建造了一栋高 6 m、占地 400 m^2 的别墅。2019 年 10 月,由河北工业大学马国伟团队采用装配式混凝土 3D 打印技术,按照 1∶2 缩尺寸建造的跨度为 18.04 m、总长为 28.1 m 的赵州桥落成于河北工业大学北辰校区。2019 年 11 月,清华大学建筑学院与上海智慧湾科创园合作,采用 3D 打印技术完成了一条长 14.1 m、宽 4 m 的 3D 打印混凝土桥梁。2019 年 11 月,由中国建筑技术中心和中建二局华南公司联合打印的世界首例原位 3D 打印双层示范建筑在龙川产业园完成主体打印,该建筑是高 7.2 m、面积 230 m^2 的双层办公室。

13.2.2 土木工程 3D 打印材料

3D 打印技术在土木工程行业发展相对缓慢,土木工程 3D 打印在 3D 打印技术中占比较小,限制其在土木工程中发展的一个重要因素就是材料,传统的水泥与混凝土难以满足 3D 打印技术在土木工程中的应用要求,亟待研究开发具备良好可挤出性和可建造性、凝结速度适宜的胶凝性 3D 打印材料。

当前,普通硅酸盐水泥、快硬早强型特种水泥、复合型普通水泥、碱激发胶凝材料及石膏基胶凝材料等五大类胶凝材料在 3D 打印中已得到了一定应用,但仍然存在不少问题。例如,一方面,与传统泵送混凝土不同,3D 打印混凝土需要较快的凝结时间和强度发展速率来满足层间结构的压力,而普通硅酸盐水泥长达 45 min 的初凝时间和不迟于 360 min 的终凝时间无法满足打印构件层间作用力快速增长的要求;另一方面,水泥基 3D 打印胶凝材料的构件层间抵抗弯矩、剪力的能力不足。碱激发胶凝材料应用于 3D 打印主要存在凝结时间难以调控、体积收缩率大、容易产生开裂等问题。而石膏基胶凝材料存在耐水性差等问题。因此,对 3D 打印胶凝材料的开发与调控仍是很长一段时间内 3D 打印建筑研究的重点之一。

打印胶凝材料的工程性能包括可打印性与力学性能。可打印性是指胶凝材料在打印过程中能够均匀、连续地挤出,不堵塞挤出喷头,且挤出后打印条能够保持稳定不坍塌,主要包括流动性、可挤出性、可建造性、凝结时间、一次打印长度、挤出形态质量 6 部分；力学性能包括抗折强度与抗压强度两部分。

①流动性，是打印胶凝材料能否顺利输送并从挤出喷头挤出的关键，通常以流动度表征。流动性好的打印胶凝材料较容易泵送和挤出，故在打印过程中需确保打印胶凝材料不能过稀或过稠，且有合适的凝结时间，使其强度能够承受下一层浆料的压力。一般来说，流动度为 150 ~ 230 mm 时，打印胶凝材料具有较好的可打印性。

②可挤出性，是指打印胶凝材料能够通过挤出喷头顺利挤出的能力。通常情况下，打印胶凝材料的可挤出性可以通过掺入适量细骨料、外加剂进行调节。一般来说，当挤出喷头直径与细骨料最大粒径的比值大于 5 时，拌合物可以顺利从喷头挤出，适宜比值为 5 ~ 10。目前，打印胶凝材料的可挤出性大多通过观察打印试件表面是否存在缺陷来评价，缺陷越少，可挤出性越好。

③可建造性，是指打印胶凝材料挤出后在自重及后续打印层压力作用下抵抗变形的能力。评价打印胶凝材料可建造性的方法主要有以下几种：微型坍落度测试，以坍落度表征可建造性；连续打印多层长条，底层发生明显变形或坍塌时，以此刻打印的层数表征材料的可建造性；成型圆柱体试件，持续向其上表面施加荷载，当表面出现明显裂缝时，以此刻的失效荷载表征打印胶凝材料的可建造性。

④凝结时间，是评价打印胶凝材料可打印性的重要指标。当打印胶凝材料的初凝时间过短时，会导致其流动性变差，无法顺利挤出；而终凝时间过长会导致打印胶凝材料早期强度不够，降低了层间黏结强度，使打印构件变形或坍塌。一般来说，3D 打印胶凝材料的初凝时间为 20 ~ 30 min、终凝时间为 30 ~ 45 min 较合适，开放时间要根据总打印时间和 3D 打印机功能进行调整。

⑤一次打印长度，打印胶凝材料通过挤出喷头被连续挤出，当其断裂时的长度即为一次打印长度。

⑥挤出形态质量，是通过肉眼观测挤出长条表面是否有裂隙。裂隙越少，表面越光滑，挤出形态质量越高。

⑦打印胶凝材料不仅需要具备足够的早期强度来支撑打印构件不变形，还需具有较高的后期强度以满足后续使用需求。因 3D 打印无模化与堆叠成型的特性，打印胶材的抗折强度与抗压强度是测试力学性能的两项主要指标。

未来，3D 打印技术在建筑领域的应用将进一步深化和拓展。首先，随着打印材料的不断创新和改进，建筑物的打印质量将得到大幅提升。目前，3D 打印建筑主要使用的是混凝土材料，而随着新型材料的研发，如可再生材料、环保材料等的应用，将有可能实现在建筑过程中的资源循环利用，提高建筑的可持续性。其次，人们可以期待 3D 打印技术在建筑修复和保护领域的应用。历史建筑的保护和修复需要大量的人工投入，而使用 3D 打印技术，则可以更加精确地制作出需要的建筑构件，以确保修复过程中的精度和质量。另外，未来的发展趋势还将包括建筑物的个性化定制。3D 打印技术的灵活性可以根据不同的需求打印出独特的建筑构件，使得每一个建筑都可以呈现出个性化的特点。这将彻底改变传统建筑物的单一化和规模化特点，使得建筑行业更加多元化和具有包容性。此外，自动化和智能化也将成为 3D 打印建筑的重要方向。随着机器人技术的不断发展，人们可以期待建筑施工过程的全自动化，从而提高工作效率、减少人力成本。而智能化的运营系统则可以通过监测和维护建筑的状态，提供有效的保障和管理。

本章总结框图

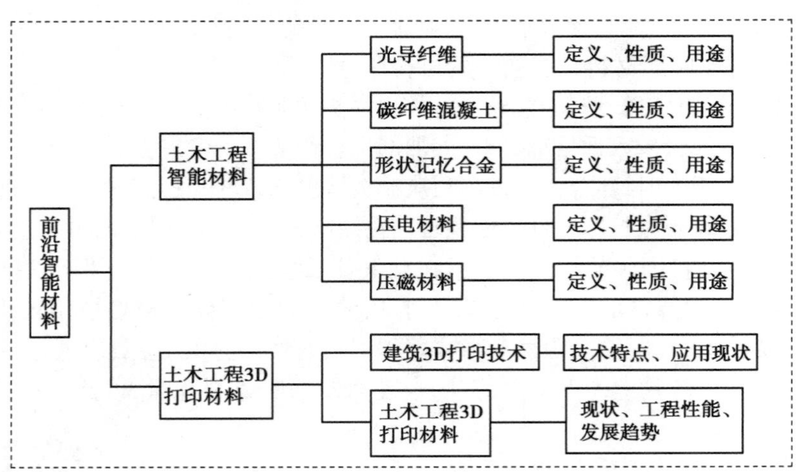

问题导向讨论题

问题1:目前,土木工程智能材料有哪些应用案例,其智能化技术途径是什么?

问题2:简述土木工程3D打印材料研究现状和应用情况。

分组讨论要求:每组4~6人,设组长1人,负责明确分工和协助要求,并指定人员代表小组发言交流。

思考练习题

13.1 简述智能材料的功能。

13.2 简述智能材料的结构组成。

13.3 常用土木工程智能材料有哪些? 简述其性质和用途。

13.4 建筑3D打印技术的优缺点?

13.5 常见土木工程3D打印材料有哪些?

13.6 简述土木工程3D打印材料的工程性能要求。

13.7 简述建筑3D打印技术的发展趋势。

附录
土木工程材料试验

<table>
<tr><td rowspan="3">试
验
导
读</td><td>内容及要求</td><td>本部分介绍了 9 个试验:试验 1 土木工程材料基本物理性能试验,试验 2 建筑钢材试验,试验 3 水泥性能试验,试验 4 骨料试验,试验 5 普通混凝土试验,试验 6 建筑砂浆试验,试验 7 沥青试验,试验 8 水泥混凝土配合比设计试验,试验 9 沥青混合料配合比设计试验。其中,试验 8 和试验 9 是综合设计试验。
通过试验部分学习和进行相应实操,能对试验结果进行分析和解释,能对土木工程材料进行合格性判断和验收,能够根据工程要求设计经济合理的试验方案,解决土木工程中的材料问题。</td></tr>
<tr><td>重点</td><td>试验方法、数据分析和解释。</td></tr>
<tr><td>难点</td><td>根据工程情况和原材料条件进行综合设计试验。</td></tr>
</table>

试验 1　土木工程材料基本物理性能试验

建筑材料基本性质的试验项目较多,对于各种不同材料及不同用途,测试项目及测试方法视具体要求而有一定差别。下面以石料为例,介绍土木工程材料常用的物理性能试验方法。

1.1　密度实验

石料密度是指石料矿质单位体积(不包括开口与闭口孔隙体积)的质量。

1.1.1　主要仪器设备

密度瓶(短颈量瓶,容积 100 mL)、筛子(孔径 0.315 mm)、烘箱、干燥器、天平(感量 0.001 g)、温度计、恒温水槽、粉磨设备等。

1.1.2　试验步骤

①将石料试样粉碎、研磨、过筛后放入烘箱中,以 105 ~ 110 ℃的温度烘干至恒重。烘干后的粉料储放在干燥器中冷却至室温,以待取用。

②用四分法取 2 份石粉，每份试样从中称取 15 g(m_1)，用漏斗灌入洗净烘干的密度瓶中，并注入试液至瓶的 1/2 处，摇动密度瓶使岩粉分散。当使用洁净水作试液时，可采用沸煮法或真空抽气法排除气体。当使用煤油作试液时，应采用真空抽气法排除气体。采用沸煮法，沸煮时间自悬液沸腾时算起不得少于 1 h；采用真空抽气法时，真空压力表读数宜为 100 kPa，抽气时间维持 1 ~2 h，直至无气泡逸出为止。

③将经过排除气体的密度瓶取出擦干，冷却至室温，再向密度瓶中注入排除气体且同温条件的试液，使接近满瓶，然后置于恒温水槽(20±2)℃内。待密度瓶内温度稳定，上部悬液澄清后，塞好瓶塞，使多余试液溢出。从恒温水槽内取出密度瓶，擦干瓶外水分，立即称其质量(m_3)。

④倾出悬液，洗净密度瓶，注入与试验同温度的试液至密度瓶，再置于恒温水槽内。待瓶内试液的温度稳定后，塞好瓶塞，将逸出瓶外试液擦干，立即称其质量(m_2)。

1.1.3 试验结果

①石料试样密度按下式计算(精确至 0.01 g/cm^3)：

$$\rho_t = \frac{m_1}{m_1 + m_2 - m_3} \times \rho_{wt} \quad ①$$

式中 ρ_t——石料密度，g/cm^3；

m_1——岩粉质量，g；

m_2——密度瓶与试液的合质量，g；

m_3——密度瓶、试液与岩粉的总质量，g；

ρ_{wt}——与试验同温度试液的密度，g/cm^3。

②以两次试验结果的算术平均值作为测定值，如两次试验结果相差大于 0.02 g/cm^3 面时，应重新取样进行试验。

1.2 表观密度(毛体积密度)试验(量积法)

石料表观密度指石料在干燥状态下包括孔隙在内的单位体积固体材料的质量。形状不规则石料的毛体积密度可采用静水称量法或蜡封法测定；对于规则几何形状的试件，可采用量积法测定其毛体积密度。

1.2.1 主要仪器设备

天平(称量大于 500 g、感量 0.01 g)、游标卡尺(精度 0.01 mm)、烘箱、试件加工设备等。

1.2.2 试验步骤

①量测试件的直径或边长：用游标卡尺量测已加工成规则形状(圆柱体或立方体)试件两端和中间 3 个断面上互相垂直的两个方向的直径或边长(精确至 0.001 cm)，按截面积计算平均值 S(cm^3)。

②量测试件的高度：用游标卡尺量测试件断面周边对称的 4 个点(圆柱体试件为互相垂

直的直径与圆周交点处；立方体试件为边长的中点）和中心点的 5 个高度，计算平均值 h（精确至 0.001 cm）。

③计算每个试件的体积（cm^3）：$V_0 = S \times h$。

④将试件（3 个）放入烘箱内，控制在 105 ~ 110 ℃温度下烘干 12 ~ 24 h，取出放入干燥箱内冷却至室温，称干试件质量 m（精确至 0.011 g）。

1.2.3 试验结果

①石料试样的表观密度（毛体积密度）按下式计算：

$$\rho_t' = \frac{m}{V} \qquad ②$$

式中 ρ_t'——石料试样的表观密度，g/cm^3；

m——烘干后试件的质量，g；

V_0——试件的体积，cm^3。

②表观密度（毛体积密度）试验结果精确至 0.01 g/cm^3，3 个试件平行试验。组织均匀的岩石应为 3 个试件测得结果的平均值；组织不均匀的岩石，应列出每个试件的试验结果。

1.3 孔隙率的计算

将已经求出的同一石料的密度和表观密度（用同样的单位表示）代入下式计算得出该石料的孔隙率：

$$P_0 = \frac{\rho_t - \rho_t'}{\rho_t} \times 100\% \qquad ③$$

式中 P_0——石料孔隙率，%；

ρ_t——石料的密度，g/cm^3；

ρ_t'——石料的毛体积密度，g/cm^3。

1.4 吸水率试验

1.4.1 主要仪器设备

天平（感量 0.01 g）、烘箱、石料加工设备、容器、垫条（玻璃管或玻璃杆）等。

1.4.2 试验步骤

①将石料试件加工成直径和高均为（50±2）mm 的圆柱体或边长为（50±2）mm 的正立方体试件；如采用不规则试件，其边长或直径为 40 ~ 50 mm，每组试件至少 3 个，石质组织不均匀者，每组试件不少于 5 个。用毛刷将试件洗涤干净并编号。

②将试件置于烘箱中，在温度为 105 ~ 110 ℃的烘箱中烘干至恒重。在干燥器中冷却至室温后以天平称其质量 m_1（g），精确至 0.01 g（下同）。

③将试件放在盛水容器中，在容器底部可放些垫条，如玻璃管或玻璃杆，使试件底面与盆底不致紧贴，使水能够自由进入。

④加水至试件高度的1/4处;以后每隔2 h分别加水至高度的1/2和3/4处;6 h后将水加至高出试件顶面20 mm,并再放置48 h让其自由吸水。这样逐次加水能使试件孔隙中的空气逐渐逸出。

⑤取出试件,用湿纱布擦去表面水分,立即称其质量m_2(g)。

1.4.3 试验结果

①按下式计算石料吸水率(精确至0.01%):

$$W_X = \frac{m_2 - m_1}{m_1} \times 100\% \tag{④}$$

式中 W_X——石料吸水率,%

m_1——烘干至恒重时试件的质量,g;

m_2——吸水至恒重时试件的质量,g 。

②石料组织均匀的试件,取3个试件试验结果的平均值作为测定值;石料组织不均匀的,则取5个试件试验结果的平均值作为测定值。并同时列出每个试件的实验结果。

1.5 比重实验

比重也称相对密度,固体或液体的比重是该物质(完全密实状态)的密度与在标准大气压,与3.98 ℃时纯H_2O下的密度(999.972 kg/m^3)的比值。气体的比重是指该气体的密度与标准状况下空气密度的比值。液体或固体的比重说明了它们在另一种流体中是下沉还是漂浮。

比重是无量纲量,即比重是无单位的值,一般情形下随温度、压力而变。比重简写为s. g。

1.5.1 实验目的及要求

①用比重瓶法测定物料的比重。

②掌握比重瓶法测物料的实验技术。

③理解比重实验的实验原理。

1.5.2 实验原理

在用比重瓶法测物料比重时,关键是测出物料同体积水的重量。了解物料重量G和介质水的比重δ_0,则物料比重可按下式计算:

$$\delta = \frac{G}{G_1 + G - G_2}\delta_0 \tag{⑤}$$

式中 G——试样干重,kg;

G_1——比重瓶和装满水的合重,kg;

G_2——比重瓶、水、试样的合重,kg;

δ_0——水的比重;

δ——试样比重。

1.5.3　仪器及工具

①烘箱。

②分析天平、感量 1 ~ 10 mg,称量 100 g。

③比重瓶 25 ~ 50 mL。

④电炉。

⑤试样。

1.5.4　实验步骤

①将比重瓶清洗干净后,称烘干的试样 15 g,借漏斗细心将试样倾入洗净的比重瓶内,并将附在漏斗上的试样扫入瓶内。

②注蒸馏水入比重瓶至半满,摇动比重瓶使试样分散和充分润湿,然后将比重瓶和用于试验的蒸馏水一同置于电炉板上加热,排净瓶内空气,加温时间要保证瓶内蒸馏水沸腾 10 min 以上。

③将煮沸的蒸馏水注入比重瓶至满,然后断开电炉板电源,待瓶内蒸馏水慢慢冷却至室温。

④将比重瓶的瓶塞塞好,使多余的水自瓶塞毛细管中溢出,用滤纸擦干瓶外的水分后,称瓶、水、试样合重,得 G_2。

⑤将试样倒出,洗净比重瓶,注入经加热排净空气的蒸馏水至比重瓶满,塞好瓶塞,擦干瓶外水分,称瓶、水合重得 G_1。

⑥重复步骤① ~ ⑤,做 3 次。将 3 次得到的 G、G_1、G_2 和水的比重,按公式⑤计算 δ,最后取 3 次的 δ 的平均值,即为被测物料的比重值。

1.5.5　数据数理

按附录表 1.1 记录实验数据并计算 δ 值。

附录表 1.1　实验数据表

次数	试样重量 G/kg	瓶+水重 G_1/kg	瓶+水+样重 G_2/kg	试样比重 δ
1				
2				
平均值				

试验 2　建筑钢材试验

建筑钢材试验主要包括钢材拉伸试验、冷弯试验、冲击试验等。这里只介绍钢筋拉伸试验和钢材弯曲试验。

试验 2.1　钢筋拉伸试验

1）试验目的与依据

通过拉力拉伸钢筋试样，一般拉至断裂，测定钢筋的屈服强度、抗拉强度与伸长率，计算屈强比。标准依据为《金属材料 拉伸试验 第 1 部分：温室试验方法》（GB/T 228.1—2021）。

2）主要仪器设备

拉伸试验机，准确度为 1 级或优于 1 级，试验时荷载在拉伸试验机量程的 20% ~80% 。

钢筋划线机、游标卡尺（精确度为 0.1 mm）、天平等。

3）试样制备

拉伸试验用具有恒定横截面的钢筋试件不进行车削加工。试样原始标距 L_o 与横截面积 S_o 有 $L_o=k\sqrt{S_o}$ 关系的试样，称为比例实验。国际上使用比例系数 k 的值为 5.65。原始标距应不小于 15 mm。当试样横截面积太小，以致采用比例系数 k 取值 5.65 后不能符合这一最小标距要求时，可以采用较高比例系数（优先采用 11.3）或采用非比例试样。具体如下：

当钢筋直径小于 4 mm 时，原始标距 L_o 应取（200±2）mm 或（100±1）mm，试验机两夹头之间的距离应至少等于 L_o+3b_o，或 L_o+3d_o，最小值为 L_o+20 mm。

当钢筋直径等于或大于 4 mm 时，试样尺寸原始标距 L_o 与横截面积 S_o 应满足 $L_o=k\sqrt{S_o}$，比例系数 k 通常取值 5.65，也可以取 11.3，优先采用附录表 2.1 推荐的尺寸。

附录表 2.1　钢筋横截面比例试样

单位：mm

d_o	r	$k=5.65$			$k=11.3$		
		L_o	L_c	试样编号	L_o	L_c	试样编号
25	≥$0.75d_o$	$5d_o$	≥$L_o+d_o/2$ 仲裁试验： L_o+2d_o	$R1$	$10d_o$	≥$L_o+d_o/2$ 仲裁试验： L_o+2d_o	$R01$
20				$R2$			$R02$
15				$R3$			$R03$
10				$R4$			$R04$
8				$R5$			$R05$
6				$R6$			$R06$
5				$R7$			$R07$
3				$R8$			$R08$

注：1. 如相关产品标准无具体规定，优先采用 R_2、R_4 或 R_7 试样。

2. 试样总长度取决于夹持方法，原则上 $L_1>L_c+4d_o$。

试样确定后，应用小标记、细划线或细墨线标记原始标距，但不得用引起过早断裂的缺口做标记。

4）试验步骤

①设定试验力零点。在试验加载完毕后，试样两端被夹持之前，应设定力测量系统的零点，在试验期间力测量系统不能再发生变化。这一方面是为了确保夹持系统的重量在测力时得到补偿，另一方面是为了保证夹持过程中产生的力不影响力值的测量。

②试样夹持。应使用如楔形夹头、螺纹夹头、平推夹头、套环夹具等合适的夹具夹持试样。应尽最大努力确保夹持的试样受轴向拉力的作用，尽量减少弯曲。

③开动试验机进行拉伸试验，直至钢筋被拉断。除另有规定，只要能满足的要求，实验室可自行选择应变速率控制的试验速率（方法A）或应力速率控制的试验速率（方法B），钢筋的应力速率范围为6～60 MPa/s。

5）结果计算与评定

（1）屈服强度

带自动测试系统的试验机，可直接读出测定屈服强度。

指针读数的试验机可采用如下方法计算。这里屈服强度指下屈服强度，试验时，屈服期间，读取测力度盘指针不计初始瞬时效应时屈服阶段中指示的最小力或首次停止转动指示的恒定力 F_{eL}，将其除以试样原始横断面积 S_o，即为屈服强度 R_{eL}。

（2）抗拉强度

带自动测试系统的试验机，可直接读出测定抗拉强度。

指针读数的试验机可采用如下方法计算。试验时，读取拉伸至断裂的整个试验过程中测力度盘指针的最大力 F_m，将其除以试样原始横断面积（S_o），即为抗拉强度 R_m。

（3）屈强比

有屈服阶段的低碳钢的屈强比，是屈服强度 R_{eL} 与抗拉强度 R_m 比值。

无明显屈服的金属材料，规定以产生0.2%残余变形的应力值为其屈服极限，称为条件屈服极限或屈服强度。

（4）伸长率

这里指断后伸长率 A，将试样断裂的部分仔细地配接在一起使其轴线处于同一直线上，确保试样断裂部分适当接触后测量试样断后标距 L_u，钢筋标距示意图如附录图2.1所示。断后伸长率 A 按下式计算：

$$A = \frac{L_u - L_o}{L_o} \times 100\% \quad ⑥$$

式中 A——伸长率，%；

L_u——试样断后标距，mm；

L_o——试样原始标距，mm。

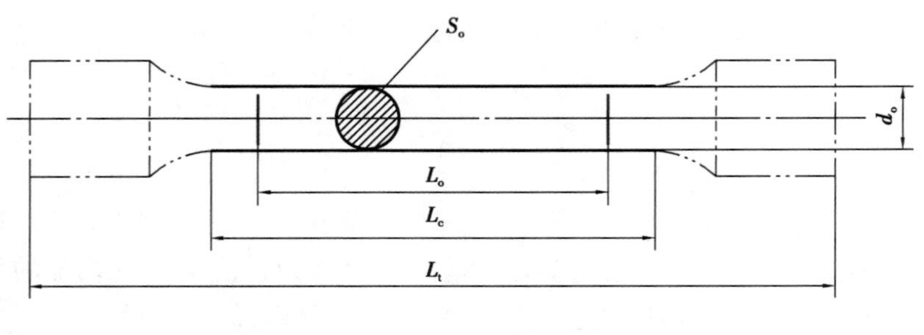

(a)试验前

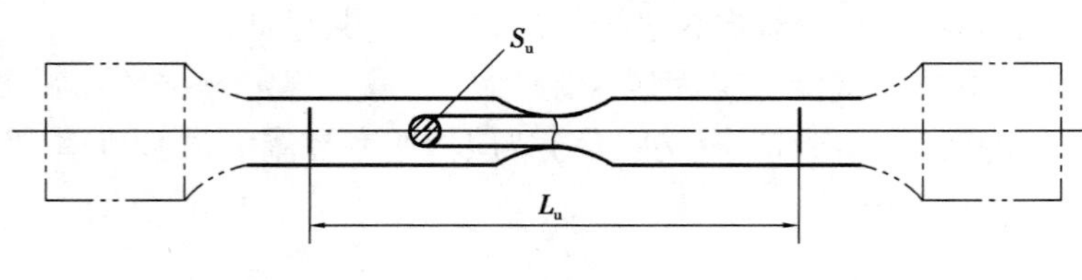

(b)试验后

标引符号说明：
d_o——圆试样平行长度的原始直径；
L_o——原始标距；
L_c——平行长度；
L_t——试样总长度；
L_u——断后标距；
S_o——平行长度的原始横截面积；
S_u——断后最小横截面积。
注：试样头部形状仅为示意图例。

附录图 2.1 钢筋标距示意图

试验 2.2 钢材弯曲试验

1) 试验目的与依据

检验建筑钢材承受规定弯曲塑性变形能力。标准依据为《金属材料 弯曲试验方法》(GB/T 232—2010)，但不适用于金属管材和金属焊接接头的弯曲试验。

2) 主要仪器设备

弯曲试验应在配备下列弯曲装置之一的试验机或压力机上完成。
①配有两个支辊和一个弯曲压头的支辊弯曲装置。
②配有一个 V 形模具和一个弯曲压头的 V 形模具式弯曲装置。
③虎钳式弯曲装置。

3) 试样制备

本试验一般要求：试验使用圆形、方形、矩形或多边形横截面的试样。样坯的切取位置和方向应按照相关产品标准要求。如未具体要求，对于钢产品，应按照《钢及钢产品 力学性能试验取样位置及试样制备》(GB/T 2975—2018)的要求,试样应去除因剪切或火焰切割或类似操作而影响了材料性能的部分。如果试验结果不受影响,允许不去除试样受影响的部分。

使用钢筋冷弯试件,不得进行车削加工,试件长度应根据试样厚度(或直径)和使用的试验设备确定。

4)试验步骤

①试验一般在 10～35 ℃的室温范围内进行。对温度要求严格的试验,试验温度应为(23±5)℃。

②按照相关产品标准规定,采用下列方法之一完成实验:

a. 试样在给定的条件和作用力下弯曲至规定的弯曲角度,如附录图 2.2 和附录图 2.3 所示。

b. 试样在力作用下弯曲至两臂相距规定距离且相互平行,如附录图 2.4 所示。

c. 试样在力作用下弯曲至两臂直接接触,如附录图 2.5 所示。

③试样弯曲至规定的弯曲角度的试验,应将试样放于两支辊或 V 形模具上,试样轴线应与弯曲压头轴线垂直,弯曲压头在两支座之间的中点处对试样连续施加力使其弯曲,直至达到规定的弯曲角度。弯曲试验时,应当缓慢施加弯曲力,以使材料能够自由地进行塑性变形。当出现争议时,试验速率应为(1±0.2)mm/s。

使用上述方法如不能直接达到规定的弯曲角度,可将试样置于两平行压板之间,连续施加力使其两端进一步弯曲,直至达到规定的弯曲角度。

④试样弯曲至两臂相互平行试验,首先应对试样进行初步弯曲,然后将试样置于两平行压板之间,连续施加力压其两端使进一步弯曲,直至两臂相互平行。

⑤试样弯曲至两臂直接接触试验,首先对试样进行初步弯曲,然后将试样置于两平行压板之间,连续施加力压其两端使进一步弯曲,直至两臂直接接触。

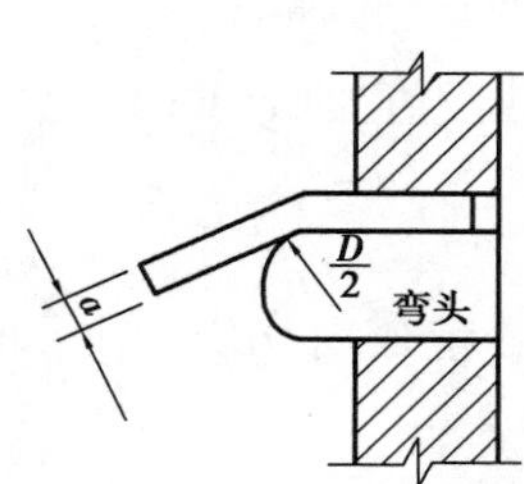

附录图 2.2　虎钳式弯曲装置

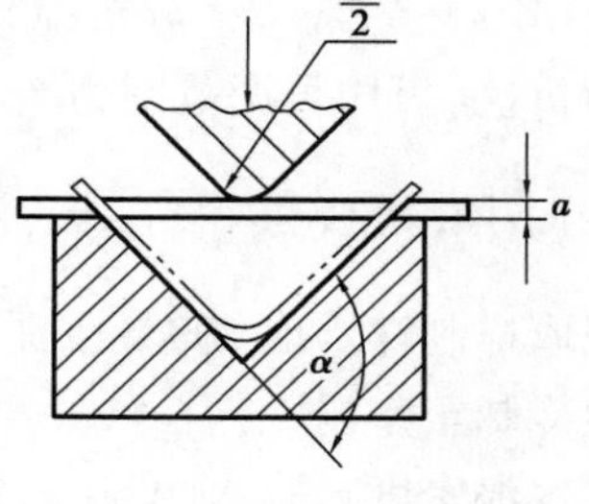

附录图 2.3　配有一个 V 形和一个弯曲压头的弯曲装置

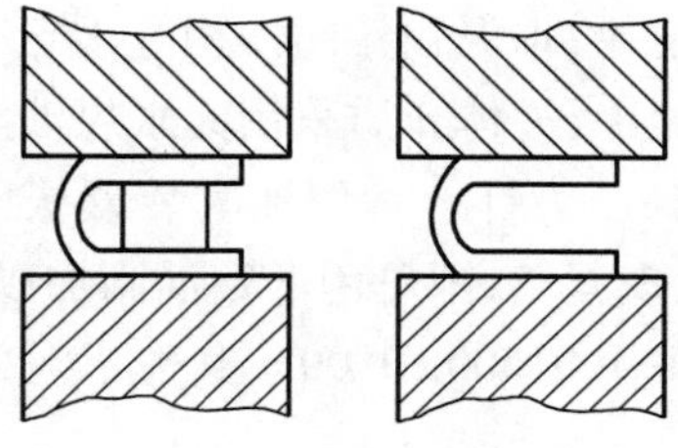

附录图 2.4　试样两端相互平行

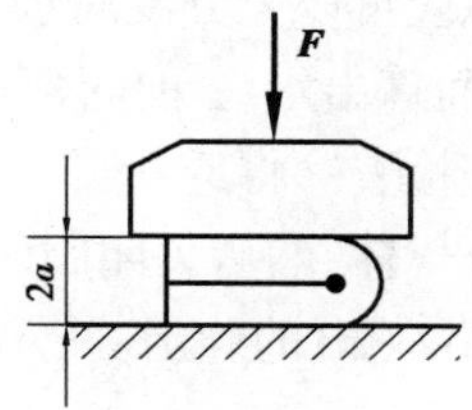

附录图 2.5　试样两端相互接触

5)结果计算与评定

①应按照相关产品标准要求评定弯曲试验结果。如未规定具体要求,弯曲试验后,试样弯曲外表面无可见裂纹应评定为合格。

②以相关产品标准规定的弯曲角度作为最小值;若规定弯曲压头直径,以规定的弯曲压头直径作为最大值。

试验3　水泥性能试验

水泥性能试验主要包括水泥细度试验、水泥凝结时间试验、水泥安定性试验、水泥胶砂强度试验。主要依据标准《通用硅酸盐水泥》(GB 175—2023)。

试验3.1　水泥细度试验

1)试验目的与依据

测定水泥的比表面积、80 μm或45 μm筛余量。比表面积依据《水泥比表面积测定方法 勃氏法》(GB/T 8074—2008)。筛余量依据《水泥细度检验方法 筛析法》(GB/T 1345—2005)。

2)主要仪器设备

勃氏比表面积透气仪、烘干箱(控制温度灵敏度±1 ℃)、分析天平(分度值为0.001 g)、秒表(精确至0.5 s)、滤纸、汞(分析纯)、0.9 mm方孔筛,如附录图3.1所示。

负压筛析仪(负压可调范围为4 000~6 000 Pa),天平(分度值为0.01 g)。

3)比表面积试验步骤

①水泥取样制样。取500 g水泥,先通过0.9 mm方孔筛,再在(110±5)℃下烘干1 h,并在干燥器中冷却至室温。

②测定水泥密度。取水泥60 g,用李氏瓶测定水泥密度。具体可参照《水泥密度测定方法》(GB/T 208—2014)。方法原理:将一定质量的水泥导入装有足够量液体介质的李氏瓶内,液体的体积应可以充分浸润水泥颗粒;根据阿基米德定律,水泥颗粒的体积等于它所排开的液体体积,从而算出水泥单位体积的质量即为密度。试验中,液体介质采用无水煤油。

③漏气检查。将透气圆筒上口用橡皮塞塞紧,接到压力计上。用抽气装置从压力计一臂中抽出部分气体,然后关闭阀门,观察是否漏气。如发现漏气,则可用活塞油脂加以密封。

④孔隙率(ε)的确定。PⅠ、PⅡ型水泥的孔隙率采用0.500±0.005,其他水泥的孔隙率选用0.530±0.005。

⑤确定试样量。试样量按下式计算:

$$m = \rho V(1 - \varepsilon) \tag{⑦}$$

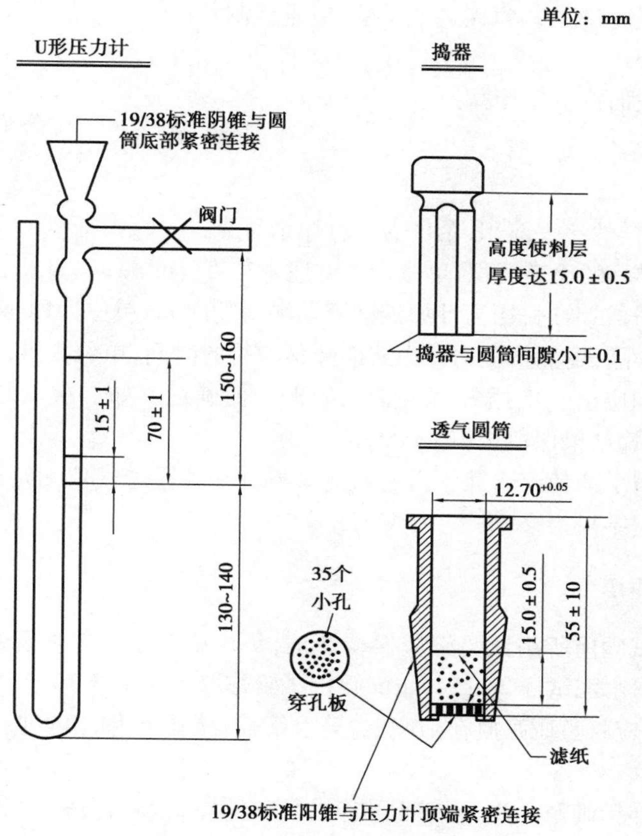

附录图 3.1　勃氏透气仪示意图

式中　m——需要的试样量，单位为克，g；

ρ——试样密度，单位为克每立方厘米，g/cm^3；

V——试料层体积，按 JC/T 956—2014 测定，单位为立方厘米，cm^3；

ε——试料层孔隙率。

⑥试料层制备。

a. 将穿孔板放入透气圆筒的突缘上，用捣棒将一片滤纸放到穿孔板上，边缘放平并压紧。称取按第⑤条确定的试样量，精确到 0.001 g，导入圆筒。轻敲圆筒的边，使水泥层表面平坦。再放入一片滤纸，用捣器均匀捣实试料直至捣器的支持环与圆筒顶边接触，并旋转 1 ~ 2 圈，慢慢取出捣器。

b. 穿孔板上的滤纸为 ϕ12.7 mm 边缘光滑的圆形滤纸片，每次测定需用新的滤纸片。

⑦透气实验。

a. 将装有试料层的透气圆筒下锥面涂一薄层活塞油脂，然后将它插入压力计顶端锥形磨口处，旋转 1 ~ 2 圈。要保证紧密连接不致漏气，并不振动所制备的试料层。

b. 打开微型电磁泵慢慢从压力计一臂中抽出空气，直到压力计内液面上升到扩大部下端时关闭阀门。当压力计内液体的凹液面下降到第一条刻线时开始计时，当液体的凹液面下降到第二条刻线时停止计时，记录液面从第一条刻度线到第二条刻度线所需的时间。以 s 记录，并记录下试验时的温度(℃)。每次透气试验,应重新制备试料层。

⑧结果计算及处理。

a. 被测试样比表面按下式计算:

$$S = S_S \frac{\sqrt{T}}{\sqrt{T_S}} \tag{⑧}$$

式中 S——被测试样的比表面积,单位为平方厘米每克,cm^2/g;

S_S——标准样品的比表面积,单位为平方厘米每克,cm^2/g;

T——被测试样试验时,压力计中液面降落测得的时间,单位为秒,s;

T_S——标准样品试验时,压力计中液面降落测得的时间,单位为秒,s。

b. 水泥比表面积应由二次透气试验结果的平均值确定。如二次试验结果相差2%以上时,应重新试验。计算结果保留至10 cm^2/g。

c. 当同一水泥用手动勃氏透气仪测定的结果与自动勃氏透气仪测定的结果有争议时,以手动勃氏透气仪测定结果为准。

4)筛余量试验步骤

①试验准备。试验前所用试验筛应保持清洁,负压筛和手工筛应保持干燥。试验时,用80 μm筛析试验称取水泥试样25 g,45 μm筛析试验称取水泥试样10 g。

②筛析试验前,应将负压筛放在筛座上,盖上筛盖,接通电源,检查控制系统,调节负压至4 000~6 000 Pa。

③称取水泥试样精确至0.01 g,置于洁净的负压筛中,放在筛座上,盖上筛盖,接通电源,开动筛析仪连续筛析2 min,在此期间如有试样附着在筛盖上,可轻轻敲击筛盖使试样落下。筛毕,用天平称量全部筛余物。

④清洗试验筛,保持洁净。

⑤结果计算及处理。

水泥试样筛余百分数按下式计算:

$$F = \frac{R_t}{W} \times 100\% \tag{⑨}$$

式中 F——水泥试样的筛余百分数,单位为质量百分数,%,结果精确至0.1%;

R_t——水泥筛余物的质量,单位为克,g;

W——水泥试样的质量,单位为克,g。

合格评定时,每个样品应称取2个试样分别筛析,取筛余平均值为筛析结果。若两次筛余结果绝对误差大于0.5%时(筛余值大于5.0%时可放至1.0%)应再做一次试验,取两次相近结果的算术平均值,作为最终结果。80 μm筛余不大于10%或45 μm筛余不大于30%时为合格。

试验3.2　水泥标准稠度用水量、凝结时间、安定性试验

1)试验目的与依据

检验水泥标准稠度用水量、凝结时间、安定性。标准依据:《水泥标准稠度用水量、凝结时间、安定性检验方法》(GB/T 1346—2011)。

2)主要仪器设备

水泥净浆搅拌机、标准法维卡仪、雷氏夹、沸煮箱、雷氏夹膨胀测定仪、量筒或滴管(精度±0.5 mL)、天平(量程不小于1 000 g,分度值不大于1 g)。

3)标准稠度用水量试验步骤

①试验前准备工作。维卡仪的滑动杆能自由滑动;试模和玻璃底板用湿布擦拭,将试模放在地板上。调整指试杆接触玻璃板时指针对准零点,搅拌机运行正常。

②水泥净浆的拌制。用水泥净浆搅拌机搅拌,搅拌锅和搅拌叶片先用湿布擦净,将拌和水倒入搅拌锅内,然后在5~10 s内小心将称好的500 g水泥加入水中,防止水合水泥溅出;拌和时,先将锅放在搅拌机的锅座上,升至搅拌位置,启动搅拌机,低速搅拌120 s,停15 s,同时将叶片和锅壁上的水泥浆刮入锅中间,接着高速搅拌120 s停机。

③标准稠度用水量的测定。拌和结束后,立即取适量水泥净浆一次性将其装入已置于玻璃底板上的试模中,浆体超过试模上端,用宽约25 mm的直边刀轻轻拍打超出试模部分的浆体5次以排除浆体中的孔隙,然后在试模上表面约1/3处,略倾斜于试模分别向外轻轻锯掉多余净浆,再从试模边缘轻抹顶部一次,使净浆表面光滑。在锯掉多余净浆和抹平的操作过程中,注意不要压实净浆;抹平后迅速将试模和底板移到维卡仪上,并将其中心定在试杆下,降低试杆直至与水泥净浆表面接触,拧紧螺丝1~2 s后,突然放松,使试杆垂直自由地沉入水泥净浆中。在试杆停止沉入或释放试杆30 s时记录杆距底板之间的距离,升起试杆后,立即擦净;整个操作应在搅拌后1.5 min内完成。以试杆沉入净浆并距底板(6±1)mm的水泥净浆为标准稠度净浆。其拌和水量为该水泥的标准稠度用水量(P),按水泥质量的百分比计。

4)凝结时间试验步骤

①试验前准备工作。调整凝结时间测定仪的试针接触玻璃底板时指针对准零点。

②试件的制备。以标准稠度用水量按上述水泥标准稠度用水量试验方法制成标准稠度净浆,装模和刮平后,立即放入湿气养护箱中。记录水泥全部加入水中的时间作为凝结时间的起始时间。

③初凝时间的测定。试件在湿气养护箱中养护至加水后30 min时进行第一次测定。测定时,从湿气养护箱中取出试模放到试针下,降低试针与水泥净浆表面接触。拧紧螺丝1~2 s后,突然放松,试针垂直自由地沉入水泥净浆。观察试针停止下沉或释放试针30 s时指针的读数。临近初凝时间时每隔5 min(或更短时间)测定一次,当试针沉至距底板(4±1)mm时,为水泥达到初凝状态;由水泥全部加入水中至初凝状态的时间为水泥的初凝时间,用min来

表示。

④终凝时间的测定。为了准确观测试针沉入的状况，在终凝针上安装了一个环形附件。在完成初凝时间测定后，立即将试模连同浆体以平移的方式从玻璃板取下，翻转 180°，直径大端向上，小端向下放在玻璃板上，再放入湿气养护箱中继续养护。临近终凝时间时每隔 15 min（或更短时间）测定一次，当试针沉入试体 0.5 mm 时，即环形附件开始不能在试体上留下痕迹时，为水泥达到终凝状态。由水泥全部加入水中至终凝状态的时间为水泥的终凝时间，用 min 来表示。

⑤测定注意事项。测定时应注意，在最初测定的操作时应轻轻扶持金属柱，使其徐徐下降，以防试针撞弯，但结果以自由下落为准；在整个测试过程中试针沉入的位置至少要距试模内壁 10 mm。临近初凝时，每隔 5 min（或更短时间）测定一次，临近终凝时每隔 15 min（或更短时间）测定一次，到达初凝时应立即重复测一次，当两次结论相同时才能确定到达初凝状态，到达终凝时，需要在试体另外两个不同点测试，确认结论相同才能确定到达终凝状态。每次测定不能让试针落入原针孔，每次测试完毕须将试针擦净并将试模放回湿气养护箱，整个测试过程要防止试模受振。

5）安定性（标准法）试验步骤

①试验前准备工作。每个试样需成型两个试件，每个雷氏夹需配备两个边长或直径约为 80 mm、厚度为 4 ~ 5 mm 的玻璃板，凡与水泥净浆接触的玻璃板和雷氏夹内表面都要稍稍涂上一层油。

②雷氏夹试件的成型。将预先准备好的雷氏夹放在已稍擦油的玻璃板上，并立即将已制好的标准稠度净浆一次性装满雷氏夹，装浆时一只手轻轻扶持雷氏夹，另一只手用宽约 25 mm 的直边刀在浆体表面轻轻插捣 3 次，然后抹平，盖上稍涂油的玻璃板，接着立即将试件移至湿气养护箱内养护(24±2)h。

③沸煮。

a. 调整好沸煮箱内的水位，使能保证在整个沸煮过程中都超过试件，不需中途填补试验用水，同时又能保证在(30±5)min 内升至沸腾。

b. 脱去玻璃板取下试件，先测量雷氏夹指针尖端间的距离(A)，精确至 0.5 mm，接着将试件放入沸煮箱中的时间就架上，指针朝上，然后在(30±5)min 内加热至沸腾并恒沸(1 800±5)min。

④结果判别。沸煮结束后，立即放掉沸煮箱中的热水，打开箱盖，待箱体冷却至室温，取出试件进行判别。测量雷氏夹指针尖端的距离(C)，准确至 0.5 mm，当两个试件煮后增加距离($C-A$)的平均值不大于 5.0 mm 时，即认为该水泥安定性合格，当两个试件煮后增加距离($C-A$)的平均值大于 5.0 mm 时，应用同一样品立即重做一次试验。以复检结果为准。

试验 3.3　水泥胶砂强度试验

水泥胶砂
强度试验

1）试验目的与依据

测定水泥强度，包括抗折强度和抗压强度。标准依据《水泥胶砂强度检验方法（ISO 法）》（GB/T 17671—2021）。

2)主要仪器设备

水泥胶砂搅拌机[《行星式水泥胶砂搅拌机》(JC/T 681—2022)]、水泥胶砂试模(40 mm×40 mm×160 mm×3)、水泥胶砂振实台[水泥胶砂试体成型振实台(JC/T 682—2022)]、压力机[水泥胶砂强度自动压力试验机(JC/T 960—2022)]、抗折夹具、抗压夹具、养护箱。

3)试验步骤

方法概要:本方法为 40 mm×40 mm×160 mm 棱柱体的水泥胶砂抗折强度和抗压强度的测定。试体是由按质量计的 1 份水泥、3 份中国 ISO 标准砂和半份水(水灰比 W/C 为 0.50)拌制的一组塑性胶砂制成。胶砂采用行星式搅拌机搅拌,在振实台上成型。试体连同试模一起在湿气中养护 24 h,脱模后在水中养护至强度试验。到试验龄期时将试体从水中取出,先用进行抗折强度试验,折断后对每截再进行抗压强度试验。具体步骤如下所述。

(1)胶砂的制备

①配合比:胶砂的质量配合比为 1 份水泥、3 份中国 ISO 标准砂和半分水(水灰比 W/C 为 0.50)。每锅材料需(450±2)g 水泥、(1 350±5)g 砂子和(225±1)mL 或(225±1)g 水。1 锅胶砂成型 3 条试体。

②搅拌:胶砂用搅拌机按以下程序进行搅拌,可以采用自动控制,也可以采用手动控制:

a. 将水加入锅里,再加入水泥,将锅固定在固定架上,上升至工作位置。

b. 立即开动机器,先低速搅拌(30±1)s 后,在第二个(30±1)s 开始的同时均匀地将砂子加入,把搅拌机调至高速再搅拌(30±1)s。

c. 停拌 90 s,在停拌开始的(15±1)s 内,将搅拌锅放下,用刮刀将叶片、锅壁和锅底上的胶砂刮入锅中。

d. 再在高速下继续搅拌(60±1)s。

(2)试体的制备

试体为 40 mm×40 mm×160 mm 的棱柱体。采用水泥胶砂振实台成型,胶砂制备后立即进行成型。将空试模和模套固定在振实台上,用料勺将锅壁上的胶砂清理到国内并翻转搅拌砂浆使其更加均匀,成型时将胶砂分两层装入试模。装第一层时,每个槽里约放 300 g 胶砂,即约料槽 1/2 容量,先用料勺沿试模长度方向划动胶砂以布满模槽,再用大布料器垂直架在模套顶部沿每个模槽来回一次将料层布平,接着振实 60 次。再装入第二层胶砂,用料勺沿试模长度方向划动胶砂以布满模槽,但不能接触已振实胶砂,再用小布料器布平,振实 60 次。每次振实时可将一块用水湿过拧干、比模套尺寸稍大的棉纱布盖在模套上以防止振实时胶砂飞溅。移走模套,从振实台上取下试模,用一金属直边尺以近似 90°的角度(但向刮平方向稍斜)架在试模模顶的一端,然后沿试模长度方向以横向锯割动作慢慢向另一端移动,将超过试模部分的胶砂刮去。锯割动作的多少和直尺角度的大小取决于胶砂的稀稠程度,较稠的胶砂需要多次锯割、锯割动作要慢以防止拉动已振实的胶砂。用拧干的湿毛巾将试模端板顶部的胶砂擦拭干净,再用同一直边尺以近乎水平的角度将试体表面抹平。抹平的次数要尽量少,总次数不应超过 3 次。最后将试模周边的胶砂擦除干净。用毛笔或其他方法对试体进行编号,两个龄期以上的试体,在编号时应将同一试模中的 3 条试体分在 2 个以上龄期内。

(3)试体的养护及脱模

①脱模前的处理和养护。在试模上盖一块玻璃板,也可用相似尺寸的钢板或不渗水的、和水泥没有反应的材料制成的板。盖板不应与水泥胶砂接触,盖板与试模之间的距离应控制为 2 ~ 3 mm。为了安全,玻璃板应有磨边。立即将做好标记的试模放入养护室或湿箱[温度(20±1)℃,相对湿度不低于 90%]的水平架子上养护,湿空气应能与试模各边接触。养护时不应将试模放在其他试模上。一直养护到规定的脱模时间时取出脱模。

②脱模。脱模应非常小心,脱模时可以用橡皮锤或脱模器。对于 24 h 龄期的,应在破型试验前 20 min 内脱模。对于 24 h 以上龄期的,应在成型后 20 ~ 24 h 之间脱模。如经 24 h 养护,会因脱模对强度造成损害时,可以延迟至 24 h 以后脱模,但在试验报告中应予说明。已确定作为 24 h 龄期试验(或其他不下水直接做试验)的已脱模试体,应用湿布覆盖至做试验时为止。对于胶砂搅拌或振实台的对比,建议称量每个模型中试体的总量。

③水中养护。将脱模后做好标记的试体立即水平或竖直放在(20±1)℃水中养护,水平放置时刮平面应朝上。试体放在不易腐烂的篦子上,并彼此间保持一定距离,让水与试体的 6 个面接触。养护期间试体之间间隔或试体上表面的水深不应小于 5 mm。每个养护池只养护同类型的水泥试体。最初用自来水装满养护池或其他容器,随后随时加水保持适量的水位,在养护期间,可以更换不超过 50% 的水。

④强度试验试体的龄期。除 24 h 龄期或延迟至 48 h 脱模的试体除外,任何到龄期的试体应在试验(破型)前提前从水中取出。拭去试体表面沉积物,并用湿布覆盖至试验为止。试体龄期是从水泥加水搅拌开始试验时算起。不同龄期强度试验在下列时间里进行:24 h±15 min;48 h±30 min;72 h±45 min;7 d±2 h;28 d±8 h。

(4)强度试验

①抗折强度测定。用抗折强度试验机测定抗折强度。将试体的非成型面放在试验机支撑圆柱上,试体长轴垂直于支撑圆柱,通过加荷圆柱以(50±10)N/s 的速率均匀地将荷载垂直地加在棱柱体相对侧面上,直至折断。保持两个半截棱柱体处于潮湿状态直至抗压实验。抗折强度按下式进行计算:

$$R_{\mathrm{f}} = \frac{1.5F_{\mathrm{f}}L}{b^3} \tag{⑩}$$

式中 R_{f}——抗折强度,单位为兆帕,MPa;

F_{f}——折断时施加于棱柱体中部的荷载,单位为牛顿,N;

L——支撑圆柱之间的距离,单位为毫米,mm;

b——棱柱体正方形截面的边长,单位为毫米,mm。

水泥胶砂抗折强度也可用压力机加抗折夹具测定,有些带电脑控制程序的还可直接读出抗折荷载和抗折强度。

②抗压强度测定。抗折强度试验完成后,所得的 6 个半截试体需进行抗压强度试验。抗压强度试验采用压力机加抗压夹具,在半截棱柱体的非成型面的侧面上进行。半截棱柱体中心与压力机压板受压中心差应在±0.5 mm 内,棱柱体露在压板外的部分约有 10 mm。在整个加荷过程中以(2 400±200)N/s 的速率均匀地加荷直至破坏。抗压强度按下式进行计算:

$$R_c = \frac{1.5F_c}{A} \quad ⑪$$

式中　R_c——抗压强度,单位为兆帕,MPa;

F_f——破坏时的最大荷载,单位为牛顿,N;

A——受压面积,即 1 600 mm^2。

4)试验结果

(1)抗折强度

①结果的计算和表示。以一组三棱柱抗折结果的平均值作为试验结果。当 3 个强度值中有一个超出平均值±10%时,应剔除后再取平均值作为抗折强度试验结果;当 3 个强度值中有 2 个超出平均值±10%时,则以剩余一个作为抗折强度结果。

单个抗折强度结果精确至 0.1 MPa,算术平均值精确至 0.1 MPa。

②结果的报告。报告所有单个抗折强度结果以及按上述规定剔除的抗折强度结果、计算的平均值。

(2)抗压强度

①结果的计算和表示。以一组三棱柱得到的 6 个抗压强度测定值的平均值作为试验结果。当 6 个强度值中有一个超出 6 个平均值±10%时,剔除这个结果,再以剩下 5 个的平均值为结果。当 5 个测定值中再有超过它们平均值的±10%时,则此组结果作废。当 6 个测定值中同时有两个或两个以上超出平均值的±10%时,则此组结果作废。

单个抗压强度结果精确至 0.1 MPa,算术平均值精确至 0.1 MPa。

②结果的报告。报告所有单个抗压强度结果以及按上述规定剔除的抗折强度结果、计算的平均值。

试验 4　骨料试验

骨料试验包括细骨料试验和粗骨料试验。细骨料试验主要有砂的筛分试验、表观密度试验和堆积密度试验,涉及技术指标有砂的细度模数、级配曲线、表观密度和堆积密度;粗骨料试验主要有石子的筛分试验、表观密度和抗压强度,涉及技术指标有颗粒级配、表观密度和压碎指标。

主要标准依据:《建设用砂》(GB/T 14684—2022)、《建设用卵石、碎石》(GB/T 14685—2022)。

4.1　取样方法

①分批方法:砂或石按同产地同规格分批取样。采用大型工具运输的,以 400 m^3 或 600 t 为一验收批;采用小型工具运输的,以 200 m^3 或 300 t 为一验收批。

②抽取试样:从料堆上取样时,取样部位应均匀分布。先将取样部位表层铲除,然后由各部位抽取大致相等的砂 8 份,石子 16 份,组成各自一组样品。

③取样数量:对于每一单项检验项目,砂、石的每组样品取样数量应分别满足附录表 4.1 和附录表 4.2。可在确保样品经一项试验后不致影响其他试验结果的前提下,用同组样品进行多项不同的试验。

④试样缩分。

a. 砂四分法缩分:将样品置于平板上,在自然状态下拌和均匀,并堆成厚度约 20 mm 的圆饼状,沿互相垂直的两条直径把圆饼分成大致相等的 4 份,取其对角两份重新拌匀,再堆成圆饼状。重复上述过程,直至将样品缩分后的材料量略多于进行试验所需量为止。

b. 碎石或卵石缩分:将样品置于平板上,在自然状态下拌和均匀,并堆成堆体,沿互相垂直的两条直径把堆体分成大致相等的 4 份,取其对角两份重新拌匀,再堆成堆体。重复上述过程,直至把样品缩分至试验所需量为止。

附录表 4.1 部分单项砂试验的最少取样质量(kg)(GB/T 14684—2022)

试验项目	筛分析	表观密度	堆积密度
最少取样量	4.4	2.6	5.0

附录表 4.2 部分单项石子试验的最少取样质量(kg)(GB/T 14685—2022)

试验项目	最大公称料径/mm							
	9.5	16.0	19.0	26.5	31.5	37.5	63.0	75.0
筛分析	9.5	16.0	19.0	25.0	31.5	37.5	63.0	80
表观密度	8.0	8.0	8.0	8.0	12.0	16.0	24.0	24.0
堆积密度	40.0	40.0	40.0	40.0	80.0	80.0	120.0	120.0

4.2 砂的筛分析试验

细集料筛分试验

1)试验目的

测定砂的颗粒级配,计算砂的细度模数,评定砂的粗细程度。

2)主要仪器设备

①试验筛:规格为 0.15 mm、0.30 mm、0.60 mm、1.18 mm、2.36 mm、4.75 mm 及 9.50 mm 的方孔筛各 1 只,并附有筛底盘和筛盖各 1 只。

②天平(称量 1 000 g,感量 1 g)、摇筛机、烘箱、浅盘和硬、软毛刷等。

3)试验步骤

将四分法缩取的 4.4 kg 试样,先通过公称直径 9.5 mm 的方孔筛,并计算筛余。称取经缩分后样品不少于 550 g 2 份,分别装入 2 个浅盘,在(105±5)℃的温度下烘干至恒重,冷却至室温备用。

①准确称取烘干试样 500 g，置于按筛孔大小顺序排列（大孔在上，小孔在下）的套筛的最上一只公称直径为 4.75 mm 筛上。将套筛装入摇筛机内固紧，筛分 10 min，然后取出套筛，按筛孔由大到小的顺序，在清洁的浅盘上逐一进行手筛，直至每分钟的筛出量不超过试量总量的 0.1% 时为止。通过的试样并入下一号筛子并和下一号筛子中的试样一起进行手筛。

②试样在各号筛上的筛余量均不得超过按下式计算得出的筛余量，否则应将该筛的筛余试样分成 2 份或数份，再次进行筛分，并以其筛余量之和作为该筛的筛余量。

$$m_a = \frac{A \times \sqrt{d}}{200} \tag{⑫}$$

式中　m_a——某一筛上的筛余量，g；

A——筛的面积，mm^2；

d——筛孔尺寸，mm。

③称取各筛筛余试样的质量（精确至 1 g），所有各筛的分计筛余量和底盘中的剩余量之和与筛分前的试样总量相比，相差不得超过 1%。

4）试验计算结果

①分计筛余百分率：各筛上的筛余量除以试样总量的百分率，精确至 0.1%。

②累计筛余百分率：该筛的分计筛余百分率与大于该筛的各筛分计筛余百分率之和，精确至 1.0%。

③根据各筛两次试验累计筛余的平均值，评定该试样的颗粒级配分布情况，精确至 1%。

④砂的细度模数 M_x 按下式计算，精确至 0.1。

$$M_x = \frac{A_2 + A_3 + A_4 + A_5 + A_6 - 5A_1}{100 - A_1} \tag{⑬}$$

式中　$A_1, A_2, A_3, A_4, A_5, A_6$——分别为 4.75、2.36、1.18、0.60、0.30 及 0.15 mm 的方孔筛上的累计筛余百分率。

以两次试验结果的算术平均值作为测定值，当两次试验所得的细度模数之差大于 0.20 时，应重新取样进行试验。

4.3　砂的表观密度试验

1）试验目的

砂表观密度是混凝土配合比设计的重要参数。

2）主要仪器设备

天平（称量 1 000 g，感量 1 g）、容量瓶（容量 500 mL）、烘箱、干燥器、浅盘、铝制料勺、温度计等。

3）试验步骤

经缩分后不少于 650 g 的试样装入浅盘，在温度（105±5）℃烘箱中烘干至恒重，冷却至室温。

①称取烘干试样 300 g(m_0),装入盛有半瓶冷开水的容量瓶中。

②摇转容量瓶,使试样在水中充分搅动以排除气泡,塞紧瓶塞,静置 24 h;然后打开瓶塞,用滴管添水使水面与瓶颈刻度线平齐,塞紧瓶塞,擦干瓶外水分,称其质量 m_1(g),精确至 1 g。

③倒出容量瓶中的水和试样,洗净瓶内外,再注入与上项水温相差不超过 2 ℃(并在 15 ~ 25 ℃范围内)的冷开水至瓶颈刻度线,塞紧瓶塞,擦干容量瓶外壁水分,称质量 m_2(g),精确至 1 g。

4)试验结果

按下式计算表观密度 ρ,精确至 10 kg/m³:

$$\rho = \left(\frac{m_0}{m_0 + m_2 - m_1} - \alpha_t\right) \times \rho_w \tag{⑭}$$

式中 ρ——表观密度,kg/m³;

ρ_w——水的密度,1 000 kg/m³;

m_0——烘干试样质量,g;

m_1——试样、水及容量瓶总质量,g;

m_2——水及容量瓶总质量,g;

α_t——水温对砂的表观密度影响的修正系数,见附录表 4.3。

附录表 4.3 不同水温对砂的表观密度影响的修正系数

水温/℃	15	16	17	18	19	20
α_t	0.002	0.003	0.003	0.004	0.004	0.005
水温/℃	21	22	23	24	25	—
α_t	0.005	0.006	0.006	0.007	0.008	—

以两次试验结果的算术平均值作为测定值。当两次结果之差大于 20 kg/m³,应重新取样进行试验。

4.4 砂的堆积密度试验

1)试验目的

测定砂的堆积密度,计算砂的填充率、空隙率和间隙率。

2)主要仪器设备

①秤:称量 5 kg,感量 5 g。

②容量筒:金属制,圆柱形,内径 108 mm,净高 109 mm,容积(V_0)为 1 L。

③公称直径为 4.75 mm 的方孔筛、烘箱、漏斗、料勺、直尺、浅盘等。

3)试验步骤

先用公称直径4.75 mm的筛子过筛,然后取经缩分后的样品不少于3 L,装入浅盘,在温度为(105±5)℃的烘箱中烘干至恒重,取出并冷却至室温,分成大致相等的两份备用。

(1)堆积密度

①称容量筒的质量 m_1(kg)。

②取试样一份,用料勺或漏斗将试样徐徐装入容量筒内,漏斗出料口或料勺距容量筒口不应超过5 cm,直至试样装满并超出容量筒筒口。

③用直尺将多余的试样沿筒口中心线向两个相反方向刮平,称其质量 m_2(kg)。

(2)紧堆密度

①称容量筒的质量 m_1(kg)。

②取试样一份,分两层装入容量筒。装完第一层后,在筒底垫放一根直径为10 mm的钢筋,将筒按住,左右交替颠击地面各25下,然后再装入第二层;第二层装满后用同样方法颠实(筒底所垫钢筋的方向应与第一层放置方向垂直);二层装完并颠实后,加料直至试样超出容量筒筒口。

③用直尺将多余的试样沿筒口中心线向两个相反方向刮平,称其质量 m_2(kg)。

4)试验结果

按下式计算砂的堆积密度 ρ_L 及紧堆密度 ρ_C,精确至10 kg/m³:

$$\rho_L(\rho_C) = \frac{m_2 - m_1}{V_0} \times 1\,000 \qquad ⑮$$

式中　$\rho_L(\rho_C)$——堆积密度(紧堆密度),kg/m³;

m_1——容量筒的质量,kg;

m_2——容量筒和砂总质量,kg;

V——容量筒容积,L。

以两次试验结果的算术平均值作为测定值。

4.5　碎石或卵石的筛分析试验

1)试验目的

测定碎石或卵石的颗粒级配。

2)主要仪器设备

①试验筛:孔径为90.0 mm、75.0 mm、63.0 mm、53.0 mm、37.5 mm、31.5 mm、26.5 mm、19.0 mm、16.0 mm、9.5 mm、4.75 mm和2.36 mm的方孔筛以及筛的底盘和盖各一只,筛框内径为300 mm。

②天平(称量10 kg,感量1 g)、秤(称量20 kg,感量1 g)、烘箱、浅盘等。

3)试验步骤

①试验前,应将样品缩分至附录表4.4所规定的试样最少质量,并烘干或风干后备用。

附录表4.4　石子筛分析试验所需试样的最小质量(GB/T 14685—2022)

公称粒径/mm	9.5	16.0	19.0	26.5	31.5	37.5	63.0	75.0
试样最小质量/kg	1.9	3.2	3.8	5.0	6.3	7.5	12.6	16.0

②按附录表4.4的规定称取试样。

③将试样按筛孔大小过筛,当筛上的筛余层厚度大于试样的最大粒径值时,应将该筛上的筛余试样分为两份,再次进行筛分,直至各筛每分钟的通过量不超过试样总量的0.1%。

④称取各筛筛余的质量,精确至试样总质量的0.1%。各筛的分计筛余量和筛底剩余量的总和与筛分前测定的试样总量相比,其相差不得超过1%,否则须重新试验。

4)试验结果

①计算分计筛余,精确至0.1%。

②计算累计筛余,精确至1%。

③根据各筛的累计筛余,评定该试样的颗粒级配。

4.6　碎石或卵石的表观密度试验(广口瓶法)

1)试验目的

测定碎石或卵石表观密度。

2)主要仪器设备

①天平:称量2 kg,感量1 g。

②广口瓶:容量1 000 mL,磨口,并带玻璃片。

③筛孔公称直径为4.75 mm的方孔筛,烘箱、毛巾、刷子等。

3)试验步骤

①试验前,筛除样品中公称粒径为4.75 mm以下的颗粒,缩分至略大于附录表4.5所规定的量的2倍。洗刷干净后,分成两份备用。

附录表4.5　表观密度试验所需的试样最小质量(GB/T 14685—2022)

公称粒径/mm	≤26.5	31.5	37.5	63.0	75.0
试样最小质量/kg	2.0	3.0	4.0	6.0	6.0

②按附录表4.5的规定称取试样。

③将试样浸水饱和,然后装入广口瓶中。装试样时,广口瓶应倾斜放置,注入饮用水,用玻璃片覆盖瓶口,以上下左右摇晃的方法排除气泡。

④气泡排尽后,向瓶中添加饮用水直至水面凸出瓶口边缘,然后用玻璃板沿瓶口迅速滑行,使其紧贴瓶口水面。擦干瓶外水分,称取试样、水、瓶和玻璃片总量 m_1(g)。

⑤将瓶中的试样倒入浅盘中,放在(105±5)℃的烘箱中烘干至恒重。取出,放在带盖的容器中冷却至室温后称取试样的质量 m_0(g)。

⑥将瓶洗净,重新注满饮用水,用玻璃片紧贴瓶口水面。擦干瓶外水分后称取质量 m_2(g)。

4)试验结果

按下式计算表观密度 ρ,精确至 10 kg/m³:

$$\rho = \left(\frac{m_0}{m_0 + m_2 - m_1} - \alpha_t\right) \times \rho_w \tag{16}$$

式中　ρ——表观密度,kg/m³;

ρ_w——水的密度,1 000 kg/m³;

m_0——烘干后试样质量,g;

m_1——试样、水、瓶和玻璃片的总质量,g;

m_2——水、瓶和玻璃片的总质量,g;

α_t——水温对表观密度影响的修正系数,见附录表 4.3。

以两次试验结果的算术平均值作为测定值,当两次结果之差大于 20 kg/m³ 时,应重新取样进行试验。

4.7　碎石或卵石的强度(压碎指标)

1)试验目的

测定碎石或卵石的压碎指标。

2)主要仪器设备

①压力试验机:量程 300 kN,示值相对误差 2%。

②天平:称量 10 kg,感量 1 g。

③受压试模(压碎指标测定仪,见附录图 4.1)。

④筛孔公称直径为 2.36 mm、9.50 mm 及 19.0 mm 的方孔筛各一只。

⑤垫棒:ϕ10 mm,长 500 mm 圆钢。

3)试验步骤

①称取试样 3 000 g,精确至 1 g。将试样分两层装入圆模(置于底盘上)内,每装完一层试样后,在底盘下面垫放一直径为 10 mm 的圆钢,将筒按住,左右交替颠击地面各 25 下,两层颠实后,平整模内试样表面,盖上压头。当圆模装不下 3 000 g 试样时,以装至距圆模上口 10 mm 为准。

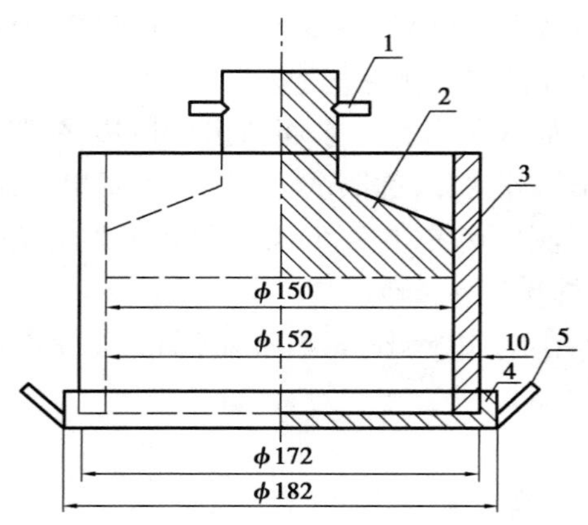

附录图 4.1　压碎指标测定仪(单位:mm)

1—把手;2—加压头;3—圆模;4—底盘;5—把手

②把装有试样的圆模置于压力试验机上,开动压力试验机,按 1 kN/s 速度均匀加荷至 200 kN 并稳荷 5 s,然后卸荷。取下加压头,倒出试样,用孔径 2.36 mm 的筛筛除被压碎的细粒,称出留在筛上的试样质量,精确至 1 g。

4)试验结果

按下式计算压碎指标 Q_c,精确至 0.1%:

$$Q_c = \frac{G_1 - G_2}{G_1} \times 100\% \tag{17}$$

式中　Q_c——压碎指标,%;

G_1——试样的质量,单位为克,g;

G_2——压碎试验后筛余的试样质量,单位为克,g。

压碎指标取 3 次试验结果的算术平均值,精确至 1%。采用修约值比较法进行评定。

试验 5　普通混凝土试验

普通混凝土试验主要包括新拌混凝土坍落度及扩展度试验、倒置坍落筒排空试验、间隙通过性试验、表观密度试验和硬化混凝土立方体抗压强度试验。

主要标准依据:《普通混凝土拌合物性能试验方法标准》(GB/T 50080—2016)、《混凝土物理力学性能试验方法标准》(GB/T 50081—2019)。

5.1　混凝土拌合物取样和试样制备

1)取样方法

①同一组混凝土拌合物取样,应在同一盘混凝土或同一车混凝土的 1/4 处、1/2 处和 3/4

处分别取样，并搅拌均匀；第一次取样和最后一次取样的时间间隔不宜超过 15 min，宜在取样后 5 min 内开始各项性能试验。

②试验室制备混凝土拌合物，称好的粗集料、胶凝材料、细集料和水应一次加入搅拌机，难溶和不溶的粉状外加剂宜与胶凝材料同时加入搅拌机，液体和可溶性外加剂宜与拌和水同时加入搅拌机；混凝土拌合物宜搅拌 2 min 以上，直至搅拌均匀；混凝土拌合物一次搅拌量不宜少于搅拌机公称容量的 1/4，不应大于搅拌机公称容量，且不应少于 20 L；试验室搅拌混凝土时，集料的称量精度应为±0.5%，水泥、掺合料、水、外加剂的称量精度均应为±0.2%。

2）一般规定

试验室温度应保持在(20±5)℃。拌制混凝土的原材料应符合技术要求，并与施工实际用料相同。在拌和前，材料的温度应与室温相同。水泥如有结块现象，应用 0.9 mm 筛过筛，并记录筛余量。材料用量以质量计，称量的精确度：骨料为±1.0%，水、水泥、掺合料及外加剂为±0.5%。拌制混凝土所用的各种工具（如搅拌机、拌合铁板和铁铲、抹刀等），应预先用水湿润。

3）主要仪器设备

①搅拌机：容量 30～100 L，转速为 18～22 r/min。

②拌和用铁铲、铁板（约 1.5 m×2 m，厚 3～5 mm）、抹刀。

③磅秤（称量 100 kg，感量 50 g）、台秤（称量 10 kg，感量 5 g）、量筒（200 mL，1 000 mL）、容器等。

4）拌和方法

（1）人工拌和法

①按所定配合比称取各种材料，以干燥状态为准。

②将铁板和铁铲用湿布润湿后，将称好的砂料、水泥放在铁板上，用铁铲将水泥和砂料翻拌均匀，然后加入称好的粗骨料，再将全部拌和均匀。

③将拌和均匀的拌合物堆成圆堆形，在中间作一凹坑，将称量好的水，倒一半左右在凹坑中（勿使水流出），小心拌和均匀。再将材料堆成圆堆形作一凹坑，倒入剩余的水，继续拌和，每翻拌一次，用铁铲在拌合物面上压切一次，翻拌一般不少于 6 次。

④拌和时力求动作敏捷，拌和时间从加水时算起，应大致符合下列规定：

拌合物体积为 30 L 以下时，拌和 4～5 min；拌合物体积为 30～50 L 时，拌和 5～9 min；拌合物体积超过 50 L 时，拌和 9～12 min。

⑤拌好后，立即做坍落度测定或试件成型。从开始加水时算起，全部操作须在 30 min 内完成。

（2）机械拌和法

①按所定配合比称取各种材料，以干燥状态为准。

②预拌一次，即用按配合比的水泥、砂和水组成的砂浆及少量石子，在搅拌机中进行涮膛。然后倒出并刮去多余的砂浆，其目的是使水泥砂浆黏附满搅拌机的筒壁，以免正式拌和时影响

拌合物的配合比。

③分别按石、水泥、砂的顺序将其装入料斗,开动搅拌机徐徐将定量水加入,继续搅拌 2 ~ 3 min。

④将拌合物自搅拌机卸出,倾倒在拌板上,再经人工翻拌 2 次,使拌合物均匀一致后用作试验。从开始加水时算起,全部操作必须在 30 min 内完成。

5.2 坍落度试验和扩展度试验

混凝土和易性试验

本方法适用于集料最大粒径不大于 40 mm,坍落度值不小于 10 mm 的混凝土拌合物稠度测定。稠度测定时需拌合物约 15 L。

1)试验目的

坍落度和扩展度是表示混凝土拌合物稠度最常用指标,必须满足混凝土施工流动性、黏聚性、保水性的要求。

2)主要仪器设备

①坍落度筒:如附录图 5.1 所示。

②金属捣棒:直径 16 mm,长 650 mm 的钢棒,端部磨圆。

③铁铲、直尺、钢尺、铁板、抹刀等。

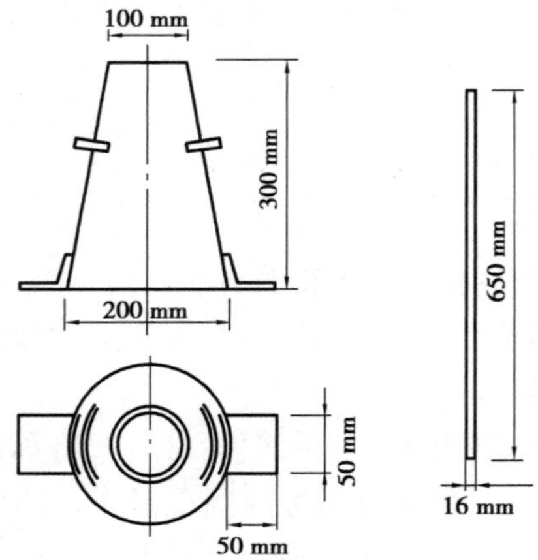

附录图 5.1 坍落度筒及捣棒

3)试验步骤

①用水湿润坍落度筒及其他用具,并将坍落筒放在不吸水的刚性水平底板上,然后用脚踩住两边的脚踏板,使坍落度筒在装料时保持固定的位置。

②把按要求取得的混凝土试样用小铲分 3 层均匀地装入筒内,使捣实后每层高度约为筒高的 1/3。每层用捣棒插捣 25 次。插捣应沿螺旋方向由外向中心进行,各次插捣应在截面上均匀分布。插捣筒边混凝土时,捣棒可稍稍倾斜。插捣底层时,捣棒应贯穿整个深度,插捣第二层和顶层时,捣棒应插透本层至下一层的表面。插捣顶层过程中,如混凝土沉落到低于筒

口,则应随时添加,顶层插捣完后,刮去多余的混凝土,并用抹刀抹平。

③清除筒边底板上的混凝土后,垂直平稳地在 3 ~7 s 内提起坍落度筒。从开始装料到提起坍落度筒的整个进程应不间断地进行,并应在 150 s 内完成。

④提起坍落度筒后,量测筒高与坍落后混凝土试体最高点之间的高度差,即为该混凝土拌合物的坍落度值,以 mm 为单位,坍落度值测量精确至 1 mm、结果修约至 5 mm。

坍落度筒提离后,如混凝土发生崩坍成一边剪坏现象,则应重新取样另行测定。如第二次试验仍出现上述现象,则表示该混凝土拌合物和易性不好,应予记录备查。

⑤测定坍落度后,观察混凝土拌合物的黏聚性和保水性,并记录。

a. 黏聚性:用捣棒在已坍落的拌合物截锥体侧面轻轻敲打,如截锥试体逐渐下沉,表示黏聚性良好,如果坍落、部分崩裂或出现离析现象,则表示黏聚性不好。

b. 保水性:提起坍落度筒后如有较多的稀浆从底部析出,锥体部分的混凝土拌合物也因失浆而骨料外露,则表明保水性能不好。如坍落度筒提起后无稀浆或仅有少量稀浆自底部析出,则表明保水性能良好。

⑥提起坍落度筒后,当混凝土拌合物不再扩散或扩散持续时间已达 50 s 时,使用钢尺测量混凝土拌合物展开扩展面的最大直径以及与最大直径呈垂直方向的直径。当两直径之差小于 50 mm 时,取其算术平均值作为扩展度试验结果;当两直径之差不小于 50 mm 时,应重新取样另行测定。扩展度试验从开始装料到测得混凝土扩展度值的整个过程应连续进行,并应在 4 min 内完成。混凝土拌合物扩展度值测量精确至 1 mm、结果修约至 5 mm。

5.3　倒置坍落度筒排空试验

1)试验目的

测定倒置坍落度筒排空时间,是表示混凝土拌合物稠度指标之一。

2)主要仪器设备

①坍落度筒:小口端设置有快速开启的密封盖的坍落度筒。
②金属捣棒:直径 16 mm,长 650 mm 的钢棒,端部磨圆。
③铁铲、直尺、钢尺、铁板、抹刀等。
④支撑倒置坍落度筒的台架。
⑤秒表:精度不低于 0.01 s。

3)试验步骤

①将倒置坍落度筒支撑在台架上,使其中轴线垂直于底板,筒内壁应湿润且无明水,关闭密封盖。

②混凝土拌合物分两层装入坍落度筒内,每层捣实后高度宜为筒高的 1/2。每层用捣棒沿螺旋方向由外向中心插捣 15 次,插捣应在横截面上均匀分布,插捣筒边混凝土时,捣棒可以稍稍倾斜。插捣第一层时,捣棒应贯穿混凝土拌合物整个深度;插捣第二层时,捣棒宜插透到第一层表面下 50 mm。插捣完应刮去多余的混凝土拌合物,用抹刀抹平。

③打开密封盖,用秒表测量自开盖至坍落度筒内混凝土拌合物全部排空的时间 t_{sf},精确至 0.01 s。从开始装料到打开密封盖的整个过程应在 150 s 内完成。

④宜在 5 min 内完成两次试验,当两次试验结果差值不超过平均值的 5% 时取两次试验测得排空时间的平均值作为试验结果,计算精确至 0.1 s。当两次试验结果差值超过平均值的 5% 时,应重新取样另行测定。

5.4 间隙通过性试验

本试验方法宜用于集料最大公称粒径不大于 20 mm 的混凝土拌合物间隙通过性的测定。

1)试验目的

测定混凝土间隙通过性性能指标,它是表示混凝土拌合物和易性的指标之一。

2)主要仪器设备

①J 环:由钢或不锈钢制成,圆环中心直径为 300 mm,厚度为 25 mm;并用螺母和垫圈将 16 根圆钢锁在圆环上,圆钢直径为 16 mm,高为 100 mm;圆钢中心间距为 58.9 mm,具体如附录图 5.2 所示。

②坍落度筒:不带脚踏板的坍落度筒。

③金属捣棒:直径 16 mm,长 650 mm 的钢棒,端部磨圆。

④铁铲、直尺、钢尺、铁板、抹刀等。

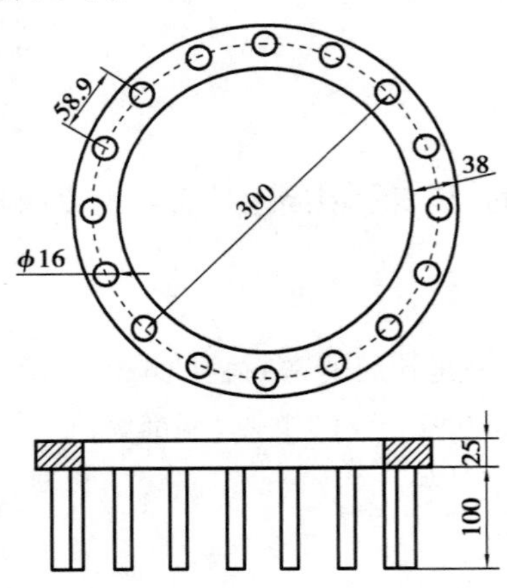

附录图 5.2 J 环示意图(单位:mm)

3)试验步骤

①底板、J 环和坍落度筒内壁应润湿无明水;底板放置在坚实的水平面上,J 环放在底板中心。坍落度筒正向放置在底板中心,应与 J 环同心,将混凝土拌合物一次性填充至满。用刮刀刮除坍落度筒顶部混凝土拌合物余料,将混凝土拌合物沿坍落度筒抹平;清除筒边底板上的混凝土后,垂直平稳地向上提起坍落度筒至(250±50)mm 高度,提离时间控制在 3 ~7 s;自开始入料至提起坍落度筒应在 150 s 内完成;当混凝土拌合物不再扩散或扩散持续时间已达 50 s

时，测量展开扩展面的最大直径以及与最大直径呈垂直方向的直径；测量精确至 1 mm，结果修约至 5 mm。

②J 环扩展度应为混凝土拌合物坍落扩展终止后扩展面相互垂直的两个直径的平均值，当两直径之差大于 50 mm 时，应重新试验测定。

③混凝土扩展度与 J 环扩展度的差值作为混凝土间隙通过性性能指标结果。

5.5　表观密度试验

1）试验目的

测定混凝土拌合物表观密度，用于计算每立方混凝土的材料用量和含气量。

2）主要仪器设备

①容量筒：金属制成的圆筒，两旁装有把手。要求不易变形，不漏水。尺寸要求：对骨料最大粒径不大于 40 mm 的拌合物采用容积为 5 L 的容量筒。

②电子天平：称量 50 kg，感量 10 g。

③振动台：频率应为(50±3)Hz，空载时的振幅应为(0.5±0.1)Hz。

④捣棒：直径 16 mm，长 650 mm 的钢棒，端部磨圆。

3）试验步骤

①用湿布将容量筒内外擦干净，称出筒质量 m_1(kg)，精确至 10 g。

②混凝土的装料及捣实方法应根据拌合物的稠度而定。坍落度不大于 90 mm 的混凝土，用振动台振实为宜；采用振动台振实时，应一次将混凝土拌合物灌到高出容量筒口，装料时用捣棒稍加插捣，振动过程中如混凝土沉落低于筒口，应随时添加混凝土，振动直至表面出浆为止。

坍落度大于 90 mm 的混凝土，用捣棒捣实为宜；采用捣棒捣实时，应根据容量筒的大小决定分层与插捣次数。用 5 L 容量筒时，混凝土拌合物应分两层装入，每层的插捣次数应为 25 次；用大于 5 L 的容量筒时，每层混凝土的高度不应大于 100 mm，每层插捣次数应按每 10 000 mm^2 截面不小于 12 次计算。插捣应由边缘向中心均匀地插捣，插捣底层时捣棒应贯穿整个深度，插捣第二层时，捣棒应插透本层至下一层的表面，每一层捣完后用橡皮锤轻轻沿容器外壁敲打 5～10 次，进行振实，直至拌合物表面插捣孔消失并不见大气泡为止。

自密实混凝土应一次性填满，且不应进行振动和插捣。

③用刮尺将筒口多余的混凝土拌合物刮去，表面如有凹陷应填平。将容量筒外壁擦净，称出混凝土试样与容量筒总质量 m_2(kg)，精确到 10 g。

4）试验结果

混凝土拌合物表观密度 ρ_h(kg/m^3)按下式计算，精确至 10 kg/m^3：

$$\rho_h = \frac{m_2 - m_1}{V} \times 1\,000 \tag{18}$$

式中 m_1——容量筒质量,kg;

m_2——容量筒及试样质量,kg;

V——容量筒容积,L。

5.6 普通混凝土立方体抗压强度试验

混凝土强度试验

1)试验目的

学会混凝土抗压强度试件的制作及测试方法,用于检验混凝土强度,确定、校核混凝土配合比,并为控制混凝土施工质量提供依据。

2)一般规定

①试验采用立方体试件,以同一龄期3个同时制作、同样养护的混凝土试件为一组。

②每一组试件所用的拌合物应从同一盘或同一车运送的混凝土拌合物中取样,或在试验室用人工或机械单独制作。

③检验工程和构件质量的混凝土试件成型方法应尽可能与实际施工采用的方法相同。

3)主要仪器设备

①压力试验机:测量精度应为±1%,试件破坏荷载值应在压力机全量程的20%~80%。

②振动台:振动台的振动频率为(50±3)Hz,空载振幅约为0.5 mm。

③试模、捣棒、小铁铲、金属直尺、镘刀等。

4)试件的制作

①在制作试件前,首先要检查试模、拧紧螺栓,并清刷干净,同时在其内壁涂上一薄层矿物油或其他不与混凝土发生反应的脱模剂。

②混凝土抗压强度试验以3个试件为一组,试件所用的混凝土拌合物应由同一次拌合物中取出。

③混凝土试件的成型方法根据混凝土拌合物的稠度来确定。

a.坍落度不大于70 mm的混凝土用振动台振实。将混凝土拌合物一次性装入试模,装料时应用抹刀沿各试模壁插捣,并使混凝土拌合物高出试模口。然后将试模放在振动台上,试模应附着或固定在振动台上。开动振动台,振动时试模不得有任何跳动,振动应持续到表面出浆为止。刮除试模上口多余的混凝土,用抹刀抹平。

b.坍落度大于70 mm的混凝土采用人工捣实。混凝土拌合物分两层装入试模内,每层的装料厚度大致相等。插捣按螺旋方向从边缘向中心均匀进行。插捣底层时,捣棒应达到试模底部,插捣上层时,捣棒应贯穿上层插入下层20~30 mm。插捣时捣棒保持垂直不得倾斜,并用抹刀沿试模内壁插拔数次,以防止试件产生麻面。每层插捣次数按每10 000 mm^2面积不少于12次。插捣后应用橡皮锤轻轻敲击试模四周,直至插捣棒留下的空洞消失为止。刮除试模上口多余的混凝土,用抹刀抹平。

5)试件的养护

①采用标准养护的试件,成型后应立即用不透水薄膜覆盖表面,以防止水分蒸发。并应在温度为(20±5)℃的环境中静置1～2 d,然后编号、拆模。

拆模后的试件应立即放入温度为(20±2)℃,相对湿度为95%以上的标准养护室中养护。标准养护室内试件应放在支架上,彼此间隔为10～12 mm,试件表面应保持潮湿,并不得被水直接冲淋。

无标准养护室时,混凝土试件可在温度为(20±2)℃的不流动的 $Ca(OH)_2$ 饱和溶液中养护。

②与构件同条件养护的试件成型后,应覆盖表面。试件的拆模时间可与实际构件的拆模时间相同。拆模后,试件仍需保持同条件养护。

③标准养护龄期为28 d(从搅拌加水开始计时)。

6)抗压强度测定

①试件从养护地点取出后,应及时进行试验,以免试件内部的温、湿度发生显著变化。试件在试压前应先擦拭干净,测量尺寸,并检查其外观。试件尺寸测量精确至1 mm,并据此计算试件的承压面积。如实测尺寸与公称尺寸之差不超过1 mm,可按公称尺寸进行计算。

②将试验机上下承压板面擦干净,把试件安放在下承压板上,试件的承压面应与成型时的顶面垂直。试件的中心应与试验机下压板中心对准。开动试验机,当上压板与试件接近的,调整球座,使接触均衡。

③在试验过程中应连续均匀地加荷,加荷速度应为:混凝土强度等级<C30时,为0.3～0.5 MPa/s;混凝土强度等级≥C30且<C60时,为0.5～0.8 MPa/s;混凝土强度等级≥C60时,为0.8～1.0 MPa/s。当试件接近破坏开始急剧变形时,应停止调整试验机油门,直至试件破坏。记录破坏荷载 F。

7)试验结果计算

①混凝土立方体试件抗压强度 f_{cu} 按下式计算,精确至0.1 MPa:

$$f_{cu}=\frac{F}{A} \tag{19}$$

式中　F——试件破坏荷载,N;

A——试件承压面积,mm^2;

f_{cu}——混凝土立方体试件抗压强度,MPa。

②以3个试件测定值的算术平均值作为该组试件的抗压强度值,精确至0.1 MPa。如果3个测定值中的最小值或最大值中有1个与中间值的差值超过中间值的15%,则将最大及最小值一并舍除,取中间值作为该组试件的抗压强度值。如果最大值和最小值与中间值的差均超过中间值的15%,则该组试件的试验结果无效。

③混凝土的抗压强度是以150 mm×150 mm×150 mm的立方体试件的抗压强度值为标准值。混凝土强度等级<C60时,用非标准试件测得的强度值应乘以尺寸换算系数,其值为对

200 mm×200 mm×200 mm 试件为 1.05；对 100 mm×100 mm×100 mm 试件为 0.95。当混凝土强度等级≥C60 时，宜采用标准试件；使用非标准试件时，尺寸换算系数应用试验确定。

试验 6　建筑砂浆试验

建筑砂浆试验包括稠度试验、密度试验、保水性试验（分层度、保水率）、凝结时间试验、立方体抗压强度试验、拉伸黏结强度试验、抗冻性能试验、收缩试验、含气量试验、吸水率试和抗渗性能试验等。这里主要介绍稠度试验、密度试验、分层度试验、凝结时间试验、立方体抗压强度试验、拉伸黏结强度试验。

主要依据《建筑砂浆基本性能试验标准》（JGJ/T 70—2009）。

试验 6.1　稠度试验

1）试验目的及依据

测定建筑砂浆的稠度，以达到控制用水量的目的。标准依据《建筑砂浆基本性能试验标准》（JGJ/T 70—2009）。

2）主要仪器设备

砂浆稠度仪、钢制捣棒、秒表、砂浆搅拌机等。

3）试验步骤

①试样制备。按设计的配合比或规定的配合比，配制 3 L 砂浆。

②用少量润滑油轻擦稠度仪滑杆，再将滑杆上多余的油用吸油纸擦净，使滑杆能自由滑动。

③用湿布擦净盛浆容器和试锥表面，将砂浆拌合物一次装入容器，使砂浆表面低于容器口约 10 mm。用捣棒自容器中心向边缘均匀地插捣 25 次，然后轻轻地将容器摇动或敲击 5～6 下，使砂浆表面平整，然后将容器置于稠度测定仪的底座上。

④拧松制动螺丝，向下滑动滑杆，当试锥尖端与砂浆表面刚接触时，拧紧制动螺丝，使齿条侧杆下端刚接触滑杆上端，读出刻度盘上的读数（精确至 1 mm）。

⑤拧松制动螺丝，同时计时，10 s 时立即拧紧螺丝，将齿条侧杆下端接触滑杆上端，从刻度盘上读出下沉深度（精确至 1 mm），二次读数的差值即为砂浆的稠度值。

⑥重新取样，重复上述步骤，获得第二次试验稠度值。

⑦盛装容器内的砂浆，只允许测定一次稠度，重复测定时，应重新取样测定。

4）试验结果

取两次试验结果的算术平均值作为稠度试验结果，精确至 1 mm。如果两次试验值之差大于 10 mm，应重新取样测定。

试验 6.2 密度试验

1) 试验目的与依据

测定建筑砂浆拌合物捣实后的单位体积质量即质量密度,以确定每立方米砂浆拌合物中各组成材料的实际用量。标准依据《建筑砂浆基本性能试验标准》(JGJ/T 70—2009)。

2) 主要仪器设备

砂浆密度测定仪,包括容量筒(1 L)和漏斗;天平(称量 5 kg、感量 5 g)、钢制捣棒(直接 10 mm、长 350 mm,端部磨圆)、振动台、秒表、砂浆搅拌机。

3) 试验步骤

①试样制备。按设计的配合比或规定的配合比,配制 3 L 砂浆。

②用湿布擦净容量筒的内表面,称量容量筒质量 m_1,精确至 5 g。

③捣实可采用手工或机械方法。当砂浆稠度大于 50 mm 时,宜采用人工插捣法,当砂浆稠度不大于 50 mm 时,宜采用机械振动法。采用人工插捣时,将砂浆拌合物一次装满容量筒,使稍有富余,用捣棒由边缘向中心均匀地插捣 25 次,插捣过程如砂浆沉落到低于筒口,则应随时添加砂浆,再用木锤沿容器外壁敲击 5 ~6 下。采用振动法时,将砂浆拌合物一次装满容量筒连同漏斗在振动台上振 10 s,振动过程中如砂浆沉入到低于筒口,应随时添加砂浆。

④捣实或振动后将筒口多余的砂浆拌合物刮去,使砂浆表面平整,然后将容量筒外壁擦净,称出砂浆与容量筒总质量 m_2,精确至 5 mm。

⑤重新取样,重复上述步骤,获得第二次密度。

4) 试验结果

砂浆拌合物的质量密度按下式计算:

$$\rho = \frac{m_2 - m_1}{V} \times 1\ 000 \tag{⑳}$$

式中 ρ——砂浆拌合物的质量密度,kg/m^3;

m_1——容量筒质量,kg;

m_2——容量筒及试样质量,kg;

V——容量筒容积,L。

取两次试验结果的算术平均值,精确至 10 kg/m^3。

试验 6.3 分层度试验

1) 试验目的及依据

测定建筑砂浆的分层度。标准依据《建筑砂浆基本性能试验标准》(JGJ/T 70—2009)。

2）主要仪器设备

砂浆分层度测定仪、砂浆稠度仪、振动台、木锤、砂浆搅拌机等。

3）试验步骤

①试样制备。按设计的配合比或规定的配合比，配制 15 L 砂浆。

②按砂浆稠度试验方法测定稠度。

③将砂浆拌合物一次装入分层度筒内，待装满后，用木锤在容器周围距离大致相等的 4 个不同部位轻轻敲击 1 ~2 下，如砂浆沉落到低于筒口，则应随时添加，然后刮去多余的砂浆并用抹刀抹平。

④静止 30 min 后，去掉上节 200 mm 砂浆，剩余的 100 mm 砂浆倒出放在拌合锅内拌 2 min，再按稠度试验方法测其稠度。前后测得的稠度之差即为该砂浆的分层度值（mm）。

⑤重新取样，重复上述步骤，获得第二次试验分层度值。

4）试验结果

取两次试验结果的算术平均值作为该砂浆的分层度值结果，精确至 1 mm。如果两次试验值之差大于 10 mm，应重新取样测定。

试验 6.4 凝结时间试验

1）试验目的及依据

用贯入阻力法测定砂浆拌合物的凝结时间。标准依据《建筑砂浆基本性能试验标准》（JGJ/T 70—2009）。

2）主要仪器设备

砂浆凝结时间测定仪、时钟、砂浆搅拌机等。

3）试验步骤

①试样制备。按设计的配合比或规定的配合比，配制 3 L 砂浆。

②将制备好的砂浆拌合物装入砂浆凝结时间测定仪的砂浆容器内，并低于容器上口 10 mm，轻轻敲击容器，并予以抹平，盖上盖子，放在（20±2）℃的试验条件下保存。

③砂浆表面的泌水不清除，将容器放在压力表圆盘上，然后调节砂浆凝结时间测定仪，使贯入试针与砂浆表面接触。

④测定贯入阻力值。用截面为 30 mm^2 的贯入试针与砂浆表面接触，在 10 s 内缓慢而均匀地垂直压入砂浆内部 25 mm，每次贯入时记录仪表读数 N_p，贯入杆离开容器边缘或已贯入部位至少 12 mm。在（20±2）℃的试验条件下，实际贯入阻力值，在成型后 2 h 开始测定，以后每隔半小时测定一次，至贯入阻力值达到 0.7 MPa 后，改为每 15 min 测定一次，直至贯入阻力值达到 0.3 MPa 为止，记录每次读数 N_p 和贯入阻力值。

⑤一次取两个样，同时做上述步骤。

4)试验结果

(1)砂浆贯入阻力值按下式计算：

$$f_p = \frac{N_p}{A_p} \tag{21}$$

式中　f_p——贯入阻力值,MPa,精确至0.01 MPa;

N_p——贯入深度至25 mm时的静压力,N;

A_p——贯入试针的截面积,即30 mm^2。

(2)由测得的贯入阻力值,按下列方法确定砂浆的凝结时间

①分别记录时间和相应的贯入阻力值,根据试验所得各阶段的贯入阻力与试件的关系绘图,由图求出贯入阻力值达到0.5 MPa所需时间t_s(min),此时的t_s值即为砂浆的凝结时间测定值,或采用内插法确定。

②砂浆凝结时间测定,应在一盘内取两个试样,以两个试验结果的平均值作为该砂浆的凝结时间值,两次试验结果的误差不应大于30 min,否则应重新测定。

试验6.5　立方体抗压强度试验

建筑砂浆强度试验

1)试验目的及依据

测定砂浆立方体抗压强度。依据《建筑砂浆基本性能试验标准》(JGJ/T 70—2009)。

2)主要仪器设备

试模:尺寸为70.7 mm×70.7 mm× 70.7 mm的带底试模。

钢制捣棒:直径为10 mm,长为350 mm,端部应磨圆。

压力试验机:精度为1%,试件破坏荷载应不小于压力机量程的20%,且不大于全量程的80%。

垫板:试验机上、下压板及试件之间可垫以钢垫板,垫板的尺寸应大于试件的承压面,其不平度应为每100 m不超过0.02 mm。

振动台:空载中台面的垂直振幅应为(0.5±0.05)mm,空载频率为(50±3)mmHz,空载台面振幅均匀度不大于10%,一次试验至少能固定(或用磁力吸盘)3个试模。

砂浆搅拌机。

3)试验步骤

(1)立方体抗压强度试件制作及养护

①按设计的配合比或规定的配合比,配制3 L砂浆。

②采用立方体试件,每组试件3个。

③应用黄油等密封材料涂抹试模的外接缝,试模内涂刷薄层机油或脱模剂,将拌制好的砂浆一次性装满砂浆试模,成型方法根据稠度而定。当稠度≥50 mm时采用人工振捣成型,当稠

度<50 mm 时采用振动台振实成型。

④待表面水分稍干后，将高出试模部分的砂浆沿试模顶面刮去并抹平。

⑤试件制作后应在室温为(20±5)℃的环境下静置(24±2)h，当气温较低时，可适当延长时间，但不应超过两昼夜，然后对试件进行编号、拆模。试件拆模后应立即放入温度为(20±2)℃，相对湿度为90%以上的标准养护室中养护。养护期间，试件彼此间隔不小于10 mm，混合砂浆试件上面应覆盖以防有滴水在试件上。

(2)砂浆立方体试件抗压强度试验

①试件从养护地点取出后应及时进行试验。试验前将试件表面擦拭干净，测量尺寸，并检查其外观。并据此计算试件的承压面积，如实测尺寸与公称尺寸之差不超过1 mm，可按公称尺寸进行计算。

②将试件安放在试验机的下压板上，试件的承压面应与成型时的顶面垂直，试件中心应与试验机下压板中心对准。开动试验机，当上压板与试件接近时，调整球座，使接触面均衡受压。承压试验应连续而均匀地加荷，加荷速度应为0.25～1.5 kN/s，砂浆强度不大于5 MPa时宜取下限，砂浆强度大于5 MPa时宜取上限，当试件接近破坏而开始迅速变形时，停止调整试验机油门，直至试件破坏，然后记录破坏荷载。

4)试验结果

砂浆立方体抗压强度按下式计算：

$$f_{m,cu} = K\frac{N_u}{A} \tag{㉒}$$

式中 $f_{m,cu}$——砂浆立方体试件抗压强度，MPa，精确至0.1 MPa；

N_u——试件破坏荷载，N；

A——试件承压面积，mm^2；

K——换算系数，取1.35。

以3个试件测值的算术平均值(f_2)作为该组试件的砂浆立方体试件抗压强度平均值，精确至0.1 MPa。

当3个测值的最大值或最小值中如有一个与中间值的差值超过中间值的15%时，则将最大值及最小值一并舍除，取中间值作为该组试件的抗压强度值；如有两个测值与中间值的差值均超过中间值的15%时，则该组试件的试验结果无效。

试验6.6 拉伸黏结强度试验

1)试验目的及依据

测定砂浆拉伸黏结强度。依据《建筑砂浆基本性能试验标准》(JGJ/T 70—2009)。

2)主要仪器设备

拉力试验机：破坏荷载应在其量程的20%～80%，精度1%，最小示值1 N。

拉伸专用夹具：符合《建筑室内用腻子》(JG/T 298—2010)的要求。

成型框：外框尺寸 70 mm×70 mm，内框尺寸 40 mm×40 mm，厚度 6 mm，材料为硬聚氯乙烯或金属。

钢制垫板：外框尺寸 70 mm×70 mm，内框尺寸 43 mm×43 mm，厚度 3 mm。

砂浆搅拌机。

3）试验步骤

（1）基底水泥砂浆试件的制备

①原材料：水泥，42.5 级水泥；砂：中砂；水：饮用水。

②配合比：质量比，水泥：砂：水=1：3：0.5。

③成型：按上述配合比制成的水泥砂浆倒入 70 mm×70 mm×20 mm 的硬聚氯乙烯或金属模具中，振动成型或人工成型，试模内壁事先宜涂刷水性脱模剂，待干、备用。至少制作 10 个试件。

④成型 24 h 后脱模，放入（23±2）℃水中养护 6 d，再在试验条件下放置 21 d 以上。试验前用 200#砂纸或磨石将水泥砂浆试件的成型面磨平，备用。

（2）拉伸黏结强度试件的制备

①按设计的配合比或规定的配合比，干物料称量 10 kg，将称好的物料放入砂浆搅拌机中，启动机器，缓慢加入规定量的水，搅拌 3～5 min。搅拌好的砂浆料应在 2 h 内用完。

②将成型框放在制备好的作为基底的水泥砂浆试块的成型面上，将制备好的砂浆料浆倒入成型框中，用捣棒均匀插捣 15 次，人工颠实 5 次，再转 90°，再颠实 5 次，然后用刮刀以 45°方向抹平砂浆表面，轻轻脱模，在温度（23±2）℃、相对湿度 60%～80%的环境中养护至规定龄期。

③按上述步骤同一砂浆试样制备 10 个试件。

（3）拉伸黏结强度试验

①将试件在标准试验条件下养护 13 d，在试件表面涂上环氧树脂等高强度黏合剂，然后将上夹具对正位置放在黏合剂上，并确保上夹具不歪斜，继续养护 24 h。

②测定拉伸黏结强度。将钢制垫板套入基底砂浆块上，将拉伸黏结强度夹具安装到试验机上，试件置于拉伸夹具中，夹具与试验机的连接宜采用球铰活动连接，以（5±1）mm/min 速度加荷至试件破坏。试验时破坏面应在检验砂浆内部，则认为该值有效并记录试件破坏时的荷载值。若破坏形式为拉伸夹具与黏合剂破坏，则试验结果无效。

4）试验结果

砂浆拉伸黏结强度的按下式计算：

$$f_{at}=\frac{F}{A_z} \tag{23}$$

式中　f_{at}——砂浆拉伸黏结强度，MPa；

F——试件破坏荷载，N；

A_z——黏结面积，mm^2。

单个试件的拉伸黏结强度值应精确至 0.001 MPa，计算 10 个试件的平均值，如单个试件的强度值与平均值之差大于20%，则逐次舍弃偏差最大的试验值，直至各试验值与平均值之差不超过20%，当10个试件中有效数据不少于6个时，取剩余数据的平均值为试验结果，精确至0.01MPa。当10个试件中有效数据不足6个时，则此组试验结果无效，应重新制备试件进行试验。

试验7　沥青试验

沥青试验主要包括针入度试验、延度试验和软化点试验，涉及技术指标有针入度、延度和软化点。主要标准依据：《沥青针入度测定法》(GB/T 4509—2010)、《沥青延度测定法》(GB/T 4508—2010)和《沥青软化点测定法 环球法》(GB/T 4507—2014)。

7.1　沥青针入度试验

沥青针入度试验

1)试验目的与依据

本方法适用于测定道路石油沥青、聚合物改性沥青针入度以及液体石油沥青蒸馏或乳化沥青蒸发后残留物的针入度，以0.1 mm计。

针入度的标准试验条件为：温度25 ℃，荷重(包括标准针、针连杆与附加砝码的质量)(100±0.05)g，贯入时间为5 s。

针入度指数PI用以描述沥青的温度敏感性，宜在15 ℃、25 ℃、30 ℃等3个或3个以上温度条件下测定针入度后按规定的方法计算得到，若30 ℃时的针入度值过大，可采用5 ℃代替。当量软化点T_{800}是相当于沥青针入度为800 ℃时的温度，用以评价沥青的高温稳定性。当量脆点$T_{1.2}$是相当于沥青针入度为1.2时的温度，用以评价沥青的低温抗裂性能。

2)主要仪器设备

(1)针入度仪

附录图7.1所示为手动针入度仪示意图，自动计时，针和针连杆组合件总质量为(50±0.05)g，另附一只(50±0.05)g砝码，即试验时总质量为(100±0.05)g；仪器设有可自由转动与调节距离的悬臂，其端部有一面小镜，借以观察针尖与试样表面接触情况；平底玻璃皿：内设有不锈钢三角支架，能使盛样皿稳定。

(2)标准针

标准针由硬化回火的不锈钢制成，洛氏硬度HRC54-60，尺寸要求如附录图7.2所示。表面粗糙度Ra为0.2～0.3 μm，针及针杆总质量(2.5±0.05)g。

(3)盛样皿

金属制成，圆柱形平底。小盛样皿的内径55 mm，深35 mm(适用于针入度小于200的试样)；大盛样皿的内径70 mm，深45 mm(适用于针入度为200～350的试样)，对针入度大于350的试样需使用特殊盛样皿，其深度不小于60 mm，容积不小于125 mL。本次试验使用小盛样皿。

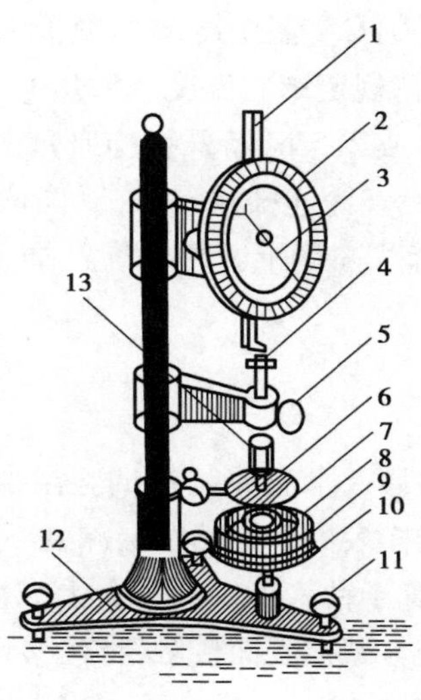

附录图 7.1　针入度仪

1—拉杆;2—刻度盘;3—指针;4—连杆;5—按钮;6—小镜;7—标准针;8—试样;9—保温皿;10—圆形平台;11—调平螺钉;12—底座;13—砝码

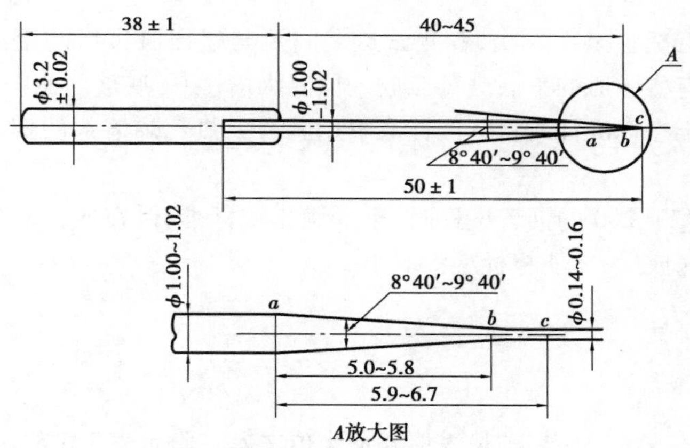

附录图 7.2　针入度标准针(单位:mm)

(4)恒温水槽

控温的准确度为 0.1 ℃,水槽中有一带孔的搁架,位于水面下 100 mm 以下,据水槽底 50 mm 以上。

(5)盛样皿盖

平板玻璃,直径不小于盛样皿开口尺寸。

(6)其他

电炉、石棉网、金属锅、溶剂(如三氯乙烯)等。

3)试样制备

①将恒温水槽调节到要求的试验温度 25 ℃,或其他需要的试验温度,保持稳定。

②将试样注入盛样皿中,试样高度应超过预计针入度值 10 mm,并盖上盛样皿,以防落入

灰尘。盛有试样的盛样皿在 15～30 ℃室温中冷却不少于 1.5 h(小盛样皿)、2 h(大盛样皿)或 3 h(特殊盛样皿)后,应移入保持规定试验温度(25±0.1)℃的恒温水槽中,并应保温不少于 1.5 h(小盛样皿)、2 h(大试样皿)或 2.5 h(特殊盛样皿)。

③调整针入度仪使之水平。检查针连杆和导轨,以确认无水和其他外来物,无明显摩擦。用三氯乙烯或其他溶剂清洗标准针,并擦干。将标准针插入针连杆,用螺钉固紧。按试验条件,加上附加砝码。

4)试验步骤

①取出达到恒温的盛样皿,并移入水温控制在试验温度±0.1 ℃(可用恒温水槽中的水)的平底玻璃皿中的三脚支架上,试样表面以上的水层深度不小于 10 mm。

②将盛有试样的平底玻璃皿置于针入度仪的平台上。慢慢放下针连杆,用适当位置的反光镜或灯光反射观察,使针尖恰好与试样表面接触,将位移计或刻度盘指针复位为零。

③开始试验,按下释放键,这时计时与标准针落下贯入试样同时开始,至 5 s 时自动停止。

④读取位移计或刻度盘指针的读数,准确至 0.1 mm。

5)试验要求

①同一试样平行试验至少 3 次,各测试点之间及与盛样皿边缘的距离不应小于 10 mm。每次试验后应将盛有盛样皿的平底玻璃皿放入恒温水槽,使平底玻璃皿中水温保持试验温度。每次试验应换一根干净标准针或将标准针取下用蘸有三氯乙烯溶剂的棉花或布揩净,再用干棉花或布擦干。

②测定针入度大于 200 的沥青试样时,至少用 3 支标准针,每次试验后将针留在试样中,直至 3 次平行试验完成后,才能将标准针取出。

6)结果计算与评定

(1)针入度

同一试样 3 次平行试验结果的最大值和最小值之差在附录表 7.1 给出的允许误差范围内时,计算 3 次试验结果的平均值,取整数作为针入度试验结果,以 0.1 mm 计,当试验值不符合附录表 7.1 中的要求时,应重新进行试验。

(2)重复性与再现性

当试验结果小于 50(0.1 mm)时,重复性试验的允许误差为 2(0.1 mm),再现性试验的允许误差为 4(0.1 mm)。

当试验结果大于或等于 50(0.1 mm)时,重复性试验的允许误差为平均值的 4%,再现性试验的允许误差为平均值的 8%。

附录表 7.1　针入度试验允许差值要求(GB/T 4509—2010)

针入度(0.1 mm)	0～49	50～149	150～249	250～500
允许差(0.1 mm)	2	4	12	20

7.2　沥青延度试验

1) 试验目的与依据

本方法适用于测定道路石油沥青、聚合物改性沥青、液体石油沥青蒸馏物和乳化沥青蒸发后残留物以规定形态的试样,在一定温度下,以一定速度拉伸至断裂的长度,单位为 cm,用以评价沥青的塑性变形。

沥青延度的试验温度与拉伸速率可根据要求采用,通常采用的试验温度为 25 ℃,15 ℃、10 ℃或 5 ℃,拉伸速度为(5±0.25)cm/min,当低温采用(1±0.5)cm/min 拉伸速度时,应在报告中注明。

2) 主要仪器设备

(1)延度仪

延度仪的测量长度不宜大于 150 cm,仪器应有自动控温、控速系统,满足试件浸没于水中,能保持规定的试验温度及规定的拉伸速度拉伸试件,且试验时无明显振动。延度仪的形状与组成如附录图 7.3 所示。

(2)试模

黄铜材质,由两个端模和两个侧模组成,其形状如附录图 7.4 所示。

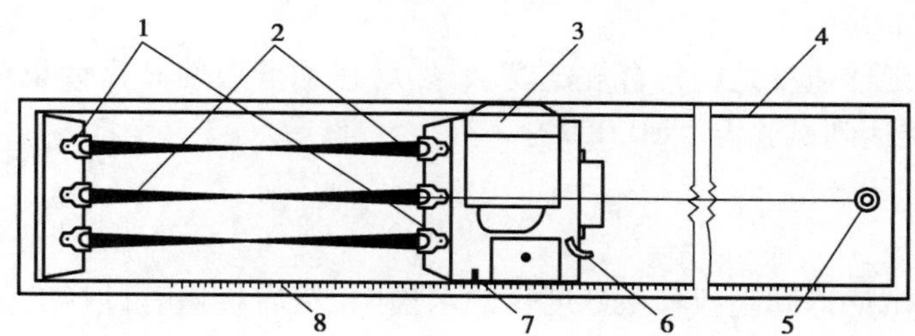

附录图 7.3　延度仪

1—试模;2—试样;3—电机;4—水槽;5—泄水孔;6—开关柄;7—指针;8—标尺

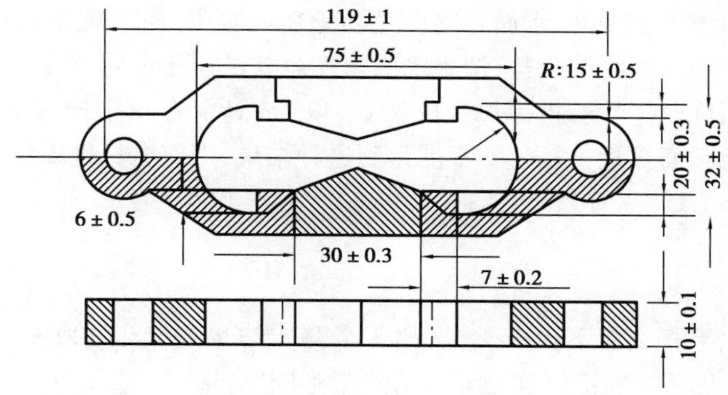

附录图 7.4　延度试模(单位:mm)

(3)试模底板

玻璃板或磨光的铜板、不锈钢板。

(4)恒温水槽

控温的准确度为0.1 ℃,水槽中有一带孔的搁架,位于水面下100 mm以下,据水槽底50 mm以上。

(5)温度计

量程0~50 ℃。

(6)其他

甘油滑石粉隔离剂(甘油与滑石粉的质量比为2∶1)、电炉、石棉网、金属锅、酒精、食盐等。

3)试样制备

①将隔离剂拌和均匀,涂于清洁干燥的试模底板和两个侧模的内侧表面,并将试模在试模底板上装妥。

②将试样自试模的一端至另一端往返数次缓缓注入模中,最后略高出试模。灌模时不得使气泡混入。

③试件在室温中冷却1.5 h,然后用热刮刀刮除高出试模的沥青,使沥青面与试模面齐平。沥青的刮法应自试模的中间刮向两端,且表面应刮得平滑。将试模连同底板再放入规定试验温度的水槽中保温1.5 h。

④检查延度仪延伸速度是否符合规定要求,然后移动滑板使其指针正对标尺的零点。将延度仪注水,并保温达到试验温度±0.1 ℃。

4)试验步骤

①将保温后的试件连同底板移入延度仪的水槽中,然后将盛有试样的试模自玻璃板或不锈钢板上取下,将试模两端的孔分别套在滑板及槽端固定板的金属柱上,并取下侧模,水面距离试件表面应不小于25 mm。

②开动延度仪,并注意观察试件的延伸情况。在试验过程中,水温应始终保持在试验温度规定范围内,且仪器不得有振动,水面不得有晃动。在试验中,当发现沥青细丝浮于水面或沉入槽底时,应在水中加入酒精或食盐,调整水的密度至与试样相近后,重新试验。

③试件拉断时,读取指针所指标尺上的读数,以cm计。在正常情况下,试件延伸时应呈锥尖状,拉断时实际断面接近于零。如不能得到这种结果,则应在报告中注明。

5)结果计算与评定

(1)延度

同一样品,每次平行试验不少于3个,如3个测定结果均大于100 cm,试验结果记作“>100 cm”,特殊需要也可分别记录实测值。在3个测定结果中,当有一个以上的测定值小于100 cm时,若最大值或最小值与平均值之差满足重复性试验要求,则取3个测定结果的平均值的整数作为延度试验结果,若平均值大于100 cm,记作“>100 cm”,若最大值或最小值与平均值之差不符合重复性试验要求时,试验应重新进行。

(2)允许误差

当试验结果小于 100 cm 时,重复性试验的允许误差为平均值的 20%,再现性试验的允许误差为平均值的 30%。

7.3　沥青软化点试验(环球法)

沥青软化点试验

1)试验目的与依据

本方法适用于测定道路石油沥青、聚合物改性沥青、液体石油沥青、煤沥青蒸馏残留物和乳化沥青蒸发后残留物受热后下垂到规定高度的温度,软化点是反映沥青温度敏感性的重要指标,也是沥青黏稠性的一种度量。

2)主要仪器设备

(1)软化点试验仪

①金属支架:由 2 个主杆和 3 层平行的金属板组成,如附录图 7.5 所示。上层为一圆盘,直径略大于烧杯直径,中间有一圆孔,用以插放温度计,中层板上有两个孔,各放置金属环,中间有一小孔可支持温度计的测温端部。一侧立杆距环上面 51 mm 处刻有水高标记。环下距下层板为 25.4 mm,而下板距烧杯杯底不小于 12.7 mm,也不大于 19 mm。3 层金属板和 2 个主杆由两螺母固定在一起。

②耐热玻璃烧杯:容量 800 ~ 1 000 mL,直径不小于 86 mm,高不小于 120 mm。

③钢球:直径 9.53 mm,质量(3.5±0.05)g。

④试验环:由黄铜或不锈钢等制成,其形状与尺寸如附录图 7.6 所示。

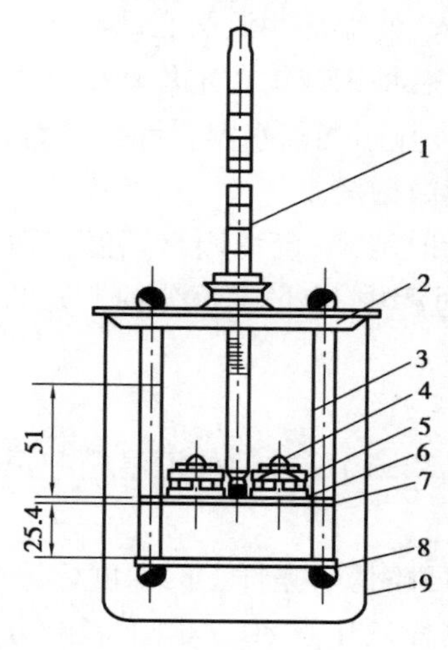

附录图 7.5　软化点仪(单位:mm)

1—温度计;2—上盖板;3—立杆;4—钢球;5—钢球定位环;6—金属环;7—中层板;8—下层板;9—烧杯

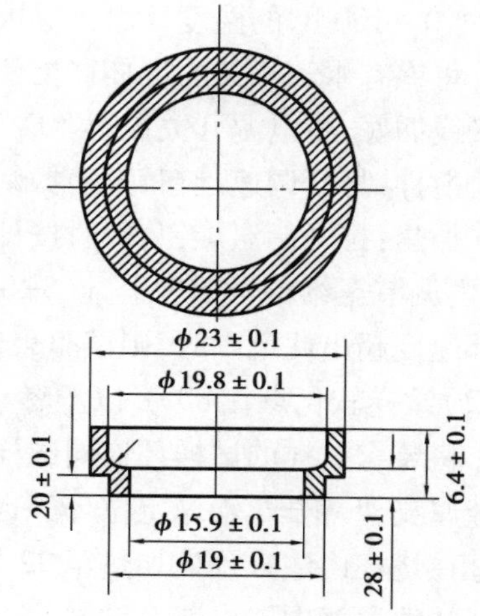

附录图 7.6　软化点试样环(单位:mm)

⑤钢球定位环:由黄铜或不锈钢制成。

(2)恒温水槽

控温的准确度为±0.5 ℃。

(3)试验底板

金属板或玻璃板。

(4)其他

电炉、石棉网、金属锅、温度计、环夹、平直刮刀、甘油滑石粉隔离剂(其中甘油与滑石粉的质量比为2∶1)、新煮沸过的蒸馏水等。

3)试样制备

①将试样环置于涂有甘油滑石粉隔离剂的试样底板上。将准备好的沥青试样徐徐注入试样环内至略高出环面为止。如估计试样软化点高于120 ℃,则试样环和试样底板(不用玻璃板)均应预热至80~100 ℃。

②试样在室温冷却30 min后,用热刮刀刮除环面上的试样,应使其环面齐平。

4)试验步骤

(1)试样软化点80 ℃以下者

①将装有试样的试样环连同试样底板置于装有(5±0.5)℃水的恒温水槽中至少15 min,同时将金属支架、钢球、钢球定位环等也置于相同水槽中。

②烧杯内注入新煮沸并冷却至5 ℃的蒸馏水或纯净水,水面略低于立杆上的水高标记。

③从恒温水槽中取出盛有试样的试样环放置在支架中层板的圆孔中,套上定位环,然后将环架放入烧杯中,调整水面至深度标记,并保持水温为(5±0.5)℃。环架上任何部分不得附有气泡,将0~100 ℃的温度计由上层板中心孔垂直插入,使端部测温头底部与试样环下面齐平。

④将盛有水和环架的烧杯移至仪器工作台上,然后将钢球放在定位环中间的试样中央,将各连接线插好,将电源开关拔至"ON",接通电源,温度显示当前水温,计时显示自动计时。

⑤搅拌:打开调速旋钮,开动振荡搅拌器,使水微微振荡。

⑥加热:打开调温旋钮,同时按计时清零键,给计时清零,慢慢调整调温旋钮、使杯中水在3 min内调节至维持每分钟上升(5±0.5)℃;在加热过程中,应记录每分钟上升的温度值,如温度上升速度超出此范围时,则试验重作。

(2)试样软化点在80 ℃以上者

①将装有试样的试样环连同试样底板置于装有(32±1)℃甘油的恒温槽中至少15 min,同时将金属支架、钢球、钢球定位环等也置于甘油中。

②在烧杯内注入预先加热至32 ℃的甘油,其液面略低于立杆上的深度标记。

③从恒温槽中取出装有试样的试样环,按上述试样软化点80 ℃以下者的方法进行测定,结果准确至1 ℃。

5)结果计算与评定

(1)软化点

同一试样平行试验2次,当两次测定值的差值符合重复性试验允许误差要求时,取其平均值作为软化点试验结果,准确至0.5 ℃。

(2)允许误差

①当试样软化点小于80 ℃时,重复性试验的允许误差为1 ℃,再现性试验的允许误差为4 ℃。

②当试样软化点大于或等于80 ℃时,重复性试验的允许误差为2 ℃,再现性试验的允许误差为8 ℃。

试验8 水泥混凝土配合比设计试验

水泥混凝土配合比设计试验包括配合比设计计算、试验室配合比试配及调整、施工配合比计算,强度检验和调整。

1)试验目的与依据

了解普通混凝土配合比设计全过程,培养综合设计试验能力,熟悉混凝土拌合物和易性、表观密度和混凝土强度试验方法。依据为《普通混凝土配合比设计规程》(JGJ 55—2011)、《普通混凝土拌合物性能试验方法标准》(GB/T 50080—2016)、《混凝土物理力学性能试验方法标准》(GB/T 50081—2019)。

2)主要仪器设备

①混凝土搅拌机。规格:容量30~100 L,转速为18~22 r/min。

②坍落度筒、捣棒、钢尺。

③混凝土密度容量桶(规格:10 L)。

④钢板,平面尺寸不小于1 500 mm×1 500 mm、厚度不小于3 mm的钢板。

⑤混凝土试模、钢模或塑料模。

⑥混凝土试验用振动台。

⑦压力试验机,最大试验力2 000 kN。

⑧磅秤(称量100 kg,感量50 g)、台秤(称量10 kg,感量5 g)、量筒(200 mL,1 000 mL)、平口铁锹,抹刀等。

3)原材料及配制目标

(1)原材料

①水泥:普通硅酸盐水泥42.5。

②石子:5~20 mm碎石。

③砂子:中砂、河砂。

④水:饮用自来水。

⑤粉煤灰:Ⅱ级粉煤灰。

⑥矿渣:S95 级粒化高炉矿渣粉。

⑦外加剂:聚羧酸减水剂,减水率 26%(也可实测),液态(固含量 10%)。

(2)配制目标

强度等级目标:C30、C35、C40、C45、C50,从中任选一个。

坍落度目标:(200±20)mm,(180±20)mm,(160±20)mm,从中任选一个。

4)试验步骤

(1)配合比的计算

参照本书 4.4 节进行,或直接参照《普通混凝土配合比设计规程》(JGJ 55—2011)。

(2)试验室配合比试配

主要包括和易性验证及调整、校核表观密度、复核强度。

具体思路参照本书正文第 4.4 进行。具体试验方法参照本书试验 5,或直接参照《普通混凝土拌合物性能试验方法标准》(GB/T 50080—2016)、《混凝土物理力学性能试验方法标准》(GB/T 50081—2019)。

(3)施工配合比调整

实验室配合比是以实验室的干材料为基准的,而工地存放的砂、石材料都含有一定的水分,且随着施工的进行原材料砂、石、水泥等不断消耗、原材料批次发生变化导致原材料性能波动,施工结构部位变化和天气情况变化导致对混凝土施工性能要求变化,运输距离不同导致搅拌到浇筑间隔时间不同,这些都需要对混凝土配合比进行相应调整,调整后满足要求的配合比称为施工配合比。学习过程中,仅考虑含水率。

5)结果计算与评定

通过上述计算和试验,得出符合要求的混凝土配合比,并采用单方材料用量方式表达和比例方式表达。

试验 9　沥青混合料配合比设计试验

沥青混合料配合比设计试验主要包括粗集料及集料混合料筛分试验、细集料筛分试验、沥青混合料试件制作方法、马歇尔稳定度试验。

9.1　粗集料及集料混合料的筛分试验

1)试验目的与依据

本方法适用于测定粗集料(碎石、砾石、矿渣等)的颗粒组成。对水泥混凝土用粗集料可采用干筛法筛分,对沥青混合料及基层用粗集料必须采用水洗法试验。

本方法也适用于同时含有粗集料、细集料、矿粉的集料混合料筛分试验,如未筛碎石、级配碎石、天然砂砾、级配砂砾、无机结合料稳定基层材料、沥青拌和料的冷料混合料、热料仓材料、沥青混合料经溶剂抽提后的矿料等。

2)主要仪器设备

①试验筛:根据需要选用规定的标准筛。

②摇筛机。

③天平或台秤:感量不大于试样质量的0.1%。

④其他:盘子、铲子、毛刷等。

3)试样制备

按规定将来料用分料器或四分法缩分至附录表9.1要求的试样所需量,风干后备用。根据需要可按要求的集料最大粒径的筛孔尺寸过筛,除去超粒径部分颗粒后,再进行筛分。

附录表9.1　筛分用的试样质量

公称最大粒径/mm	75	63	37.5	31.5	26.5	19	16	9.5	4.75
试样质量不小于/kg	10	8	5	4	2.5	2	1	1	0.5

4)试验步骤

(1)水泥混凝土用粗集料干筛法

①取试样一份置(105±5)℃烘箱中烘干至恒重,称取干燥集料试样的总质量(m_0),准确至0.1%。

②用搪瓷盘作筛分容器,按筛孔大小排列顺序逐个将集料过筛。人工筛分时,需使集料在筛面上同时有水平方向及上下方向的不停顿运动,使小于筛孔的集料通过筛孔,直至1 min内通过筛孔的质量小于筛上残余量的0.1%为止;当采用摇筛机筛分时,应在摇筛机筛分后再逐个由人工补筛。将筛出通过的颗粒并入下一号筛,和下一号筛中的试样一起过筛,按顺序进行,直至各号筛全部筛完为止。应确认1 min内通过筛孔的质量确实小于筛上残余量的0.1%。

③如果某个筛上的集料过多,影响筛分作业时,可以分两次筛分。当筛余颗粒的粒径大于19 mm时,筛分过程中允许用手指轻轻拨动颗粒,但不得逐颗塞过筛孔。

④称取每个筛上的筛余量,准确至总质量的0.1%。各筛分计筛余量及筛底存量的总和与筛分前试样的干燥总质量m_0相比,相差不得超过m_0的0.5%。

(2)沥青混合料及基层用粗集料水洗法试验步骤

①取一份试样,将试样置(105±5)℃烘箱中烘干至恒重,称取干燥集料试样的总质量(m_3),准确至0.1%。

②将试样置一洁净容器中,加入足够数量的洁净水,将集料全部淹没,但不得使用任何洗涤剂、分散剂或表面活性剂。

③用搅棒充分搅动集料,使集料表面洗涤干净,使细粉悬浮在水中,但不得破碎集料或有集料从水中溅出。

④根据集料粒径大小选择组成一组套筛,其底部为 0.075 mm 标准筛,上部为 2.36 mm 或 4.75 mm 筛。仔细将容器中混有细粉的悬浮液倒出,经过套筛流入另一容器中,尽量不将粗集料倒出,以免损坏标准筛筛面。

⑤重复步骤②~④,直至倒出的水洁净为止,必要时可采用水流缓慢冲洗。

⑥将套筛每个筛子上的集料及容器中的集料全部回收在一个搪瓷盘中,容器上不得有黏附的集料颗粒。

⑦在确保细粉不散失的前提下,小心泌去搪瓷盘中的积水,将搪瓷盘连同集料一起置于(105±5)℃烘箱中烘干至恒重,称取干燥集料试样的总质量(m_4),准确至0.1%。以 m_3 与 m_4 之差作为 0.075 mm 的筛下部分。

⑧将回收的干燥集料按干筛方法筛分出 0.075 mm 筛以上各筛的筛余量,此时 0.075 mm 筛下部分应为 0,如果尚能筛出,则应将其并入水洗得到的 0.075 mm 的筛下部分,且表示水洗得不干净。

5)结果计算与评定

(1)干筛法筛分结果的计算

①计算各筛分计筛余量及筛底存量的总和与筛分前试样的干燥总质量 m_0 之差,作为筛分时的损耗,并计算损耗率,若损耗大于 0.3%,应重新进行试验。

$$m_5 = m_0 - \left(\sum m_i + m_{底}\right) \tag{24}$$

式中 m_5——因筛分造成的损耗,g;

m_0——用于干筛的干燥集料质量,g;

i——依次为 0.075 mm、0.15 mm…至集料最大粒径的排序;

$m_{底}$——筛底(0.075 mm 以下部分)集料总质量,g。

②分计筛余百分率。干筛后各号筛上的分计筛余百分率按式㉕计算,精确至 0.1%。

$$p'_i = \frac{m_i}{m_0 - m_5} \times 100 \tag{25}$$

式中 p'_i——各号筛上的分计筛余百分率,%;

m_5——因筛分造成的损耗,g;

m_i——各号筛上的分计筛余,g;

i——依次为 0.075 mm、0.15 mm…至集料最大粒径的排序。

③累计筛余百分率。各号筛的累计筛余百分率为该号筛以上各号筛的分计筛余百分率之和,精确至 0.1%。

④各号筛的质量通过百分率。各号筛的质量通过百分率 p_i 等于 100 减去该号筛累计筛余百分率,精确至 0.1%。

⑤由筛底存量除以扣除损耗后的干燥集料质量计算 0.075 mm 筛的通过率。

⑥试验结果以两次试验的平均值表示,精确至 0.1%。当两次试验结果 $p_{0.075}$ 的差值超过 1%时,试验应重新进行。

(2)水筛法筛分结果的计算

①按式㉖、㉗计算粗集料中0.075 mm筛下部分质量 $m_{0.075}$ 和含量 $P_{0.075}$，精确至0.1%。当两次试验结果 $P_{0.075}$ 的差值超过1%时，试验应重新进行。

$$m_{0.075} = m_3 - m_4 \tag{㉖}$$

$$P_{0.075} = \frac{m_{0.075}}{m_3} = \frac{m_3 - m_4}{m_3} \times 100\% \tag{㉗}$$

式中　$P_{0.075}$——粗集料中小于0.075 mm的含量(通过率)，%；

$m_{0.075}$——粗集料中水洗得到的小于0.075 mm部分的质量，g；

m_3——用于水洗的干燥粗集料总质量，g；

m_4——水洗后的干燥粗集料总质量，g。

②计算各筛分筛余量即筛底存量的总和与筛分前试样的干燥总质量 m_4 之差，作为筛分时的损耗，并计算损耗率，若损耗率大于0.3%，应重新进行试验。

$$m_5 = m_3 - \left(\sum m_i + m_{0.075}\right) \tag{㉘}$$

式中　m_5——因筛分中造成的损耗，g。

其他含义同前。

③计算其他各筛的分计筛余百分率、累计筛余百分率、质量通过百分率，计算方法同干筛法。

④试验结果以两次试验的平均值表示。

9.2　细集料筛分试验

1)试验目的与依据

本方法适用于测定细集料(如天然砂、人工砂、石屑)的颗粒级配及粗细程度。对水泥混凝土用细集料可采用干筛法，如果需要也可以采用水洗法筛分；对沥青混合料及基层用细集料必须选用水洗法筛分。

2)主要仪器设备

①标准筛。

②天平：称量1 000 g，感量不大于0.5 g。

③摇筛机。

④烘箱：能控温在(105±5)℃。

⑤其他：浅盘和硬、软毛刷等。

3)试样制备

根据样品中最大粒径的大小，选用适宜的标准筛，通常为9.5 mm筛(水泥混凝土用天然砂)或4.75 mm筛(沥青路面及基层用天然砂、石屑机制砂等)筛除其中的超粒径材料。然后将样品在潮湿状态下充分拌匀，用分料器法或四分法缩分至每份不少于550 g的试样2份，在(105±5)℃的烘箱中烘干至恒重，冷却至室温后备用。

4)试验步骤

(1)干筛法

①准确称取烘干试样约500 g(m_1),精确至0.5 g,置于套筛的最上面一只,即4.75 mm筛上,将套筛置于摇筛机上,摇筛约10 min,然后取下套筛,再按筛孔大小顺序,从最大的筛号开始,在清洁的浅盘上逐个进行手筛,直至每分钟的筛出量不超过筛上剩余量的0.1%为止。将筛出通过的试样并入下一号筛中,和下一号筛中的试样一起过筛,以此顺序进行,直至各号筛全部筛完为止。

②称量各号筛筛余试样的质量,精确至0.5 g。所有各号筛的分计筛余量和底盘中剩余量的总量与筛分前的试样总量,相差不得超过后者的1%。

(2)水洗法试验步骤

①准确称取烘干试样约500 g(m_1),精确至0.5 g。

②将试样置于一洁净容器中,加入足够数量的洁净水,将集料全部淹没。

③用胶棒充分搅动集料,将集料表面洗涤干净,使细粉悬浮在水中,但不得有集料从水中溅出。

④用1.18 mm筛及0.075 mm筛组成套筛,仔细将容器中混有细粉的悬浮液徐徐倒出,经过套筛流入另一容器中,但不得将集料倒出。

⑤重复上述步骤②~④,直至倒出的水洁净且小于0.075 mm的颗粒全部倒出。

⑥将容器中的集料倒入搪瓷盘中,用少量水冲洗,使容器上黏附的集料颗粒全部进入搪瓷盘中。将筛子反扣过来,用少量的水将筛上的集料冲入搪瓷盘中。操作过程中不得有集料散失。

⑦将搪瓷盘连同集料一起置于(105±5)℃烘箱中烘干至恒重,称取干燥集料试样的总质量m_2,准确至0.1%。m_1与m_2之差即为通过0.075 mm筛的部分。

⑧再将全部要求筛孔组成套筛(这里不需要0.075 mm筛),将已经洗去小于0.075 mm部分的干燥集料置于套筛上,将套筛装入摇筛机,摇筛约10 min,然后取出套筛,再按筛孔大小顺序再逐个用手筛,筛至每分钟通过量小于试验总量的0.1%为止。将筛出通过的试样并入下一号筛中,和下一号筛中的试样一起过筛,以此顺序进行,直至各号筛全部筛完为止。

⑨称量各号筛筛余量,精确至0.5 g。所有各号筛的分计筛余量和底盘中剩余量的总质量与筛分前后试验总量的差值不得超过后者的1%。

5)结果计算与评定

(1)计算分计筛余百分率

各号筛的分计筛余百分率为各号筛上的筛余量以试样总量(m_1)的百分率,精确至0.1%。对于沥青路面细集料而言,0.15 mm筛下部分即为0.075 mm的分计筛余,m_1与m_2之差即为通过0.075 mm筛的部分。

(2)计算累计筛余百分率

各号筛的累计筛余百分率为该号筛及大于该号筛的各号筛的分计筛余百分率之和,准确至0.1%。

(3)计算质量通过百分率

各号筛的质量通过百分率等于100减去该号筛的累计筛余百分率,准确至0.1%。

(4)绘制级配曲线

根据各筛的累计筛余百分率或通过百分率,绘制级配曲线。

(5)天然砂的细度模数按式㉙计算,精确至0.01

$$M_x = \frac{A_{0.15} + A_{0.3} + A_{0.6} + A_{1.18} + A_{2.36} - 5A_{4.75}}{100 - A_{4.75}} \quad ㉙$$

式中 M_x——砂的细度模数;

$A_{0.15}$、$A_{0.3}$、…、$A_{4.75}$——分别为0.15 mm、0.3 mm、…、4.75 mm各筛上的累计筛余百分率,%。

(6)实验结果

应进行两次平行试验,以试验结果的算术平均值作为测定值。如两次试验所得的细度模数之差大于0.2,应重新进行试验。

9.3 沥青混合料试件制作方法(击实法)

1)试验目的与依据

①本方法适用于采用标准击实法或大型击实法制作沥青混合料试件,以供试验室进行沥青混合料物理力学性质试验使用。

②标准击实法适用于标准马歇尔试验、间接抗拉试验(劈裂法)等所使用的ϕ101.6×63.5 mm圆柱体试件的成型。大型击实法适用于大型马歇尔试验和ϕ102.4×95.3 mm大型圆柱体试件的成型。

③沥青混合料试件制作时的条件及试件数量应符合下列规定:

a.当集料公称最大粒径小于或等于26.5 mm时,采用标准击实法。一组试件的数量不少于4个。

b.当集料公称最大粒径大于26.5 mm时,宜采用大型击实法。一组试件数量不少于6个。

2)主要仪器设备

(1)自动击实仪

击实仪应具有自动记数、控制仪表按钮设置、复位及暂停等功能。按其用途分为以下两种。

①标准击实仪:由击实锤、ϕ98.5×0.5 mm平圆形压实头及带手柄的导向棒组成。用机械将压实锤提升,至(457.2±1.5)mm高度沿导向棒自由落下连续击实,标准击实锤质量(4 536±9)g。

②大型击实仪:由击实锤、ϕ149.4×0.1 mm平圆形压实头及带手柄的导向棒组成。用机

械将压实锤提升至(457.2±2.5)mm 高度沿导向棒自由落下击实。

(2)沥青混合料拌和机

能保证拌和温度并充分拌和均匀,可控制拌和时间,容量不小于10 L,如附录图9.1所示。搅拌叶自转速度70~80 r/min,公转速度40~50 r/min。

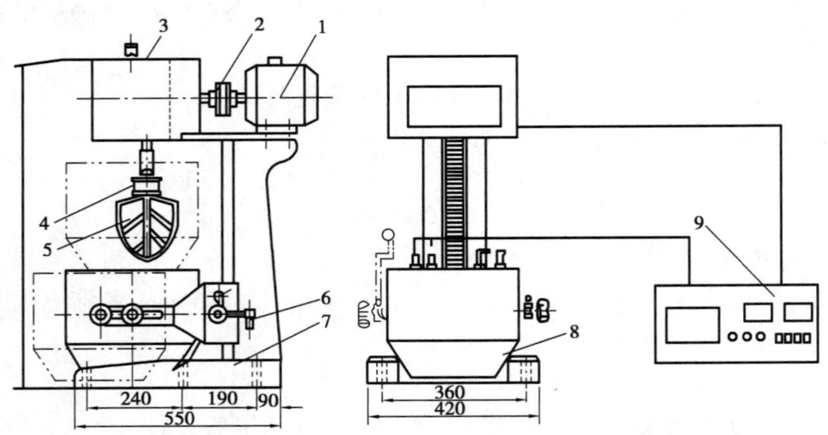

附录图9.1 沥青混合料拌和机

1—电机;2—联轴器;3—变速箱;4—弹簧;5—拌和叶片;
6—升降手柄;7—底座;8—加热拌和锅;9—温度时间控制仪

(3)试模

由高碳钢或工具钢制成,几何尺寸如下:

①标准击实仪试模的内径为(101.6±0.2)mm,圆柱形金属筒高87 mm,底座直径约120.6 mm,套筒内径104.8 mm,高70 mm。

②大型击实仪的试模内径(152.4±0.2)mm,总高115 mm;底座板厚12.7 mm,直径172 mm。套筒外径165.1 mm,内径(155.6±0.3)mm,总高83 mm。

(4)脱模器

电动或手动,应能无破损地推出圆柱体试件,备有标准试件及大型试件尺寸的推出环。

(5)烘箱

大、中型各1台,应有温度调节器。

(6)天平或电子秤

用于称量沥青的,感量不大于0.1 g,用于称量矿料的、感量不大于0.5 g。

(7)布洛克菲尔德黏度计

(8)插刀或大螺丝刀

(9)温度计

分度值1 ℃,宜采用金属插杆的插入式数显温度计,金属插杆的长度不小于150 mm,量程0~300 ℃。

(10)其他

电炉(或煤气炉)、沥青熔化锅、拌和铲、标准筛、滤纸(或普通纸)、胶布、卡尺、秒表、粉笔、棉纱等。

3)准备工作

(1)确定制作沥青混合料试件的拌和温度与压实温度

①测定沥青的黏度,绘制黏温曲线。按附录表9.2确定适宜于沥青混合料拌和及压实的等黏温度。

附录表9.2　沥青混合料拌和及压实的沥青等黏温度

沥青结合料种类	黏度	适宜于拌和的沥青结合料黏度	适宜于压实的沥青结合料黏度
石油沥青	表观黏度	(0.17±0.02)Pa·s	(0.28±0.03)Pa·s

②当缺乏沥青黏度测定条件时,试件的拌和温度与压实温度可按附录表9.3选用,并根据沥青品种和标号做适当调整。针入度小、稠度大的沥青取高限;针入度大,稠度小的沥青取低限;一般取中值。

附录表9.3　沥青混合料拌和及压实温度参考表

沥青种类	拌和温度/℃	压实温度/℃
石油沥青	140~160	120~150
改性沥青	160~175	140~170

③对改性沥青,应根据实践经验、改性剂的品种和用量,适当提高混合料的拌和和压实温度;对大部分聚合物改性沥青,通常在普通沥青的基础上提高10~20 ℃;掺加纤维时,尚需再提高10 ℃左右。

④常温沥青混合料的拌和及压实在常温下进行。

(2)沥青混合料的试件的制作条件

①在拌和厂或施工现场采取沥青混合料制作试样时,按规定的方法取样,将试样置于烘箱中加热或保温,在混合料中插入温度计测量温度,待混合料温度符合要求后成型。需要拌和时可倒入已加热的室内沥青混合料在拌和机中适当拌和,时间不超过1 min。不得在电炉或明火上加热炒拌。

②在试验室人工配制沥青混合料时,首先将各种规格的矿料置(105±5)℃的烘箱中烘干至恒重(一般不少于4~6 h);然后将烘干分级的粗、细集料,按每个试件设计级配要求称其质量,在一金属盘中混合均匀,矿粉单独放入小盆里,然后置烘箱中加热至沥青拌和温度以上约15 ℃(采用石油沥青时通常为163 ℃,采用改性沥青时通常需180 ℃)备用。一般按一组试件(每组4~6个)备料,但进行配合比设计时宜对每个试件分别备料。常温沥青混合料的矿料不应加热。最后将沥青试样用烘箱加热至规定的沥青混合料拌和温度,但不得超过175 ℃。当不得已采用燃气炉或电炉直接加热进行脱水时,必须使用石棉垫隔开。

4)拌制沥青混合料

(1)黏稠石油沥青混合料

①用蘸有少许黄油的棉纱擦净试模、套筒及击实座等,置 100 ℃左右烘箱中加热 1 h 备用,常温沥青混合料用试模不加热。

②称量各号筛筛余试样的质量,精确至 0.5 g。所有各号筛的分计筛余量和底盘中剩余量的总量与筛分前的试样总量,相差不得超过后者的 1%。

(2)水洗法试验步骤

①准确称取烘干试样约 500 g(m_1),精确至 0.5 g。

②将沥青混合料拌和机提前预热至拌和温度 10 ℃左右。

③将加热的粗细集料置于拌和机中,用小铲适当混合,然后加入需要数量的沥青(如沥青已称量在一专用容器内时,可在倒掉沥青后用一部分热矿粉将黏在容器壁上的沥青擦拭掉并一起倒入拌和锅内),开动拌和机一边搅拌一边使拌合叶片插入混合料中拌和 1 ~ 1.5 min,暂停拌和,加入加热的矿粉,继续拌和至均匀为止,并使沥青混合料保持在要求的拌和温度范围内,标准的总拌和时间为 3 min。

(3)液体石油沥青混合料

将每组(或每个)试件的矿料置已加热至 55 ~ 100 ℃的沥青混合料拌和机中,注入要求数量的液体沥青,并将混合料边加热边拌和,使液体沥青中的溶剂挥发至 50% 以下,拌和时间应事先试拌决定。

(4)乳化沥青混合料

将每个试件的粗细集料置于沥青混合料拌和机中(如不加热,也可用人工抄拌),注入计算的用水量(但阴离子乳化沥青不加水),拌和均匀并使矿料表面完全湿润,再注入设计的沥青乳液用量,在 1 min 内使混合料拌匀,然后加入矿粉后迅速拌和,使混合料拌成褐色为止。

5)成型方法

①击实法的成型步骤。

a. 将拌好的沥青混合料,用小铲适当拌和均匀,称取一个试件所需的用量(标准马歇尔试件约 1 200 g,大型马歇尔试件约 4 050 g)。当已知沥青混合料的密度时,可根据试件的标准尺寸计算并乘以 1.03 得到要求的混合料数量。当一次拌和几个试件时,宜将其倒入预热的金属盘中,用小铲适当拌和均匀分成几份,分别取用。在试件制作过程中,为防止混合料温度下降,应连盘放在烘箱中保温。

b. 从烘箱中取出预热的试模和套筒,用蘸少许黄油的棉纱擦拭套筒、底座及击实锤底面。将试模装在底座上,放一张圆形的吸油性小的纸,用小铲将混合料铲入试模中,用插刀或大螺丝刀沿周边插捣 15 次,中间插捣 10 次,插捣后将沥青混合料表面整平,对大型击实法的试件,混合料分两次加入,每次插捣次数同上。

c. 插入温度计至混合料中心附近,检查混合料温度。

d. 待沥青混合料温度符合要求的压实温度后,将试模连同底座一起放入击实台上固定。在装好的混合料上面垫一张吸油性小的纸,再将装有击实锤及导向棒的压实头放入试模中,开启电机,使击实锤从457 mm的高度自由落下到击实规定的次数(75次或50次)。对大型试件,击实次数为75次或112次。

e.试件击实一面后,取下套筒,将试模翻面,装上套筒,然后以同样的方法和次数击实另一面。乳化沥青混合料试件在两面击实后,将一组试件在室温下横向放置24 h,另一组试件置温度为(105±5)℃的烘箱中养护24 h。将养护试件取出后再立即两面锤击各25次。

f.试件击实结束后,立即用镊子取掉上下面的纸,用卡尺量取试件离试模上口的高度并计算试件高度。高度不符合要求时,试件应作废,并按式㉚重新调整试件的混合料质量。以保证高度符合标准试件:(63.5±1.3)mm或大型试件:(95.3±2.5)mm的要求。

$$\text{调整后混合料质量} = \frac{\text{要求试件高度} \times \text{原用混合料质量}}{\text{所得试件的高度}} \tag{㉚}$$

②卸去套筒和底座,将装有试件的试模横向放置冷却至室温后(不少于12 h),置脱模机上脱出试件。用于现场马歇尔指标检验的试件,在施工质量检验过程中如急需试验,允许采用电风扇吹冷1 h或浸水冷却3 min以上的方法脱模;但浸水脱模法不能用于测量密度、空隙率等各项物理指标。

③将试件仔细置于干燥洁净的平面上,供试验用。

9.4　沥青混合料马歇尔稳定度试验

沥青混合料马歇尔稳定度试验

1)试验目的与依据

本方法适用于马歇尔稳定度试验和浸水马歇尔稳定度试验,马歇尔稳定度试验主要用于沥青混合料的配合比设计或沥青路面施工质量检验。浸水马歇尔稳定度试验主要用于检验沥青混合料受水损害时抵抗剥落的能力,通过测试其水稳定性检验配合比设计的可行性。

2)主要仪器设备

(1)沥青混合料马歇尔试验仪

沥青混合料马歇尔试验仪分为自动式和手动式。自动马歇尔试验仪应具备控制装置记录荷载-位移曲线、自动测定荷载与试件的垂直变形,能自动显示和存储或打印试验结果等功能。手动式由人工操作,试验数据通过操作者目测后读取数据。对用于高速公路和一级公路的沥青混合料宜采用自动马歇尔试验仪。

(2)恒温水槽

控温准确至1 ℃,深度不小于150 mm。

(3)真空饱水容器

真空饱水容器包括真空泵及真空干燥器。

(4)烘箱

(5)天平

感量不大于0.1 g。

(6)卡尺

(7)其他

棉纱、黄油。

3)标准马歇尔试验方法

(1)准备工作

①采用击实法成型马歇尔试件。

②量测试件的直径及高度,用卡尺测量试件中部的直径,用马歇尔试件高度测定器或用卡尺在十字对称的4个方向量测离试件边缘10 mm的高度,准确至0.1 mm,并以其平均值作为试件的高度。如试件高度不符合(63.5±1.3)mm要求或两侧高度高差大于2 mm,此试件应作废。

③测定试件密度、并计算空隙率、沥青体积百分率、沥青饱和度、矿料间隙率等体积指标。

④将恒温水槽调节至要求的试验温度,对黏稠石油沥青或烘箱养生过的乳化沥青混合料为(60±1)℃,对煤沥青混合料为(33.8±1)℃,对空气养生的乳化沥青或液体沥青混合料为(25±1)℃。

(2)试验步骤

①将试件置于已达规定温度的恒温水槽中保温,保温时间对标准马歇尔试件需要30~40 min,对大型马歇尔试件需要45~60 min,试件之间应有间隔,底下应垫起,距水槽底部不小于5 cm。

②将马歇尔试验仪的上下压头放入水槽或烘箱中达到同样温度。将上下压头从水槽或烘箱中取出擦拭干净内面,为使上下压头滑动自如,可在下压头的捣棒上涂少量黄油。再将试件取出置于下压头上,盖上上压头,然后装在加载设备上。

③在上压头的球座上放妥钢球,并对准荷载测定装置的压头。

④将自动马歇尔试验仪的压力传感器、位移传感器与X-Y记录仪正确连接,调整好适宜的放大比例,压力和位移传感器调零。

⑤当采用压力环和流值计时,将流值计安装在导棒上,使导向套管轻轻地压住上压头,同时将流值计读数调零。调整压力环中百分表,对零。

⑥启动加载设备,使试件承受荷载,加载速度为(50±5)mm/min。计算机或X-Y记录仪自动记录传感器压力和试件变形曲线并将数据自动存入计算机。

⑦当试验荷载达到最大值的瞬间,取下流值计,同时读取压力环中百分表读数及流值计的流值读数。

⑧从恒温水槽中取出试件至测出最大荷载值的时间,不得超过30 s。

4)浸水马歇尔试验方法

浸水马歇尔试验方法与标准马歇尔试验方法的不同之处在于,试件在已达规定温度恒温水槽中的保温时间为48 h,其余步骤均与标准马歇尔试验方法相同。

5)真空饱水马歇尔试验方法

试件先放入真空干燥器中,关闭进水胶管,开动真空泵,使干燥器的真空度达到97.3 kPa(730 mmHg)以上,维持15 min;然后打开进水胶管,靠负压进入冷水流使试件全部浸入水中,浸水15 min后恢复常压,取出试件再放入已达规定温度的恒温水槽中保温48 h。其余均与标准马歇尔试验方法相同。

6)结果计算与评定

(1)试件的稳定度和流值

①当采用自动马歇尔试验仪时,将计算机采集的数据绘制成压力和试件变形曲线,或由X-Y记录仪自动记录的荷载-变形曲线,在切线方向延长曲线与横坐标相交于O_1,将O_1作为修正原点,从O_1起量取相应于荷载最大值时的变形作为流值(FL),以mm计,准确至0.1 mm。最大荷载即为稳定度(MS),以kN计,准确至0.01 kN。

②采用压力环和流值计测定时,根据压力环标定曲线,将压力环中百分表的读数换算为荷载值,或者由荷载测定装置读取的最大值即为试样的稳定度(MS),以kN计,准确至0.01 kN。由流值计及位移传感器测定装置读取的试件垂直变形,即为试件的流值(FL),以mm计,准确至0.1 mm。

(2)试件的马歇尔模数

试件的马歇尔模数按式㉛计算

$$T=\frac{\mathrm{MS}}{\mathrm{FL}} \tag{㉛}$$

式中　T——试件的马歇尔模数,kN/mm;

MS——试件的稳定度,kN;

FL——试件的流值,mm。

(3)试件的浸水残留稳定度

试件的浸水残留稳定度按式㉜计算

$$\mathrm{MS}_0=\frac{\mathrm{MS}_1}{\mathrm{MS}}\times 100\% \tag{㉜}$$

式中　MS_0——试件的浸水残留稳定度,%;

MS_1——试件浸水48 h后的稳定度,kN。

(4)实验结果

当一组测定值中某个测定值与平均值之差大于标准差的h倍时,该测定值应予舍弃,并以其余测定值的平均值作为试验结果。当试件数目n为3、4、5、6个时,k值分别为1.15.1.46、1.67、1.82。

参考文献

[1] 涂铭旌.材料创造发明学[M].成都:四川大学出版社,2007.

[2] 陈英杰,姚素玲.智能材料[M].北京:机械工业出版社,2013.

[3] 张雄.建筑节能技术与节能材料[M].2 版.北京:化学工业出版社,2016.

[4] 李立寒,等.道路工程材料[M].6 版.北京:人民交通出版社,2018.

[5] 张永娟,张雄.土木工程材料学习指导[M].上海:同济大学出版社,2013.

[6] 陈燕,岳文海,董若兰.石膏建筑材料[M].北京:中国建材工业出版社,2012.

[7] 王燕谋,刘作毅,孙钤.中国水泥发展史[M].2 版.北京:中国建材工业出版社,2017.

[8] 中华人民共和国国务院.国务院关于印发深化标准化工作改革方案的通知(国发〔2015〕13 号)[Z].发布日期:2015 年 03 月 26 日.

[9] 中华人民共和国国务院,中华人民共和国标准法[M].北京:中国法制出版社,2017.

[10] 中华人民共和国国家质量监督检验检疫总局,国家标准管理委员会,民政部.团体标准管理规定(试行)(国质检标联〔2017〕536 号)[Z].发布日期:2017 年 12 月 15 日.

[11] RAINER NOBIS.世界水泥与混凝土人文历史[M].崔源声,王栋民,刘泽,译.香港:中国国际出版社,2022.

[12] 由伟、智能材料——科技改变未来[M].北京:化学工业出版社,2020.

[13] 刘先锋,李东升,赵春花,等."土木工程材料"水泥课思政元素挖掘及教学融入[J].教育教学论坛,2022,(11)165-168.

本书参考了大量相关规范性文件,可扫二维码了解

附录
本书参考的
规范性文件